U0303699

自然与城市

城市设计与规划中的生态路径

〔美〕
弗雷德里克·R. 斯坦纳
乔治·F. 汤普森　编
阿曼多·卡博内尔

北大—林肯中心　译
贺灿飞　徐常锌　校

NATURE AND CITIES

The Ecological Imperative in
Urban Design and Planning

Edited by
Frederick R. Steiner
George F. Thompson
Armando Carbonell

商务印书馆
The Commercial Press
创于1897

NATURE AND CITIES

The Ecological Imperative in Urban Design and Planning

Edited by Frederick R. Steiner,
George F. Thompson, and Armando Carbonell

The Lincoln Institute of Land Policy, Cambridge, Massachusetts
in association with the
School of Architecture, The University of Texas at Austin,
and George F. Thompson Publishing

© 2016 by the Lincoln Institute of Land Policy
All rights reserved.

This publication has been produced in association with the School of Architecture,
The University of Texas at Austin, and George F. Thompson Publishing.

Library of Congress Cataloging-in-Publication Data
Names: Steiner, Frederick R., editor. | Thompson, George F., editor. | Carbonell, Armando, 1951- editor.
Title: Nature and cities : the ecological imperative in urban design and planning /
Edited by Frederick R. Steiner, George F. Thompson, and Armando Carbonell.
Description: Cambridge, Massachusetts : The Lincoln Institute of Land Policy, 2016. |
Includes bibliographical references and index.
Identifiers: LCCN 2016007316 (print) | LCCN 2016008538 (ebook) | ISBN 9781558443471 (pbk. : alk. paper) |
ISBN 9781558443488 (prc) | ISBN 9781558443495 (epub) | ISBN 9781558443501 (ibook) | ISBN 9781558443518 (pdf)
Subjects: LCSH: City planning—Environmental aspects. | Sustainable urban development.
Classification: LCC NA9053.E58 N38 2016 (print) | LCC NA9053.E58 (ebook) | DDC 307.1/16—dc23
LC record available at http://lccn.loc.gov/2016007316

Nature and Cities: The Ecological Imperative in Urban Design and Planning was brought to publication in an edition of
1,000 hardbound copies. The text was set in Centaur and Sacker Gothic, the paper is Gold East Matte,
128 gsm weight, and the book was professionally printed and bound by P. Chan & Edward, Inc., in China.

Project Editor: Maureen Clarke, Lincoln Institute of Land Policy, Cambridge, Massachusetts
Designer: David Skolkin, Santa Fe, New Mexico
Cover Designer: Herman Dyal, Page/Dyal Branding & Graphics, Austin, Texas
Editor and Research Assistant: Mikki Soroczak

北大—林肯中心丛书序

北京大学—林肯研究院城市发展与土地政策研究中心（以下简称"北大—林肯中心"）成立于 2007 年，是由北京大学与美国林肯土地政策研究院共同创建的一个非营利性质的教育与学术研究机构，致力于推动中国城市和土地领域的政策研究与人才培养。当前，北大—林肯中心聚焦如下领域的研究、培训和交流：城市财税可持续性与房地产税；城市发展与城市更新；土地政策与土地利用；住房政策；生态保护与环境政策。此外，中心将支持改革政策实施过程效果评估研究。

作为一个国际学术研究、培训和交流的平台，北大—林肯中心自成立以来一直与国内外相关领域的专家学者、政府部门开展卓有成效的合作，系列研究成果以"北大—林肯中心丛书"的形式出版，包括专著、译著、编著、论文集等多种类型，跨越经济、地理、政治、法律、社会规划等学科。丛书以严谨的实证研究成果为核心，推介相关领域的最新理论、实践和国际经验。我们衷心希望借助丛书的出版，加强与各领域专家学者的交流学习，加强国际学术与经验交流，为中国城镇化进程与生态文明建设的体制改革和实践提供学术支撑与相关国际经验。我们将努力让中心发挥跨国家、跨机构、跨学科的桥梁纽带作用，为广大读者提供有独立见解的、高品质的政策研究成果。

北大—林肯中心主任

刘志

译 序

本书中文版得到林肯土地政策研究院授权，北大—林肯中心承担具体翻译出版工作。本书根据得克萨斯大学奥斯汀分校建筑学院和乔治·F. 汤普森出版社联合出版精装本译出。翻译工作是在北大—林肯中心刘志老师、贺灿飞老师的组织下，集合北大—林肯中心相关领域研究员和在读硕士、博士研究生的力量集体完成。

具体翻译负责人如下："序""前言"马佳卉、夏昕鸣；第一章齐放、马佳卉；第二章马佳卉、齐放；第三章刘颜、吴悠然；第四章胡绪千、赵茜宇；第五章赵茜宇、胡绪千；第六章王泽宇、陈韬；第七章王梦然、刘威；第八章谭翠萍、吴悠然；第九章陈韬、王泽宇；第十章吴悠然、刘颜；第十一章谭卓立、杨佳意；第十二章夏昕鸣、赵茜宇；第十三章刘威、王梦然；第十四章李嘉、曾馨漫；第十五章杨佳意、谭卓立；第十六章曾馨漫、李嘉；"后记"谭翠萍；此外，编者、贡献者介绍以及脚注、献给页由徐常锌翻译；图片英文由吴悠然翻译。书稿定名和全书校对工作由贺灿飞老师担纲，徐常锌承担各章节翻译初稿的修订校对，俞孔坚老师校对第五章文稿。刘君洋承担书稿的整合工作，吴悠然承担名词文字梳理，赵敏承担统稿复核补正。限于译者水平和阅历，译稿不足之处在所难免，欢迎业界同仁批评指正。

北大—林肯中心

2023 年 12 月

为了纪念迈克尔·M. 劳里（Michael M. Laurie，1932—2002）和伊恩·L. 麦克哈格（Ian L. McHarg，1920—2001），他们以景观建筑领域的设计师、规划师和教授的身份贡献良多。

景观设计师詹斯·詹森（Jens Jensen，1860—1951）任芝加哥公园区负责人期间，开创性地将本土植物融入不同层次的生态设计中，包括一些利用充分的著名城市公园，例如，西班牙巴塞罗那由安东尼·高迪（Antoni Gaudí，1852—1926）设计的奎尔公园（Park Güell，1914），摄于 2013 年 7 月
资料来源：乔治·F. 汤普森拍摄并经许可使用。

是时候让我们世界公民开始理解这一点，地球上的境况不是自然必须统治文化，或者文化必须统治自然，就好像从一开始有谁能把两者分开似的。是时候反省一下世界各地既往的地理与景观历史了。惟其如此，我们才能再次提出这样的概念：只有把自然和文化当作一体的设计与规划，才能在环境和美学的意义上去修缮城市、乡村及野外的寻常生息的景观与场所。"上帝自己的垃圾场"（"God's own junkyard"）不必继续主宰我们的公共景观，也不必主宰我们自己的后花园和城市街道。

——乔治·F. 汤普森（George F. Thompson）和弗雷德里克·R. 斯坦纳（Frederick R. Steiner），《生态设计与规划》（Ecological Design and Planning，1997）之"导论"

亚拉巴马州西奥多市贝林格拉斯花园（Bellingrath Gardens）的纪念喷泉，摄于 2015 年 3 月。越来越多具有生态倾向的景观设计师参与完善现有的世界著名花园。例如图中所示的这一花园，它拥有传统的意大利风格美学设计、渗透地面的动人水声，设计师通过在现场开辟新的区域，专门展示本地植物物种，改善昆虫、鸟类和动物的栖息地，扩大公众对什么是花园的认识

资料来源：乔治·F. 汤普森拍摄并经允许使用。

几乎没有人会不同意，21 世纪的关键问题之一将是重建我们的城市，包括恢复退化的自然环境。景观设计适合什么样的环境以及它将如何为我们的未来做出贡献，不仅取决于社会决定做什么以及它设定了什么优先事项，还取决于景观设计提供的其他愿景。但有一点是肯定的：我们必须坚持奥尔多·利奥波德（Aldo Leopold）的土地伦理，因为他的观察是正确的："当一件事倾向于保持生物群落的完整性、稳定性和美感时，它就是正确的；否则，它就是错误的。"

——迈克尔·M. 劳里，"景观设计及城市变迁"（"Landscape Architecture and the Changing City"，1997）[1]

1　Thompson, George F., and Frederick R. Steiner, eds., *Ecological Design and Planning* (New York, NY: John Wiley & Sons, 1997), 155.

弗吉尼亚州韦尔斯伯勒（Waynesboro）的家得宝托儿所（Home Depot），摄于 2013 年 5 月。一位专注于景观建筑学、景观研究甚至规划专业的教授，可能会花上一到两堂课来剖析这张照片背后的含义。例如，分隔停车场和苗圃的园林道路，可供选择的植物，包括一些本地物种，这种均质化的设计几乎可以在任何地方使用。在商业发展的过程中，在创造新的美国郊区和城市景观的过程中，景观设计师和规划者在哪里？资料来源：乔治·F. 汤普森拍摄并经允许使用。

　　全球环境在各个层面的恶化，都强化了我对于生态设计与规划的倡导之必要性。退化的程度如此之大，以至于我现在得出结论：非生态的设计和规划可能是微不足道的、无关紧要的，它是一种绝望的匮乏。我认为忽略自然过程是无知的，忽略威胁生命的火山、地震、洪水和一系列的环境破坏行为，要么是愚蠢的，要么是过失犯罪。回避生态方面的考虑并不能促进景观设计专业的发展。相反，它将侵蚀自 20 世纪 60 年代以来生态学对景观设计和规划做出的尽管很微薄但意义重大的贡献。

——伊恩·L. 麦克哈格，"生态学与设计"（"Ecology and Design"，1997）[1]

1　Thompson, George F., and Frederick R. Steiner, eds., *Ecological Design and Planning* (New York, NY: John Wiley & Sons, 1997), 321–322.

编　者

弗雷德里克·R. 斯坦纳（Frederick R. Steiner）于 2001—2016 年任得克萨斯大学奥斯汀分校（Taxas at Austin）建筑学院院长、哈利·M. 洛克韦尔建筑学讲席教授（Harry M. Rockwell Chair in Architecture），现任宾夕法尼亚大学设计学院院长、帕里讲席教授（Paley Professor）。他同时也是美国景观设计师协会（American Society of Landscape Architects，ASLA）会员、罗马美国学院（American Academy in Rome）会员。他的文章常发表于《环境管理》（*Environmental Management*）、《美国规划协会会刊》（*Journal of the American Planning Association*）、《景观与城市规划》（*Landscape and Urban Planning*）、《景观建筑学》（*Landscape Architecture*）、《景观》（*Landscape Journal*）等，著有《为一颗脆弱的星球而设计》（*Design for a Vulnerable Planet*，Texas，2011）、《有生命的景观》（*The Living Landscape*，Island Press，2008）、《人文生态学》（*Human Ecology*，Island Press，2002，2016）等多部作品。他曾作为访问学者到清华大学开展访学，也曾作为富布莱特—海斯研究学者赴荷兰瓦赫宁根大学访学。

乔治·F. 汤普森（George F. Thompson）自 1984 年就已是一位职业编辑和出版者。经他手出版的图书赢得 100 多项重大奖项，因而获颁终身成就奖，并获得来自美国地理协会（Association of American Geographers）、景观设计教育委员会（Council of Educators in Landscape Architecture）、《摄影界新闻》（*Photo District News*）、本土建筑论坛（Vernacular Architecture Forum）的多次嘉奖。他曾撰写/编纂 7 部作

品，包括《芝加哥作品集》（*Chicago Portfolio*，Center for American Places，2006）、《生态设计与规划》（与弗雷德里克·斯坦纳和约翰·威利合著，1997，2007）以及被《哈珀斯》杂志（*Harper's* magazine）评为 1995 年年度优秀图书的《美国景观》（*Landscape in America*，Texas，1995）。

阿曼多·卡博内尔（Armando Carbonell）自 1999 年起至今主持林肯土地政策研究院的城市规划项目。早年作为地理学家开展学术工作，随后作为科德角（Cape Code）委员会的创始执行主席，负责为当地建立一个全新的规划体系。1992 年，他成为哈佛大学设计研究生院的洛柏研究员（Loeb Fellow），而后在哈佛大学、宾夕法尼亚大学教授城市规划，并担任英国期刊《城镇规划评论》（*Town Planning Review*）的编辑。他在城市与区域规划、应对气候变化的规划等方面撰写 / 编纂了多部作品。

贡　献　者

何塞·阿尔米尼亚纳（José Almiñana）自 1995 年起担任须芒草联合设计公司（Andropogon Associates）负责人，是美国景观设计师协会（ASLA）会员，2010 年获得协会主席奖章。出席国内、国际会议，在多所高等教育机构讲座交流，包括宾夕法尼亚大学设计学院、哈佛大学设计研究生院高管教育暑期项目、费城大学和德雷塞尔大学（Drexel University）。

蒂莫西·比特利（Timothy Beatley）是弗吉尼亚大学建筑学院可持续社区特蕾莎·海因茨讲席教授（Teresa Heinz Professor）、城市与环境规划系系主任，在此执教达 30 年。撰写或合著专著 15 部，包括《生物友好型城市》（*Biophilic Cities*，Island Press，2011）、《无处为家》（*Native to Nowhere*，Island Press，2004）、《绿色城市主义》（*Green Urbanism*，Island Press，2000）以及被美国规划协会列为"百部规划必读书"的《道德土地使用》（*Ethical Land Use*，Johns Hopkins，1994）等。

詹姆斯·科纳（James Corner）是宾夕法尼亚大学景观建筑学教授、詹姆斯·科纳景观设计事务所（James Corner Field Operations）创始合伙人。所获荣誉包括全国设计大奖（National Design Award）和美国艺术与文学学院建筑学大奖（American Academy of Arts and Letters Award in Architecture）。他的作品广为传播并在现代艺术博物馆（Museum of Modern Art）、库珀-休伊特·史密森尼设计博物馆（Cooper-Hewitt Smithsonian Design Museum）、皇家艺术学院（Royal Academy of Arts）

和威尼斯建筑双年展（Venice Biennale）展出。著作包括《高线公园》（*The High Line*，Phaidon，2015）、《景观想象力》（*The Landscape Imagination*，Princeton Architectural Press，2014）和《在美国景观中行动》（*Taking Measures Across the American Landscape*，Yale，1996）等。

苏珊娜·德雷克（Susannah Drake）是迪兰德建筑和景观设计工作室（DLAND studio Architecture and Landscape Architecture）的创始负责人，其"水流上升新式城市地面"设计案已被现代艺术博物馆和库珀 - 休伊特·史密森尼设计博物馆永久收藏。2005 年以来，她在哈佛大学、伊利诺伊理工学院、佛罗里达国际大学、纽约城市学院、雪城大学、华盛顿大学圣路易斯分校及库珀联合学院等高校讲学。作品和文章多见于《国家地理》（*National Geographic*）和《纽约时报》（*The New York Times*），也向《基础设施城市主义》（*Infrastructural Urbanism*，DOM Publishers，2011）、《高架之下》（*Under the Elevated*，Design Trust for Public Space，2015）和《演示：大都会》（*DEMO: POLIS*，Akademie der Künste，2016）等供稿。

卡罗尔·富兰克林（Carol Franklin）于 1975 年联合创建了须芒草联合设计公司。1999 年，入选美国景观设计师协会委员会。1972—2002 年，任宾夕法尼亚大学景观建筑学和区域规划客座教授，并在美国景观建筑学协会（American Society of Landscape Architecture）、国家公园管理局及白宫的多个项目担任重要顾问。富兰克林获奖无数，其中最近的有马尼托加设计大奖（Manitoga Design Award）。与大卫·考托斯塔（David Contosta）合著《大都市天堂》（*Metropolitan Paradise*，Saint Joseph's University Press，2010）一书。

克里斯蒂娜·希尔（Kristina Hill）是加州大学伯克利分校景观建筑学副教授。她也是一位富布莱特学者、城市设计研究院成员，并在执教华盛顿大学期间担任西雅图公共单轨铁路管理局局长。文章常见于《生态学和环境前沿》（*Frontiers in Ecology and Environment*）、《景观研究记录》（*Landscape Research Record*）和《范式》，还曾与巴特·约翰逊（Bart Johnson）共同编写《生态学与设计》（*Ecology and Design*，Island Press，2002）一书。

尼娜－玛丽·利斯特（Nina-Marie Lister）是瑞尔森大学（Ryerson University）城市规划副教授、研究生项目主任，也是该校生态设计实验室创始人、主任。2010—2014年，任哈佛大学景观建筑学访问副教授。作品发表在40多种出版物上，包括和克里斯·里德合著的《预警生态学》（*Projective Ecologies*，Harvard GSD and ACTAR Press，2014）和《生态系统方法》（*The Ecosystem Approach*，Columbia，2008）。

伊丽莎白·迈耶（Elizabeth Meyer）是弗吉尼亚大学景观建筑学教授、美国景观建筑学协会会员及景观建筑学教育委员会成员。2012年，被奥巴马总统任命为美国艺术委员会主席。文章见诸《哈佛设计杂志》（*Harvard Design Journal*）、《景观建筑学》、《景观》、《场所》（*Places*）等，以及多部设计选集，如《景观设计的价值取向》（*Values in Landscape Architecture*，Louisiana，2015）、《泰勒·库利托·里斯林作品集：理解景观》（*Taylor Cullity Lethlean: Making Sense of Landscape*，ORO Editions，2014）和《大型公园》（*Large Parks*，Princeton Architectural Press，2007）等。

福斯特·恩杜比斯（Forster Ndubisi）是得克萨斯农工大学景观建筑和城市规划教授、系主任。著有《生态规划》（*Ecological Planning*，Johns Hopkins，2002）一书并被评为2003年度最佳学术图书选择奖（Choice Best Academic Title），编有《生态设计与规划读本》（*The Ecological Design and Planning Reader*，Island Press，2014）。2009年、2010年，《设计情报》（*Design Intelligence*）将他列为全美名列前茅的建筑和设计院校中"25位最受敬仰的教育者"之一；此外，他还获得景观设计教育委员会2011年度卓越管理者大奖和2016年度卓越教育者大奖。

劳里·奥林（Laurie Olin）自1974年以来执教于宾夕法尼亚大学和哈佛大学，教授景观建筑学。著作包括《比斯卡亚：一座美式别墅及其建造者》（*Vizcaya, An American*

Villa and Its Makers，University of Pennsylvania Press，2006）、《拉·福切》（*La Foce*，University of Pennsylvania Press，2001）和《穿过开阔的场域》（*Across the Open Field*，University of Pennsylvania Press，1999）。作为一名古根海姆和罗马奖（Guggenheim and Rome Prize）获得者，他还曾获得美国艺术与文学学院建筑学大奖、美国景观建筑学协会终身成就奖章以及奥巴马总统颁发的国家艺术奖章。

凯特·奥尔夫（Kate Orff）是"景"工作室（SCAPE）创始人，也是哥伦比亚大学副教授，主持该校的城市设计项目。作品常发表于《纽约客》（*The New Yorker*）、《经济学人》（*The Economist*）和《景观建筑学》，著作包括《迈向城市生态》（*Toward an Urban Ecology*，Monacelli Press，2016）、《石油化工的美国》（*Petrochemical America*，with Richard Misrach，Aperture，2014）、《门关：城市国家公园的愿景》（*Gateway: Visions for an Urban National Park*，Princeton Architectural Press，2012）。

达尼洛·帕拉佐（Danilo Palazzo）于1997—2012年任米兰理工大学城市学、城市规划和设计助理教授、副教授。2012年任辛辛那提大学规划学院院长。论文常见于《景观与城市规划》、《景观》、《建筑》（*Oikos*）、《土地》（*Territorio*）和《城市规划》（*Urbanistica*），著有《城市生态设计》（*Urban Ecological Design*，with Frederick Steiner，Island Press，2011）、《城市设计》（*Urban Design*，Mondadori，2008）和《在巨人的肩膀上》（*Sulle Spalle di Giganti*，Franco Angeli，1997）。

克里斯·里德（Chris Reed）是斯托斯城市景观公司（Stoss Landscape Urbanism）负责人、设计总监，也是哈佛大学设计研究生院景观建筑学副教授。文章常见于《艾弗里评论》（*Avery Review*）、《哈佛设计杂志》、《陆线》（*Land Lines*）、《范式》（*Topos*）等，著有《生态城市主义》（*Ecological Urbanism*，Lars Muller，2010），与尼娜–玛丽·利斯特合著《预警生态学》。曾获库珀·休伊特景观建筑全国设计大奖，同时也是美国景观建筑学协会会员。2017年，他常驻罗马美国学院。

安妮·惠斯顿·斯本（Anne Whiston Spirn）作为麻省理工学院景观设计和规划教授，是一位屡获大奖的作家、摄影家、教师与建筑设计从业者。1987 年起，斯本就已主持西费城景观项目，这是一项集科研、教学与社区服务于一身的实践研究项目，并已得到多个奖项的认可。文章及摄影作品多见于《景观建筑学》《景观》《景观研究》《猎户座》（*Orion*）和《范式》，著作包括《眼为心门》（*The Eye Is a Door*，Wolf Tree，2014）、《无畏眺望》（*Daring to Look*，Chicago，2008）、《景观的语言》（*The Language of Landscape*，Yale，1998）和《花岗岩公园》（*The Granite Garden*，Basic Books，1984）等。

查尔斯·瓦尔德海姆（Charles Waldheim）是哈佛大学景观建筑学约翰·埃尔文讲席教授（John E. Irving Professor），并主持设计研究生院的城市化办公室。曾获罗马美国学院罗马奖研究基金、加拿大建筑学中心访问学者研究基金、莱斯大学库里南讲席、密歇根大学桑德斯研究基金等。著有《城市主义的景观》（*Landscape as Urbanism*，Princeton Architectural Press，2016），编有《景观城市主义读本》（*The Landscape Urbanism Reader*，Princeton Architectural Press，2006）。

理查德·韦勒（Richard Weller）是宾夕法尼亚大学马丁和玛琪·梅耶森城市学讲席教授（Martin and Margy Meyerson Chair of Urbanism and Professor）、景观建筑学系系主任，兼任景观建筑学的跨学科期刊《景观建筑学 +》（*LA+*）创意总监。他也是西澳大利亚大学客座教授，并且曾任澳大利亚城市设计研究中心主任。2012 年，被授予澳大利亚国家教学奖。发表文章 90 余篇；出版著作 4 部，包括《产自澳大利亚》（*Made in Australia*，with Julian Bolleter，West Alabama，2013）、《新兴城市 2050》（*Boomtown 2050*，West Alabama，2009）和《房间 4.1.3》（*Room 4.1.3*，University of Pennsylvania Press，2004）。

俞孔坚（Kongjian Yu）于 1998 年创立土人设计（Turenscape），并在全球范围开展景观设计和规划实践。他的论文和项目屡屡见诸《建筑设计》（*Architectural Design*）、

《建筑记录》（*Architectural Record*）、《建筑学评论》（*Architectural Review*）、《福布斯》（*Forbes*）、《哈佛设计杂志》、《景观建筑学》、《景观与城市规划》和《时代杂志》等。他的设计作品发表在威廉·桑德斯（William Saunders）编纂的《人为设计的生态》（*Designed Ecologies*，Birkhauser，2012）。俞孔坚是《景观建筑学前沿》（*Landscape Architecture Frontiers*）的创始人和总编，该刊物曾获美国景观建筑学协会 2015 年传播荣誉奖（Honor Award for Communications）。他的项目也曾获得美国景观设计师协会的总体设计优秀奖、9 项协会荣誉奖，以及城市土地研究院（Urban Land Institute）的 2009 年全球优秀奖。他本人于 2016 年被选为美国艺术与科学学院（American Academy of Arts and Sciences）院士。

林肯土地政策研究院

　　林肯土地政策研究院致力于通过提升土地利用、征税和土地管理效率来提高社会生活品质。作为非营利性私募基金会，林肯土地政策研究院主要从事创新性土地使用方式的研究并提出对策建议，以应对经济、社会和环境挑战。研究院通过教育、培训、出版书籍和举办活动，将理论与实践相结合，为全球范围内的公共政策制定提供决策依据。

目　录

序

　　1993 年 4 月，由亚利桑那州立大学景观设计学院和场所研究中心（后更名为美国场所中心）主持举办的为期两天的国际研讨会在美国亚利桑那州坦佩市（Tempe，Arizona）召开，主题是"景观建筑：生态与设计"，研讨会受到美国国家艺术基金（National Endowment for the Arts）设计艺术项目的资金支持。这次研讨会汇集了来自全球的数百位学者、设计师、规划师、学生、作家、艺术家，并且成为一次分水岭式的事件。这次研讨会的发言人包括 13 位行业内顶尖的专业人士和后起之秀：詹姆斯·科纳、卡罗尔·富兰克林、马克·约翰逊（Mark Johnson）、迈克尔·劳里、伊恩·麦克哈格、伊丽莎白·迈耶、福斯特·恩杜比斯、劳里·奥林、克莱尔·赖妮格（Claire Reiniger）、萨莉·肖曼（Sally Schauman）、哈米德·希瓦尼（Hamid Shirvani）、梅托·J. 弗鲁姆（Meto J. Vroom）、琼·赫希曼·伍德沃德（Joan Hirschman Woodward）等。

　　举办此次研讨会的目的有二：一方面，这是首次从学术角度提供了一个公共平台，以展示生态设计和景观规划方面的新想法、新项目及新规划，同时也揭示了这个学科所面临的以艺术和科学为核心的诸多挑战；另一方面，研讨会在四年后，也就是 1997 年，出版了标志性的著作《生态设计与规划》，该著作被收录在"威利可持续设计系列丛书"（The Wiley Series in Sustainable Design）第 7 卷。

　　虽然《生态设计与规划》已经成为景观建筑学本科生和研究生的必读书目，新一代的景观建筑师和规划师们仍然不断地在各自的成果中提出关于生态设计与规划的新视角、新观点，诸如新城市主义、生态实用主义和生态服务等一些学科的新发

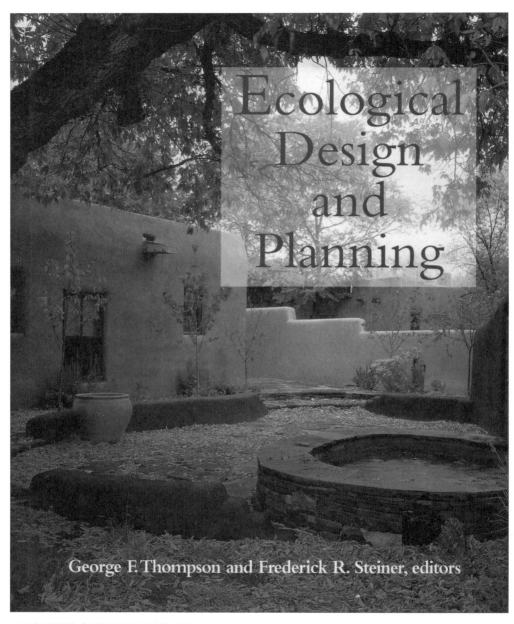

1997 年出版的《生态设计与规划》封面

资料来源：新墨西哥州圣达菲市舞墙花园（Dancing Walls Sculpture Garden）的设计者克莱尔·赖妮格拍摄，经 John Wiley & Sons 允许使用。

展，以及经证实的全球气候变化和海平面上升现象开始主导学科发展。在此背景下，几年前，学生们开始提出"什么时候会出新版《生态设计与规划》"的问题，一次新的国际研讨会和一本新书的想法由此酝酿产生。

2014年2月28日和3月1日，位于马萨诸塞州坎布里奇市的林肯土地政策研究院、得克萨斯大学奥斯汀分校建筑学院和乔治·汤普森出版社（George F. Thompson Publishing）共同在奥斯汀举办了一场主题为"自然与城市：城市生态设计与规划"的国际会议。与1993年的那场会议一样，这次会议吸引了全球数百位专家、学者和学生前来参会，了解新一代业界泰斗和学术新星们对"自然与城市"这一日益重要的全球性话题的观点和相关项目的最新进展。

在过去几个世纪中，景观建筑学家们一直参与塑造着我们的城市，尤其是城市公园、绿化和开放空间等方面。今天，全球超过一半的人口居住在城市，并且这个比例在未来一个世纪预计还会持续增长，在这样的背景下，城市的未来这一话题已经成为当今时代最迫切的环境和社会经济问题之一。因此，2014年的会议以及本书的着眼点，就在于城市和自然之间的重要关系，以及生态设计和景观规划要如何在改善全世界或大或小、或贫或富的各个城市上发挥关键作用。

沿袭《生态设计与规划》的传统，这次研讨会和本书集结了过去20年里最重要的从业者与研究者们（其中一些人1993年时正是学术新星）的成果，他们的研究从生态视角理解我们身边的空间和地域，重点研究的是城市。我们要构建一个集合体，它综合新视角、新项目、演化模型以及景观建筑理论及其在各种人文视角下改善城市环境中越发重要的应用。我们欣喜地看到这个目标已经实现了。

可喜可贺的是，自1993年以来，景观建筑学已经脱离了当时关于"艺术还是科学"以及"生态设计与规划是否是我们景观创造和维护的核心"的种种争论。可喜的是，如今景观建筑学已经越来越专注于将科学与艺术、土地与文化、人类基础营养与环境健康、经济发展与环境正义、实用需求与审美需求整合到学科的核心中去。这些成果在全世界的景观中随处可见，许多景观的规划者和设计者也是本书的作者。

当然，也有很多是不曾改变的。正如《生态设计与规划》一书前言所说："我们正处于社会发展的关键时期，城市和社区——甚至包括地球本身——的健康与维护

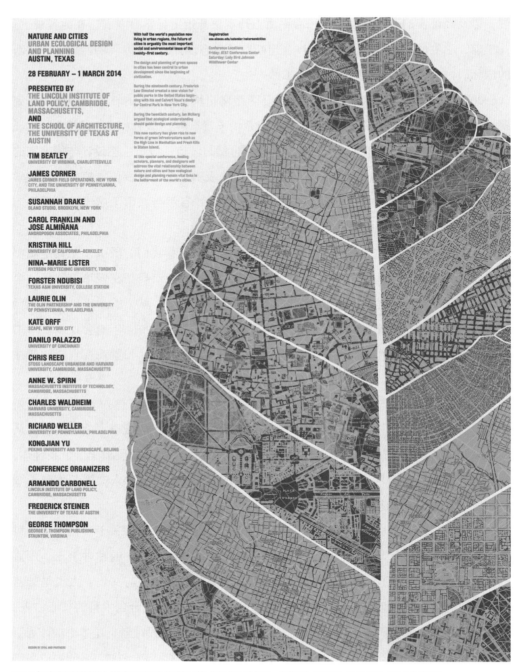

2014 年在得克萨斯大学奥斯汀分校举行的"自然与城市：城市生态设计与规划"研讨会海报
资料来源：由戴尔及合伙人公司（Dyal and Partners）在奥斯汀设计并经允许使用。

较上一个世代迫切得多。"[1] 如果景观建筑和规划要取得成功或做到与时俱进，那么，生态设计与规划就得让人类生活的方方面面受益，小到居民社区，大到整个区域的分水线。这个学科服务于社会公益的功绩与过往应当被铭记和传颂。只要设计师与规划者从生态出发参与设计、规划和管理，只要他们的方法充分展示专家们的目标和对地球上所有生命的美好世界的承诺，那么，这个学科的未来就会是富有活力且充满成就的。

本书的出版受到了太多人在专业知识上的帮助和支持，实难一一致谢，但我们要为了所学到的知识，向各位老师们、导师们和同事们，相关书籍、景观设计与规划的各位作者们，以及为此次论坛和本书忙碌奉献的人们，还有举办此次论坛、出版作品集的幕后英雄们，克里斯汀·马辛（Christine Marcin）和米姬·索罗扎克（Mikki Soroczak），致以最深重的谢意。特别感谢林肯土地政策研究院的出版负责人莫林·克拉克（Maureen Clarke）坚定不移的热情与及时的指导，大卫·斯科金（David Skolkin）颇具启发性的设计，以及林肯土地政策研究院的其他工作人员等等，是你们的辛勤工作让这本书的成功出版成为可能。

我们和各章作者为本书中任何解释性或事实性的错误感到遗憾，当然，这些都是无心之错。我们也欢迎批评和纠正，希望在未来的版本中得以修订。

本书编写组

得克萨斯州奥斯汀市

弗吉尼亚州斯汤顿市

马萨诸塞州坎布里奇市

2015 年 10 月 30 日

1　Thompson, George F., and Frederick R. Steiner, eds., *Ecological Design and Planning* (New York, NY: John Wiley & Sons, 1997), 5.

前言：今日景观与未来挑战 [1]

乔治·汤普森　弗雷德里克·斯坦纳　阿曼多·卡博内尔

从一览无余的高空俯瞰，大地如此明晰。在 10 038 米的高度，我们能看到人类对土地的改造。地表景观有如明镜，真实地反映着人类的一举一动。景观从不说谎，它如实诉说着我们在地球上的行为。

有些道路顺着河流和山谷前行，不需多少创意；其他道路向聚落会集，像家畜蹄印汇聚成径，引向水源，或是沿着野鹿和其他动物的足迹，又或是沿着地形等高线，纵横交错，很快就如蛛网般构成了庞大路网，展现出一种有机统一的壮美。从空中俯瞰埃尔·格雷科（El Greco，1541—1614）的家乡——西班牙的托莱多，就呈现出这种完美的有机城市形态。

北美大草原，直到两百年前都基本未经开发，如今已经被大型农场划分为方格，就像是我们在对大自然征收什一税（旧时向教会缴纳的税种）一般，除了庄稼、河岸和溪边细细的一排树，没有多余的植被空间。16 公顷同心圆形状的农田生长着玉米、大豆或者苜蓿（这是公司型农业的三连胜作物），就像是有人在土地上抛下了巨大的、完美对称的 50 美分硬币。雷同的田地在大地上无

1　非常感谢托马斯·C. 亨特（Thomas C. Hunter），一位受人尊敬的生态学家，接受过设计培训，被许多人称为"土地博士"，感谢他在撰写本文前后提供的建议。

许多我们常见的乡土景观，无论是城市、农村、郊区、社区还是野外，都是土地用途的混合体，尽管鸟瞰图可以澄清和简化复杂的情况，但要在一张图片中解读它们可能很困难。如 2015 年 9 月的这一鸟瞰图所示，它展示了湿地（新泽西州北部的草地）、95 号州际公路 / 新泽西收费公路、汽油储罐以及由南向北通往纽瓦克国际机场的道路。景观设计师知道如何与规划师和其他景观设计师协同工作，以便在这些人为和天然的结构中进行设计与规划

资料来源：乔治·F. 汤普森拍摄并经允许使用。

止境地蔓延，跨州连片，所有这些农业行为都是联邦农业政策与自然之间失衡的结果。难怪蝴蝶和其他无数的动植物在这样不自然的情况下如此奋力地挣扎求存。

　　天然气开采点如雨后春笋般涌现，并在大平原和北美西部的内陆地区蔓延，好像一群注射了兴奋剂的土拨鼠在大片土地上疯狂挖洞。《格列佛游记》的那些故事仿佛重现。同时，露天矿在地面上产生巨大的洼地，好像外太空陨石砸出的坑。这些矿坑鲜艳的赤褐色、红色、金黄色和沙黄色的色调与周围土地形成鲜明对比，就好

像矿山也被雕刻成了艺术品，笨拙地试图仿造地下罗马竞技场或迷你大峡谷。与此同时，巨大的白色风力涡轮机，长达 126 米，高达 85—95 米。好像一个巨大的外科医生把不同长度和形状的针管扎进陆地与海洋，与此同时，数不清的鸟受此影响而死去。

沿海的市镇和城市向毗连的海洋扩张，几乎没有缓冲区来保护社区免受海浪潮汐冲击，而潮汐将很可能在一个世纪后高出 1 米。同样的情况也出现在那些河流上大大小小的城镇，河流像潮水一样潮起潮落，不时地冲垮堤岸和街道。即便是像芝加哥、悉尼、东京和多伦多这样的世界级都市，高空俯视，都像乐高积木一块又一块；水平望去，如条形图一条又一条，汽车和卡车像忙碌的蚂蚁一样东奔西跑，火车像蛇一样滑行。

沙漠，长期以来是《圣经》中所描绘的荒凉的边鄙，现在变成了新城镇、城市和度假胜地的绿洲，每个城镇、城市都有房屋坐落在海蓝色的游泳池旁，就好像进入社区必经游泳池一样。波光粼粼的湖泊被大型水坝截住，水蒸发到干燥无云的天空中。大片葱郁的高尔夫球场凸显了一幅由令人惊叹的绿色草坪组成的拼图。这让人怀疑是否有一个名为景观立体派（landscape cubism）的新艺术流派在这片土地上搞错了事情。

但是，也还有大片尚未开发的土地。诸如阿巴拉契亚山径（Appalachian）、大陆分水岭小径（Continental）、冰河时代步道（Ice Age）、大远足路线（Grande Randonnée）、大巴塔哥尼亚之路（Greater Patagonian）、纳切兹步道（Natchez Trace）、太平洋山脊步道（Pacific Crest National Scenic Trail）、蒂阿拉罗阿步道（Te Araroa Trail）和东海小路（Tokai Saunter）等步道，漫步悠长，不仅深入各自国家的腹地，更能体现其国家精神。森林绵延无际，减轻了地球为了处理不断增加的二氧化碳而急需新肺的压力。流域和湿地仍然完整，维系着土地和水之间的天然位置，为下游城镇和城市提供了无法估量的价值，并为鱼虫鸟兽提供栖身之所。等高耕作能够与地形地貌保持和谐一致，也符合 1935 年 4 月 27 日颁布的《土壤保持法案》的生命赋予原则。而更多的城市自夸拥有的集公园、开放空间和绿色通道等于一体的综合系统，证明了自然可以回归到城市景观中，并在生态和社会经济方面提升社区水平。[1]

土地能够传递的信息量如此巨大。景观建筑、城市规划设计和建筑学应当继续发挥它们的先锋作用，为我们的各种景观（城市、郊区、乡村、区域、社会和荒野）提供一种生态的设计、规划、管理方法。无论在哪里，这一切都要脚踏实地地开始，从大自然和我们的社区当中，从形成我们的家园的多样生态、经济和文化环境当中开始。

但是这些土地中的大部分都已经成为城镇，如此普遍且仍在不断扩张的城镇化看似永无尽头。那么，我们如何才能做得更好？这一现象和问题正是本书的核心。

尽管从空中看，土地的使用似乎相对清晰和简单，但在地面上，由于不可避免的细节，情况变得更加复杂。人类与自然多层次交织在一起，生活体现在各个方面，诸如我们眼前看到、耳中听到、皮肤和衣服感受到露点、湿度、干燥的空气、阳光、晚风以及凉爽或温暖的气温。即使在我们有限的感官范围内，也有很多地方需要理解。

也许这个范围就包括了你家后院或城市街道，你家小区的饮用水源，备受欢迎的聚会场所，心爱的度假胜地，遭受干旱、洪水或火灾蹂躏的景观，从地震、塌方、犯罪或战争中恢复重建的地区等等。想象力可以把我们带到任何我们想去的地方，但这种探知也是有极限的。当你想象、行走、骑行或驱车经过你周围的风景时，就要把以下所有的一切都收入眼底：装饰着你的草坪或在人行道夹缝中的每一棵草；你日常生活中的每一块农田、公园或牧场；每一个给你庇护、栖身的小屋、公寓或豪宅；点缀着你的空间的每一棵树、每一条林荫道或每一个公园；你面前的每一个经济实体和经济活动；从面包房或铸造厂飘散出来的每一种气味；你的每一次呼吸都是由地球的自然元素（沙子、花粉、灰尘）和不胜枚举的人类活动催生出的化学

1　对此，著名地理学家段义孚回答说："是安迪·沃霍尔说他偏爱城市吗？为什么？嗯，人们可以在城市中找到自然，但在自然中却找不到城市，甚至连一个小小的城市标志都找不到。"（给乔治·F. 汤普森的私人邮件，2015 年 10 月 23 日）

品调制成的混合物。

　　既然你已经看到、听到并感受到了这个景观，那么想象一下，你突然负责这个场景。你的家人、邻居、村庄、城市、地区和国家都取决于你。首先，要解释你所感知的每一个方面，并对其做出一些合理的解释——无论是在公共场所、教室，还是在公司会议室。其次，设想、沟通、规划和设计你所看到的场景的改进方案。你会从哪里开始？你会做什么？在什么情况下，你可以或可能实施变革？如何实施？自下而上还是自上而下？通过外交手段、民主方式还是独裁方式？你的愿景及相关的一系列行动将如何维持、推进或随着时间的推移而改变？在什么情况下，由谁以及在什么权威下进行改变？

　　这就是当代景观设计师、建筑师和规划师所接手的领域全貌。现在，回到你的"愿景"，看看你所在的地方想成为什么样子，考虑这样一个过程——改变将要通过三个贯穿全程的基本主题来寻求并实现：①人类对干净的水、充足且安全的食物以及人道的庇护所的需要；②人类对经济福祉的需要；③照顾和治愈土地以及自然本身的自然需要。一个人如何通过结构、目的和意义来提供满足感、价值及公共利益？一个人如何能通过打破单一目标型思维、走向多元表现的统筹意识的设计和计划来为地方、社区、城市及地区增加价值？重要的是，作为日益庞大的城市人口的一部分，我们如何与仍然依赖的自然世界重新联系起来，并参与到有益于生态环境的生物和社会经济活动中去？

　　正如奥尔多·利奥波德所说，虽然大自然是我们生命的核心，也是地球上其他生命形态、植物、树木、土壤、水和岩石等事物的核心，但人类与大自然的联系往往不敌无处不在的利益，这令我们舍弃了大地伦理所带来的利好，而追求社会福利和经济效益（Leopold，1949）。当我们看到大地上的种种景观之时，心中就会不由自问：我们人类究竟是如何守护这颗富饶的星球的？

　　假如一个人旅行足够遥远、历时足够长久，他总能发现人类社会和文化与其周围的自然系统紧密联系在一起。亚马孙雨林深处的房屋高高架起，是为了防备世界第二长的河流和世界最大河流流域的年度或季节性波动。美国南部的家庭会传统地使用前廊和环绕整栋房子的门廊来提供阴凉，以解夏季的濡湿酷暑，同时也为邻里社交提供了空间。在密西西比州的维克斯堡，每天都可以看到街道两旁，排屋门前修置有阴凉的门廊，人们在那里谈笑风生。即便是在北欧，面临着地球上最为严酷的寒冬，许多斯堪的纳维亚人仍然能够巧妙地使用木材和结绳工艺搭建一些最节能的小屋。与此同时，越来越多的能源与环境设计领袖计划（Leadership in Energy & Environmental Design，LEED，也称"立德"）正在把世界上的新建筑改造成能源使用高效的结构，从"立德"铂金奖的获得者——威斯康星巴拉布地热供能的奥尔多·利奥波德中心，到第一个北美地区以外"立德"邻里发展铂金奖获得者——上海世博

将生态设计与规划思路在都市肌理之中开展更为优质的应用及整合，机会之多，恰如图中船只之密。一瞥之下，难免好奇发展机遇怎能纷繁密集至此？河畔，水中，近在桥对岸的市中心，远到山麓边的郊外社区，几乎无处不在。在温哥华这样一座以优越地理环境和优美风景享誉全球的城市之中，一眼望去也仅能看到大自然风光的一抹痕迹而已

资料来源：乔治·汤普森拍摄于 2014 年 10 月，经允许使用。

会城市最佳实践区（urban best practice area，UBPA）的再开发项目。

除"立德"外，景观设计师、规划师、生态学家等设计了可持续网站计划（Sustainable Sites Initiative，SITES）。现在由绿色建筑认证公司（Green Building Certification Inc.）管理。可持续网站计划成立的初衷是户外版的"立德"，它是通过一系列试点项目启动起来的，包括由须芒草联合设计公司（位于费城，成立超过30年，其宗旨是"设计结合自然"）、奥林事务所（OLIN，位于费城、洛杉矶，强调社会参与、技术、细节和持久度）以及詹姆斯·科纳景观设计事务所（位于纽约、伦敦，以极强的当代设计风格闻名）承建的项目。得到认可的试点项目包括：由须芒草联合设计公司承建的宾夕法尼亚大学校内的鞋匠绿地（Shoemaker Green）项目以及位于宾夕法尼亚州匹兹堡市的菲普斯可持续景观中心（Phipps' Center for Sustainable Landscapes）；由奥林事务所承建、位于哥伦比亚特区的华盛顿运河公园（Washington Canal Park）；由詹姆斯·科纳景观设计事务所承建、位于田纳西州孟菲斯市谢尔比农场（Shelby Farms）的林地探索游乐园（Woodland Discovery Playground）。

然而，随着城市化的深入，人与自然的直接联系肯定会不断逐代减弱。对世界范围内的大多数城市来说，自然都只是事后才会想起的念头了。如下的故事已是司空见惯：

> 大约十年前，报纸上的一则新闻吸引了我的注意：一个纽约市哈莱姆区（Harlem）的小男孩接受了采访，给出了他对自然的看法。文章引用他的原话，说脚下的草叶，从水泥人行道缝隙中长出来的草叶，对他来说就是大自然的化身。这是他所需要的自然世界的全部。沿着城市的街道，也是他的家园，有这一点野性的象征。那片幸存的绿色草叶，在800米外的中央公园以南，给城市环境带来了大自然的初级元素，这也是男孩所依恋的舒适区。（Thompson，2010）

即使在自然禀赋丰厚的城市中，这些绿地也常常感觉是孤立割裂的，像小型博

至少目前来看，新泽西州霍博肯市（Hoboken）这片河畔绿地颇具吸引力，成为霍兰德隧道（Holland Tunnel）的高速公路与日新月异的曼哈顿天际线之间一块"绿色三明治的夹心"，在哈得孙河畔开阔的天空下，奉上一块诱人可口的"城市三明治"。仅从通勤的公交车上望去，难以想见世界上几个著名的城市公园就隐藏在这片城市天际线之中——由弗雷德里克·劳·奥姆斯特德（Frederick Law Olmsted，1822—1903）和卡尔弗特·沃克斯（Calvert Vaux，1824—1895）设计的中央公园（1857），由詹姆斯·科纳景观设计事务所携手迪勒·斯科菲迪奥—伦弗罗建筑事务所（Diller Scofidio + Renfro）、皮特·奥多夫事务所（Piet Oudolf）设计的高线公园（2006—2014）。图为自新泽西州霍博肯市望向纽约的远景

资料来源：乔治·汤普森拍摄于 2013 年 5 月，经允许使用。

物馆或动物园一样供日常使用或偶尔游玩。事实本不必如此；这不必是忽视自然所赋予的诸般好处的必然结果，当自然可以更充分地融入任何城镇或城市的肌理之中，无论是在耶路撒冷、麦德林还是阿肯色州的斯图加特，我们都能做得更好。景观设计师、建筑师和规划师经常引领潮流。

那么，乡镇、城市和国家又为何可能会继续忽视洪泛平原与海平面，并且允许房主、开发商和度假村在长期泛洪与风暴潮地区进行开发及重建呢？一家公用事业

公司怎么可能违反常识性规划的基本原则，并获准在一条穿过一片栖息有珍稀濒危物种的国家森林且经过一个以极端喀斯特地貌与大型溶洞闻名的区域的路段上，铺设长达 900 千米、将会破坏地下蓄水层进而影响周边城市、乡镇、农场淡水供应的天然气管道呢？矿业公司怎么可能未在经济协议中被要求实现循环经济，实现项目区的生态恢复和再利用？在充分了解到水上赛事都将在瓜纳巴拉湾举行而这里等同于一个未经处理的污水池时，里约热内卢怎么可能得以承办第 31 届（2016 年夏季）奥运会呢？显然，这些景观设计者并未将生态设计规划的原则和实践纳入他们各自的世界观中，而我们要万万小心他们的无知和贪婪所带来的严重后果。

生态设计规划是从属于我们社区和城市的健康发展与福祉的，因此其美好前景正在于此，待君求索，待君动身，待君动手贯彻，待君持续关注。但是，往往我们反而忽视了居民对城市规划设计的理解中最显而易见的部分：我们这些几乎遍布地球各个角落的人类，是与自然永恒共舞的最重要的参与者，自然不仅是我们生活的构成和环境，更是关乎我们家园的总体健康和福祉。

《自然与城市》的作者们展示了当下生态设计规划中业已完成和正在进行的最为重要的工作。由于景观设计师、建筑师和规划师们的工作已在世界各地经过了再三的实践验证，因此，我们作为一个行业群体，可以肯定地说，我们知道如何同全世界的规划师们携手合作，提供安全的水源、食物和庇护；减少城市街道的地表径流；改造易遭洪灾或风暴潮影响的区域；找到并设计出一条安全的运输管道，既能够输送由水力压裂法这种不可控方式开采的天然气，又能具有其他功能；为商业开发区设计停车场；为城市居民们提供比人行道边的狭窄绿化带更为广阔的绿地；重建并修复那些老旧且遭受污染的地点；通过绿色设计和绿色基础设施，分享愉悦心情，增强经济活力。

但是不论身在何处，我们仍需要在更多方面取得进展，因为全世界都愈发城市化，气候变化、贫困、疾病、冲突和战争的后果是实实在在的。再一次，景观设计师、建筑师和规划师们站在人类理解自然世界及其种种表现的历史前沿，其中细节和相互联系至关重要。此外，凭借他们的规划设计成果，有些已达百年之久，我们得到了改善世界的实例。失败的实践是投机性和单一性思维导致的，这种思维长期主导着公众和私人视野，但景观设计师、建筑师和规划师们却提供了别样的视角。

本书的作者们分享了我们未来发展方向的现实经验和视角。他们讨论并揭示了各自对历史上和当代生态设计规划的看法。许多案例都谈及全世界广为人知、屡获殊荣的创新设计和规划。因此，当我们分享和探索他们关于自然与城市的想法甚至对设计与规划的反思时，阅读他们的文章也令人眼界大开。殊途同归，这些文章都传达了规划与城市设计中生态实践的希望和期待，以及自然与文化、科学与艺术有机动态结合、经过实践验证的方法。通常来看，大型项目、设计与规划往往会主导专业视域和设计、规划力量，引导其追求公共利益。从历史上看，这包括了各种各样的项目，大到国家公园和新城市的规划建设，小到私人花园和城市商业综合体。但是，对于大多数人来说，生态设计与规划依旧并不容易理解。这就是需要完成额外工作的地方。因此，如果景观设计师、建筑师和规划师愿意以新的方式工作，那么，我们可以用一代人的力量前进多远？这又会是另一番景象了。

有一位来自南非的女性，一名美国籍公民，受到了大自然愈合能力的启发。她在自己所居住的社区颇为知名，深受尊重。她是一位安静却坚决的领导者，能够剥离建筑环境，并将大自然更充分地融入城市日常生活的各个领域。即使在被确诊为癌症晚期后，她也仍在为社区和其他癌症病友服务，仿佛死亡不会到来似的。去世后，她的追思会在一个静谧的新建花园里举行，这里靠近一座较老的公园和一条两岸人口稠密的大河。城市为了纪念她，将这座新花园致献给她，数以百计的人顶着炎炎烈日出席了典礼。

市长首先发言，在欢迎到场众人、说明本次集会目的后，他说：

> 有种东西被称为"场所感"。这个词很难描述，但，无论是一个像这样的纪念花园，一个历史街区、大楼或景观，甚至一个社区、一个区域，当我们看到一个特殊的场所，我们肯定知道。作为公务人员，我们致力于从多方面培育场所感：提供增进大众福利的服务和基础设施，建立与自然的联系。即便是住在

我们所体验到的景观都是多层次的，地球上几乎无不如此。如图所示，一条细长的原生植被带，经设计而成为大西洋与这条林荫小道／木板步行道之间的缓冲区。而这一切景象，仅一次涨潮就能全然改变，它又能留存多久？图为自南卡罗来纳州桃金娘海滩（Myrtle Beach）汉普顿海滨套房酒店三层的远眺景象

资料来源：乔治·汤普森拍摄于 2015 年 3 月，经允许使用。

> 一座最热门的国家公园周围，我们也需要自然重回城市，融入日常生活成为一种日常体验，就如安妮－玛丽（Anne-Marie）设想的那样。[1]

可以说，30 年前，"场所感"这个词就如一个白日梦、一个彻头彻尾的妄想，在我们的日常生活中无一席之地，更别说公共政策了。然而今天，正如这位年过 30 的城市管理者所表达的，这个词已经被充分意识到且被接纳了。我们甚至听得到各个机构层次的老师大讲"基于场所"的教育的需求和成效——"场所"是自然和人文过程交织而成的。

1　乔治·汤普森在 2014 年 6 月弗吉尼亚州韦恩斯伯勒宁静花园正式落成典礼上的笔记。

随着世界发展越来越城市化，即便那些生活在郊区的人们，也需要将"生态设计与规划"融入我们的共同存在、日常生活、基本方式方法当中，正如"场所感"迅速占据上一代人的思想那样。无论是大是小、是公共的还是私人的，景观设计、城市规划与设计以及建筑都可以通过具体项目持续推进一个更美好世界的"绿色"愿景，这一愿景要得以更加充分地表达、赞赏、接受和悦纳，就需要贴近本地需求，贴近公众导向，贴近公共空间：生态设计与规划已渐渐成为亡羊补牢之思，也因此，成为向我们人类的生命存在以及同胞生命形态提供健康和康乐生活的重要参与者。要治愈我们的家园——地球，就是要治愈我们自己。

生态基础设施的绿色愿景已经在许多专业领域和人类努力中得以实现。这一愿景在许多地方已经稳稳站住了脚，我们已经可以看到生态方法如何促成生物和非生物要素之间必要的相互作用。以修建集水区为例，集水区是分析、保护和关注的基本单元，其修建就是水文系统中污水合流（combined sewer overflows，CSOs）相关的启发性工作，以便为市民提供安全可靠的水源。雨水花园、减少径流及其他创造性的模仿生物富集过程等解决方案的进步也令人大开眼界。生态、社会经济和政治能力在具体社区与城市环境内的进一步融合，为景观设计师、建筑师和规划师提供了一条可全方位预想改善措施并基于社区开展互动设计以落实推进的已验证路径。

本书中的每一位作者都为景观设计、建筑和规划能如何继续发展并受到更大关注，进而全面参与到世界上各城各镇的社区生活之中，提供了方向、目标和模式。这也意味着，新一代的实践者们需要探索传统规划设计工作室以外的新路径，努力成为亟须这种人文关照的行业内的启蒙和变革力量：值得提及的行业有工程、交通、公共事业设施、农业、资源型工业以及商业发展等等，这些产业基本上已经落后于时代了。

想象一下：工程师们在修建道路、停车场、跨省公路、水坝等基础设施时遵循生态设计规划的原则；市政管理层，包括农业、工业、交通、公共事业设施等部门，能够抛弃之前单一目标的简单思维，而采纳更为宏观有效的思维方式；一个年轻人能在里约热内卢洁净的瓜纳巴拉湾中游泳；一个公共事务公司找到安全高效而不仅只是最短的电力和天然气传输路径；一个公司建成一个能够使地表径流渗透到地下并重新分配利用的停车场；一个公民知道，所有人类的生命源于自然并终于自然，自然是一切生命之源。想想看吧！

参考文献

［1］Leopold, Aldo, *A Sand County Almanac* (New York, NY: Oxford University Press, 1949).

［2］Thompson, George F., "Our Place in the World: From Butte to Your Neck of the Woods," *Vernacular Architecture Forum*, No. 123 (Spring 2010): 1 and 3-6; quoted 1.

NATURE AND CITIES

第一章　生态想象：
城市与公共空间中的生活

詹姆斯·科纳

我的文章"生态和景观作为创造力的媒介"（Ecology and Landscape as Agents of Creativity，以下简称"创造力的媒介"），在 1997 年乔治·汤普森和弗雷德里克·斯坦纳的作品集《生态设计与规划》中首次出版。其中，我强调人类的想象力在塑造人与自然界及人与人之间关系中的重要性，并论证创造力在丰富日常生活中的生态体验的意义（Thompson and Steiner，1997）。本章中，我就该篇文章中的一些主题再次展开讨论，并将早期的部分观点与当前乃至长久以来存在的一些城市问题，特别是城市生活联系起来。我所取用的"生活"一词具有颇为宽泛的蕴涵，它不仅指自然过程和人类健康，还指城市公共空间中社交生活和互动的乐趣。相比"城市中的自然"这个更常使用的二元化表述，"城市生活"是一个更具包容性和整体性的概念，从而使社会生活、文化和互动成为这个综合体中不可或缺的部分。无论是作为生物过程还是作为风景和娱乐资源，自然与社会的结合不是孤立的自然系统，而是通过创意、艺术和设计，赋予体验、互动和理解以特殊意义。[1] 基于这种考虑，第一个要克制的习惯是工具主义观念，即认为科学、技术、指标和线性干预应主导自然系统与城市设计。诗意、美学、主观、想象力等各个维度在工具主义范式中被迫退居次要地位，甚至被认为是多余的，虽未必遭受蔑视或漠视，但几可确定饱受质疑。在工具主义中"受控"才是首要目标，即须有理性问责和可测量的绩效目标；整个世界无非是一个需要被重作调整、再加装配、修复补缺的机械装置。

1　类似的主题也收录在我的《景观想象：詹姆斯·科纳文集》（Corner，2014）一书中。

图 1.1　马克斯·恩斯特,《扑朔星球》, 1942 年, 油画, 119 厘米 × 140 厘米

资料来源：Courtesy of the Collection of the Tel Aviv Museum, Copyright © Artists Rights Society (ARS), New York City/ADAGP, Paris.

　　为与这种工具主义观点作对比, 我借用了马克斯·恩斯特 (Max Ernst) 的《扑朔星球》(La planete confuse) 作为我的文章 "创造力的媒介" (图 1.1) 的扉页插画 (Corner, 2014)。这幅画描绘了一个无休无止却又随机游移的椭圆状循环轨道, 丝环缭绕, 套成了一层线圈网罩。这些轨道既非尽善尽美, 也非全然等同的不断重复, 而是在每次循环中都显示出轻微的位移和角度偏转——它们会出偏差。这幅图像一方面展示出秩序、规律性、几何结构和重复的互依共存, 另一方面则显示出随时间推移而产生的偏差和不规则行动。无论整个过程变得如何难以把控、不可预测, 秩序与错误依然被视作演进发展当中必不可少的一对重要成分。这个观点被超现实主义运动中的许多人所接受, 并被概念化为恩斯特所称的 "系统性的扑朔迷离" ——依凭系统化的程序形式, 经过令人眼花缭乱的发现和效果而形成的创造过程 (Spies,

1991)。一个绝佳的例子就是名为"精美尸体"（The Exquisite Corpse）的超现实主义实践，另一个更为大众所熟知的例子则是室内续写游戏"结果"（Consequences）——多个游戏参与者在一张纸上续写句子，每个人仅能看到句末的寥寥几字，只好揣测全句再自行发挥，写出新的一段，写毕折起纸（只露出自己所写段落的末尾），传给下一人，由此产生多名作者共同创制的故事。整个过程固然是有条不紊、依循规则的（且规则是系统化的），但也为即兴创作和随机性留出了空间，最终前后段落恰好衔缀成一段完整的文字，并由之开启了一系列意料之外的逻辑关联和结果。

这听起来颇像一个生态系统，不是吗？——一个基于多重系统的复杂环境，其中包括了许多各具功能、相互依赖且最终将产生无从预测的行为结果、演进形态并大大加强环境复杂性的个体组成部分，及其之间所形成的多种时限性互动，且呈现出系统性的迷惑。恰如生活本身：富有创意，永无止境，向前推进，演进不休，因时而宜，朦胧难识，有序与混乱并存。亨利·柏格森（Henri Bergson）在《创新演进》（Creative Evolution）一书中如是写道："生活的作用就是给事物注入一些不确定性。"（Bergson，1944）对于柏格森来说，"事物就是生活的沉淀，是过去做的行动和选择所产生的静态残留物。现存的记忆就是在实在的、充满变化（及其必然性）的现实中所感知到的过往。"（Bergson，1944）

恩斯特的画作不像美国宇航局（National Aeronautics and Space Administration，NASA）拍的地球那样，在黑暗、沉寂的宇宙中孤独而灿烂地闪耀着钴蓝色光芒（图1.2）。地球同时展现着美丽和脆弱，强健而纤巧。这种理想化的形象点燃了全世界环保主义者的激情；它是一座灯塔，有力地传达着自然进程的依存关系和地球生态系统的宝贵与脆弱。经过城市化、荒漠化和污染，人类的足迹用肮脏的褐色、灰色与硫磺色，玷污了地球曾经完美的蓝色、绿色和白色。在这里，大多数人可以明确地感知，人类向着无辜而富饶的自然世界不断扩张所产生的道德冲突。不受控制的人口增长、城市化、资源枯竭、过度浪费和污染造成的有害影响，引发了一个多世纪以来的环保主义运动。因此，经验主义和技术至上的思维定式，令我们通过资源管理、可持续发展规划、基础设施工程、政策和设计，继续绘制、测量并试图更好地控制我们的环境。

图 1.2　美国宇航局自太空拍摄的地球

资料来源：Egyptian Studio/Shutterstock.

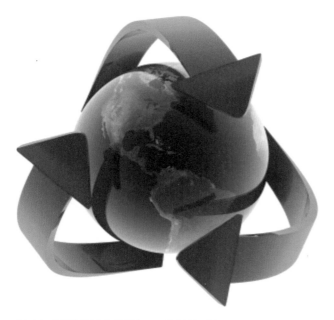

图 1.3　"拯救地球"的标志——可持续反馈环

资料来源：© sweetym/iStockphoto.com.

　　在"创造力的媒介"中，我对比了规划与设计中通向良好生态和环境的多种方法（图 1.3）。我将今天流行的两种观点描述为"资源 / 保护主义者"和"修复者"（Corner，2014）。双方一致相信实证数据、科学指标和技术的力量能够"修复"生态问题。两者都是当前环保主义、城市规划和可持续性工程的主要思维方式：绘制、测量、推断、调节、控制、审查和维护。

　　与工具主义者形成反差的是更难以捉摸的"社会生态学家"，他们是一个更激进的团体，其倡导者认为，问题并不在外在环境中，而在我们的文化方式中（图 1.4）。他们呼吁寻求新的泛灵论，追求新的观察世界的方式，促进所有事物之间的更多共情、尊重和相互关系。这种生态形式将人类的创造力和想象力看作所有生命形式之间进化进步的基础，也对各物种之间深层次的互利互惠有着基础性作用（如 Clark，1993；Bookchin，1990；Cobb，1997）。诗歌、绘画、园艺和其他促成塑造集体想象力的文化作品，被认为是形成人与自然世界之间更深层次、更有意义联系的关键因素。当然，面对自然灾害（如风暴、洪水、地震和野火等）以及生命的威胁，这种观点很容易被忽视，因为它是幼稚天真的、低效的，是浪漫诗人的"柔软的东西"，在美好的时代当然是迷人的，在困难时代则无关紧要。但是果真如此吗？难道困难时代就不需要哪怕一点诗意的休养生息、希望、乐观和可能性吗？

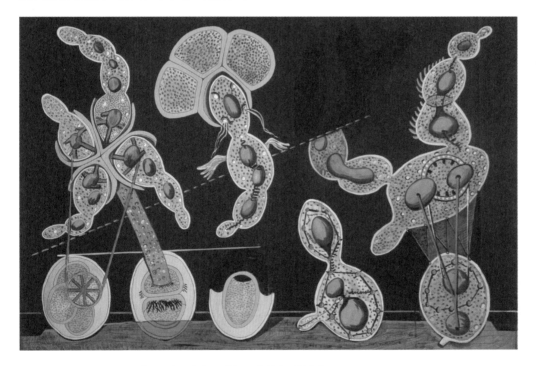

图 1.4　马克斯·恩斯特，《禾本自行车与寻求抚爱的棘皮动物》(The Gramineous Bicycle Garnished with Bells the Dappled Fire Damps and the Echinoderms Bending the Spine to Look for Caresses)，1921 年，卡纸板基底、印纸、树胶、水彩、油墨和铅笔画，74.3 厘米 × 99.7 厘米

资料来源：Courtesy of the Museum of Modern Art, New York City, Copyright © Artists Rights Society (ARS), New York City/ADAGP, Paris.

无论如何，资源主义管理者和社会生态主义者都值得我们正确理解与探讨，因为他们都可以提供很多东西，即便各自的倡导者两极分化严重。在"创造力的媒介"中，我呼吁提出一种新的更全面的思考和做法：一方面，理解工具主义系统化的力量、所有的规则技巧、组织逻辑和技术精确性；另一方面，理解想象力的创造性作用。我所要提出的是一种态度和行为方式，它兼具客观和主观，既理性得残酷无情，又创意十足得令人无所适从，它既有序又随性。这种左右脑各自优势的联通要求我们（具体来说，就是在景观设计的实践中）具有更广泛的创造性实践形式，即它具有工具价值（是具有生产力的），同时又富于内涵（具有启发性，或在思维上有唤起作用，能令人联想到其他事物）。这就要求在科学与艺术之间进行新的综合——而不是今天以学科划分为特征的两极分化：工程师的冷静高效和诗人多愁善感的浪漫主义，二者泾渭分明，而是一种新的跨学科的相辅相成——一种既理性又有迷人诗意的精神和实践。

　　想象一下电影《阿凡达》(Avatar)（图 1.5）中令人惊叹的场景，潘多拉星球上的一切都精妙地运转着，就像一个完美整合并且仍然美丽的生态系统——一个兼具系统化和诗意化的生态系统，一个包含多种多样的生物体、环境和行为的令人眼花缭乱的综合体，并具有物种之间各种各样的互动、关系、合作和相互作用（Cameron，2009）。《阿凡达》中的生态景观具有深刻的想象力，唤起了我们同万物之间互联共生、共情共鸣、相互负责的超凡感受。环境在此并不是一种资源或商品，而更多的是万物之间的相互依存、相互联通、相互尊重。

　　电影特效是建立在潘多拉的美学之上的——潘多拉星球整体表现出的崇高之美（图 1.6）。这些设定是梦幻的、超现实的和非凡的，令人敬畏、惊叹和喜悦。这里的美感流露出和谐、高尚和完美。潘多拉的景观不仅是一种"景观资源"，而是一个具有摄人心魄的非凡之美的、深刻的、生机勃勃的异世界。

　　当然，潘多拉是一个梦想，一个天堂。它的完美也有自身的一系列问题，日常生活中的挑战和现实世界中的事件造就了这里更多的挑战与不稳定。我们可以说，正是日常生活难以预料令人迷惑的感受，让生活变得有趣、多样并能逐渐发展。地球上的生活与神奇、完整、和谐的阿凡达世界相距甚远，我们应该感谢生命的不确

图 1.5 詹姆斯·卡梅隆（James Cameron）作品《阿凡达》中的潘多拉星球
资料来源：20th Century Fox/Photofest.

图 1.6 詹姆斯·卡梅隆《阿凡达》中潘多拉星球的漂浮景观
资料来源：20th Century Fox/Photofest.

定性，因为正是它催生了千百年来所发生的一切。另外，与潘多拉不同，地球日益城市化。城市是人口、经济和物资集中的地方。随着人口的不断增长，在城市无休止地扩张和资源消耗毫无意义的世界里，"如果你热爱自然和乡村，就搬到城市吧"这句格言就更加可信了——如果我们要避免无法维持的通勤，保护获取食物的耕地、涵养蓄水土层，以及维持生物多样性的大片自然用地，则需要向密集、紧凑和多样性的城市集中。考虑到城市化的物流后勤，人们可以看到合理巧妙的规划以及合理的管理与工具技术的重要性（如 Chakrabarti，2013）。但同样地，人们也可以看到对于创造性和想象力设计的需要。创造美感和场所的"柔软"，丰富了理解和体验，并有助于调节关系和互动的文化环境。显然，它不再是工程师 / 艺术家、规划师 / 设计师的二元划分，而是理性技术和诗意想象之间一种新的互动互惠，是一种新的综合。

在这方面，我与艾伦·麦克莱恩（Alan MacLean）的研究项目《在美国景观中行动》（1996）试图在测量的经验主义模式和诗意之间寻求互利互补的形式（Corner and MacLean，1996）。回顾传统社会及其多样的居住方式，考虑到季节、自然馈赠和挑战，例如亚利桑那州的霍皮人（Hopi）和他们的地平线日历，表明了一种综合的、有生命的度量方式（图 1.7）。古代的普韦布洛人（Pueblo）错综复杂的洞穴住所，其空间与夏季和冬季太阳角度的精心测量相衔接，这表明了我们对文化住所的另一种感知能力。在新墨西哥州的普韦布洛波尼托（Pueblo Bonito）遗址，一种令人难以置信的几何感、空间感和形式感，全然嵌入到周遭的环境当中——整个建筑群根据四季循环的太阳活动周期及夜间星空的变幻，经过了精准得令人惊讶的调整校准（图 1.8）[1]，这些都是紧凑、密集、集中的小城市，每个城市都根据其区位和环境的特殊性，进行独特的几何配置。几何结构和形式由此同时具有实用的功能与诗意的存在。可测量的数据在此大展拳脚，且被持续地加以监测，以同时实现实用性和精神性的双重目的。

同样，美国公共土地调查制度（U.S. Public Land Survey System）及其在阿巴拉契亚

1　想了解更多关于一个景观建筑师的早期分析，可参看 Baxter and Victor（1982）。

图 1.7　沃尔皮（Walpi）村，亚利
　　　桑那州霍皮人的土地
资料来源：科纳和麦克莱恩（Corner and
　　　MacLean，1996）。上图阿历
　　　克斯·麦克莱恩（Alex Mac-
　　　Lean）1996 年拍摄，右图詹
　　　姆斯·科纳 1996 年拼贴。

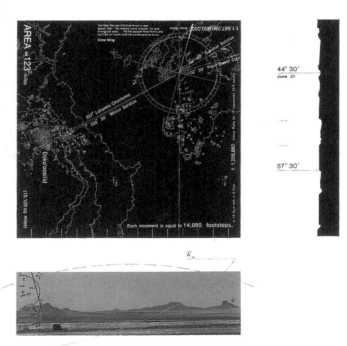

图1.8　新墨西哥州的普韦布洛波尼托遗址

资料来源：科纳和麦克莱恩（Corner and MacLean，1996）。上图阿历克斯·麦克莱恩1996年拍摄。

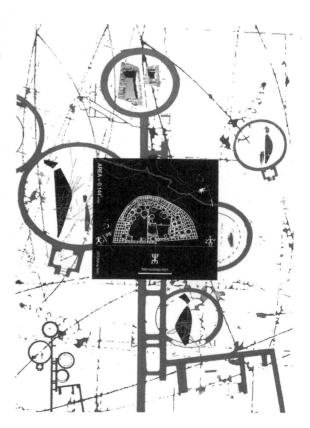

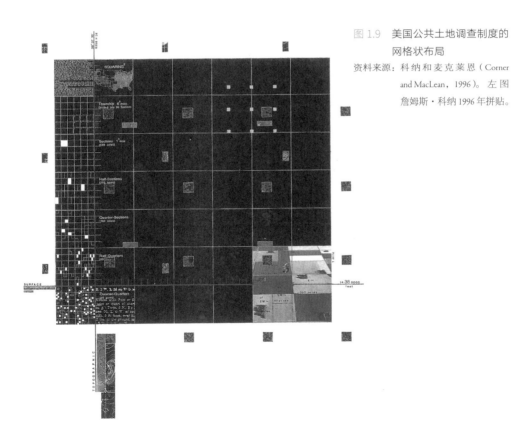

图 1.9　美国公共土地调查制度的
　　　　网格状布局

资料来源：科纳和麦克莱恩（Corner
　　　　　and MacLean，1996）。左图
　　　　　詹姆斯·科纳1996年拼贴。

山脉（Appalachian Mountains）西部新开辟的土地上所实施的网格状布局，可以被视为具有双重功能（图 1.9）。[1] 一方面，它是土地划分和划界的严格理性及权宜的技术，是聚落和城市化的先导；但另一方面，它产生了民主所有权、流动性和令人惊讶的多样化定居类型、场所及效果。曼哈顿的网格状格局也是如此（图 1.10、图 1.11），它的组织形式最初是非常系统化且自主的，但随着时间的推移，其系统性和自主性也导致复杂性大为加强。它既有工具主义的特点又扑朔迷离，产生了新奇又不可预测的体验。

不论是在传统抑或现代的案例中，可测量的数据、工具性以及冰冷无情的实用主义，是如何面对主观的诠释、更深层次的住宅形式乃至更深层次的、跨越时间的生存形态的？这是非常值得玩味的。不论最初的几何结构是基于实地（具体某一位置）或具有自主性（无碍于实际区位），事实上，这一基础工作，这一基本组织，就成为途径与机遇相交错的网络，人类的生活经验也将在此不断累积，构成生机盎然的图景。这种累积，恰如恩斯特画中游移不定的轨迹一样，由此开始塑造一个文化体关于场所、方位、意义乃至交互关系的感知。这种起源性的基本布局为生活经验提供了驱动力，几何学和形态也成为令一切变得可能的可操作基础设施，如此一来，生活才能植根、萌发、适应。

在这方面，形式的特殊性非常重要。尺度、大小、形状、方向、材料、配置和连接都影响着基础工作所发挥的作用。城市设计师知道，街区的形状和大小对于城市如何随时间推移而发展是至关重要的。在生态学家理查德·福曼（Richard Forman）关于走廊、斑块和基质的工作之中，人们可以看到形式对生态系统动态、生物多样性和整体健康的演变过程有多重要（Forman，1995）。形式真的很重要。

我们的公司詹姆斯·科纳景观设计事务所 1999 年为多伦多唐士维公园（Downsview Park）提出的设计方案就体现了对测量、几何学、间距、模式和交互形式的重视（图 1.12）。该设计的关键是如何将特别设计的地形作为基础，将水、养分、能量

---

1 美国公共土地调查制度是由 1785 年《土地条例》（Land Ordinance of 1785）规定的，旨在调查当时美国西北部新国土的土地情况并绘图，调查起始于今天俄亥俄州的七界（Seven Ranges）一带。

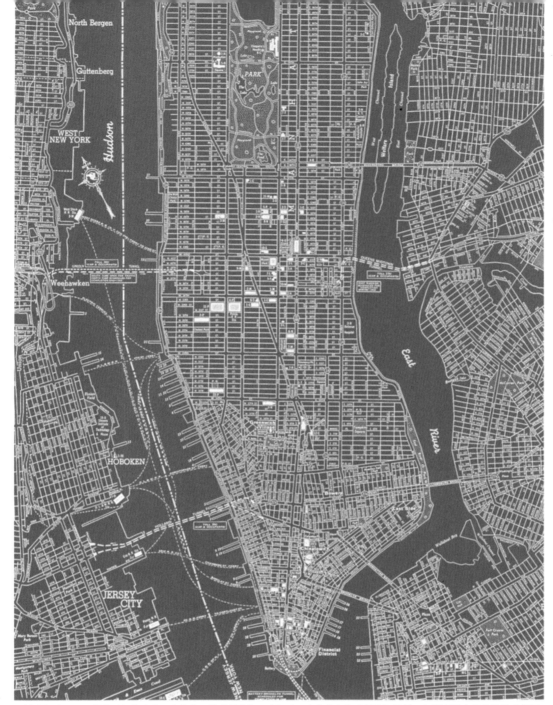

下曼哈顿地图，这是位于纽约湾的一个岛屿，以哈得孙河、东河（一条海峡）和哈莱姆河为界，包括纽约大都会的曼哈顿区。纽约是大西洋沿岸最重要的港口，周边有着最好的码头。

图 1.10　曼哈顿《专员计划》（Commissioners' Plan）中"曼哈顿网格"的详细内容，1811 年
资料来源：Museum of the City of New York.

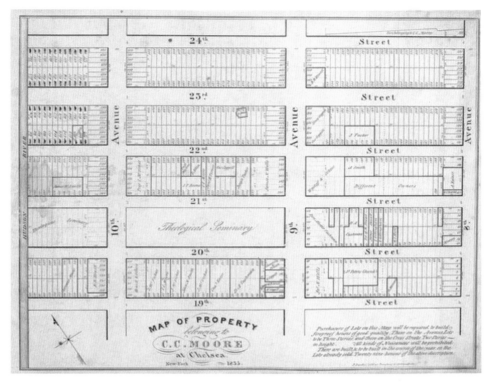

图 1.11　1835 年曼哈顿切尔西 C. C. 摩尔
　　　　（C. C. Moore）房产的地图

资料来源：Museum of the City of New York.

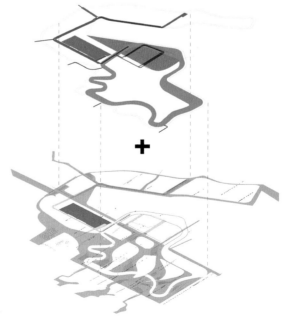

图 1.12　唐士维公园平面图和简图

资料来源：詹姆斯·科纳景观设计事务所，1999 年。

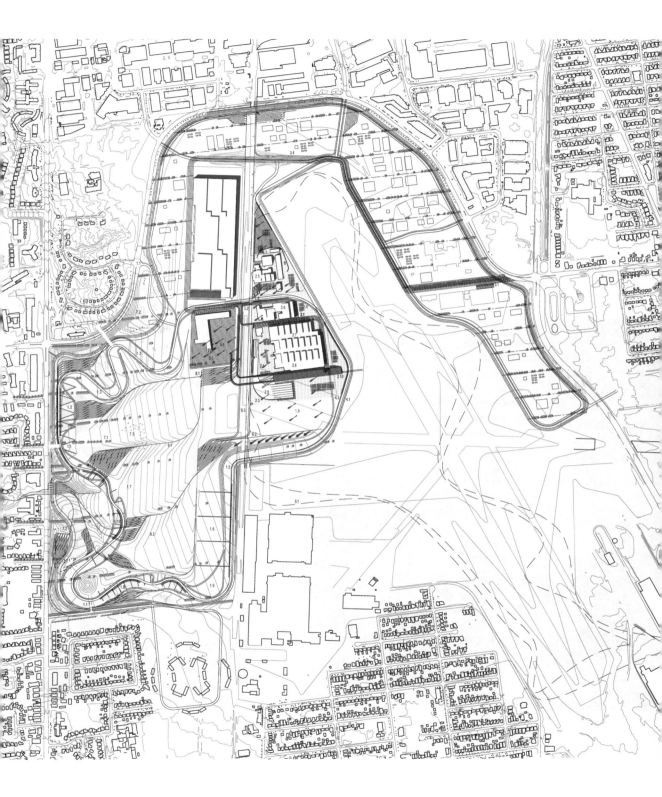

和生命引向整个场地，连接并汲取更多的、相邻的生态系统和资源。从某种意义上说，该设计作品是一个工具主义的路线系统，一种以多种不同方式联结和关注生物、材料和社会项目的地形网络，从而创造一种愈加强健、更能自我维持和自我发展的生态系统。精准的、确定的形式和几何图形催生了一种开放的、不确定的过程与交互集合（Czerniak，2002）。

依据具体的水文和土壤类型，使用大型沟渠系统引水，建设集水盆地，支持不同的植物群落，旨在随时间推移刺激并增加生物多样性和复杂性，这些集水盆地也就作为"育种室"，为生活的演进提供了舞台（图1.13）。此外，由于该项目预算有限，而且预计会开展阶段性投资，我们发展出了一套管理方法，既能节约成本又能

图 1.13　唐士维公园的栖息地巢
资料来源：詹姆斯·科纳景观设计事务所，1999 年。

灵活地长期开发公园，并适应性地加以管理，随着更多的水、营养、能源和物种被不断引入，进而增强其复杂性。

从最初的几何配置到细节设计和土地管理流程统筹，这个项目体现了一种高度系统化和工具化的方法，创造出一种支持生命和自我多样化发展的物理设计。一些评论家宣称：这种基于流程的方法缺乏场所营造的局部细节以及体验导向的场所设计；他们或有意或无意遗漏的是，经过我们大胆设计的一系列场所，正是充满体验感和欢乐的场所，它们为理解、体验和参与这个大型景观提供了一种社会维度。亲切而带有沉浸感的内在设计形成了一个"境外洞天"，放大了自然体验，平添神奇美妙的感受。室内景观"空间"与地平线这样宏大且开阔、极具延伸性的场所，与天空这样足以远眺展望浩瀚星外的场所之间形成了强烈的对比。唐士维公园展示了组织几何与形态的合理布置和更主观而诗意的情境、经验及审美效果之间的认知交融。这是一种系统而扑朔迷离的、机械但又令人惊异的创造。

淡水溪公园（Fresh Kills Park）在设计时也采取了类似的主题，这个地方曾经是全球最大的垃圾填埋场，面积达到890公顷，现在逐渐变成了纽约斯塔滕岛（Staten Island）西侧一座巨大的自然保护区和公园（图1.14）。[1] 这个地块面积巨大，且受到严重破坏，土壤、水文和地形条件极差，所以其设计方法不能仅仅是传统意义上的设计组合、建造一处公园或某种场所。场所的设计要求采取一种更具策略性的、以时间为基础的方法，随着时间的推移，会自然地"生长"。这种情况下，建造一系列群落、辐射带、小块场地、平台、岛屿、路线和路网的设计方案就会极具超现实性（可通过性价比高的方式"播种"出这个场所），也极具想象力 [我们公司用更具动态活力的"生命景观"（lifescape）概念取代了原有的"风景"（landscape）这一景观概念]（图1.15）。

通过有机农业就地生成新土壤，播种新的种子和树苗，以适应性管理程序加以统筹，是发展新生态系统的关键举措。循序渐进地分阶段运营可明确规定出推进工作的各个重要阶段和各项要求。这种方法的核心在工具性上非常精准，且技术性很

---

1 淡水溪增加了斯塔滕岛已经丰富的土地保护和保存遗产（Mitchell，2011）。

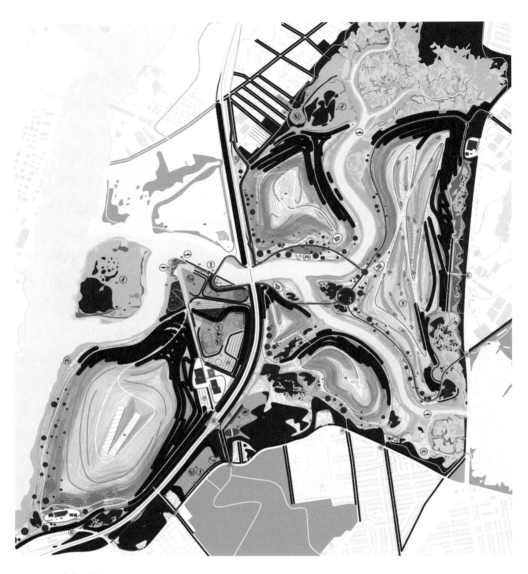

图 1.14　淡水溪公园平面图
资料来源：詹姆斯·科纳景观设计事务所，2001 年。

图 1.15　淡水溪公园分阶段时间表
资料来源：詹姆斯·科纳景观设计事务所，2001 年。

阶段和发展序列

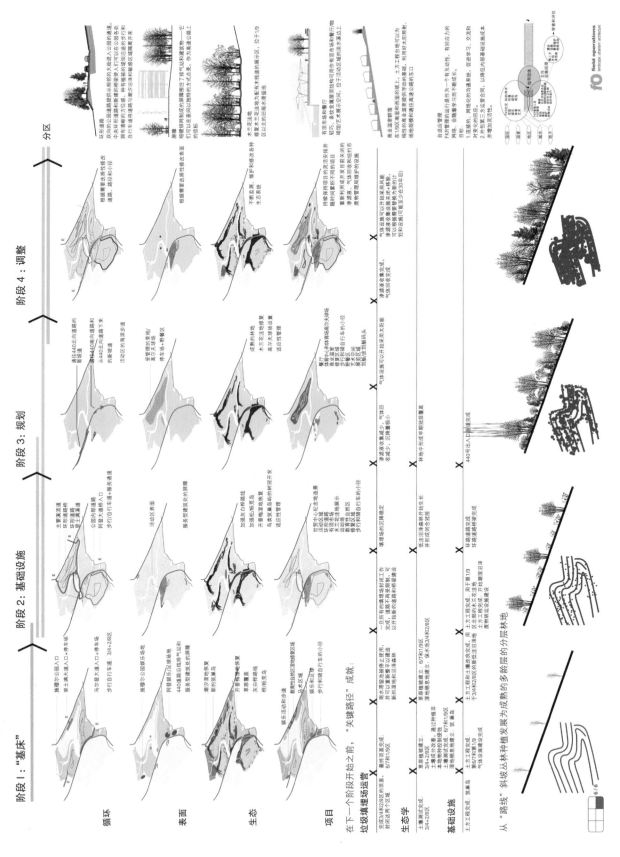

阶段和发展序列

阶段 1："基床" → **阶段 2：基础设施** → **阶段 3：规划** → **阶段 4：调整**

分区

循环

阶段 1：
- 主要莱茵道
- 里土溪大道入口
- 马登尔公园入口
- 步行自行车道 · 3/4+2/8区
- 施格尔公园入口 · 停车场

阶段 2：
- 主要莱茵道
- 环形道路桥
- 里土溪大道
- 中央溪谷道

阶段 3：
- 公园内部流道
- 阿里玛大道路
- 步行自行车道 + 服务通道

阶段 4：
- 根据需要选择性修改
- 通道、路径和小径

表面

阶段 1：
- 施格尔公园娱乐用地
- 440新建接牛站和服务型建筑的屏障
- 潮汐地恢复
- 新的湖鸟巢区

阶段 2：
- 活动区表面
- 服务型建筑的屏障
- 马窝巢岛的树冠开发
- 适应性管理

阶段 3：
- 通往440北向道路的新坡道
- 440北的新坡道
- 活动区南道步道

阶段 4：
- 根据需要选择性修改各种生态系统
- 受管理的草地/展示草坪区

生态学

阶段 1：
- 开启雨地接牛站
- 草原覆盖
- 灰白杨路标态
- 娱乐活动区域
- 步行和自行车的小径

阶段 2：
- 加强灰白杨路线
- 开着雨地恢复
- 适应性管理
- 世界中心纪念地景
- 环形通道道
- 教育和展示
- 步行和自行车的小径

阶段 3：
- 餐厅
- 体育和温室
- 高尔夫球地
- 步行路径区
- 野餐区
- 展示区

阶段 4：
- 成熟的林地
- 木兰花丛地修复设施
- 适应性管理

项目

在下一个段开始之前，"关键路径"成就：

垃圾填埋场运营
- 完成3/4和2/8区的设置，封闭这两个区域。

生态学
- 土壤测试完成 3/4+2/8区
- 草原网络建立 3/4+2/8区
- 土壤成分改善，通过种植非本地物种的阶段侵蚀

基础设施
- 土方工程完成
- 第6/7和第1/9
- "土体设施建设完成

X 雨水花园地被停止使用，并讨论这两者封闭工作，并可以重建新流道道上，以补拔新的道路桥梁建设。

X 一旦所有的地建场地封闭工作完成北，道路不再受限制，以补拔新的道路桥梁建设。

X 渗透体体积减少，气坡回收

X 低沙逐渐森林并拔长，并形成适合层履盖

X 土方工程完成，用于第1/9区。区比较的水工整阶程，废物转运设施建设

X 渗透体体积减少，气坡回收减少，沉降量减小

X 林地形成平期拔层履盖

X 440号出入口通道完成

X 渗透收集完成

X 体回收完成

从 "斜坡" 丛林种植发展为成熟的多龄层的分层林地

6/6

fo field operations
landscape urbanism architecture

强，实际上充分描述了制订一个复杂程度更高、随时间而调整的场所规划所需的必要基础设施条件。

在设计当中，我们提出了"生命景观"这一理念，这是为了强调生命系统的塑造，以区分于景观或美化等原有的景观理念。如图 1.16 所示，这张生命景观分布图让人联想到胚胎的出现和新的生命，同时也描述了整个场地中不同区域和水道的规划特征。细胞微生物学家林恩·马古利斯（Lynn Margulis）提出，"生命——从细菌到生物圈——都是通过不断复制自己来维持的。"这个项目在很多维度上都能促进生命复制，从微生物到栖息地，再到地貌（Margulis and Sagan，2000）。生命总是始于惰性环境，最初只是小小的单元，随着时间推移，生命会出现实质性成长，体现出更高的复杂性，并且迅速地流动、转移，扩大其规模和范围。

就像唐士维公园，淡水溪公园的主导设计理念依然是理性的、依照方法论的、实用的和系统的，但与此同时，叙事、经验、美学和主观性都被添加了进来。大规模土壤培育程序在高速公路旁边的长坡上营造了不寻常的景象。借鉴传统的农牧业，

图 1.16　淡水溪公园
资料来源：詹姆斯·科纳景观设计
　　　　事务所，2001 年。

图 1.17　总督岛海堤散步场所
资料来源：詹姆斯·科纳景观设计事务所，2001 年。

山羊被我们带入场地内，啃食具有优势性和侵略性的芦苇以及大型多年生牧草——这是一个长期存在的问题的实际解决方案，在这个原本是技术的荒诞中创造了一个非常梦幻的牧歌场景。废弃的旧机器经过翻修成了新景观，而人们可以在平台远眺遥望，在场地施工过程中就能提早体验这一风景。一个巨大的土方工程创造了新的视野和游览，让人们回忆起"9·11"事件后此地艰苦的修复工作。在其他地方，在遗址的一些凹陷和隐蔽处，微观环境增强了人们的自然体验。

这里意在指出，设计不是为了引起人们的注意，而是为了促进和加速自然更新、涌现和生长的过程。与此同时，该设计带来了惊喜、愉悦和互动的新奇体验，从而加深了人们对该地点的主观接受度。这恰恰具有那种"系统性的扑朔迷离"的效果，无论是技术上的生态系统的出现（它总会超出预期并制造出各种令人意想不到的效果，这需要我们形成一种开创性、适应性的管理形式），还是游客的体验方式上（这个场所给人带来一种萦绕心头的美感和超现实的体验，这相当独特，值得通过设计进一步强化这种效果）。

让生态学和人类生活体验交融的思想在我公司的纽约港总督岛（Governors Island）提案中得到了进一步延续。项目代号为"软体动物"，借鉴了软体动物吸收、过滤和清洁水体的特性。我们设想打破海堤的开口并重新塑造土地，从而让海潮交替地进出各种新公园边缘的沼泽、滩涂和岩床（图 1.17）。就像软体动物一样，这片土地呈现出一种令人惊叹的双重面貌，外面是采用新海堤技术制成的坚不可摧的外壳，上面是环绕着海岛的新的长廊；内里是柔软如水的结构。这个岛屿采用了一种类似软体动物的机制，像肺一样接纳潮水涌入涌出，这就解决了抗洪、水质控制和潮间带栖息地的问题，与此同时，又为城市游客带来了令人惊喜的大型体验。我们设想环绕整个岛屿建设一个大型长廊，从这里不仅可以看见整个海港的壮丽景色，而且滩涂之间还混杂着一些天然浴场，人们可以在这些元素之间放松身心（图 1.18）。与唐士维公园和淡水溪公园一样，总督岛一方面在很大程度上是一个技术和工程项目，需要开发新的设计组织和构造技术，但另一方面，它也是一项极具想象力的工作，通过一系列戏剧性的设置以创造新奇的体验和互动形式。

我公司在中国深圳前海的项目也采取了这种设计思路（图 1.19）。在这个项

图 1.18　总督岛滩涂

资料来源：詹姆斯·科纳景观设计事务所，2001 年。

目上我们赢得了一项国际设计大赛，与大都会建筑事务所（Office for Metropolitan Architecture，OMA）和其他建筑师竞争，为这座有 200 万人口的新海滨城市制订总体规划和设计。我们的项目主要建造在处于低洼沿海区域的垃圾填埋场上，需要确定城市的几何结构和布局（街区和街道）、基础设施服务、交通和连接、开放空间和公共领域、环境服务和规划。我们将这个地方看作一个生态系统，一座包含无数随着时间可被灵活统筹调整的层次、构件和变化过程的大型景观。

　　这个设计围绕五根"绿色手指"进行构建——每根手指都是一座既可作为水路、又可作为水处理系统的大型带状公园（涵蓄洪水、过滤并洁净水源）。这可能有些冒险，但更是一种工具主义和实用主义的设计。此外，这种设计也富含诗意，五根手指承担了不同的体验和特性。每根绿色手指的造型都非常独特而引人注目，目的是让水在流入前海湾之前，引导、留存、过滤和改善水质，与此同时，这也为

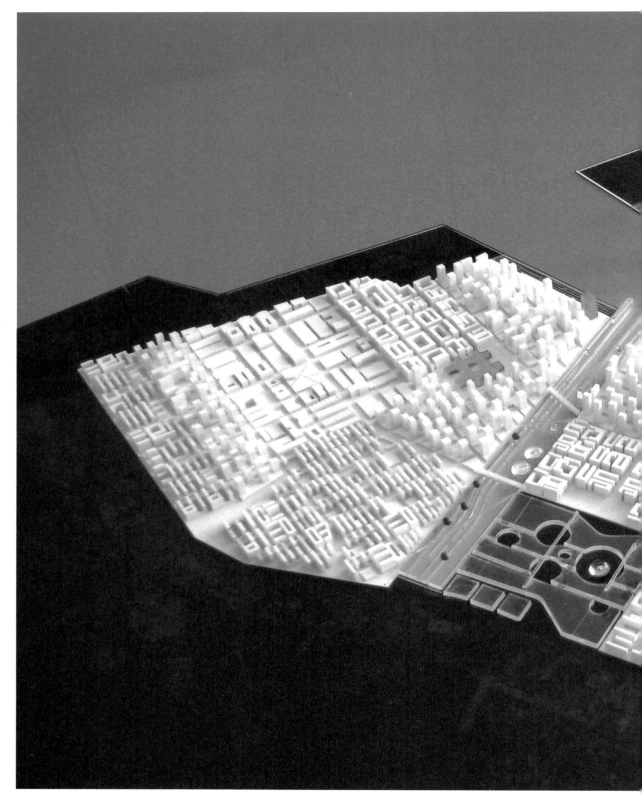

图 1.19　中国深圳前海模型

资料来源：詹姆斯·科纳景观设计事务所，2012 年。

人们提供了类似公园的环境（大草坪，圆形露天剧场，可眺望四周的高地，小径和花园）。

这些手指反过来也代表着五个相邻的街区，每个街区都有自己独特的项目组合与街区规划。其街区规模比中国典型的巨型街区要小得多——这些街区的面积50—150平方米不等，不像那些300—400平方米的超大街区。这些街区中，不同的区域具有不同的质地和纹理，按区域控制建筑的规模和类型。此外，还勾勒出一个交通环，在每个街区的中间有一个集中的交通枢纽，并与一个重要的市民公共空间联系在一起——这是恢复了原先那种与交通中心相连的传统广场、购物中心或公园。

当所有这些不同的组件由开发商和建筑师等各方角色共同建造整合在一起时，它们会构造出一个随着时间的推移而愈加坚实且灵活的框架。生态景观框架构成了一个原始的基质，而后续整个城市的建造便以此为基础。这些绿色手指起到了基础性的作用，也是市政建设的首要元素之一。

所以，一方面，如何规划、建设和管理这座城市的一种分析性、系统性及策略性思路由此而生；另一方面，也需要将设计场地的叙事、体验和特质嵌入到更宏大的想象当中，从而在一座开放而美丽的公共领域创造人际交往场所。在这里，公共领域或许是唯一的一种调和生态和社会、体验和道德反思的容器。

这些伟大的项目是奇妙的，重要且复杂，引人注目，需要景观建筑师倾尽所学。它们是生态规划设计的典范，是"城市中的自然"的良好示范，是"景观都市主义"的实践，它们既理性又主观，既系统又扑朔迷离，兼具功能性和美观。同时，建设这些项目非常困难，需要面对很大的挑战。最为棘手的就是所有权、管理权和客户结构。这些项目没有一个管辖一切的单一机构。它们嵌入在极其复杂的社会系统中，涉及不同的人甚至相冲突的利益。这些项目是高度政治化的，所以它们往往变化无常，难以把控，而且容易陷入保守、混乱、误导和死胡同。它们需要时间、资金、持续的领导力以及明确的目标，但是在民主国家中，往往有多个利益集团相互冲突，过分聚焦于3—4年的短暂领导周期，这些要素都很难齐备。效率、权宜和最大回报构成了游戏规则，因此，工具性考量超过了主观性和质量性诉求。很难从始至终贯穿一种"特点"，除非将它们嵌入设计的工具性。就像上面提到的许多案例一样，如果诗意要想在公共过程中生存下来，它就不能作为一个"补充要素"、一种额外特征，而必须是整个项目不可分割的有机组成部分，其工具性的实用意义占据着主导地位。

在这个意义上，曼哈顿下西区的高线公园（High Line）就是一个很好的例子，想象力、戏剧化体验和主观接受性都被容纳进了更为宏观的整体设计中，基本体现出很好的实用性价值（图1.20—图1.22）。高线公园具有重要的经济战略功能，为城市中一个原本不发达的地区注入了新的价值和活力，有效吸引了数百万美元的新投资，吸引了新的居民、企业和游客，反过来，这些人群又为这个系统注入更多的资金。高线公园是一种生态催化剂，不仅刺激新经济，而且催生了新文化。该设计本身采取了一种铺装系统，在下面的排水层收集雨水，灌溉浅层种植床。然后通过布景，最大限度地扩大视野和远景，并戏剧化地展现周围城市的发展。同时，这里还精心设有能够促进互动、社交的陈设。人们置身于新鲜而令人惊奇的关系集合中——有时作为远观者和窥探者，有时候是参与者和展示者。这就是人与周围城区的动态互动。这些有趣而高质量的剪影是整个项目叙事必不可缺的组成部分（图1.23）。

看看如今高线公园的人群规模和多样性，人们漫步、坐下休息、互动或是欣赏这座城市的美景——这证明了为什么很多人想要生活在城市中。人们喜欢城市，因为他们可以接触到其他人，能看到最开放、最民主的公共生活并参与其中。高线公园也有意想不到的生命形态——花草、苔藓、地衣以及鸟类、蝴蝶、昆虫、水和人类，它们以一种密集的方式相互交融，在规模、视野、背景上形成了惊人的对比与并存。这种混合制造了一种非同寻常的生态和社会相联通的感觉。这里没有对"城市中的自然"的怀旧或感伤，而是一种更为完整的综合体，其中的一切都显得既熟悉又陌生。高线公园上的互动活动非常丰富——户外课堂和自然体验，包括种子采集、夜间观星、美食节、时装秀、艺术展、求婚和婚礼——这些活动促进了一系列的观赏和展览。无数的视角和窗口构筑了生活的框架并邀请人们参与其中（图1.24）。

我在这里并不是要进一步详述这些项目，而是想要说明设计、奇观和愉悦感

在谈论人、自然与城市之间的联系时的重要性。实际上，在解析人、自然与城市时，存在一种明显的二元对立，仿佛它们是分开的。我更愿意把这一切称作"城市中的生命"，各种形式的生命——绿植和山石，微观的和宏观的，有意安排的和即兴的，通过设计可以将生活变得更加优美而生动。所以，生态设计会回到一个完整的圆圈——从"外部"世界（从需要量化和调节的环境、自然及资源的外部性）回到"内部"世界，再到由我们在城市公共领域的集体经验塑造的集体想象、价值观和道德情感的世界（图1.25）。

左起：

图 1.20　高线公园的历史景观
资料来源：科巴奇（Kolmbach）出版
公司和高线之友（Friends
of the High Line）提供。摄
影师未知。

图 1.21　高线公园的自然植被
资料来源：高线之友提供。摄影师
未知。

图 1.22　高线公园的鸟瞰图，第
一部分和第二部分
资料来源：阿历克斯·麦克莱恩拍摄。

　　在此方面，如果詹姆斯·科纳景观设计事务所和我过去一直将有创造力的、随时间成长的、不确定性的、复杂化的、更广泛的景观都市主义联系在一起，这在大多数情况下仍然是正确的——所有主题都与系统和务实的思想以及诗意体验联系在一起。但是，最近几年的重点，也是本章的主要观点，是关注形式、设计、奇观和愉悦在城市公共领域塑造中的重要性。这些成分激发人们的想象力，激发公众与自然界互动的新形式，也许最终会成为我们打造更多城市居住和环境责任共生形式的最有力的生态工具。

图 1.23　高线公园景观 1

资料来源：詹姆斯·科纳景观设计事务所和迪勒·斯科菲迪奥—伦弗罗建筑事务所。伊万·巴恩（Iwan Baan）拍摄。

图 1.24　高线公园景观 2
资料来源：詹姆斯·科纳景观设计事务所和迪勒·斯科菲迪奥—伦弗罗建筑事务所。伊万·巴恩拍摄。

图 1.25　高线公园景观 3
资料来源：詹姆斯·科纳景观设计事务所和迪勒·斯科菲迪奥—伦弗罗建筑事务所。伊万·巴恩拍摄。

　　当设计产生出生态时，它本质上就是生态的。设计所创造的事物及产生的效果能够塑造空间、地点和时间。设计是促进生态和社会富足的一个因素。城市公共领域可能是引入自然城市设计最关键和最紧迫的入口。

　　正如政治理论家本杰明·巴伯（Benjamin Barber）所言："我们认为城市天然地有利于公共空间，因为我们觉得城市是原始的民主空间。城市的多样性要求包容性；城市的开放性要求外部具有流通性，内部具有灵活性；城市的相互依赖性使得其边界是可渗透的，其行为是相互作用、互通有无的；其人口的密集度促使人与人之间产生摩擦，进而点燃了想象力和创造力；隐匿性和自由的特点激发了创新与创业精神。"（Barber，2013）

　　人们可以认为当代城市和完全自然的生态系统是一样的。城市公共领域也是一个需要疏通性、流动性和相互关联性的动态生态系统，它提供一个开放的平台，其效果既是隐匿的，也是壮观的。在这样一个交互式环境中，设计可以充当"生活媒介"的角色，如果你愿意，它可以作为生活、环境和体验演进的催化剂与工具。

参考文献

[1] Alberti, Leon Battista, *On the Art of Building in Ten Books*, translated by Joseph Rykwert, Neal Leach, and Robert Tavernor (Cambridge, MA: The MIT Press, 1988); originally published as De re aedifictoria libridecem in Latin in 1485 in Florence, Italy).

[2] Appignanesi, Lisa, ed., *Postmodernism: ICA Documents* (London, UK: Free Association Books, 1989).

[3] Baccini, Peter, and Paul H. Brunner, *Metabolism of the Anthroposphere*, 2nd Edition (Cambridge, MA: The MIT Press, 2012).

[4] Bacon, Francis, The Essays, *The Wisdom of the Ancients and the New Atlantis* (The Wisdom of the Ancients was first published in Latin in 1609).

[5] Barber, Benjamin, *If Mayors Ruled the World: Dysfunctional Nations, Rising Cities* (New Haven, CT: Yale University Press, 2013).

[6] Barnett, Rod, *Emergence in Landscape Architecture* (New York, NY: Routledge, 2013), 36.

[7] Baxter, Victor, "CHACO/Pueblo Bonito: A Computer Analysis Applied to an Ancient Solar Dwelling," *Landscape Journal*, Vol. 1, No. 2 (Fall 1982): 85–91.

[8] Bergson, Henri, *Creative Evolution*, trans. by Arthur Mitchell (New York, NY: Modern Library, 1944), 139.

[9] Berman, Marshall, *All That Is Solid Melts Into Air: The Experience of Modernity* (New York, NY: Simon and Schuster, 1982).

[10] Blake, Peter, *God's Own Junkyard: The Planned Deterioration of America's Landscape* (NewYork, NY: Holt, Rinehart, and Winston, 1964), which influenced other conservationists of the time, notably Charles E. Little (1931–2014).

[11] Bookchin, Murray, *The Philosophy of Social Ecology* (Montreal, Canada: Black Rose Books, 1990).

[12] Born, Irene, *The Born-Einstein Letters* (New York, NY: Walker and Company, 1971).

[13] Cameron, James, *Avatar* (Twentieth Century Fox Productions, 2009).

[14] Capra, Fritjof, *The Tao of Physics: An Exploration of the Parallels between Modern Physics and Eastern Mysticism* (Berkeley, CA: Shambala Publications, 1975).

[15] Chakrabarti, Vishaan, *A Country of Cities: A Manifesto for Urban America* (New York, NY: Metropolis Books, 2013).

[16] Corner, James, "Agents of Creativity," in *The Landscape Imagination*, 256–81.

[17] Forman, Richard T. T., *Land Mosaics: The Ecology of Landscapes and Regions* (London, UK: Cambridge University Press, 1995).

[18] Margulis, Lynn, and Dorion Sagan, *What Is Life?* (Berkeley: University of California Press, 2000).

[19] Mitchell, John G., *High Rock and the Greenbelt: The Making of New York City's Largest Park*, Charles E. Little, ed., (Chicago, IL: Center for American Places at Columbia College Chicago, 2011).

[20] Spies, Werner, *Max Ernst: Collages*, trans. by John William Gabriel (New York, NY: Harry N. Abrams, 1991).

[21] Thompson, George F., and Frederick R. Steiner, eds., *Ecological Design and Planning* (New York, NY: John Wiley and Sons, 1997).

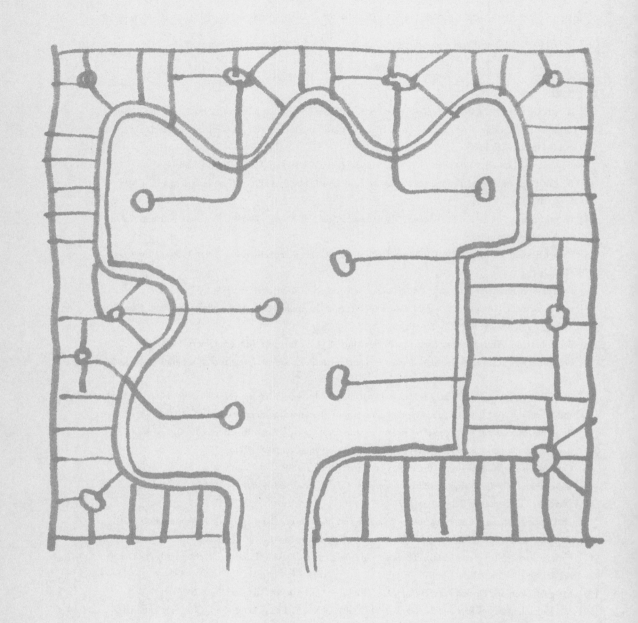

NATURE AND CITIES

第二章　城市不是一个鸡蛋：
自然概念转变下的西方城市化 [1]

理查德·韦勒

英国著名建筑学家塞德里克·普莱斯（Cedric Price，1934—2003）提出的"城市是个鸡蛋"的观点，指的是一个城市的发展演化过程分为三个阶段：古典时期城市是水煮蛋；工业化城市是煎鸡蛋；而现代化城市最终形态则是炒鸡蛋（图2.1）（Price，1982）。但是今天的城市形态是怎样的呢？普莱斯如果还健在，会如何描述今

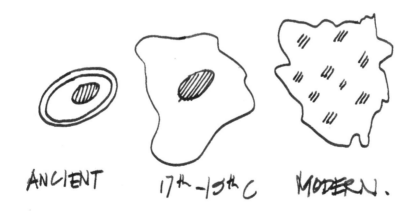

图 2.1　作者临摹的塞德里克·普莱斯于 1982 年所作"城市是个鸡蛋"

1　本章所有图片均为理查德·韦勒所绘。

天的城市形态呢？也许那些自诩紧凑且通勤导向的城市是意式烘蛋；迪拜、上海浦东这样的速生都市可能是蛋白舒芙蕾；安德烈斯·杜安尼（Andrés Duany）设计的佛罗里达滨海城显然是帕夫洛娃蛋糕（奶油水果蛋白蛋糕）；底特律……可能是一个摔碎的蛋壳吧？当然，后现代城市主义比所有这些东西的杂糅还更丰富，但是，把普莱斯的漫画示意图更新到当代，我们需要缩小画面，放宽视野，看到整个大区域城市网络——也就是说，所有这些鸡蛋做的菜品现在要关联进入一个更大的阵列当中了。以当代城市主义的概念来看普莱斯的鸡蛋城市中缺失了什么，最主要的就是缺少对鸡蛋所处的多元自然或文化环境的解释。普莱斯的城市只有鸡蛋，却没有提到下蛋的鸡。

本书的作者们被委婉地问及关于鸡和蛋的问题，因此，在本章中，我将回顾城市与自然关系的历史，重点关注城市是如何表现自然—人文的分化的。沿着这个思路，粗略地回顾自然科学（物理学）的历史，来提醒我们景观与自然不是同一回事。目标是落脚于当代城市，当代城市的情况已经不再是"城市与自然"，取而代之的是全球范围内"城市的自然"这一议题。确实，当代城市中，重要的议题已不是所谓的鸡蛋的形态了，更重要的是生蛋的鸡、鸡生长的农场、农场所在的景观。

历史上的大多数时候，"城市"都顽固地抵制着原有景观的变迁（图 2.2）。当游牧民族轻松地迁徙时，被围墙保护的城市和那些观星的堡垒就根植在农业的永恒问题之中。即便是接受着世界上最大的河流（尼罗河、底格里斯河、幼发拉底河、印度河、黄河）的慷慨馈赠，这些流域的古城都难逃马尔萨斯陷阱。刘易斯·芒福德（Lewis Mumford，1895—1990）解释道，古代城市无一例外都将其周围的营养消耗殆尽了，因此，他们需要扩张农业耕地面积，不可避免地导致无情的领地冲突（Mumford，1961）。简言之，城市成为战争机器，战争又刺激科技创新，而祭祀需要纪念场地。于是，城市成为父权制的舞台，周围的土地成为"他者"而不是"母亲"。

历史上，城市不仅要养活它的政体，而且要保护它的劳动力，通过宗教和天堂的荣耀来吸引他们，免得他们回到城市之外的森林或沙漠。为了在更宏大的框架中找到自身的位置，不论是东方或西方，城市都仰卧望天，将宇宙的通道雕刻在自己

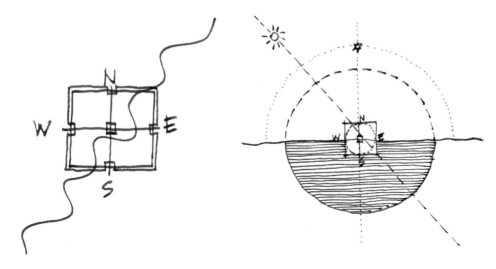

图 2.2　传统城市抵制变化　　　　　　　　图 2.3　古城反映的是宇宙秩序而非生态流

身上（图 2.3）（如 Rykwert，1988）。因此，城市与宇宙的联系加深了，但却切断了与景观的联系。久而久之，城市的居民和奴隶都忘记了如何脱离城市而生存。

　　尽管在古希腊人的观念里始终存留着一种大地神圣的意识，但在公元前六世纪，是爱奥尼亚人（Ionian）——最初的科学家和哲学家，首次将世界分成文化与自然——这是在概念上完成了对城墙的物理意义界定。通过简化论的发明和应用，希腊人开始提出"思想和物质是如何联系在一起的"这一问题，为了解答这个问题，他们首先将这两者分裂开来（Coates，1998）。毕达哥拉斯（Pythagoras，公元前 570—公元前 495 年）建立了一种非凡的观念，他认为人类的头脑可以穿透自然界的面纱来揭开它的数学本质，这样，就最终完全摆脱了物质存在（图 2.4）。柏拉图（Plato，公元前 428/427 或 424/423—公元前 348/347 年）认为人类智力应该透过自然界短暂的物质表达，去深入思考形式的永恒之美，他通过洞穴人错将阴影误认为是真理的比喻论证了这一观点（图 2.5）。顺着柏拉图的结论，德谟克利特（Democritus，公元前 460—公元前 370 年）总结出自然不过是虚空中的原子罢了。

　　这些抽象的表述在希腊城邦的建筑和社会结构中得以积淀结晶。正如柏拉图在那部西方文化中具有开辟意义的乌托邦经典《理想国》（*The Republic*）中说的那样：

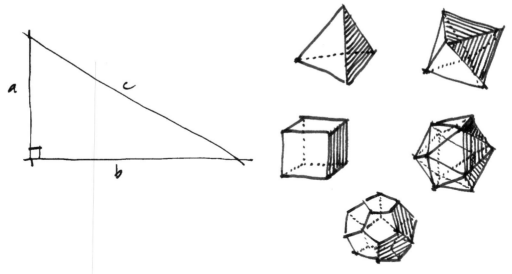

图 2.4　毕达哥拉斯式的对自然与人类思想本质的观点　图 2.5　柏拉图形式

"如果城市的创制者不以神为样板标杆加以模仿设计，城市将永不能幸福。"（Plato，1891）希腊人一心仰望星空，忽视了脚下的土壤正在不断流失，在《克里底亚篇》（Critias）柏拉图将希腊的景观描述为"衰弱躯体的骨骼"（Plato，1891）。希腊人对于景观生态的无知从苏格拉底（Socrates）的言论中可见一斑，他有一句名言："我热爱学习，树木和开阔的田野乡村不会教我任何东西，而城里的人却会。"（Plato，1891）因认为土地无法成为知识的来源而减少土地，是史诗级的重大错误，也是今天还在困扰着西方和全球文化的错误。

　　在更宏观的角度上看待我们的位置，亚里士多德将地球置于行星同心圆的中心，这是一个错误却美丽、令造物主也颇显聪慧的设计（图 2.6）（Lachieze-Rey and Jean-Pierre，2001）。尽管天文的经验性观察与托勒密（Ptolemy，178）的数学演算基本没有一致过，但基督教和伊斯兰教还是坚称地球是宇宙的中心，直到 16 世纪哥白尼（Nicolaus Copernicus，1473—1543）提出了正确的日心说。[1]

―――――――――

1　日心说也并不是正确的，只能说相对"地心说"比较正确。——译者注

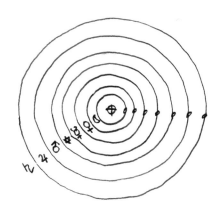

图 2.6 亚里士多德将地球置于行星同心圆
的中心

图 2.7 在犹太基督教和伊斯兰教中，曾经
神圣的"大地之灵"变成了象征邪
恶的蛇

　　在游牧民族的自我意识中，精神与物质上双重统一的世界，对基督教和伊斯兰教来说，却又是分裂的。《圣经》（创世记，第 3 章）和《古兰经》（第 7 章、第 20 章）里这样说道：在诱惑之下，人和上帝、人和动物都变得疏远了。在哥白尼提出日心说的那个秋天之后，继续着希腊启蒙运动未完成的任务，个体被分裂成灵魂和肉体、理智和欲望。夏娃是一个混杂着兽欲的人，分娩和被征服的痛苦惩罚着她（Merchant，2003）。象征着地球上的人类，亚当和他的儿子们则必须将伊甸园之外的荒野改造为农田。农夫该隐（Cain）谋杀了半游牧式牧羊人，并建立了第一座城市。曾经神圣而蜿蜒的"大地之灵"现在如一条掠过地表的毒蛇，舔舐着恼人的尘埃（图 2.7）（Michell，1975）。曾经丰饶美丽的地球在联想中被贬为邪恶，为了给科学革命铺路，对它加以诋毁，这最终会令地球变得毫无生气，理论上我们就可以任由自己的欲望操弄地球了。

　　从封闭禁园（hortus conclusus，常用来指代圣母玛利亚的处子之身）当中，再到地平线，基督教景观就是花园、农田、荒野组成的诡异三部曲。在周边城市（或更好的情况是修道院）的环绕下，花园成了一个失乐园的禁欲主义象征，农场则是以苦力换取救赎的诅咒之地，森林（来自拉丁文 *foris*，意为"野外"）充满了恐惧和异常（Harrison，1993）。教会空间中"更高"的现实是，从地狱般的地下空间开始，直指而上，经过地表这一"过渡地带"（limbo），一路向上超越群星直达苍天，最终进入一个保证会与上帝重聚的神圣之地（图 2.8）。这条轴线上刻着"存在之链"（Great Chain of Being）的字样：顶部是人类，底部是蚯蚓，其他被诺亚塞进方舟的一切之物都在中间。

基督教将亚里士多德在每一个生命中所看到的美重构为完全基于圣经文本的象征性秩序。由此，中世纪文化就从现实世界退缩回了圣经文本的神圣性之中——缩入花园内、城市内——也退缩进了一个有限的时间范围里，即从创世到救赎之间的时间。其中，唯一重要的城市就只有奥古斯丁（Augustine，354—430）的上帝之城（图 2.9）；尽管有些人论辩既然上帝创作了所有生命形式，那它们就必然是有价值的，但是自然世界仍然长久被主流观点蔑视（White，1967）。尽管教皇方济各最近发出了革命性的通谕，犹太教、基督教和伊斯兰教三大一神论宗教至今仍然更关注耶路撒冷废墟，而不是世界不断减少的生物多样性（Pope Francis，2015）。

虽然中世纪的封闭禁园封锁了地平线和可怖的森林，也仍有人在试图突破这一界限，园艺师皮罗·利戈里奥（Pirro Ligorio，1514—1583）于罗马附近小城蒂沃利修建的埃斯特别墅（Villa d'Este，1572）内的透视大道就是一个例子。文艺复兴时期透视的发展是城市及其与世界联系的产物（图 2.10）。一方面，透视造就了许多欧洲最美的城市；另一方面，透视打破了中世纪的城墙，并且客观地看待以往那些玄秘（图 2.11）。仿佛是为了弥补哥白尼和伽利略（Galileo，1564—1642）导致的地球天体中心地位的消失，透视将文艺复兴时期的"人"放在中心点，人的力量被重新重视，并且最终引领自己到达新世界的地平线。像拉斐尔（Raphael，1483—1520）这样的艺术家也以透视的方式描绘天堂，暗示着也许"天堂"和"人间"是一样的。

透视法的出现，衍生出了城市设计，同时城市设计也仿拟了最初的实验性园林设计；但在这个借鉴过程中，更受重视的往往是花园的形式，而不一定是花园的内涵。意大利人在他们的花园中表达的文化与自然的完美合成，并没能体现在其规划方案和纸上构思的理想的新文艺复兴城市中。像文森佐·斯卡莫齐（Vincenzo

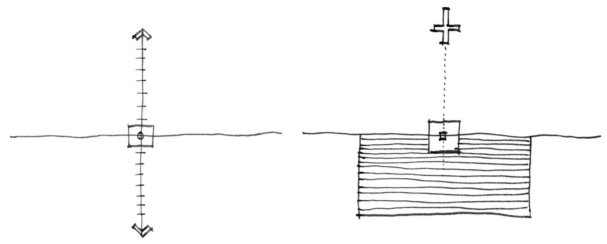

图 2.8　包含所有生物的垂直的存在之链　　　　图 2.9　奥古斯丁的上帝之城

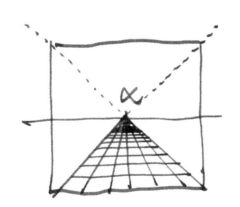

图 2.10　文艺复兴时期，无限远位于透视
　　　　　的灭点

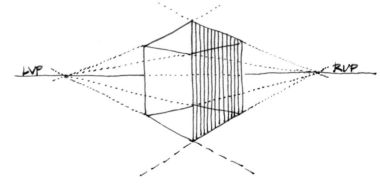

图 2.11　通过透视手法客观描绘自然的方法

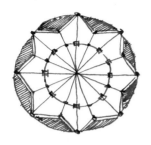

图 2.12 文森佐·斯卡莫齐规划的帕尔玛
诺瓦：一座九角星的堡垒城市

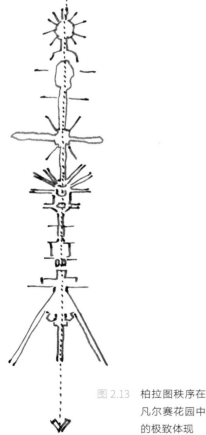

图 2.13 柏拉图秩序在
凡尔赛花园中
的极致体现

Scamozzi，1548 —1616）规划的帕尔玛诺瓦（Palmanova，1593）：这座威尼斯附近的城市仅仅是军事和几何上的景观，几乎不存在对人或场所的考量（图 2.12）。阿尔贝蒂（Alberti，1404 —1472）和帕拉迪奥（Palladio，1508—1580）的城市设计论著，分别是《论建筑》（De re aedificatoria）和《建筑四书》（I quattro libri dell' architettura），除了对地形和下水管道的些许注释外，对城市生态的关系几乎没有任何概念性的阐释（Alberti，1988）。当然，达·芬奇（Leonardo da Vinci，1452 —1519）在自然中寻找更深层次的秩序（岩石、水湍流和身体），而维特鲁威（Vitruvius，公元前 80 至 70 年—公元前 15 年）进行了大量的场地规划；但是，当时还没有系统地理解自然与文化是如何相互交织的，也没有明显的生态危机来推动这种观念。

意大利人在他们的花园中构建了文化与自然（以及古典主义与基督教）的复杂组合。一个世纪后，同样的几何形状遍布法国的平原时，就变成了过度的傲慢。没有比安德烈·德·诺特（André le Nôtre，1613 —1700）设计的位于巴黎郊外的凡尔赛花园（1664 年）对柏拉图秩序的渴望更为强烈、更为荒谬的了（图 2.13）。在那里，路易十四（1638—1715）以"太阳王"的形象高立远眺，剥去了森林，排干了湿地，并让一个太阳轴支起他的雕像，至远方巡视，甚至环游地球。一条轴线从他的后花园开始环绕，直至回到了城堡的另一侧，这条线深深刻入这座古老城市的肌理，并成为之后几个世纪新景观设计的标杆。

文艺复兴时期的园林和巴洛克风格园林最终以象征性的秩序揭开了地平线的神秘面纱——那就是以能够填补中间地带的网格实现城市化。回顾希波丹姆斯（Hippodamus，公元前 498—公元前 408）的理想城市米利都（Miletus，古爱奥尼亚城市），曾完美服务于罗马帝国野心的网格，现在将风靡世界（图 2.14）。1569 年，吉哈德斯·墨卡托（Gerardus Mercator，1512—1594）用经纬线包裹地球，三年后，《西印度群岛法》（Law of the Indies）[1] 所表达的相同逻辑将决定西班牙管理下美洲新市镇的形态（Reps，1965）。确实，网格式风格成为世界各地殖民地的首选，作为启蒙运动的卓越象征，在 18 世纪结束时，它以革命性的热情席卷了法国和美国。

格子的 X 轴和 Y 轴也提供了笛卡尔（René Descartes，1596—1650）微积分系统的架构，牛顿（Newton，1642—1727）的力学就是在笛卡尔坐标系和伽利略的机械学上建立的（图 2.15）。牛顿力学的本质是在绝对空间和时间下的真空中，任何运动物体的状态可以通过方程精确描述和预测：力 = 质量 × 加速度（图 2.16），这是科学革命的最高成就。正如诗人亚历山大·蒲柏（Alexander Pope，1688—1744）在牛顿逝世时所写的："自然与自然的法则隐藏在黑夜中，上帝说让牛顿去吧！于是一切都被照亮。"[2] 虽然牛顿一生都是一个神秘主义者，但从他的三个运动定律可以得出结论：天堂与地球完全没有什么不同。在这个意义上，牛顿把人性写入整个宇宙的结构中，然而现在，这个宇宙由于其无边无垠、空虚冷寂而显得可怖（Tarnas，1991）。

17、18 世纪欧洲的科学和政治革命把自然作为一种秩序的典范，但自然也同时被简化成一台机器。对笛卡尔来说，动物只是"单纯自动机"（mere automata）；对牛顿来说，上帝是个

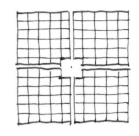

图 2.14　最简单也最历久弥新的城市秩序的表达是网格

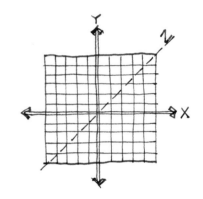

图 2.15　笛卡尔坐标系代表着地理制图的科学性

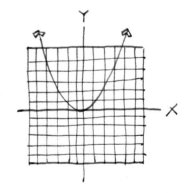

图 2.16　任何物体的抛物线都可以被牛顿力学精准预测

1　西班牙腓力二世颁布的用于殖民地管理规划的法律。——译者注
2　教皇的《牛顿墓志铭》原本是为了威斯敏斯特教堂牛顿纪念碑而写。参见 http://www.westminster-abbey.org/our-history/people/sir-isaac-newton。

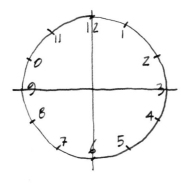

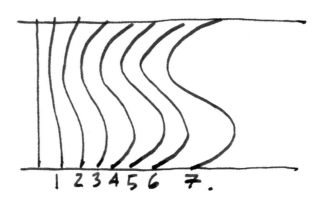

图 2.17　科学革命后，宇宙被认为是一　　图 2.18　威廉·荷加斯"美丽线"的变化
　　　　　个时钟，而上帝被看作钟表匠

钟表匠（图 2.17）（Marshall，1992）。这些危险的比喻被人理解成了真正的机器。在这些机器的推动下，整个欧洲的工业革命红红火火地开展，同时也把城市变成了生态剥削的真正的地狱。直到今天，这种现象依然在世界的大部分地区发生（Mumford，1967）。在工业革命的推动下，基督教、资本主义和理性三者合一，也就是我们所知道的殖民主义，在全球蔓延开来，带来灾难性的后果。自 18 世纪起，欧洲殖民者通过崇高、别致、美丽的滤镜来美化对异域"处女地"的掠夺过程。人类与生态系统这些外来的、与本地不相称的审美主导思想，在新城的规划过程中被根除了。

　　惊骇于工业革命的暴力，新、旧两个世界的贵族和艺术家撤退到现代文明尚未侵入、依旧诗情画意的缝隙地带中，幻想着世外桃源（Thomas，1983）。作为现代性的"他者"，景观的浪漫化为我们带来了华兹华斯（Wordsworth）的诗歌和英国花园；再后来，带来了亨利·戴维·梭罗（Henry David Thoreau，1817—1862）、约翰·缪尔（John Muir，1838—1914）和国家公园（1872）。但与此同时，景观的浪漫化也加强了自然与文化的鸿沟，不经意地把景观的范围缩小到风景：景观成为工业城市天真无辜的幕布；在新兴的风景园林学科手中，景观则是工业城市脉脉温情的面纱。沿着威廉·荷加斯（William Hogarth，1697—1764）的"美丽线"（line of beauty，1753）（图 2.18），景观作为充满田园风光的公园、作为被驯化的自然进入城市中，仅仅是城市精神和物质上的提神饮料，而真正的景观则在城市之外被剥夺侵占。优胜美地国家公园和纽约中央公园虽然处于不同环境中，但它们都将文化与自然、城市与景观的辩证关系视为神圣不可侵犯的。虽然这两者都并非真实，都是虚构的美好假象（Cronon，1996）。

约翰·洛克（John Locke，1632—1704）与托马斯·霍布斯（Thomas Hobbes，1588—1679）就"什么是自然"以及"文化应该和不应该包含什么"产生了争论，前者认为自然的本质是良性的，后者则认为人在自然状态下是"孤独的、贫穷的、肮脏的、粗野的和短暂的"（Locke，1975；Thomas，2009）。后者的观念后来被各种方式极端化了，包括达尔文（Darwin，1809—1882）对自然选择的解释被应用在社会政治舞台上（Darwin，1859）。[1] 尽管达尔文可以解释演化的机制，但他拒绝对其方向和目的进行阐释，这一空白因此很快就被性别歧视、种族主义和物种主义等等带有歧视性的粗暴断言所占据了。众所周知的"适者生存"的概念大大推进了资本主义经济和殖民文化的合理化。尽管他拒绝了马克思合署《共产党宣言》的请求，达尔文的理论也同样被用来证明社会主义社会将"进化"到所谓的更高的共产主义状态（Marx and Engels，1848）。[2]

达尔文展示了人类和其他生物是由一样的力量构成的。牛顿将文化与宇宙联系起来，达尔文则把它根植于地球。对于科学来说，至少不再有自然与文化鸿沟；但是，对于整个社会来说，每一趟去动物园的旅行都在证实自然与文化的分隔。维多利亚女王（1819—1901）对此表达了困惑——当1842年看到大猩猩"詹妮"在伦敦动物园里穿着护士服、喝着大吉岭茶时，她说："他（原文如此）是一个可怕的、令人痛苦、令人讨厌的人。"（Schama，1995）尽管达尔文在《物种起源》的结论中说，"生命进化"是"宏大的"，人们对进化论的深深的恐惧源于它描述了一个随机的甚至很可能是毫无意义的世界。然而，达尔文留给我们的却是一颗生态意识的种子，他说："……对所有生物的无私的爱，是人类最高贵的属性。"（Darwin，2004）这个

1　值得记住的是，阿尔弗雷德·拉塞尔·华莱士（Alfred Russel Wallace，1823—1913）也提出了通过自然选择进化的理论，这最终促使达尔文完成并发表了《物种起源》。参看 Camerini（2002）。

2　第一个英文译本是海伦·麦克法兰（Helen Macfarlane）于1850年在伦敦出版的 *Red Republican* 杂志上发表的，塞缪尔·摩尔（Samuel Moore）于1888年将这部作品翻译成书出版，并加上了恩格斯的新注释。

"高贵的属性"通过 19 世纪迅速发展的自然科学实现，并在 20 世纪达到高潮，这就是保罗·西尔斯（Paul Sears）所说的"颠覆性的生态科学"。1964 年，西尔斯说："（生态学）对社会、经济、宗教、人文学科和其他学科及其商业方式的现有假设带来了强有力的威胁。"（Disinger，2009）

现代宇宙论当中形而上学的虚无和对进化过程中自我意识的焦虑，很大程度上被工业进步的目的论和忙碌消解了。从弗朗西斯·培根爵士（Sir Francis Bacon，1561—1626）在 1609 年坚持"所有的自然都要被审视，以建立一个知识乌托邦"，到经济学家亚当·斯密（Adam Smith，1723—1790）在 1776 提出"通过创造财富，我们可以重建天堂"的观点，现代人文主义的核心宗旨是我们可以用自己的条件来创造世界（Bacon，1609；Smith，1776）。到 19 世纪末，现代性（马克思称之为"创造性破坏"）已经是不可阻挡的了，如果人类现在决定成为神，那么，如歌德（Goethe，1749—1832）预测的那样，浮士德确实是他们的破坏者（Von Goethe，1808；Berman，1982）。

在 20 世纪初构思的各种乌托邦城市，以缓解工业时代快速增长和保障负担得起的大规模住房为目标，同时也密切关注着城市和景观之间的和谐发展。例如，1902 年埃比尼泽·霍华德（Ebenezer Howard，1850—1928）提出的"田园城市"中有宽阔的绿地、交通网络和土地社会主义，这些要素很接近城市与自然景观融合的尝试（图 2.19）（Hall，2002）。然而，霍华德所形容的紧凑型聚落并不能容纳 20 世纪指数增长的人口和汽车；这些因素催生了今天巨大的城郊聚落，现在被称为城市的"蔓延"，即普莱斯所说的炒鸡蛋的形态。

从空中俯瞰，批评者认为郊区是一种肿瘤，它产生了最多的生态足迹和碳排放。而郊区的拥护者则说，郊区是大多数发达国家公民做出的自然选择，郊区遍布私人花园和空旷的田园空间，是自然与文化交织的良性空间，是一个快乐幸福的混合体（图 2.20）。这两种观点各有各的道理，但在今天，更重要的问题是："郊区如何在未来进行生态化改造"以及"郊区对石油化工产品的消费文化如何能用可再生能源代替"。大片的郊区构成了现在的城市，设计行业的先锋们虽然在力诚我们要挑战和改进郊区，但同时却很少付诸行动。这样看来，无论他们的新保守主义美学如何，

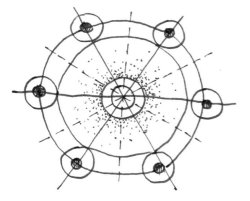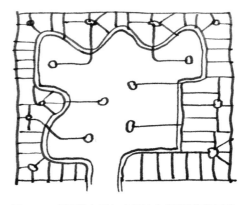

图 2.19　霍华德的田园城市试图将作为景观的自然与作为村庄的城市整合起来

图 2.20　郊区的布局与田园诗中的理想景观产生共鸣

美国新城市主义委员会（Congress of New Urbanism，CNU）提出的批评和可操作的方案都值得肯定（Duany，2000）。

　　城郊拓展是在广度上做出了实践，而勒·柯布西耶（Le Corbusier，1887—1965）那并未成功的"光辉城市"（Villa Radieuse，1924）的尝试，则是要在深度上做出探索（图 2.21）。光辉城市大约是将一个密度为典型郊区 100 倍的 300 万人口的城市，像一台机器一样，底层架空置于高处，如此一来，"原始的"自然就能在地表存在并满足城市的精神需求。这种都市化模式破坏了世界各地的自然与文化景观，取而代之的仅仅是大片无用的草地和停车场。尽管如此，这种模式仍然在发展中国家应用着，以应对历史上最大的城乡人口迁移浪潮；而与郊区一样，设计专家们还没有对其自身的逻辑进行重新构想。从当代城市生态化的角度来看，这种"空中楼阁"的模式其实也有很多值得称道的地方。

　　当霍华德和柯布西耶在构思新的城市并担心如何将它们与景观联系起来之时，爱因斯坦（Albert Einstein，1879—1955）通过思考"如果骑在一束光上前行，会看到怎样的世界"来探索自然到底是什么。根据他在 1905 年进行的数学计算，答案是，当你接近光速（每秒 300 000 千米）时，你会开始看到来自多个方向的物体（如立体主义稍后所示）。然后，这些物体会失去阴影和颜色，更为戏剧性的是，你认为处于前方和后方的东西会变形为你身边的一个二维无限平面。也就是说，未来和过去会

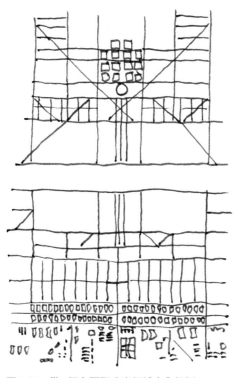

图 2.21　勒·柯布西耶"光辉城市"规划

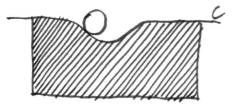

图 2.22　在爱因斯坦的宇宙中，每一个物体
都塑造空间并同时被空间塑造

成为一体（Schlain，1991）。

　　爱因斯坦最出名的成就是证明了某物具有的能量等于它的质量乘以光速的平方（E=mc²）。例如，一个普通人含有相当于 30 个大型氢弹的亚原子能量。他的定理（1905，1907，1915）表明，所有物体都有自己的空间和自己的时间，并且其时间和空间与能量、质量、速度有关。在爱因斯坦的宇宙中，每一个物体都被空间独特地塑造，又反过来塑造空间（图 2.22）。爱因斯坦的空间并不是空洞的、其他事件发生的背景（于牛顿而言却是如此），它也不是将行星保持在轨道上的神秘的以太。爱因斯坦空间充满了肉眼无法看到的电磁场和万有引力，这空间本身就是物体和时空相互连接的结果。就像牛顿和达尔文完成的事情一样，爱因斯坦对现实的描述将人类与其时空深刻地结合起来。接下来的问题就是：爱因斯坦的解释涉及的所有东西都是难以察觉的、难以理解的，我们习惯性地认为物体的景观是在欧几里得空间中彼此分隔的，因此，尽管已经有相反的证据，自然和文化的基本结构仍然存在分歧。

　　当爱因斯坦建立他的理论时，其基本的亚原子属性违背了经典力学（牛顿力学）的属性——在亚原子水平上，对粒子的测量本身不可能不影响测量结果（图 2.23）。因为我们知道，光有波粒二象性。此外，由于某个粒子的下一个状态无法准确预测，自然本质的不确定性同时在科学角度和文化角度都成为现实。1926 年，在写给马克

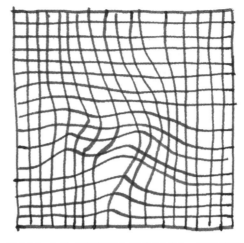

图 2.23　20 世纪时，科学界否定了亚原子
　　　　　层面的可预测性

图 2.24　与欧式空间和牛顿空间不同，爱因斯坦
　　　　　的空间是扭曲的

斯·玻恩（Max Born）的信中，爱因斯坦拒绝接受这难以置信的结果，他说"……他（上帝）不掷骰子"（Born，1971）。

　　不同于欧几里得和牛顿的空间，爱因斯坦的空间是扭曲的（图 2.24）。弯曲的空间与在公元前 300 年就提出的欧式几何相矛盾，而欧式几何早已构成了我们的视角和空间的正交感。1920 年，杜尚（Duchamp，1887—1968）的妹妹在他巴黎法孔米娜街寓所的阳台上绑上欧几里得的《几何原本》（约公元前 300 年），让这本书风吹日晒逐渐消亡。她那时想表达的大概就是爱因斯坦对欧式几何的颠覆以及对熵概念的接受。同时，杜尚也弃艺学弈——一种以预测下一步行动可能性为主的智力游戏。

　　不确定性在整个 20 世纪的艺术和文化中回响震荡。概率开启了熵和混沌理论的研究，杰克逊·波洛克（Jackson Pollock，1912—1956）的绘画、约翰·凯奇（John Cage，1912—1992）的音乐、罗伯特·史密森（Robert Smithson，1938—1973）的雕塑都探索了概率的不同方面（图 2.25）。观察者影响观察结果的量子事实也将科学的权威性降低为客观事实，并鼓励后现代文化强调主体性和语境性"建构"知识的总体倾向（Appignanesi，1989）。因此，作为一个大范围的文化转向，相对于现代主义的普遍性"空间"，后现代主义更支持"场所"的特殊性，强调地理、生物和人种的特殊

图 2.25　不确定性在整个 20 世纪的艺术领域产生了极大共鸣，为概率、熵和混沌理论的探索打开了新的大门

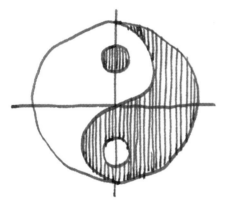

图 2.26　弗里乔夫·卡普拉将量子物理与东方神秘主义（道教）联系起来

性，从而形成了土地景观建筑学在未来一个世纪的主要理论和实践基础。然而，直到 21 世纪，景观建筑才终于开始摆脱（或多或少的）静态风景生产，发展以不确定性为基础的设计和规划技术，并且将不确定性作为生态和文化过程的第四维度进行考量。

　　纳粹大屠杀和 1945 年原子弹爆炸标志着现代文化的终结与后现代文化的发端。物理学家罗伯特·奥本海默（Robert Oppenhermer，1904—1967）在对他设计的核武器进行测试的时候，恰为这个人类成神的时代写下了墓志铭，他总结道："现在我化身成死亡，成为多重世界的毁灭者。"[1] 他所引用的，是《薄伽梵歌》（Bhagavad Gita），而非《圣约翰福音》，这不仅是科学的象征性转折点，更广义地说，也是西方文化的转折点。在佛教和印度教中，西方世界是一个充满精神力量的非线性宇宙，否则自希腊公元前 6 世纪的启蒙运动以来，早就已经耗尽了。

　　弗里乔夫·卡普拉（Fritjof Capra）的《物理学之道》（Tao of Physics，1975）以一种后现代科学异端的形式，阐明量子物理学与东方神秘主义（图 2.26）之间的诗意联系，并以此勾勒出了时代精神（Capra，1975）。卡普拉相信万物是相互关联的，他称之为整体主义（holism）。整体主义是科学、人文和流行文化中新兴的生态转向的化身。万物间的生态连接性和全球环境对线性增长模式的限制是在 20 世纪晚期统一及塑造全球文化的一个大创意，超越

1　第一次是作为电视纪录片《决定投下炸弹》（The Decision to Drop the Bomb，1965）的一部分播放的，该片由弗雷德·弗里德（Fred Freed）制作。

了资本主义的丰饶或共产主义乌托邦的追求，而两者都已被证明是对环境具有破坏性的。

巴克敏斯特·富勒（Buckminister Fuller，1895—1983）的《地球号太空船操作手册》（*Operating Manual for Spaceship Earth*，1968）以及紧随其后的罗马俱乐部的《增长的极限》（*The Limits to Growth*，1972）提出了一个明显的观点，即我们的地球是有限的，而现代的进步思想则是无限的（Fuller，1970；Meadows，1972）。同时，如奥尔德思·赫胥黎（Aldous Huxley，1894—1963）的《岛》（*Island*，1962）以及欧内斯特·卡伦巴赫（Ernst Callenbach，1929—2012）的《生态城市》（*Ecotopia*，1975）在城市发展史上首次提出建议，不仅城市与农村之间需要和谐统一，在文化与自然之间，甚至更广泛的，精神与物质之间，也要和谐统一（Huxley，1962；Callenbach，1975）。这些乌托邦表现出对万物有灵论深深的怀念，也就是所谓的"回归自然"，这一思想与生态女性主义交织，关注城市诞生之前的母系统治以及长期以来被压抑的女性地球神的概念。

牛顿力学提高了武器的精准度，也通过相机把人类带上了月球，并且从月球这遥远的有利据点，生态女性主义和现代环境运动将最终找到它的终极标志。早在1946年，V-2火箭的图像就显示出了空间的扭曲，但直到1968年平安夜，阿波罗8号宇航员威廉·安德斯（William Anders）的照片"尤瑞赛斯"（Eurraces），才第一次将整个星球展示为一个美丽的太空体。接着是阿波罗17号机组人员在1972年12月7日拍摄出今日家喻户晓的蓝色玻璃珠般的图像，现在这样的图像已经十分普遍了。牛顿、达尔文和爱因斯坦的各种描述人类与环境之间细致的相互联系的理论，如今已经成为被普遍理解的一幅完整图卷。

人类历史上第一次，人们不是向上看，而是向下反思自身和我们的环境，并且将人与环境看作一个整体。把环境与人同一化后，我们对地球的所作所为就是对我们自己的。因此，以詹姆斯·洛夫洛克（James Lovelock）为代表的许多科学家和以伊恩·麦克哈格为代表的少数规划师指出：我们正在缓慢地使自己甚至更多事物消亡。因此，洛夫洛克认为，地球的自我调节系统正在受到大气中过高的碳含量（超过百万分之四百）的危害，而正是这种自我调节系统让地球温度在冰期和间冰期间周期性变化。洛夫洛克预言，由于不可逆的气候变化，地球，他称之为盖亚，很可

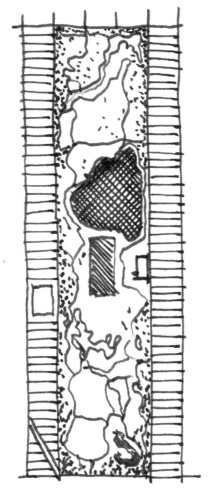

图 2.27　纽约中央公园规划（1857）

能会像他所说的那样，"像她死去的同胞维纳斯女神一样"（Lovelock，2010），在回顾了一系列地球工程解决方案，比如改变大气的化学构成、繁殖海洋中藻类以及发射轨道遮蔽结构，洛夫洛克建议我们简单地封锁所有剩余的栖息地，并构建新的生态系统来封存碳（Lovelock，2010）。

当前全球 15.4% 的土地面积（2 060 万平方千米）是受到保护的，包括全球 235 个国家的 209 429 个保护区。《生物多样性公约》（195 个国家承诺）只要求到 2020 年，在全球范围内确保 1.6% 的面积（Juffe-Bignoli et al.，2014）。你可能觉得这一数字微不足道，但地球陆地表面的 1.6% 是 2 327 800 平方千米，相当于 695 835 个中央公园（图 2.27）。如果这是一个中央公园，则是一个长 278 334 300 万千米、宽 0.8 千米的公园。

这一额外 1.6% 的目标还必须与持续的栖息地丧失率相抗衡，《科学》（Science）杂志近期刊登的一篇文章估计，2000—2012 年，有 1 500 000 平方千米或相当于 439 882 个中央公园面积的栖息地消失了（Hansen et al.，2013）。像这样在全球范围内维持和恢复生境的"项目"是前所未有的，很可能是景观建筑学在 21 世纪最重要的使命。[1]

这些恢复性措施将找到机会，在那里，威胁和乡村景观都正在消失，城市及相关基础设施正在扩张。如果以与世界范围内更为强大的城市化进程无关的方式来规划恢复，那么，它们将是支离破碎的、脆弱的，不太可能带来实质性的生态收益。根据耶鲁大学森林学院的研究估计，

1　关于作者在这方面所进行研究的详细说明，参见 Weller and Hands（2014）。

到 2030 年，全球约有 120 000 000 公顷的土地将被纳入城市发展，其中大部分是在生物多样性热点地区（Seto，2012）。说起来比实际行动容易，景观建筑师们理应站在这一发展趋势的前线。

虽然生态女性主义者很可能同意洛夫洛克的一个基本假设，即地球是一个独特的、活的元生物体，我们人类则是次要的，但面对盖亚假说所宣称的性别地球回归，有些人却犹豫不前。唐娜·哈拉维（Donna Haraway）等学者认为，女性和自然的生物融合与回归有机整体的理想既是反动的，也是不可能的。哈拉维在《赛博格宣言》中简洁地说道："我宁愿是一个电子人（cyborg，即赛博格），而不是女神。"（Haraway，1991）她好像要继续玛丽·雪莱（Mary Shelley，1797—1851）在《弗兰肯斯坦》（*Frankenstein*，1818）停下未完成的事情，哈拉维拥抱了世界已经变成的大自然和技术的巨大混合体（Shelly，1818）。对哈拉维来说，很快，电子人就会在好莱坞成为一种潜在的自由形式的后自然身份。哈拉维对电子人的召唤将生态政治和身份政治从前城市和前掠夺者转变到当代科学的前沿。事实上，如果说 20 世纪物理学在原子内部到了僵局，2000 年就是在人类基因组的编译陷入僵局，它就在那里，在新的技术和生物体的拼接中，21 世纪的本质正在被确定。哈拉维提出的问题是："谁在设计这个新的自然，又有什么目的？"

如哈拉维所言，整个地球可以被概念化为赛博格［参考 Zimmerman（1994）］。如果真是这样，那么说地球是"蓝色大理石"就是蒙蔽性的，因为它没有表现出明显的去自然化的痕迹。更精确的地球图像将揭示一个充满了太空垃圾、汽车饱和、雾霾笼罩的地球。这样，我们将看到世界上约 40 个闪耀着白炽灯光的巨型区域，它们由互联网的脉冲式神经系统连接在一起。我们还可以看到，这个地球是由苍白、粗糙的皮肤编织而成的，河流像是静脉曲张，土地充满了与世界上的食物明亮的绿色类固醇组织相邻的脓毒性病变。一系列著作开始解释这个新地球，包括凯特·苏珀（Kate Soper）的《自然是什么》（*What Is Nature?* 1995）、亚历山大·威尔逊（Alexander Wilson）的《自然文化》（*The Culture of Nature*，1991）、比尔·麦克奇本（Bill McKibben）的《自然的终结》（*The End of Nature*，1989）以及卡洛琳·麦茜特（Carolyn Merchant）的《自然之死》（*The Death of Nature*，1983）。他们提出的问题不是"我们如何回到纯粹

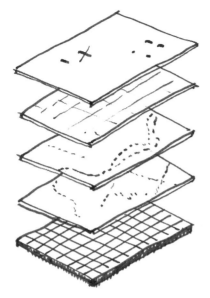

图 2.28 麦克哈格对景观分析、设计和规划提出的"千层饼"模型

的自然",更确切地说,是"我们现在如何管理去自然化的地球"(Soper,1995;Wilson,1991;Merchant,1983;McKibben,1989)。

在这方面,风景园林最重要的宣言仍然是由伊恩·麦克哈格写的《设计结合自然》(Design with Nature,1969)(图 2.28)(McHarg,1995)。虽然他偶尔表现出一个理论家的特征,但麦克哈格是一个复杂的思想家,他慷慨激昂的写作充满了许多尚未解决的艺术与科学之间的智力和创造性的问题,这是他所代表的学科的核心。他反对犹太基督教的观点——"人类在地球上处于统治地位"或是其他类似的叙述,麦克哈格则表达了人类与地球环境合二为一的愿景,他不承认造物主的存在。从他的批评对象和思维的规模来看,麦克哈格的语言是极为宏大的,尽管他从来没有确切地提到过,但他的文章是对《创世纪》2:15 的引用,我们被教导不要支配伊甸园,而是要"修理看守"它。[1] 在《设计结合自然》中,麦克哈格反复地把理想的人类称为"好管家"(McHarg,1995)。

麦克哈格的世界是亚里士多德学派的,即是生物的、创造性的和目的论的。对麦克哈格来说,创造力不仅是艺术家的事情,更是世界的运作方式。创新是进化过程中用于抵抗熵的机制,或者如他所说,是"提升物质"到新的秩序层次(负熵)(McHarg,1969)。创造力是生物体达到形式的过程,而这种形式是生物体与环境相互适应的直接结果。根据麦克哈格,认识到这一点、关注这一点并最终

1　赫尔(Hull,2006)如是注解,"修饰和维护"公园也可称作"耕作""服务""打理"和"保卫",后者显然较前者更能体现我们作为管家的角色属性。

"适应"这一点正是人类的目的。对麦克哈格来说，没有自然的城市是"上帝的垃圾场"，是自然秩序的畸变（McHarg，1969）。[1] 而他经常被批评的问题是，他把文化还原为对自然的科学解读。正如厄休拉·海斯（Ursula Heise）解释的：

> 在过去 20 年中，文化研究的基本目的是分析，更多时候是通过展示他们扎根于文化实践而不是自然的事实，来消除对"自然""生物性"的呼吁。因此，这项工作的主旨总是会引发质疑，或是怀疑有无可能回归自然，抑或质疑场所区域能否按照人类应重视的自然特征来加以定义。（Hesei，2008）

甚至麦克哈格也认识到了他思想中更深层次的问题，当他在自己的著作中承认，自然是"最终不可知的"（McHarg，1995）。那么，一个规定性的规划方法怎么能如此果断地基于这样不可知的东西呢？当然，麦克哈格并不是在要求我们根据自然的终极奥秘来设计城市；他展示了如何调整发展以适应景观生态学的基本流动，但即使如此，他的思想仍然存在理论上的缺陷。

21 世纪，景观城市化运动出现，这一运动部分起源于对麦克哈格派规划的批判。麦克哈格试图提升城市的生态设计与规划，但是情感上他还是拒绝了城市，然而景观城市学家则拥抱城市，并开始认同它作为一个超越善恶的"自然"系统。麦克哈格试图通过生物物理数据和科学方法的模仿来确定城市的未来形式，但景观城市学者拥抱设计者的主观性，并试图将横跨科学和艺术的多种数据整合起来。麦克哈格的未来城市依据的生态学是人类趋向于扰乱均衡的生态系统，而景观城市主义的生态学更具包容性、混沌性、不确定性和突现性。正如罗德·巴奈特（Rod Barnett）在《景观建筑学的兴起》（*Emergence in Landscape Architecture*，2013）中所解释的那样，"因为无论是自然还是城市都处于平衡状态，自然和社会结构都出现并汇聚在一个复杂的过程中，涉及从一种状态到另一种状态的变化。"（Barnett，2013）

1　麦克哈格所提到的"上帝的垃圾场"来自布莱克（Blake，1964），其影响了当时的其他自然资源保护主义者，尤其是查尔斯·E.利特尔（Charles E. Little，1931—2014）。

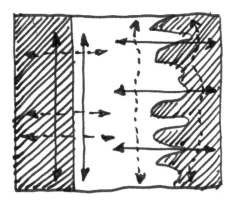

图 2.29　混沌理论中的蝴蝶效应

图 2.30　理查德·福曼提出的景观生态基本原则的一个示例

正如历史上任何一个自然模型所提出的那样，最重要的是要评估和预测理论将如何转化为设计理念及能动性。如果城市现在被认为是一个无止境的涌现和部分不可知的自然，那么，任何一个城市演化的理想终点都毫无意义。科学和艺术中不确定性的广泛传播已经导致景观都市主义者较少关注最终形式与总体规划，更多地关注催化发展过程、生态过程和经济过程的初始条件。混沌理论著名的"蝴蝶效应"也涉及生态视角（关系视角）的理解，所有被创造或消耗的事物现都在其生命周期和种种相关后果当中（图 2.29）得到恰当的评价。[1] 用这种视角进行生态设计的方法被生态学家理查德·福曼巧妙地总结为："……要看到肉眼难见的事物，就从它周边的运动流开始"（图 2.30）（Forman，2014）。

引申开来，设计师与规划师们现在开始更多地对整个城市新陈代谢的变化进行建模，而不是通过他们的审美形态建模。[2] 正是这一点使景观城市主义的话语和随之

[1]　"蝴蝶效应"这一术语最早由美国数学家、气象学家爱德华·洛伦兹（Edward N. Lorenze，1917—2008），于 1972 年 10 月 29 日马萨诸塞州坎布里奇市美国科学进步协会（American Association for the Advancement of Science）第 139 次会议上，在题为"巴西蝴蝶翅膀的一次扇动能否引发得克萨斯的一场风暴"（Does the flap of a butterfly's wings in Brazil set off a tornadoe in Texas）的会议论文中提出。

[2]　文献中出现了一种基于新陈代谢的对都市化的理解。从工程学的角度，请参阅 Baccini and Paul（2012）；从美学和社会政治的角度，请参阅 Heynen and Eric（2006）。

而来的城市生态学密切相关；但是，正如所有关于世界运行方式的新概念一样，景观城市主义已经遇到了一些明显的阻力，特别是城市是什么以及如何设计。最值得注意的是，新都市主义协会（Congress of New Urbanism）的主席、《景观都市主义及其不满》（*Landscape Urbanism and Its Discontents*，2013）的合著者安德烈斯·杜安尼认为，景观城市化将景观融入城市的尝试威胁着那些城市的效率（Duany and Talen，2013）。杜安尼赞美曼哈顿紧凑而行人友好的布局，认为当今的景观城市规划师没法创造出这样的城市了，当今的规划师不再按照 1811 年纽约市专员计划应用机械式的地下雨水系统和网格，取而代之的是将 3 000 条（块）小溪和湿地置于日光下（图 2.31）（Duany and Talen，2013）。诚然，他认为，如果有更多城市像曼哈顿这样，将更多的开放空间塑造出来，那么，城市的交通系统就会被破坏，而纽约整体也将进一步扩张。当然，一些景观建筑师不见森林仅见一木，但杜安尼过分夸大了曼哈顿的优点，也低估了景观城市主义在再构思当代高效城市上的潜力。

如果采取了景观城市主义的路径，曼哈顿会变成什么样子呢？首先，在近距离关注细节之前，景观城市主义者会先从宏观角度观察。因此，麦克哈格的分析方法（即当今已经无处不在的地理信息系统的雏形）对建构城市的区域框架非常有效。这种分析方法得到的结论很可能是这样的：一个人口稠密的城市就应该位于它现在所处的位置（即当前的结果就是最优的）。但这种分析几乎肯定会阻碍低洼土地的发展，比如，具有高生态价值的土地和当前受到海平面上升及风暴潮威胁的土地（麦克哈格曾就此准确地警告过）。

杜安尼就城市设计的规模有一个观点：盲目地应用麦克哈格式的规划可能不会创造出伟大的城市。但是景观建筑师们早就知道了麦克哈格分析方法的设计局限，而且正是由于他的局限性，才催生了景观城市主义思想。景观城市主义者不仅关注水文和地形，而且关注所有有形或无形的生态流（flow），目标是了解该如何发展城市和景观之间的新型交互设计。例如，如果要重新设计曼哈顿，中央公园这个庞然大物应该被分解为一系列更小的但相互联系的公共空间系统。这个系统应该能包含杜安尼提到的"3 000 条（块）小溪和湿地"以净化及保持水、生长树木、冷却空气、维持生物多样性。它还应该为城市提供新建平台的地域空间，也就是在维持人口密度的同时，为

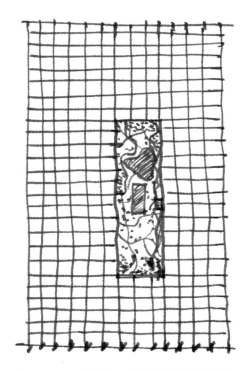 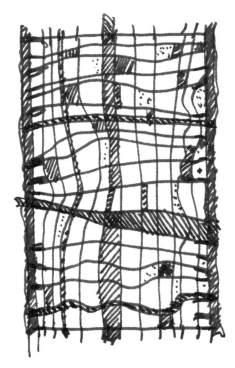

图 2.31　1811 年纽约市专员计划中的中央公园　　　　图 2.32　对曼哈顿网格的再想象：依据地形调整
　　　　　　　　　　　　　　　　　　　　　　　　　　　　　　　并增加更多类型的公共开放空间

代谢功能指向型的新建街区和建筑类型提供空间（图 2.32）。[1] 即使是像中央公园这样标志性的成功项目也不是最优的，也不能只因为围绕着中央公园的曼哈顿没有不断蔓延就说它是 21 世纪最佳的城市模型。在评价这座城市的时候，就像其他所有杜安尼赞许的城市模式一样，19、20 世纪之交，他的理念存在着阻碍城市演化的风险。

　　当杜安尼面对曼哈顿的时候，他看到的是街道与街区。当景观城市主义者面对曼哈顿的时候，他们看到的是全球的城市流动物质与文化在这里凝结。如果我们仅仅把"可持续性"局限在"立德"评级的建筑中，那么就可以将新城市主义等同于可持续发展的城市主义；但是如果我们认可城市具有系统性、全球性的复杂问

1　有关曼哈顿的原始地形与河流的地图，参阅 Sanderson（2009）。

题（在我看来，要从生态视角理解城市可持续性，就必须从这一观点出发），那么景观（或绿色或生态）城市主义的观点就是前所未有的了。

将城市看作自然背景的对立面，或沿袭新城市主义观点，将城市简化并归为一种修复"自然"与"文化"的东西（例如中央公园和曼哈顿），延续这样的观点是无用甚至危险的。如今城市已经无处不在，世界是混杂的、去自然化的，是人类自己创造、共同进化的生态。全球城市，散布在广阔的资源掠夺和废弃物景观中，是新的自然，而除非我们将城市的基础从 19 世纪的机械式理念转向 21 世纪的生态理解，这种新的自然是自杀式的。首先，这是减少城市生态足迹的工具性项目，只有这样我们的星球才可以承受大约 100 亿人（到 21 世纪末的人口估计值）；同时，这也是一项政治和审美的创新项目。从这种意义上看，可持续城市不是惩罚性的、道德的或单纯仅是工具主义的，而是一个亟待创新性的设计解决方案的重大问题。

本章粗略地回顾了历史，无论是好是坏，城市设计总会折射出更为宏观的自然秩序以及人类在这一秩序中所发挥的作用和相应位置。历史也教导我们，自然永远是一种文化构想。当你理解了这一点，对自然的认识中的意识形态和绝对论的思想就会得以缓和，并且对我们将城市简化为宇宙或生物隐喻的正确性产生怀疑；同时，这种理念会鼓励我们革新建设一个更适合我们时代的城市。城市究竟是水煮蛋、煎蛋还是炒蛋都不重要，重要的是鸡蛋从哪里来、到哪里去（图 2.33）。

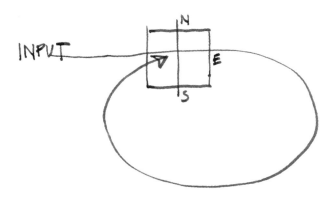

图 2.33　基于对自然的复杂性与系统性及城市代谢的理解构建的城市规划新范式

参考文献

[1] Callenbach, Ernst, *Ecotopia* (Berkeley, CA: Banyan Tree Books, 1975).

[2] Clark, John, "Social Ecology," in Zimmerman, Michael, et. al., eds., *Environmental Philosophy* (Englewood Cliffs, NJ: Prentice Hall), 345–437.

[3] Coates, Peter, "Ancient Greece and Rome," in Coates, Peter, *Nature: Western Attitudes since Ancient Times* (Berkeley:

University of California Press: 1998), 23–39.

[4] Cobb, Edith, *The Ecology of Imagination in Childhood* (New York, NY: Columbia University Press, 1977).

[5] Corner, James, "Agents of Creativity," in *The Landscape Imagination*, 256–81.

[6] Corner, James, and Alex MacLean, *Taking Measures across the American Landscape* (New Haven, CT: Yale University Press, 1996).

[7] Cronon, William, *Uncommon Ground: Rethinking the Human Place in Nature* (New York, NY: W. W. Norton, 1996).

[8] Czerniak, Julia, *CASE—Downsview Park Toronto* (New York, NY: Prestel, 2002).

[9] Darwin, Charles, *On the Origin of Species*, in Flew, Anthony, ed. (Harmondsworth, UK: Penguin, 1970; first published by John Murray in 1859 in London, UK).

[10] Darwin, Charles, *The Descent of Man and Selection in Relation to Sex* (London, UK: Penguin Classics, 2004; first published by John Murray in 1871 in London, UK), 126.

[11] Duany, Andrés, and Emily Talen, eds., *Landscape Urbanism and Its Discontents: Dissimulating the Sustainable City* (Gabriola Island, Canada: New Society Publishers, 2013).

[12] Duany, Andrés, Elizabeth Plater-Zyberk, and Jeff Speck, *Suburban Nation—The Rise of Sprawl and the Decline of the American Dream* (New York, NY: North Point Press, 2000).

[13] First broadcast as part of the television documentary, "The Decision to Drop the Bomb" (1965), produced by Fred Freed, NBC White Paper.

[14] Forman, Richard T. T., *Land Mosaics: The Ecology of Landscapes and Regions* (London, UK: Cambridge University Press, 1995).

[15] Forman, Richard, *The Annual Ian McHarg Lecture* (Philadelphia: University of Pennsylvania, April 3, 2014).

[16] Fuller, Buckminster, R., *Operating Manual for Spaceship Earth* (New York, NY: Pocket Books, 1970).

[17] Hall, Peter, *Cities of Tomorrow: An Intellectual History of Urban Planning and Design in the Twentieth Century*, 3rd Edition (London, UK: Blackwell Publishing 2002), 87–142.

[18] Hansen, M. C., P. V. Potapov, R. Moore, M. Hancher, S. A. Turubanova, A. Tyukavina, D. Thau, S. V. Stehman, S. J. Goetz, T. R. Loveland, A. Kommareddy, A. Egorov, L Chini, C. O. Justice, and J. R. G. Townshend, "High-Resolution Global Maps of 21st-Century Forest Cover Change," *Science*, Vol. 342, No. 6160 (November 2013): 850–53.

[19] Haraway, Donna J., "A Cyborg Manifesto: Science, Technology, and Socialist-Feminism in the Late Twentieth Century," in Haraway, Donna J., Simians, *Cyborgs and Women: The Reinvention of Nature* (New York, NY: Routledge, 1991), 149–81.

[20] Harrison, Robert P., *Forests: The Shadow of Civilization* (Chicago: IL: University of Chicago Press, 1993).

[21] Heise, Ursula. K., *Sense of Place and Sense of Planet: The Environmental Imagination of the Global* (New York, NY: Oxford University Press, 2008), 46.

[22] Heynen, Nik, Maria Kaika, and Eric Swyngedouw, *In the Nature of Cities: Urban Political Ecology and the Politics of Urban Metabolism* (New York, NY: Routledge, 2006).

[23] Hobbes, Thomas, *Leviathan, or the Matter, Forme, and Power of a Commonwealth, Ecclesiastical and Civil* (Lexington, KY: Seven Treasures Publications, 2009; first published by Andrew Crooke in 1651 in London, UK).

[24] Hull, R. Bruce, *Infinite Nature* (Chicago, IL: University of Chicago Press, 2006).

[25] Huxley, Aldous, *Island* (London, UK: Chatto and Windus, 1962).

[26] Juffe-Bignoli, D., N. D. Burgess, H. Bingham, E. M. S. Belle, M. G. de Lima, M. Deguignet, B. Bertzky, A. N. Milam, J. Martinez-Lopez, E. Lewis, A. Eassom, S. Wicander, J. Geldmann, A. van Soesbergen, A. P. Arnell, B. O'Connor, S. Park, Y. N. Shi, F. S. Danks, B. MacSharry, N. Kingston, *Protected Planet Report 2014* (Cambridge, UK: UNEPWCMC, 2014); and http://www.iucn.org/?18607/New-UNEP-report-unveils-world-on-track-tomeet-2020-target-for-protected-areas-on-land-andsea.

[27] Lachieze-Rey, Marc, and Jean-Pierre Luminet, *Celestial Treasury: From the Music of the Spheres to the Conquest of Space*, translated by Joe Laredo (Cambridge, UK: Cambridge University Press, 2001).

[28] Locke, John, *An Essay Concerning Human Understanding*, Nidditch, Peter, ed. (Oxford, UK: Clarendon Press, 1975; first published by Edward Mory in 1689 in London, UK).

[29] Lovelock, James, *The Ages of Gaia: A Biography of Our Living Earth* (New York, NY: W. W. Norton, 1988).

[30] Lovelock, James, *The Vanishing Face of Gaia: A Final Warning* (New York, NY: Basic Books, 2010), 199.

[31] Margulis, Lynn, and Dorion Sagan, *What Is Life?* (Berkeley: University of California Press, 2000).

[32] Marshall, Peter, *Nature's Web: Rethinking our Place on Earth* (New York, NY: Simon and Schuster, 1992), 403–63.

[33] Marx, Karl, and Friedrich Engels, *Manifest der Kommunistischen Partei* (London, UK: The Communist League, 1848).

[34] McHarg, Ian L., *Design with Nature* (New York, NY: John Wiley and Sons, 1969; 25th Anniversary Edition, 1995).

[35] McKibben, Bill, *The End of Nature* (New York, NY: Random House, 2006; first published by Anchor in 1989).

[36] Meadows, Donella H., et al., *The Limits to Growth* (New York, NY: Universe Books, 1972).

[37] Merchant, Carolyn, *Reinventing Eden: The Fate of Nature in Western Culture* (New York, NY: Routledge, 2003), 11–38.

[38] Merchant, Carolyn, *The Death of Nature: Women, Ecology and the Scientific Revolution* (New York, NY: Harper and Row, 1983).

[39] Michell, John F., *The Earth Spirit—Its Ways, Mysteries, and Shrines* (London, UK: Thames and Hudson, 1975).

[40] Mitchell, John G., *High Rock and the Greenbelt: The Making of New York City's Largest Park*, Charles E. Little, ed. (Chicago, IL: Center for American Places at Columbia College Chicago, 2011).

[41] Mumford, Lewis, *The City in History: Its Origins, Its Transformations, and Its Prospects* (New York, NY: Harcourt, Brace & World, Inc, 1961).

[42] Mumford, Lewis, *The Myth of the Machine—Technics and Human Development* (New York, NY: Harcourt Brace and Jovanovich, 1967).

[43] Palladio, Andrea, *The Four Books on Architecture, translated by Robert Tavernor and Richard Schofield* (Cambridge, MA: The MIT Press, 1997; originally published as I quattro libri dell'architettura in Italian in 1570 in Venice, Italy).

[44] Plato, *Critias*, translated by Benjamin Jowett; http://classics.mit.edu/Plato/critias.html; originally published in The Dialogues of Plato (Oxford, UK: Clarendon Press, 1891).

[45] Plato, *Phaedrus*, translated by Benjamin Jowett; http://classics.mit.edu/Plato/critias.html; originally published in The Dialogues of Plato (Oxford, UK: Clarendon Press, 1891).

[46] Plato, *The Republic*, translated by Benjamin Jowett; http://classics.mit.edu/Plato/republic.html; originally

published in The Dialogues of Plato (Oxford, UK: Clarendon Press, 1891).

[47] Pope Francis, *Laudato Si* (*Praise Be to You*): *On the Care of Our Common Home*, a 184-page encyclical first delivered on May 24, 2015, and first published on June 18, 2015, by the Vatican.

[48] Price, Cedric, "The City as an Egg" (diagram), 1982, now part of the Cedric Price Archive, Canadian Centre for Architecture, Montreal.

[49] Queen Victoria, as quoted in Schama, Simon, *Landscape and Memory* (New York, NY: Harper and Collins, 1995), 564.

[50] Reps, John W., *The Making of Urban America: A History of City Planning in the United States* (Princeton, NJ: Princeton University Press, 1965), 29–56.

[51] Rykwert, Joseph, *The Idea of a Town: The Anthropology of Urban Form in Rome, Italy and the Ancient World* (Cambridge, MA: The MIT Press, 1988).

[52] Sanderson, Eric, *Mannahatta: A Natural History of New York City* (New York, NY: Abrams, 2009), 97.

[53] Schlain, Leonard, "Illusion / Reality," in Schlain, Leonard, *Art and Physics: Parallel Visions in Space, Time and Light* (New York, NY: Quill, 1991), 15–27.

[54] Sears, Paul, as cited in Disinger, John, "Paul B Sears: The Role of Ecology in Nature Conservation," *Ohio Journal of Science*, Vol. 109, Nos. 4–5 (December 2009): 88.

[55] Seto, Karen C., B. Burak Güneralpa, and Lucy R. Hutyrac, "Global Forecasts of Urban Expansion to 2030 and Direct Impacts on Biodiversity and Carbon Pools," in *Proceedings of the National Academy of Science of the United States*, Vol. 109, No. 40 (October 2, 2012): 16083–88.

[56] Shelley, Mary, *Frankenstein*; or, *The Modern Prometheus*, Three Volumes (London, UK: Lackinton, Hughes, Harding, Mavor, and Jones, 1818).

[57] Smith, Adam, *An Inquiry into the Wealth of Nations* (New York, NY: Cosimo Classics, 2007; first published as An Inquiry into the Nature and Causes of the Wealth of Nations, Two Volumes (London, UK: Strahan and T. Cadell, 1776).

[58] Soper, Kate, *What Is Nature? Culture, Politics and the Non-Human* (Oxford, UK: Blackwell, 1995); Wilson, Alexander, The Culture of Nature: North American Landscape from Disney to the Exxon Valdez (Toronto, Canada: Between the Lines, 1991).

[59] Spies, Werner, *Max Ernst: Collages*, trans. by John William Gabriel (New York, NY: Harry N. Abrams, 1991), 43.

[60] Tarnas, Richard, "The Scientific Revolution," in Tarnas, Richard, *The Passion of the Western Mind: Understanding the Ideas That Have Shaped Our World View* (New York, NY: Random House, 1991), 249–98.

[61] Thomas, Keith, *Man and the Natural World; Changing Attitudes in England, 1500–1800* (London, UK: Allen Lane, 1983).

[62] Thompson, George F., and Frederick R. Steiner, eds., *Ecological Design and Planning* (New York, NY: John Wiley and Sons, 1997), 80–108.

[63] Von Goethe, Johann Wolfgang, *Faust*, translated by Peter Salm (New York, NY: Bantam Books, revised edition, 1985; first published in Stuttgart, Germany, in 1808).

[64] Weller, R. J., "Tatum Hands, Building the Globle Forest," *Scenario Journal*, Issue 4(SPRING 2014), http://scenariojournal.com/.

[65] White, L., "The Historical Roots of Our Ecological Crisis," *Science*, Vol. 155, No. 3767 (March 10, 1967): 1203–07.

[66] Zimmerman, Michael E., "The Post-Modern World of the Cyborg, Chaos Theory, Ecological Sensibility and Cyborgism," in Zimmerman, Michael E., *Contesting Earth's Future: Radical Ecology and Post Modernity* (Berkeley, CA: UCLA Press, 1994), 355–77.

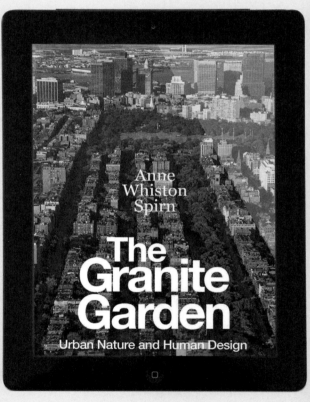

NATURE AND CITIES

第三章　花岗岩公园：
我们的立足之处[1]

安妮·惠斯顿·斯本

我的著作《花岗岩公园：城市的自然和人类的设计》(*The Granite Garden: Urban Nature and Human Design*，以下简称《花岗岩公园》）一书于 1984 年正式出版（图 3.1）。这本被美国规划协会评价为"引发了生态都市主义运动"的著作整合并应用了多学科知识，展现了自然过程对城市的塑造，证明了城市是自然不可分割的一部分，城市设计规划与自然之间可以和谐共存，而不必相互冲突（Spirn，1984）。[2]《花岗岩公园》分章节阐述了空气、地球、水、生命和生态系统等城市规划与设计的组成因素，介绍了广场、街角、城市、地区等不同尺度的城市规划与设计的成功案例。本书受到伊恩·麦克哈格的教学、实践及其 1969 年出版的著作《设计结合自然》的启发。本书也对他在著作中，在宾夕法尼亚大学（1970—1974 年我在此学习）主持的景观建筑课程中，以及在华莱士·麦克哈格·罗伯茨和托德联合设计公司（WMRT，1973—1977 年我在此工作）的项目中忽视城市的倾向有所评判。[3] 为了回应诸如对郊区度假村和新社区生态设计的关注，《花岗岩花园》呼吁城市设计要与自然相结合，

1　致谢：30 年来，许多学者和实践者为生态城市主义领域做出了重要贡献。我要向他们和他们的前辈们表示感谢，同时也表示遗憾，在本章中我没能把他们的名字一一列出。

2　写这样一本书的时机已经成熟，事实上，迈克尔·霍夫（Hough，1984）在那一年晚些时候出版了。

3　麦克哈格在 WMRT 的其他合作者也关注城市设计与规划，不同的是，麦克哈格自己多数项目，除区域性整体规划（比如华盛顿哥伦比亚特区项目、明尼波利斯/圣保罗项目等）外，均地处城市远郊。我负责多伦多市中心滨水区项目时，纳兰德拉·朱内嘉（Narendra Juneja）主管当地的自然资源事务。这一项目充分展现出当时城市自然环境方面的知识深度，进而启发我创作了《花岗岩公园》一书。

图 3.1　自从《花岗岩公园》1984 年出版之后，互联网以及低成本平板电脑，如苹果平板电脑（iPad）等投入应用，使得出版民主化大为提升，并且改变了阅读体验。这种创新使得本书第二版的出版有所改变，即在 2016 年出版了电子书

并给出相应的指导方案。

《花岗岩公园》一书同样是美国自 1970 年"世界地球日"至 20 世纪 80 年代里根政府时期政治和社会经济大环境的产物。这一时期的环境运动对立法产生了重要影响，包括 1970 年和 1972 年分别通过的《洁净空气法案》（Clean Air Act）和《洁净水法案》（Clean Water Act）。而 20 世纪 70 年代中叶爆发的能源危机也引发了社会各界对节能问题的关注，里根政府改变过去十年的多项环境政策，减少公共支出，放松环境管制，并削减联邦环保机构的数量。20 世纪 50 年代开始，人口和就业不断由城市向郊区转移，东北部和中西部地区的传统城市，比如费城、波士顿和底特律等，逐渐被人们遗弃。贫困人口不断向城内社区集中，税基锐减。到 1984 年，市政府削减了市政基础设施的预算，公园管理处等机构无法继续维护公共空间；不过，公私合营模式发展速度也开始提振不景气的状况，在富裕社区尤其如此。

基于对现状的推想，《花岗岩公园》在结语部分想象了两种截然不同的未来：地狱和天堂。1984 年以来，许多关于城市自然与城市设计的想法和实践均以一种可预见的方式不断发展，今天的城市同时呈现出地狱、天堂的双重特征。然而，技术和认知的演变，比如互联网、移动设备、气候变化等，彻底颠覆了相当一部分想法和实践。目前，城市设计领域希望与恐慌并存，关于城市自然与城市设计的信息不胜枚举，具有创新性的成功实践模式频频涌现，但一些模式已被遗忘。现在需要充分观察评估自《花岗岩公园》出版以来的设计成就，以便为今后的发展指明方向。

一、1984 年以来生态都市主义思想与实践的演变

1984 年以来，许多研究人员、实践者和评论家开展了包括生态设计与环境艺术、景观规划、可持续设计与规划、绿色建筑、绿色基础设施、绿色都市主义与景观都市主义等在内的一系列互相关联的运动，推进了城市自然与城市设计理论与实践的发展。近年来，生态都市主义已经成为与城市自然、城市设计和规划方面有关工作的统称。它融合了生态学和其他环境学科的知识，将城市设计与城市规划方面的理论和实践当作一种适应手段。

1. 自然观念

《花岗岩公园》出版后，我惊讶地发现包括科学家和自然主义者在内的许多人，并没有认识到城市是自然世界的一部分，甚至对上述观点持抵制态度，而在此之前，我始终认为所有人都像我一样，将自然视为维持生命并塑造地球和宇宙的物理、化学、生态过程。我这才明白并开始学着欣赏，人们对于自然的认识是何等多样，且相互间存在着显著差异，而这些多种多样的认识深刻地影响了人们对城市的态度。如果不能传递出自然的观念，那么城市花园或者城市景观都是不可能被塑造出来的。但是，无论当时或者现在，自然观念均未得到广泛讨论。1987 年开始，我就在授课过程中询问我的学生关于自然的定义，他们告诉我：自然是上帝赋予人类的信任；自然就是树木和岩石，人类和人类所做一切之外都是自然；自然是看不到"人类之手"的领域，是一个独立空间；自然既包括创造性的过程，也包括生命持续的过程，它将物质世界与生物世界的一切（包括人类）联系起来；自然是一种在人类社会之外并不存在或者丧失意义的文化建构；自然是神圣的，自然就是上帝。我们讨论这些自然观的差异，并思考个人价值观如何对设计师和规划师的实践产生影响。"自然"这一词被雷蒙德·威廉斯（Raymond Williams）认为是英语中最复杂的词汇，它并没有统一的定义，它以抽象掩盖了差异（Williams，1980）。

我逐渐认识到在《花岗岩公园》中我对"自然"一词的使用是缺乏推敲的。20世纪 80 年代和 90 年代，人文科学与社会科学就知识和意义的社会建构进行了广泛对话，比如威廉·克罗农（William Cronon）出版了论文集《不同的立场：对自然的重构》（*Uncommon Ground: Toward Reinventing Nature*，1995）（图 3.2），这启发了我的反思。在"自然权威：景观设计中的矛盾与困惑"（The Authority of Nature: Conflict and Confusion in Landscape Architecture）一文中，我提醒生态设计与规划的支持者们，要审慎使用未经检验的自然、生态等相关概念。其他作家，比如 20 世纪 90 年代末乔西姆·沃尔什克—布尔曼（Joachim Wolschke-Buhlman）和琼·纳索尔（Joan Nassauer）所编辑的书籍中的作者，均主张"自然"是一种文化概念而非普遍理想，对此设计师应该小心（Wolschke-Buhlman；Nassauer，1997）。同样地，"生态学"这个词也存在疑

图 3.2　20 世纪 90 年代，自然作为一种普遍的观念或永恒的价值受到了挑战。左图：《不同的立场：对自然的重构》论文集，引发了激烈的争论。右图：《自然与意识形态：20 世纪的自然园林设计》专题讨论会于 1994 年在华盛顿敦巴顿橡树园举行，后来结集出版的会议内容使得景观园林研究陷入争议当中

义。"生态学的概念经常被混淆，无法明确生态学究竟是作为一种描述世界的科学，或者作为一种道德行为产生的原因，还是作为一种美学的标准。"科学也无法抵挡价值观和信仰的影响。1990 年，丹尼尔·博特金（Daniel Botkin）出版的《不协调的和谐》（*Discordant Harmonies*）一书体现了生态学范式的转换：从各个稳定系统偶尔"被打乱"的"自然平衡"思想，转变为以流动和变化为特征的动态生态系统的概念（Botkin，1990）。2001 年，罗纳德·普利亚姆（Ronald Pulliam）和巴特·约翰逊在"生态学新范式：它为设计师和规划者提供了什么"（Ecology's New Paradigm: What Does It Offer Designers and Planners）一文描述了这一生态学范式的新转换，克里斯·里德和尼娜 – 玛丽·利斯特在 2014 年出版的《预警生态学》中，收录了生态学家和设计师关于生态学新范式的重点读物（Pulliam and Johnson，2001；Reed and

Lister，2014）。

20 世纪 80 年代后期，"可持续性"作为一个环境管理概念得到广泛使用，目前人们更多地使用"韧性"的概念。上述两个词语揭示了自然的本质，但也让自然本质的定义变得晦涩难懂。普通民众和专业人士都对自然的定义存在分歧，使得人们在应对复杂的环境挑战比如气候变化时，增加了冲突和困惑，进而影响了解决方案的顺利出台。

2. 城市与自然的诗学

"艺术在哪里"这是一些同事对《花岗岩公园》的读后反馈。这令我不知所措，因为《花岗岩公园》的内在驱动力正是为了增强审美体验。这种反馈反映了 20 世纪 80 年代倡导生态设计的景观设计师与推广景观艺术的设计师之间的深刻分歧。当时诸如贾苏克·科欧（Jusuck Koh）和凯瑟琳·霍维特（Catherine Howett）等一些作者，都在提倡一种超越单纯模仿"自然"景观的生态美学，在科班的景观艺术之上进行拓展（Koh，1982；Howett，1987）。我的文章"城市与自然的诗学：走向城市设计新美学"（The Poetics of City and Nature），就是崇尚自然、使自然变得更加可见有形的城市设计新美学的宣言；这种新美学融合了自然的功能、观感和意义，鼓励参与，蕴含了多元非单一的愿景（Spirn，1988）。[1] 此外，"城市与自然的诗学"还敦促景观设计师们重新改造供水等基础设施系统，并将其纳入城市设计的领域中。"城市与自然的诗学"从保罗·克利（Paul Klee）和爵士乐作品中吸取灵感，主张城市设计师先建立整体框架，然后通过即兴创作完善细节。

卡瑟琳·布朗（Catherine Brown）和威廉·莫里斯（William Morrish）进一步探讨了"城市与自然的诗学"提出的想法。1998 年，威廉·莫里斯提出了亚利桑那州凤凰城的公共艺术计划，将艺术融入基础设施建设当中。20 世纪 90 年代，沃尔特·胡德（Walter Hood）、琼·纳索尔以及"生态显露设计：自然建构与自然展

1　这篇文章发表在我编辑的《景观》（*Landscape Journal*）的"自然、形式和意义"（Nature, Form, and Meaning）特刊上。

图 3.3　许多景观设计师认为景观艺术与生态设计是互相对立的。图中是《景观》杂志主张艺术与生态设计融合的两篇主题论文。左图："城市与自然的诗学"（1988）；右图："生态显露设计"（1998）

现"（Eco-Revelatory Design: Nature Constructed/Nature Revealed）一文的作者对"城市与自然的诗学"进行了深入探讨，其中一些看法之后还被整合到 21 世纪初景观都市主义和生态都市主义的作品当中（Brown and Morrish，1988；Hood，1993；Nassauer，1997；Brown et al.，1998；Waldheim，2006；Mostafavi et al.，2010）（图 3.3）。关于城市设计的批判性评述形成并强化了自然过程的体验，比如贝丝·迈耶（Beth Meyer）的宣言"可持续之美"（Sustaining Beauty）一文，极大地促进了这一领域的发展，伦道夫·赫斯特（Randolph Hester）2006 年出版的《生态民主》（*Ecological Democracy*）则做出了重要的综述（Meyer，2008；Hester，2006）。

　　30 年前，人们很难找到将生态功能与艺术相结合的项目，但是艺术家赫伯特·拜耶（Herbert Bayer）于 1982 年在华盛顿州肯特市建造的米尔溪峡谷土方工程（Mill Creek Canyon Earthworks）是一个罕见的例外，它既是一条雨水渠，又是一件公共艺术作品。现在，朱莉·巴格曼（Julie Bargmann）、赫伯特·德莱塞特尔（Herbert

Dreiseitl)、玛丽·米斯（Mary Miss）、俞孔坚等人的作品中多可见到类似的案例。2010年，纽约现代艺术博物馆举办了一次题为"潮水方兴"（Rising Currents）的城市自然与设计艺术展，展示了纽约如何适应全球变化带来的海平面上升，凯特·奥尔夫的牡蛎结构景观设计以及苏珊娜·德雷克的新城市地面作品都在参展作品中，二者均是本书所涵盖的上述生态基础设施的特色案例。

尽管城市设计方面有进步，但是某些类型的艺术实践仍未得到充分利用。专业设计人员仍能向众多艺术家学习如此之多，包括牛顿、海伦·哈里森（Helen Harrison）、陈貌仁（Mel Chin）、劳拉·阿尔马塞吉（Lara Almacegui）等，他们的工作激起了意识转变，重新定义了问题，改变了人们的价值观和预期，这种意识下的实施策略往往与设计密不可分。

3. 恢复自然系统与重建社区

"这些想法适用于新城镇的设计，可现有城市呢？他们已经建造好了。"——对《花岗岩公园》的这种反馈令我沮丧，因为重申现有城市的吸引力和宜居性正是我的写作目标。在 20 世纪 80 年代，私人开发的新郊区、市中心商业和市政项目蓬勃发展，大多数城市设计工作者均参与其中。当时，美国许多老城有大量的闲置土地，这些城市空地并不是仅仅随着社会经济的发展而产生的。

为了阐述如何通过恢复自然系统和重建贫困社区的方式来改造现有城市，我开始将城市的空置土地作为一种潜在资源开展研究。我先后在波士顿、费城及其他城市惊讶地发现，那些低收入的内陆社区原先被下水道覆盖的洪泛平原谷地往往会被抛荒。数十年来，这类社区饱受负投资之困；加之 1984 年政府公共开支削减，导致该地区的重建缺乏资金，但是有资金进行水污染治理。波士顿的港口被整个区域内合流式下水道溢出的大量生活污水和雨水所污染，每每暴雨过后，污水和雨水都流进了河流与港口。对此，政府计划建造一个污水处理厂来解决污水排放问题，但是为什么一开始不采取绿色基础设施这种公共便利设施收纳污水以防止其流入下水道这一成本更低的解决方案呢？ 20 世纪 80 年代开始，绿色基础设施这一概念被大众广泛接受。从 20 世纪 70 年代开始，丹佛的城市雨洪控制系统和得克萨斯伍德兰市新城规划，证明了通过绿色基础设施防止洪水灾害这一方法的成功。[1] 我提案的新意就在于将绿色基础设施应用到防止污水合流的实践中，以识别出洪泛平原所淹没的空置土地资源，并利用改善水质的资金来重建市内社区。

虽然我的提议没有被波士顿采纳，但这一思路自 1987 年以来始终是西费城景观项目的核心部分，这是一个试图通过上下互动方式开展战略设计规划及模式化教育项目以恢复自然系统、重建城市社区的行动研究项目。从 20 世纪 80 年代开始，到 20 世纪 90 年代，21 世纪的前 20 年，我的学生和研究助理提出了相关的设计，阐明了这些雨洪滞蓄工程的样式、实施方案以及工作原理。[2] 20 世纪 90 年代后期，费城水务部门接纳了通过绿色基础设施消除污水合流的思路。2009 年，费城最终采纳了"绿色城市，洁净水源"这一里程碑式的整体规划方案（图 3.4）。自此以后，绿色基础设施成为雨洪管理的惯常方法。丹佛、西雅图和俄勒冈州波特兰市等城市的实践证明了上述计划的有效性与可行性，在 20 世纪 70 年代和 80 年代，绿色基础设施方案被越来越多的城市所接受，并在 20 世纪 90 年代联邦水法规的推动下达到顶峰。如果美国环境保护署（Environmental Protection Agency，EPA）没有威胁将会起诉费城河流污水污染，费城将不会采用"绿色城市，洁净水源"规划。即使在管制宽松的政治文化中，水资源保护仍然是推动进步变革的力量。

到 2006 年，空置土地和绿色基础设施成为城市规划师当中炙手可热的话题，比如"城市间隙：为变革奠基"设计比赛关注费城的 4 万处空置地块，总面积达到了404.7 公顷，这是全美城市土地抛荒最为典型的案例之一。最终，比赛的冠军方案是建议通过汇集并重新引导水流的方式将空置土地转换成"公共环境绿色过渡带"。[3]

"城市间隙"大赛举办的 20 年前，波士顿就已经爆发了"空地危机"，城市规模小于费城的波士顿就有 15 000 套空置的房屋地段；而规模更大的费城空置房屋地段数量更多；底特律和东圣路易斯等城市的土地抛荒情况更为严峻。20 世纪 70 年代，

---

1 在 20 世纪 70 年代早期，我曾在 WMRT 为伍德兰市做规划，并且是"伍德兰市新社区：场地规划指南"项目的主管。参看 http://www.annewhistonspirn.com/pdf/Spirn-Woodlands-1973.pdf。

2 其中很多都在 http://www.wplp.net 网站上存档。

3 http://www.vanalen.org/projects/competitions/04_2006_UrbanVoid。

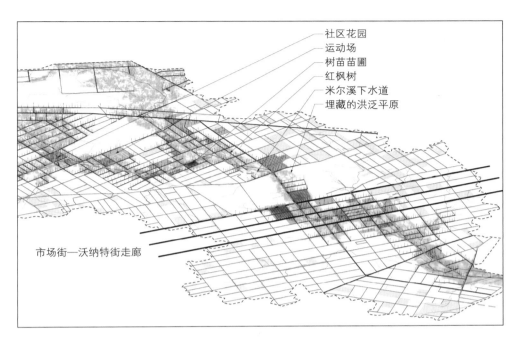

社区花园
运动场
树苗苗圃
红枫树
米尔溪下水道
埋藏的洪泛平原

市场街—沃纳特街走廊

图 3.4 20世纪80年代和90年代，设计和规划学院教职工进行的行动研究极大地推动了绿色基础设施在现存城市中的使用。上图：1987年，西费城景观项目（WPLP）提出在被淹没的洪泛区基础上形成的空置土地建造绿色基础设施，以重建社区，并减少污水合流。右图：WPLP提案促成了费城具有里程碑意义的"绿色城市，洁净水源"项目（2009）

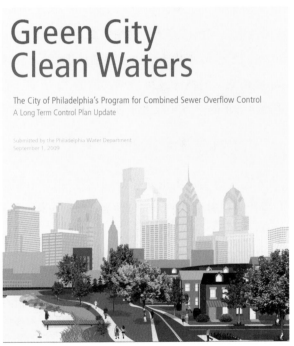

纽约的非营利组织绿色游击队（Green Guerillas）、绿色费城（Philadelphia Green）以及波士顿城市园丁（Boston Urban Gardeners）开始将市内社区的空地开垦建造为社区花园。迈克尔·霍夫在《城市形态与自然过程》（*City Form and Natural Process*）[1] 一书中专门用整整一章的篇幅论述了"城市农场"。目前，波士顿和其他城市已经将城市农业纳入区域规划条例当中，市内商业性农业愈发常见。

20 世纪 80 年代，罗杰·特兰西克（Roger Trancik）等学者逐渐意识到，城市空置土地极具潜力，是重塑城市的资源，这一研究主题最近也被"收缩城市"的研究者采纳（Trancik，1986）。[2] 其他设计师和规划工作者开始在低收入社区开展空置土地开发工作，以创造机会推动社区发展、生态设计与规划。1987 年，伊利诺伊大学的教师启动了东圣路易斯行动研究项目，且多年来一直保持着大学与社团之间的合作。

随着越来越多的废弃土地复垦后移作他用，人们开始关注废弃土地的毒性问题，以及日益增多的生态恢复方法认知与经验。诸如 1998 年德国遭受重污染的鲁尔区埃姆歇公园（Emscher Park）规划的复垦项目，逐渐成为城市设计的基石。[3] 20 世纪 90 年代后，"棕地"的概念得到广泛使用，它是指那些原工业或商业用途所污染的土地，在通常情况下，这些土地随后将变成空置土地。这一现象在市内社区尤为明显。

20 世纪 80 年代末，由于逐渐认识到社会、经济和环境的挑战交织出现，产生了"环境正义"的概念及可持续发展的 3E 标准，即环境、经济和公平。25 年之后，关注社会公正的一方和致力于恢复自然系统的另一方之间仍然存在分歧。

4. 可视化、信息与知识的变革

《花岗岩公园》的手稿是通过打字机完成的，而其参考书目却是于 1983 年输入大型计算机并储存在一个直径约 20.3 厘米、重量数千克的计算机磁盘中。《花岗岩

1　原著第二版更名为 *Cities and Natural Process*，国内译本译为《城市与自然过程：迈向可持续性的基础》（刘海龙译，中国建筑工业出版社 2012 年出版）。——译者注
2　伯格（Berger，2006）将空置土地纳入了区域大都市的视角，这是他对郊区边缘开放土地的研究。
3　西雅图的煤气厂公园（Gasworks Park）由理查德·哈格（Richard Haag）设计，在 20 世纪 70 年代对外开放，是植物修复的早期实验性项目之一。

公园》一书于 1984 年 1 月出版，当时恰逢第一台使用图形界面和鼠标的麦金塔电脑（Macintosh，苹果公司于 1984 年上市的一系列微机）发布（IBM 公司早在 1981 年就在市场上推出了个人电脑），尽管麦金托什电脑的功能很弱，但个人电脑由此迎来了一场可视化、信息收集和处理的革命，并最终带来了大数据，促使人们转变了人类活动与自然环境（比如气候变化）之间关系的认知。

（1）自然与城市的可视化变革

麦克哈格提倡使用涵盖多种自然与社会因素的地图，以便更好地理解自然与社会过程间的相互作用。这种技术在 20 世纪 80 年代很常见，至今仍在使用。20 世纪 70 年代，一些试验性实践得以开展，比如 WMRT 在多伦多市中心滨水区所做的制图调研（图 3.5），尽管如此，这类地图难以体现出自然与社会如何发生相互作用的过程（Juneja and Spirn，1976）。虽然数字地图的使用日渐普及，但大多数地图仍然是手绘的。《花岗岩公园》书中再现了"达拉斯生态研究"（Dallas Ecological Study）中的两幅地图（图 3.6），其特殊之处正是在 20 世纪 80 年代早期的规划实践中使用了地理信

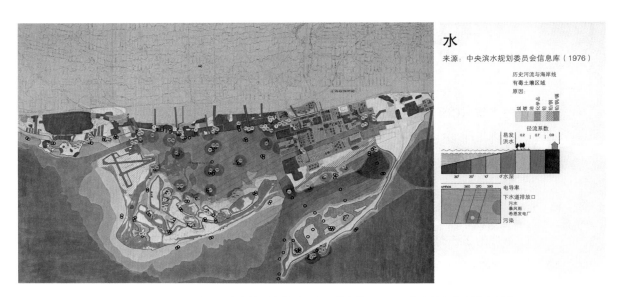

图 3.5　20 世纪 90 年代之前，大多数关于城市自然环境的地图都是静态的。WMRT 的多伦多中央滨水区的自然资源（1976）等项目，则尝试对互动过程进行描绘

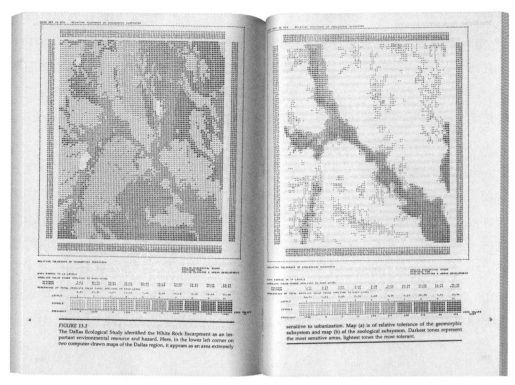

FIGURE 13.3
The Dallas Ecological Study identified the White Rock Escarpment as an important environmental resource and hazard. Here, in the lower left corner on two computer-drawn maps of the Dallas region, it appears as an area extremely sensitive to urbanization. Map (a) is of relative tolerance of the geomorphic subsystem and map (b) of the zoological subsystem. Darkest tones represent the most sensitive areas, lightest tones the most tolerant.

图 3.6　20 世纪 80 年代初期，数字测绘技术尚未成熟，大多数城市还没有开发出综合的 GIS 数据库。《花岗岩公园》一书将达拉斯生态研究视为开拓性成果

息系统（GIS）。这些地图的细节十分粗糙，且是在大型计算机上生成的；个人电脑直到 20 世纪 90 时代初才有足够的容量运行 GIS。大多数城市缺乏城市自然环境的详细数据，即使有数据，也极少有通过数字形式进行保存的。例如 20 世纪 80 年代末，费城仅有美国地质调查局（United States Geological Survey Agency，USGSA）的地图和全城街角的海拔详图。1998 年，西费城景观项目的两名研究助理用去当年夏天一整个季度的工作时间，实现了当地街角海拔的数字化处理，如此一来，"超级计算机"才能够生成米尔溪流域的详细地形图。按照现在的标准，这些地图十分粗糙，但在 1988 年却是最先进的地图（图 3.7）。今天，费城和其他大多数城市都拥有综合电子数据库，可在线共享地理信息系统地图。

图 3.7　20 世纪 80 年代后期西费城景观项目采用 GIS 制作了一个地形图，勾勒出河流被淹没之前的洪泛平原，以探求被埋没的洪泛平原与空置土地之间的关系。右图：到 2012 年，费城建立了广泛的公共 GIS 数据库，使得人们可以进行大量的重新研究（灰色地带：被淹没的洪泛平原；红色地带：空地；绿色地带：开放空间）

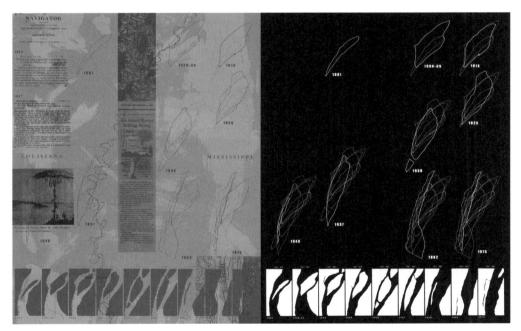

图 3.8　到 20 世纪 90 年代，风景园林设计师发展出了能够描述社会、经济和自然互动过程的新方法。阿努拉达·马瑟和迪利普·达·库尼亚于 2001 年出版的《密西西比河的洪水》（*Mississippi Floods*）一书具有里程碑意义

1988 年，"城市与自然的诗学"一文批判"传统绘画与绘图技术不足以描绘时间和变化"，并鼓励"对可视化和静态形式的持续关注"，呼吁开发"新的记号法和表示法"（Spirn，1988）。此后，詹姆斯·科纳、阿努拉达·马瑟（Anuradha Mathur）、迪利普·达·库尼亚（Dilip da Cunha）、阿兰·伯格（Alan Berger）及萨拉·威廉姆斯（Sarah Williams）等发展了绘画和制图技术，使得设计人员能够实现操作流程及其时空互动的可视化（Corner and MacLean，1996；Mathur and da Cunha，2001；Berger，2006）（图 3.8）。随着数据在体量、复杂性、处理速度及可用性上不断增长，信息可视化的工具和方法也变得前所未有的关键。

(2) 互联网、移动设备与社交媒体：信息共享与收集的变革

1984 年，互联网和万维网尚未产生。移动电话十分笨重又极其罕有，更没有智能手机。直到 20 世纪 90 年代中叶，才出现第一个可使用的商用网页浏览器（1995 年微软网页浏览器 Internet Explorer 上市），1996 年 3 月第一个西费城景观项目网站（www.wplp.net）上线，几乎同时东圣路易斯行动研究项目的网站上线。由于当时调制解调器的速度较慢（仅 14.4—28.8Kbps，而目前有线调制解调器的速度已超过 300Mbps），这些早期网站的内容以文本为主，图片较小，但仍然吸引了大量用户。1991—1996 年，西费城景观项目的报告分发出不足 100 份，而 1996—1999 年，西费城景观项目的网站则接受了来自 90 多个国家的超过 100 万次访问。但是，这些早期的网站仅仅是便于人们共享信息，不能收集或修改数据（图 3.9）。

以前需要查询多家图书馆、公共机构或私人档案馆才能获取的信息，现在键盘上敲击几下即可获得，并且 24 小时均可查询。1997 年，两名研究助理花费一整个夏天才从多家档案馆收集得来的西费城米尔溪社区及其流域的地图和其他历史文献，人们今天数日内就可以利用在线资源获取，并且还能下载、整合、修改这些信息。费城是根据抗渗面的面积对雨水进行收费的，而费城渐进式雨水计费项目的交互式网站（www.phillystormwater.org）令业主可以便捷查询他们的水费，还能了解如何通过减少雨水冲击来降低收费。另一种在线工具——开放树图（Open Tree Map）——则将"公民科学"这一新兴学科领域引入城市林业当中；公民科学即研究者通过网络将信息收集工作众包给外行的志愿者，个人通过手机可以输入街道树木的位置、种类、

图 3.9　网络使得人们能够更加迅速、广泛地传播思想。西费城景观项目的网站于 1996 年初开通。截至
　　　　1998，它已经接受了来自 90 多个国家的 100 多万次访问，每个月都有 45 个国家参与。当前西费城
　　　　景观项目网站已能实现同步更新

高度和直径等信息，随后他们将收到这棵树所产生的良性环境效应，以及这条街道
乃至整个城市所有树木所累加的环境效应等信息。[1]

　　与 1984 年的个人电脑相比，电话和移动设备不仅具备更强的处理能力，而且还
能收集数据。哥本哈根车轮是一种配备有全球定位系统（GPS）的自行车车轮，能够
帮助骑行者获取沿路一氧化碳含量、环境温度和相对湿度等相关信息，并通过网络
或者手机服务传输或下载数据。[2] 数据的共享与整合，能够促进人们形成对城市热岛、
街道空气质量等现象及其与城市形态的关联等方面的新认知（图 3.10）。

1　这一程序由阿泽维尔（Azavea）开发，目前可用于十数个地区，包括密歇根州大急流城，加州圣迭戈、
萨克拉门托、旧金山，北卡罗来纳州纳什维尔，加拿大阿尔伯塔省埃德蒙顿，以及英国全境。
2　哥本哈根车轮是由麻省理工学院城市研究与规划系可感城市实验室（Senseable City Lab）开发的
（http://senseable.mit.edu/copenhagenwheel）。

图 3.10　哥本哈根车轮将自行车转换为数据收集单元，允许骑手通过智能手机上传位置和空气质量等信息（详见 http://senseable.mit.edu 和 www.suffeuthstudio.com）

5. 气候变化：一个前所未有的挑战

19 世纪 90 年代，人们提出了"温室效应"的概念。大约一个世纪后，联合国在 1988 年成立了政府间气候变化专门委员会（Intergovernmental Panel on Climate Change，IPCC）。尽管如此，关于全球气候变化的公众意识直到最近才开始产生。[1] 在《花岗岩公园》一书中，我探讨了城市化对大都市地区气候变化的作用机制，并提出了改善城市气候和空气质量的设计原则，但是我尚未认识到温室效应以及城市设计和规划在减少和缓解温室效应方面的关键作用。2006 年阿尔·戈尔（Al Gore）讲解的环保纪录片《难以忽视的真相》（An Inconvenient Truth）播出，引发了公众关注气候变化带

1　瑞典科学家斯凡特·阿伦尼乌斯（Svante Arrhenius，1859—1927）被认为是第一个将大气层保留热量的方式同温室工作的原理进行比较的学者。

图 3.11　以"设计重建"（2013）等项目引起了设计师们对气候变化的关注。这场竞赛接纳了设计师们的建议，增加纽约在面对诸如超级风暴桑迪和未来气候变化等时的韧性。在获胜的项目中，"景"工作室（SCAPE）团队的多媒体视频充分利用网络的力量，吸引了广大的观众，并且对民众产生了教育意义（详见 www.rebuildbydesign.org/project/scape-landscapearchitecture-fnal-proposal）

来挑战，世界各地的城市制定了应对气候变化的政策和计划。[1] 基多气候行动计划汇集了一系列项目，以减轻干旱的影响、减少温室气体并增强人们对厄瓜多尔地区气候变化挑战的认识。在其他地区，海平面上升是主要的气候威胁，纽约提出要建立"一个更强大、更有韧性的纽约"计划（2013）。气候变化是人类面临的最具威胁性的环境挑战。社会类、规划与设计类的项目虽然进展缓慢，但是目前发展势头增强（图 3.11）。

1　纪录片《难以忽视的真相》2006 年上映，由戴维斯·古根海姆（Davis Guggenheim）执导、阿尔·戈尔出演。

二、生态都市主义领域的现状

1. 研究成果丰硕，出版作品众多

30 年前，个人尚有可能阅读并评论研究城市自然环境的既有文献。《花岗岩公园》一书的参考文献就占到了原始手稿的 20%，共引用了 600 多种出版物，并分章节对一般资源、城市空气、地球、水、植物、动物以及生态系统等作了简要的文献综述。当时，城市气候和空气质量、城市地质和土壤、城市水文和水质方面的研究十分丰富，但城市植物和野生动植物方向的文献研究尚不足取，仅集中研究个别物种。除少数的开创性研究之外，城市生态学研究几乎尚不存在。现在，不仅城市生态学文献愈发增多，美国国家科学基金会还向位于亚利桑那州凤凰城以及马里兰州巴尔的摩市的两项生态学研究项目提供了长期资助。

而如今，个人几乎不可能阅读消化城市自然系统的海量文献，更不用说将这些知识应用到城市设计、建设和管理方面。[1] 2003 年，一篇文献综述回顾了过去 20 年关于城市气候的文献，内容涵盖了 300 多种出版物（Arnfield，2003）。城市用水方面的文献数量更多，城市植物和野生动植物方面的研究也正在蓬勃发展，景观生态学和城市生态学已逐渐成为成熟的研究领域。关于城市环境史的研究文献不断增多，历史学家、考古学家、地理学家和工程师不断就古代社会与传统社会的城市如何适应自然过程贡献出新知新见，尤其是对精巧奥妙的城市水系统部署研究上成绩卓然。新兴研究领域开始出现，比如保护生物学、生态重建、工业生态学、城市代谢和环境正义等等。大量生态设计，尤其是生态都市主义的书籍、文章和报告不断涌现，体现出这一研究领域显著的发展。本书的作者们，正是为 2000 年以来研究成果大迸发做出重大贡献的一批人。

---

1 具体可参阅斯本（Spirn，2013），这是一个简短的文献综述。在我和出版商无法就合同达成一致后，我从那本书中撤回了这一章，但可以在 http://www.annewhistonspirn.com/pdf/Spirn-EcoUrbanism-2012.pdf 查看。先前的一个更短的版本参阅 Banerjee and Loukaitou-Sideris（2011）。

1984 年，设计师和规划工作者所开展的多数应用研究相较科学与工程领域的研究落后了数十年。尽管如此，设计师／规划工作者跨界兼任科研工作者的现象不断增多（他们大多是已获博士学位的设计师，水文学和生态学领域尤其常见），他们的研究成果弥合了科学与设计领域之间的隔阂［例子可参阅 John and Hill（2002）以及Pickett et al.（2013）］。设计师与科学家之间愈发频繁地开展对话交流，有影响力的研讨会进一步拓展了这一对话。设计师、科学家和工程师之间的科研合作今天愈发常见，一些作者甚至提倡将设计融入生态学研究当中（Felson and Pickett，2005；Nassauer and Opdam，2008）。

城市与自然方面的研究和出版物大量涌现并大行其道，巨大的信息量令人难以负荷，引发了知识吸收整合的危机：文献中尚有许多领域和研究缺口未能得到充分开发，即便是重要的研究成果也遭到了忽视。[1] 本书这样的选编文集就很有价值，但不可能涵盖全面，也未能贯通地整合知识。设计师和规划人员淹没在海量信息中无所适从，既没有时间收集和阅读，也没有时间充分吸收研究成果并将其融入自己的实践当中。

2. 一批示范性项目和企划案

城市建设者们千百年来不断改造人类聚落，令其更好地适应了空气、土壤、水及生命等自然过程。1984 年的《花岗岩公园》以及迈克尔·霍夫同年出版的《城市形态与自然过程》记录了古往今来许多成功案例。[2] 当时已有针对城市微气候改造、雨洪防控以及调节地质灾害与资源的丰富模板。欧洲部分地区也已有了颇具规模的城市林业和城市荒地，但这种概念在北美还比较新颖。一些试验性项目将水处理功能与公园联系起来，部分城市设计项目开始着手处理野生动物栖息地的问题，与空气质量相关的项目仍很大程度上受限于交通规划。

---

1 目前城市萎缩方面的学者往往会忽视已有成果。吉尔·德西米妮（Jill Desimini）呼吁景观设计师应做出更多学术贡献，但其文章（Desimini，2014）却并没有引用景观设计师 2000 年之前数十年的研究工作。
2 不过，这两部作品中包含的案例仍局限于欧洲与北美。毕竟 30 年前并没有互联网的帮助，要查找其他地区的案例非常困难。

如今，世界各地各类气候条件下、各种文化体中，有着一大批示范项目。对雨水管理、洪涝防控以及水处理的巧妙运用已是司空见惯。又如，新兴领域也为复垦和生态重建的实践开拓了机遇。生物多样性问题出现在公众视野当中，催生了新的城市景观，意在为多个物种提供栖息地。建筑内节能技术已远不止于通过采用特殊建筑材料实现自然采光、被动式散热与供暖以减少能耗及浪费。在种种领域中，生态都市主义均已取得了长足的进步，本书的作者中，就有生态都市主义的领军者，他们的设计项目是作为业界标杆的最佳案例。尽管已取得这些进步，诸如《垂死的智慧》(*Dying Wisdom*, 1997) 所记录的印度传统雨水收集法这样的知识却在流失 (Agarwal and Narain, 1997)。幸而有一批学者和组织，比如莱特古水文研究所 (Wright Paleo-hydrological Institute) 等，正致力于发现、记录并保护这些传统实践。

30 年前，很少有城市会全面适应自然系统，值得一提的几个例外是斯图加特在空气质量和气候方面的开创性工作，丹佛的城市雨水和防洪区建设，以及得克萨斯州伍德兰市的天然排水系统等。现在更多的城市已经行动了起来。2003 年，俞孔坚等出版了《城市景观之路：与市长们交流》一书，呼吁中国城市采取具有前瞻性的积极策略，但正如《花岗岩公园》中描述的案例那样，大多数综合项目仅仅是针对灾害、风险或政府规章的反应措施 (Yu and Li, 2003)。而纽约和基多等城市，在飓风过境后和面对干旱灾害之际，则在制订影响深远的计划，以主动降低气候变化的严重程度，并减弱其不良影响。

20 世纪 60 年代和 70 年代，宾夕法尼亚大学景观建筑与区域规划系和 WMRT 的伊恩·麦克哈格办公室保持着协同合作关系。在宾夕法尼亚大学景观建筑与区域规划系提出并深入探索设计思路后，再由联合设计公司应用于现实项目中去，而实践中获取到的经验教训将再反馈回象牙塔的课堂上。宾夕法尼亚大学始终同须芒草联合设计公司、汉纳/奥林（现已更名为"奥林"）事务所及詹姆斯·科纳景观设计事务所等其他由其师资团队成立的公司保持着密切的产学研联系。这类合作关系今天已经十分普遍；几乎所有参与本书编纂的作者都承担着授课任务，而他们的职业实践也是其研究的一种形式。他们中的一些人在建设项目中测验新的思路、方法和技术，其他人则通过探索性的企划案以推进领域发展。许多设计与规划学院建立了研究实验室，比如华盛顿大学绿色未来实验室和麻省理工学院的诸多实验室，包括感知城市实验室、城市数据设计实验室、卓越改造项目（P-Rex）、先进都市主义中心和环境风险实验室等。[1] 此外，亚历克斯·费尔森（Alex Felson）在耶鲁大学林业学院创立了城市生态与设计实验室，旨在设计具有实验性的生态学项目。各高校还为纵向追踪研究和参与式行动研究提供用武之地，比如西费城景观项目（1987 年至今）、东圣路易斯行动研究项目（1987 年至今）以及位于巴基斯坦卡拉奇市奥兰吉镇的非正式住宅区试点项目（1985 年至今）。

虽然有很多成功的实践模式，但这些知识对于城市设计人员、规划人员甚至是研究者来说，并不是触手可及的。当一部分实践人员创造出崭新的、创意十足的项目时，其他从业者则在探索古代实践，重建历史上的基础设施。然而，由于这些项目分布广泛、相隔遥远，项目描述也不一致，故而很难认定并评估相应的智力资源和文化遗产完整的适用范围。部分项目（尤其是北美和欧洲的一些重大项目）比较知名，而另外一些同样有价值的项目却未能得到充分的认可。一个设计研究中长久存在的问题正是，研究人员和实践者往往忽视了现有的知识与先例（或选择视而不见，不加引用），不断地反复"发现发明"已有的研究成果，或力求强调新奇胜过传统。

三、生态都市主义的前进之路

我们正处在一个信息超载的时代，自人类进入采猎时代开始，人类大脑已经进化了数万年，但它仍未准备好处理如此巨量的信息。认知心理学家丹尼尔·列维京（Daniel Levitin）指出："2011 年，美国人每天接收的信息量是 1986 年的 5 倍"，并且"过去 20 年中所探索得到的科学信息量超过了此前全部科学发现的总和"（Lavitin，2014）。文字和图形语言提供了一种扩充与检索记忆的途径，但是人类大脑所能从这

---

[1] 这些机构必须要依照其根本目标加以区分，一部分致力于社区服务，另一部分则专注于科研工作。

些材料中提取的记忆量却存在上限。所幸存在方法能够突破上述限制：组织信息，将信息存储外部化，建立索引并进行检索（Lavitin，2014）。

1. 文献综述

亟须的是一系列聚焦城市本质、城市设计及其子领域的文献综述，以提供一个对现有知识成果具有批判性的全面回顾：研究主题和逻辑线索，各领域的关键作品及其贡献，学界达成一致或尚存争议的领域，现有知识的空白地带，潜在研究的沃土，以及值得复制的成功实践模式（Spirn，2009）。[1] 仅仅是将有影响力的文章合编成集固然有其价值，但也遗漏了许多重要的知识贡献，也因此不能替代全面的文献综述。由于缺乏这种系统综述，生态都市主义研究目前是瘸腿走路，有着重大缺陷。

文献综述对一个科研领域的进步和持续发展而言是不可或缺的。这样的文献综述在许多学科中均颇为常见，它们往往由一位熟稔文献、具有学科全局视角的资深学者执笔。例如理查德·怀特（Richard White）所撰"美国环境史：一个新兴领域的发展"（American Environmental History: The Development of a New Field）正是一篇经典（White，1985）。怀特以俯瞰囊括历史、地理及景观建筑学等多个学科、数百种出版物的视野，定义环境史为一个新兴领域。另一例与城市设计规划相关的重量级综述文章，则是约翰·阿恩菲尔德（John Arnfield）的"城市气候研究二十年"（Two Decades of Urban Climate Research）（Arnfield，2003）。

科学家和设计师/规划师所组成的团队，应当探讨评估城市空气、土壤、水、植被、野生动植物及生态系统的研究现状，并将之应用到设计和规划当中。其他作者应从历史和理论两个层面回顾城市设计与规划的生态学方法，包括这一领域的沿革演变及其诸多流派。另外，其他从业者则应评估生态都市主义当中诸多领域的实践发展现状。所有人都应该认清理论和实践之间的隔阂，探明今后前景广阔的研究领域。

1　文献综述常常要占用期刊的一整期。我最近对城市自然与城市设计方面的文献进行了简要的概述，但并不全面，篇幅有限。例如参阅 Spirn（2013）。

2. 经验心得结算所：实践模式

许多成功项目能够激发灵感，提供宝贵的经验教训以及设计、实施和管理等方面的实用信息。《花岗岩公园》构想了一种类似银行结算所的机制，其中可就城市面临的问题，开展区域性的、全国性的乃至国际性的解决方案大搜索。30 年前，实现这一结算所构想的必要资金和技术条件尚不具备。但今天不同，一个网站即可汇集成功的案例研究，人们根据主题领域（气候、雨水、生态重建），项目类型（公园、交通、住房），区域特征（气候、生物群落、地文学），客户／发起人（个人、政府部门、非营利组织），以及其他参数等关键词，即可搜索到相应内容（图 3.12）。[1] 项

图 3.12 《花岗岩公园》网站展示了生态都市主义的成功案例，可以按照关键词进行搜索。虽然范围不大，但是该网站代表了一种更为全面的信息交流模式

---

1 《花岗岩花园》电子版网站（http://www.thegranitegarden.com）使读者能够使用这些参数的关键字搜索案例，但它的规模适中，能够在几十个案例中而不是数千个案例中进行搜索。

目描述的内容应当包括相关文件档案的链接，比如授权性法规、专业报告、地图和照片，以及项目的学术文章或评估。

如今，那些关心城市与自然的从业者，手拿着久不更新的大地图，在广阔的学科领域中摸索、探险。如果这一领域及其研究资源仍没有杰出的综合性指导，大量知识成果将无法用于应对人类眼下最为紧迫的环境挑战。设计师和规划者需要有超卓人才，为我们做出这样与时俱进、高屋建瓴的方向指引。

参考文献

[1] Agarwal, Anil, and Sunita Narain, *Dying Wisdom: Rise, Fall and Potential of India's Traditional Water Harvesting Systems* (New Delhi, India: Centre for Science and Environment, 1997).

[2] Arnfield, John, "Two Decades of Urban Climate Research," *International Journal of Climatology*, Vol. 23, No. 1 (January 2003): 1–26.

[3] Botkin, Daniel, *Discordant Harmonies: A New Ecology for the Twenty-first Century* (New York, NY: Oxford University Press, 1990).

[4] Brown, Brenda, Terry Harkness, and Doug Johnson, eds., "Eco-Revelatory Design: Nature Constructed/Nature Revealed," *Landscape Journal*, Vol. 17, No. 2 (Fall 1998).

[5] Brown, Catherine, and William Morrish, *Public Art Program for Phoenix* (1988).

[6] Corner, James, and Alex MacLean, *Taking Measures across the American Landscape* (New Haven, CT: Yale University Press, 1996).

[7] Cronon, William. ed., *Uncommon Ground: Toward Reinventing Nature* (New York, NY: W. W. Norton, 1995).

[8] Felson, Alex, and S. T. A. Pickett, "Designed Experiments: New Approaches to Studying Urban Ecosystems," *Frontiers in Ecology and the Environment*, Vol. 3, No. 10 (December 2005): 549–56.

[9] Hester, Randolph T., *Ecological Democracy* (Cambridge, MA: The MIT Press, 2006).

[10] Hood, Walter, *Blues & Jazz Landscape Improvisations* (Berkeley, CA: Poltroon Press, 1993).

[11] Howett, Catherine, "Systems, Signs, Sensibilities: Sources for a New Landscape Aesthetic," *Landscape Journal*, Vol. 6, No. 1 (Spring 1987): 1–12.

[12] Johnson, Bart, and Kristina Hill, eds. *Ecology and Design: Frameworks for Learning* (Washington, D.C.: Island Press, 2002).

[13] Juneja, Narendra, and Anne Whiston Spirn, *Environmental Resources of the Toronto Central Waterfront* (Philadelphia, PA: Wallace McHarg Roberts and Todd, 1976).

[14] Koh, Jusuck, "Ecological Design: A Post-Modern Design Paradigm of Holistic Philosophy and Evolutionary Ethics," *Landscape Journal*, Vol. 1, No. 2 (Fall 1982): 76–84.

[15] Levitin, Daniel J., *The Organized Mind: Thinking Straight in the Age of Information Overload* (New York, NY: Dutton, 2014).

[16] Mathur, Anuradha, and Dilip da Cunha, *Mississippi Floods* (New Haven, CT: Yale University Press, 2001) and

Soak (New Delhi, India: Rupa, 2009).

[17] Meyer, Elizabeth, "Sustaining Beauty," *Journal of Landscape Architecture*, Vol. 3, No. 1 (2008): 6–23.

[18] Mostafavi, Mohsen, and Gareth Doherty, eds., *Ecological Urbanism* (Baden, Switzerland: Lars Müller, 2010).

[19] Nassauer, Joan Iverson, "Cultural Sustainability: Aligning Aesthetics and Ecology," in Nassauer, ed., *Placing Nature: Culture and Landscape Ecology* (Washington, D.C.: Island Press, 1997).

[20] Nassauer, Joan, and Paul Opdam, "Design in Science: Extending the Landscape Ecology Paradigm," *Landscape Ecology*, Vol. 23, No. 6 (2008): 633–44.

[21] Nassauer, Joan, *Placing Nature* (Washington, D.C.: Island Press, 1997).

[22] Pickett, S. T. A., M. L. Cadenasso, and Brian McGrath, eds., *Resilience in Ecology and Urban Design* (New York, NY: Springer, 2013).

[23] Pulliam, H. Ronald, and Bart R. Johnson, "Ecology's New Paradigm: What Does It Offer Designers and Planners?" in Hill, Kristina, and Bart R. Johnson, eds., *Ecology and Design* (Washington, D.C.: Island Press, 2001).

[24] Reed, Chris, and Nina-Marie Lister, eds., *Projective Ecologies* (New York, NY: Actar Publishers, in association with the Harvard University Graduate School of Design, 2014).

[25] Spirn, Anne Whiston, "Bridges, Critical Prospects, and Research that Informs Practice," *Landscape Journal*, Vol. 28, No. 1 (Spring 2009), 120–23.

[26] Spirn, Anne Whiston, "Ecological Urbanism: A Framework for Resilience," in Pickett, Steward, Mary Cadenasso, and Brian McGrath, eds. *Resilience in Ecology and Urban Design* (New York, NY: Springer, 2013).

[27] Spirn, Anne Whiston, *The Granite Garden: Urban Nature and Human Design* (New York, NY: Basic Books, 1984).

[28] Spirn, Anne Whiston, "The Poetics of City and Nature: Towards a New Aesthetic for Urban Design," *Landscape Journal*, Vol. 7, No. 2 (Fall 1988), 108–26.

[29] Trancik, Roger, *Finding Lost Space* (New York, NY: Van Nostrand Reinhold, 1986).

[30] Waldheim, Charles, ed., *Landscape Urbanism Reader* (New York, NY: Princeton Architectural Press, 2006).

[31] White, Richard, "American Environmental History: The Development of a New Field," *Pacific Historical Review*, Vol. 54, No. 3 (August 1985): 297–335.

[32] Williams, Raymond, "Ideas of Nature," in Williams, Raymond, *Problems in Materialism and Culture* (London, UK: Verso, 1980).

[33] Williams, Sarah, "Beijing Air Tracks: Tracking Data for Good," in Offenhuber, Dietmar, and Katja Schechtner, eds., *Accountability Technologies Tools for Asking Hard Questions* (Vienna, Austria: AMBRA, 2013).

[34] Wolschke-Buhlman, Joachim, *Nature and Ideology: Natural Garden Design in the Twentieth Century* (Washington, D.C.: Dumbarton Oaks).

[35] Yu, Kongjian, and Dihua Li, *The Road to Urban Landscape: Talk to the Mayors* (Beijing: China Architecture & Building Press, 2003), in Chinese.

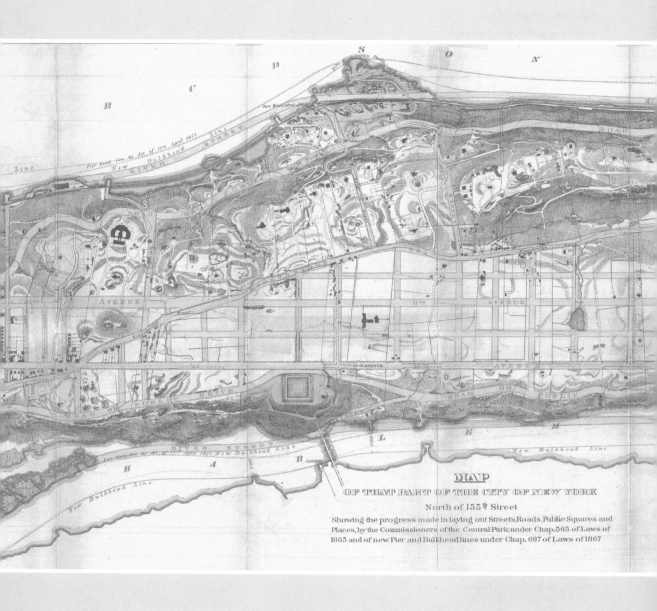

MAP

OF THAT PART OF THE CITY OF NEW YORK

North of 155ᵗʰ Street

Showing the progress made in laying out Streets, Roads, Public Squares and
Places, by the Commissioners of the Central Park, under Chap. 565 of Laws of
1865 and of new Pier and Bulkhead lines under Chap. 697 of Laws of 1867

NATURE AND CITIES

第四章　景观设计师：
我们这个时代的城市规划者

查尔斯·瓦尔德海姆

　　出版《自然与城市》一书，旨在鼓励读者、作者及景观设计行业从业者重新思考这个与城市形态紧密相关的领域的自我定位和目标方向等基础性的、根本性的问题。景观设计这一"新艺术"的创始人们——其中声名最显者莫过于弗雷德里克·劳·奥姆斯特德和小弗雷德里克·劳·奥姆斯特德父子及之后奥姆斯特德公司的历任接班人——明确视建筑设计为这个新生行业最为适宜的文化认同。由此，他们创造出了一个新兴的复合型职业身份。这一新的自由职业形成于19世纪后半叶，以应对工业城市面临的社会、环境和文化等方面的挑战。有鉴于此，景观设计师当时被视为负责整合民用基础设施与公共空间改良以及改善环境的新行业。景观设计作为城市化进程的一个实现手段，这一行业的话语体系和实践，可以从其塑造当代城市的起源当中得窥一二。本章将审视近来一种声称景观设计师是我们这个时代的城市规划师的主张。

　　景观学科在近来设计界的讨论和教育中迎来了一场相对的复兴。这个上下求索的研究领域曾一度被一些人视为行将就木，其复兴也被描述为一次枯木逢春抑或一场涤故更新，更是在当代都市主义的探讨上成果丰硕。提出的诸多问题之中，其一正是将景观学的新近复兴引入地理学和规划学所产生的知识贡献。除了在描述当代城市领域有着重要意义外，景观学是否有潜力与城市规划相关的更为宏观的土地科学产生共鸣？有趣的是，这方面最有说服力的论据表明，景观设计影响规划的潜力来自它在设计文化中新近占据的优势地位，抑或由于生态系统作为一个模型或一种隐喻被加以运用，而不是通过生态影响形成的长期历史性区域规划项目发挥作用。由于这一点是某些困惑产生的潜在根源，并且已成为一大争论话题，因此在本章中，我暂且对景观设计可能如何有益地为当前及未来的规划事业提供智力支持作一解读。[1]

景观设计的近期复兴可能最初被视为后现代主义对这一领域姗姗来迟的影响。如不赘言，这种解读表明，本质上现代主义或实证主义的自然科学话语体系，已被一种视自然为文化构建的学说所取代。这种学说认为，景观设计从明确生态功能机制的实证主义定位，转变为视生态为有助于理解自然与文化之间复杂互动模型的文化相对主义观点。当然，景观设计近来发展出的文化相关性与大众文化中普遍的环境意识和捐赠阶层的兴起有关，两者通过独特的结合，将设计定义为文化。

在许多方面，考虑到规划和景观设计二者的学科史，规划相对而言很少受景观设计学科发展的影响，这并不令人惊讶。在 20 世纪 60 年代的文化政治背景下，抑或是传统思维使然，许多著名的规划科系都脱离了建筑院校，以突显其自身的学科特征，疏离被视作设计艺术主导学科的建筑学。同样，许多景观设计科系都在环境问题上态度坚决而彻底，进而也与建筑师同仁们的文化和智识主张疏离开来。这些事件共同促使设计学科之间发生疏离，并使得建筑学同曾在历史上影响设计的经济、生态及社会背景分隔开，成为一大独立学科。在设计文化与环境行动主义相对疏离的这个时期，规划学科的教育倾向于同具有环保意识的景观设计师同仁联合起来，而与建筑学这门看似主观且颇多自我指涉的学科区分开来。

解决这些问题的一个方法是检验目前城市规划中可用的理论和论述。在无数的学科和行业当中，近来的文献表明，当前的规划学科可归纳出三个历史性的矛盾：其一是自上而下的行政权力和自下而上的社区自组织决策之间的矛盾；其二是与设计文化相结合的规划和整个自发形成的民间建筑风格之间的矛盾；其三是一个尚在争论当中的理念矛盾，即规划究竟是一种由福利国家运用、环境科学指导的工具，还是一种自由放任经济发展之下的现实政治推动者及一种交易的艺术？这些轻易得

1　这一论点在 Waldheim（2012，2013）中得到发展。

出的反对意见显然试图以简释繁，尽管如此，它们仍继续影响着规划的话语体系，以期延续 20 世纪 60 年代那个拘泥于诸般规划形式的大环境。[1]

为免重蹈 20 世纪 60 年代以来规划学科所产生的错误对立及其进而造成的僵局，重新审视学科发展史将颇有裨益。在这一学科的众多节点中，我们不妨从 1956 年及城市设计的起源着手。城市设计在 20 世纪 50 年代中期开始构想形成，在当时规划学科对实证知识、科学方法及学科自主性的贡献已颇为显著，而城市设计至少被部分视为对此的一个回应。对于何塞普·路易斯·瑟特（Josep Lluís Sert，1902—1983）及许多同时代"具有城市意识"的建筑师而言，城市设计被视为对城市开展实体设计的用武之地。随着规划学科对公共政策和社会科学的兴趣不断增加，城市设计有意识地进行学科建设，以将现代城市面临的挑战空间化。

同样对半个多世纪前城市设计所构建的学科起源影响深远的，还有瑟特对美术型城镇规划（被瑟特视为文化反动）和生态区域规划（被瑟特视为无药可救的超验主义）的批判。[2] 虽然从我们今日的历史视角来看，或许很容易从这一孕育着城市设计学的瑟特分工理论中发现其固有的"原罪"，但这既有失公允，也过于简单粗浅。尽管如此，或许可以公平地说，50 年之后，城市设计这一学科正处于某种危机之中。[3]

这就要引出另一个由于瑟特的城市设计构想而变得多余的主要传统：由帕特里克·盖迪斯（Patrick Geddes，1854—1932）、本顿·麦凯（Benton MacKaye，1879—1975）、刘易斯·芒福德和伊恩·麦克哈格等人作品中不断延续、长期传承的生态区域规划。尽管将这一群体的独特身份与具体项目混为一谈是相当有害的，但他们确实都代表着瑟特所批判的同一智识传统的诸多层面。这些共同点中，包括一种对超

1　对当前规划理论的解释已在《哈佛设计杂志》第 22 期（2005 年春季 / 夏季）以及 Saunders（2006）中得到总结。

2　瑟特对规划的含蓄批判和他的城市设计概念在《哈佛设计杂志》第 24 期（2006 年春季 / 夏季）进行了描述。该卷中还包含了一个具有讽刺意味的短暂的建议，即哈佛大学的城市设计应纳入景观建筑学科，详见 Marshall（2006）。

3　在危机状态下的城市设计描述是一个经常重复的主张，最近的总结在《哈佛设计杂志》第 25 期（2006 年秋季 / 2007 年冬季）。例子参见 Sorkin（2006），进一步的证据可参见 Saunders（2006/2007）。

然主义思想的独特看法，与之并存的还有一种面对自然世界的形而上幻想。由于麦克哈格结合这一传统将景观设计重新表述为环境科学下区域规划的一个分支，可以说麦克哈格在 20 世纪 60—70 年代使景观设计这一学科实现了制度化。这种定位使得景观设计转向了强调实证、有赖福利国家加以执行的规划过程。

不幸的是，对于接受实证训练的这一代景观设计师来说，在通往强调理性的城市生态规划这一开明未来的道路上，麦克哈格的方法被证明是不幸的弯路。不论正确与否，麦克哈格的理性生态规划项目被解读为根本上是反城市的，同时也被理解为超验主义，并因此被视为是反智的。最终，在福利国家日渐衰微的背景下，它也被认为是不切实际的，且病态地依赖于国家集中规划这种不合时宜的观念。[1]

近来，景观设计重获关注，进入当代城市主义的讨论范畴，但这已经与麦克哈格的事业关系不大了，但却与如何理解当代设计文化有着更加密切的关系。如今，在城市和规划失灵方面，不仅设计学科面临的挑战看似已经与麦克哈格的项目在实证知识和科学方法方面的优势几乎没有关系了，而且目前我们城市环境的挑战，也与信息不足不太相关。相反，这些挑战更多地与一个基本抛弃了福利国家式理性规划期望的文化体的政治性失败有关。并非是来自长期以来的环境导向的区域与城市规划传统，而是新近发现的景观设计与城市主义问题之间的相关性，同景观学近来与设计文化之间重建交流有着更为重大的关系。对于许多成长在 20 世纪 60 年代，自认为环境倡导者的景观设计师来说，这可谓时移势易，令人晕头转向，不分南北。许多自视为倡导自然的景观设计师惊讶地发现，景观设计是通过设计机构对城市问题讨论施加影响的，而不是通过公共过程或理性规划。

在很多方面，新一代的优秀景观设计师当下的兴趣均萌芽于过去 25 年间的建筑学话语体系，就仿佛景观设计终于迎来了后现代主义时代一般（Corner，1999；Weller，2006）。作为证据，人们可以轻易地发现，卓越的建筑师们对景观设计师有着

1　不论是在当今景观建筑学的话语体系中，还是在目前景观学科各个流派内外的争论之中，这一批评都显得轻松柔和。这一观点认为，领域内应当开展更为严谨认真的历史调研。目前，关于麦克哈格的历史资料大体上均未经检验，且时常趋向形而上的论述，这表明亟须对麦克哈格的工作做出严谨的评估及历史情景化处理，这将对今后的研究探讨有着巨大价值。

塑造性的重大作用。因此，许多顶尖景观设计师均是受建筑学理论的启发才开始了景观生态学的学习，也就不足为怪了。[1]由此训练出的一代景观设计师和城市设计师，都倾向于将生态学某些看似相悖的用途联结一体。在应用生态学科的多种方式之中，很多当代景观设计师均将生态作为一种城市力量和流向的模式、一种设计界姗姗来迟的作品署名及一种有利于公众接受与参与的叙述工具加以运用。他们也保留着生态学的传统定义，即一种研究物种与其栖息地之间关系、也常应用于宏观的文化或设计目的的科学。

（建筑学和景观设计的）这一交融所生发出的最具启发性的项目中，城市形态并非由规划、政策或先例所决定，而是通过新兴生态环境的自我规制形成的。在很多案例中，城市的终极形态并非经由设计而实现，而是在文化性目的的指引下，由生态过程促进形成的。在城市设计者、规划者及环保人士的讨论中，这一学科交融之中，生态既作为一种设计思路，又是一门自然科学，这造成了一些困惑。[2]

如此，这对规划行业意味着什么呢？规划者传统上被定义为一个为自由发展制定基本规则的公正协调者，但行业的这种角色定位可能将让位于某种更为多元的定位，参与到社会政策、环境倡导及设计文化等活动之中。规划是公共政策和社群参与在发展之前的中间环节这种不成文的前提尚待讨论，因此规划相比设计学科的优先位置最终可能岌岌可危。在这样的看法下，当用地规模更大时，设计机构往往被用以绕过或简化传统的规划过程，抑或仅仅是使之显得冗余。那么，在那些明确景观对城市设计有何影响的示范项目当中，规划起到了怎样的作用呢？规划行业在这些项目的构想和实施中又发挥了什么作用呢？

放眼国际的当代景观设计实践，姑且得一浅论如下：在很多案例中，景观设计策略是先于规划的。在这些项目中，对生态的理解决定了城市秩序，设计机构则通过土地利用、环境整治、公众参与和设计文化相结合的一系列措施来推动设计进程。

1　詹姆斯·科纳于宾夕法尼亚大学学习生态规划，阿德里安·高伊策（Adriaan Geuze）则在荷兰瓦赫宁恩大学学习；二人随后均开始探索生态作为设计模板与后现代理论影响下当代设计文化之间的关系。

2　关于这个问题以及对麦克哈格生态规划理论的历史反响，参见 Steiner（2008）。

往往在这些项目中，由于设计竞标、捐赠者意愿及社区舆论等因素，原有的规划体制会变得冗长繁琐。许多项目中，景观设计师兼任了城市规划师的角色会重新构思城市的区域地块，重新安排（城市的）经济区域和生态区域、社交及文化区域，进而将城市打造成一个文化产品。最后，这一观点如是认为，规划的作用在于留存备份设计方案，并管理公共关系、立法程序和随之而来的社群利益。[1]

北美景观城市规划实践的先例体现出了一种非常不同的规划政治经济学思维；欧洲景观城市规划的先例则倾向于从公共部门在实现社会福利、调控环境标准、补贴公共交通和资助公共领域等方面的作用等具体构想出发。最近一些项目证明，北美当代景观城市规划的实践显示出了与规划有着千丝万缕、非比寻常的关系。同样，这些最新的实例体现出了景观城市规划实践不断成熟的过程，也反映出这种主张城市形态应与生态过程相联系、受生态过程影响的观点正如日中天（David and Hammond，2011）。

回顾北美近来大城市中心区域的城建方案，这一观点也得到了证实。近年来，一些北美的城市，特别是纽约、芝加哥和多伦多，通过一系列项目实践，为景观城市规划明确了定位。其中，一些城市将景观设计作为城市化的中间环节，仅仅限制了城市形态；而另一些城市则明确将景观设计过程引入建筑形式、街区结构、建筑高度和建筑壁阶等方面。最为明显的例子是，多伦多的滨海区域就在明确地根据景观城市主义原则进行重新设计。总而言之，这些新近的项目标志着景观设计师已成为我们这个时代的城市规划者。

1. 纽约

纽约市一直以来都是开展景观城市设计实践最为重要的舞台之一。2002 年迈克尔·布隆伯格（Michael Bloomberg，彭博新闻社创始人，2001 年当选纽约市市长，2014 年离任）当选后，纽约开始了建设国际性景观驱动型城市的十年。生态功能、

1　要了解北美主要城市项目的规划情况，参见 Garvin（2006）以及《哈佛设计杂志》第 22 期（2005 年春季 / 夏季）；要了解社区咨询、捐助者文化和设计竞赛中的具体案例研究，参见 David and Hammond（2011）、Gilfoyle（2006）和 Kaliski（2006）。

艺术慈善、设计文化三者交融的景观城市设计之上，许多项目由此而生。

斯塔滕岛上的淡水溪垃圾填埋场整治重建的方案竞标为景观设计师提供了一个城市发展层面开展早期实践的机会。虽然詹姆斯·科纳景观设计事务所（2001年至今）的淡水溪公园项目委员会更注重景观修复和生态功能，但这个公园同时也被设计为一个严格规划的城市空间（图1.14—图1.16）。这个公园固然是为了满足不断增长的休闲娱乐和旅游需求，也是为了适应周边的城市化发展进程。在这个早期的景观城市规划项目中，依公众期望着手建设一个公园和设计一个长期开发公园的演替过程是同等重要的。因此，位于奥尔巴尼（美国城市，纽约州首府）的州长办公室和纽约市市长办公室的共和党领导人之间实现了相当罕见的政治联合，他们共同为纽约一向支持共和党的斯塔滕岛选区提供了同样罕见的公共资助项目（案例）。[1]

另一适合步行、也更直接地参与城市发展和建筑形式的精致的景观建筑，是高线公园（2004年至今）（图4.1），由詹姆斯·科纳景观设计事务所、迪勒·斯科菲迪奥—伦弗罗建筑事务所和皮特·奥多夫事务所合作设计。社区组织反对拆除途经曼哈顿下西区的肉类加工区（Meatpacking District）已废弃的高架货运铁路，这一项目因而启动。虽然前任政府（鲁道夫·朱利安尼，Rudolph Giuliani，纽约市前市长）的城市规划人员认为废弃铁路有碍发展，但高线之友却成功地向即将就任的布隆伯格政府主张将其视为潜在资产。高线之友更是赞助举办了一个国际设计比赛，以将此地再开发为一个架高景观步行长廊，令人忆起巴黎的绿荫步廊（Promenade Plantée）。尽管纽约市在这个高架项目的设计和建设上投入了数百万美元的公共税金，但即使经历了经济低迷的最困难时期，据报告称，这项投资的税收增益比也高达6∶1。尽管可以视该项目为一个景观建筑工程，但该项目对城市生活的影响也同样明显，因为上述举措推动了城市发展，令此地生活如同北美人口最为稠密的都市胜地一样活跃。但这一切却不是通过传统的城市形态，而是借助了景观设计来实现的。这个高架项目独具一格地将艺术与设计文化、发展、公共空间等元素融合起来，雄辩地证明了景观设计师能担负城市规划者的重任（David and Hammond，2011）。

1　参看 http://www.nycgovparks.org/park-features/freshkills-park 以及 Mitchell（2011）。

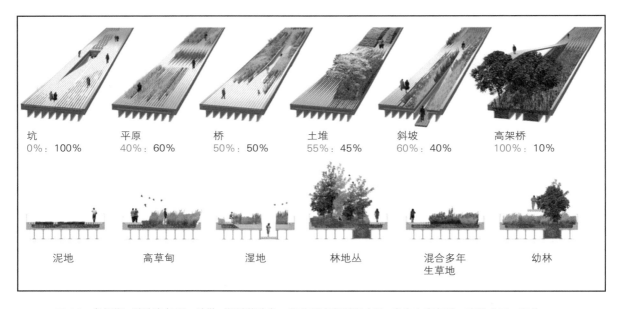

坑	平原	桥	土堆	斜坡	高架桥
0%∶100%	40%∶60%	50%∶50%	55%∶45%	60%∶40%	100%∶10%

泥地	高草甸	湿地	林地丛	混合多年 生草地	幼林

图 4.1　詹姆斯·科纳事务所、迪勒·斯科菲迪奥—伦弗罗事务所和皮特·奥多夫事务所，高线公园，纽约，2004

图 4.2　MVVA 和肯·格林伯格，布鲁
　　　　克林大桥公园，纽约，2003

过去十年中，纽约市通过多种规划机制建设了一系列公共景观项目。其中，肯·史密斯工作坊（Ken Smith Workshop）与逍普事务所（SHoP）合作的东河滨水项目（2003 年至今）引人注目。同样引人关注的还有迈克尔·范·沃肯博格景观设计事务所（Michael Van Valkenburgh Associates，MVVA）设计的哈得孙河公园（2001—2012 年）。东河对岸，同样由沃肯博格事务所设计的布鲁克林大桥公园（2003 年至今）更是一个标志着景观城市规划走向成熟的项目，既能团结社区，又可促进发展，并为最新构想的公共场域改善了环境条件（图 4.2）。最近，阿德里安·高伊策及其韦斯特八号景观设计工作室（West 8）负责的总督岛规划案（2006 年至今）则集中体现了景观市容、生态建设和城市发展等多项同等重要的元素。[1]

2. 芝加哥

芝加哥则是又一北美景观城市规划实践的范例。市长理查德·M. 戴利（Richard M. Daley）推动了大批随着景观城市规划话语和实践兴起而出现的引人注目的景观项目。其中最早的项目千禧公园（Millennium Park），最初由路易斯·斯基德莫尔（Louis Skidmore）、纳撒尼尔·奥因斯（Nathaniel Owings）和约翰·梅里尔（John Merrill）设计，在格兰特公园（Grant Park）内一个长期废弃的铁路站场上建设一个规定工期、规定预算内的人造景观公共园林。在芝加哥几位知名人士的设计文化与艺术倡导之下，该项目演变成一个国际性的设计文化盛事。随之而生的混合型规划案将凯瑟琳·古斯塔夫森（Kathryn Gustafson）和皮特·奥多夫合作设计的卢瑞花园（Lurie Garden，2000—2004）、弗兰克·盖里（Frank Gehry）和伦佐·皮亚诺（Renzo Piano）合作的建筑项目以及安尼施·卡普尔（Anish Kapoor）和豪梅·普伦萨（Jaume Plensa）等人的艺术设施等诸多元素熔于一炉。[2] 最近，芝加哥市内的废弃高架铁路线布鲁明戴尔铁

1　http://www.shoparc.com/project/East-River-Waterfront; http://www.mvvainc.com/project.php?id=7&c=parks; http://www.mvvainc.com/project.php?id=3&c=parks; http://www.west8.nl/projects/all/governors_island/; http://www.west8.nl/projects/all/governors_island/.

2　参见 Gilfoyle（2006），不幸的是，景观设计师特里·冈（Terry Guen）在千禧公园的重要作用经常被忽视。

路（Bloomingdale Trail，2008 年至今）正在由迈克尔·范·沃肯博格事务所重新设计，计划将之改建为对标纽约高线公园且设计更为协调、景观更为多样的项目。足可媲美的还有詹姆斯·科纳景观设计事务所负责的芝加哥海军港项目（2012 年至今）和甘建筑工作室（Studio Gang Architects，2010 年至今）负责的北方岛项目，这两个项目表明，芝加哥在城市与公共湖滨间的过渡带正不断致力于推进景观建设。

3. 多伦多

景观设计师正担起我们这个时代的城市规划事业，这一点上或许多伦多是最为有力的范例。这座加拿大人口最多的城市，其后工业化的滨水区正由一家皇家企业[1]——水畔多伦多（Waterfront Toronto）重新开发。水畔多伦多委任了一批杰出的景观设计师，包括阿德里安·高伊策、詹姆斯·科纳和迈克尔·范·沃肯博格等，以落实这一城市滨水区的再开发。在这些项目中，湖、河水域曾决定着这座城市的发展，而在今天这些项目中，新城区的公共空间和建筑形式也将受到湖、河生态恢复工作的制约。其中首个项目是阿德里安·高伊策的韦斯特八号景观设计工作室与迪塔建筑设计事务所（DTAH）合作开发的中央滨水区（2006 年至今）（图 4.3）。[2] 基于一个明确的有关城市形态的生态学理念，高伊策的设计项目作为唯一关注鱼群栖息地、零碳排放和空间可识别性的空间和文化影响的项目，使他从诸多国际景观设计师中脱颖而出并获得奖励。高伊策的项目为多伦多滨水区打造了可持续性基础设施、雨水管理以及新的文化形象。

在高伊策项目的东端，是詹姆斯·科纳景观设计事务所受委托设计的一个近 1 000 404.7 公顷的公园，即安大略湖公园（Lake Ontario Park，2006 年至今），一个在严重废弃的工业场地和该地区最具生物多样性及吸引力最大的鸟类栖息地上打造的新娱乐设施。在高伊策的中央海滨和科纳的安大略湖公园之间，是 MVVA 与肯·格林

1　即由民间控制和部分操作、隶属于加拿大中央或地方政府的国有商行。——译者注

2　http://www.west8.nl/projects/toronto_central_waterfront/; http://www.waterfrontoronto.ca/explore_projects2/central_waterfront/planning_the_community/central_waterfront_design_competition.

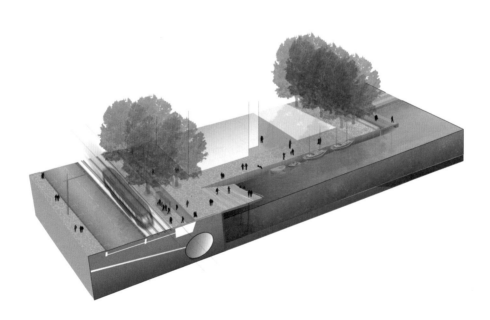

图 4.3　韦斯特八号景观设计工作室和迪塔建筑设计事务所，中央滨水区，多伦多，安大略，2006

伯格（Ken Greenberg）的一项合作开发项目：唐河低地（Lower Don Lands，2005 年至今）（图 4.4）。唐河低地项目是一次国际设计竞赛的成果，该项目将在唐河河口进行完全的再开发，并开发出可容纳多达 3 万居民的新社区。这个同时管控防洪、恢复生态功能并适应城市化的独特方案为景观城市化实践提供了明晰的案例。尽管几个入围唐河低地项目的方案都提出了我们以前所看到的景观城市主义的论述，但 MVVA 的团队和方案代表了当今北美最完善的建筑形式和景观过程一体化模式。其本身体现了当代景观城市主义实践的承诺，其中景观设计师组织了一个由城市主义者、建筑师、生态学家和其他专家组成的复杂多学科小组，致力于密集人口疏解、建造步行可达的可持续多元化社区并完善城市生态系统功能。[1]

————————

1　参看 http://www.waterfrontoronto.ca/lowerdonlands；http://www.waterfrontoronto.ca/lower_don_lands/lower_don_lands_design_competition。

图 4.4　MVVA 和肯·格林伯格，唐河低地项目，多伦多，安大略，2007

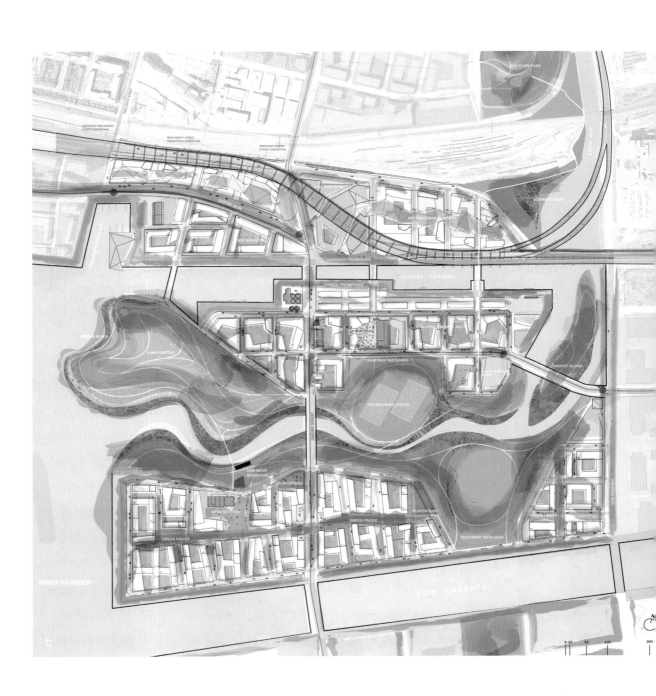

随着景观城市主义实践对北美城市规划和发展的重塑，这些做法在世界各地的城市和文化中日益普遍起来。从国际视角出发，存在两种明显的趋势。其一是将各种包括了文化设施的方案视作更大的景观与基础设施规划的一部分，包括巴特亚姆（特拉维夫）景观城市主义双年展 [Bat Yam (Tel Aviv) Biennale of Landscape Urbanism，2007—2008 年]、托莱多全球艺术网公共艺术景观比赛（Toledo ArtNET Public Art Landscape Competition，2005—2006 年）和锡拉丘兹（纽约）文化走廊比赛 [Syracuse (New York) Cultural Corridor Competition，2007 年至今]。其二则是将景观设计方案作为更广泛的水域管理和经济发展计划的依托。这其中包括亚历克斯·沃尔（Alex Wall）联手亨利·巴瓦（Henri Bava）的岱禾景观建筑设计事务所（Agence Ter）合作的横跨莱茵河都市地带的绿色都市规划方案，以及克里斯托弗·海特（Christopher Hight）最近受得克萨斯州休斯敦哈里斯县地区水务局（2007—2009 年）委托的规划项目（Wall，2009；Hight，2008；Hight et al.，2008）。

近年来，东亚在景观城市化实践的发展上有着丰富的经历。许多景观设计师参与了一系列该地区城市街区再开发的项目。詹姆斯·科纳景观设计事务所负责的新加坡湾再开发项目，凯瑟琳·摩斯巴赫（Catherine Mosbach）和菲利普·拉姆（Philippe Rahm）合作的中国台湾台中门户公园项目，还有阿德里安·高伊策的韦斯特八号景观设计工作室在韩国首尔龙山公园的再开发项目，都是反映这些趋势的典范。在中国大陆，深圳是近年来最重视在城市建设中发展景观项目的城市之一。特别是龙岗中心城的设计竞赛，更是为当代城市景观实践提供了一个国际案例。由深圳市规划局牵头，龙岗中心城的规划是由建筑联盟学院景观城市主义系负责（2008年至今），主要人员包括伊娃·卡斯特罗（Eva Castro）的普拉斯玛工作室（Plasma Studio）和爱德华多·里科（Eduardo Rico）、阿尔弗雷多·拉米雷斯（Alfredo Ramirez）、杨·张（Young Zhang）及大地景观都市工作室（Groundlab）的各位同事（图 4.5）。[1] 在他们给出的龙岗规划方案中，卡斯特罗、里科及其同事提出了一种关系数位模型。

---

1 http://landscapeurbanism.aaschool.ac.uk/programme/people/contacts/groundlab/; http://groundlab.org/portfolio/groundlab-projectdeep-ground-longgang-china/.

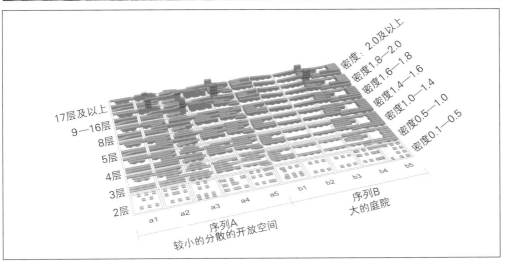

图 4.5　伊娃·卡斯特罗的普拉斯玛工作室和爱德华多·里科、阿尔弗雷多·拉米雷斯、杨·张等人的大地景观都市工作室，"厚土"（Deep Ground），一等奖，龙岗中心城（深圳）国际城市设计竞赛，2008

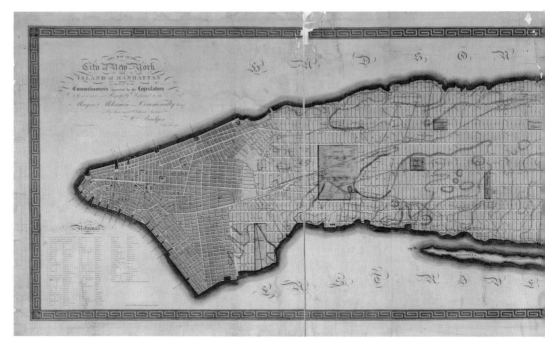

图 4.6　纽约市专员计划，1811

通过这种模型，城市形态、街区结构、建筑高度、建筑退台和类别与理想的环境指标相关联。摒弃竞赛要求的大型静态物理模型，大地景观都市工作室团队代之以能够通过具体的正式结果将生态投入、环境基准和发展目标相关联的动态关系模型或参数化数字模型。

　　关系数字模型的发展处于景观城市主义实践的前沿，并致力于将生态过程与城市形态更完美地结合在一起。最近在深圳，前海港城的竞标会表明了对景观生态学这一展现特大城市发展的媒介的持续投资。分别由蕾姆·库哈斯大都会建筑事务所（Rem Koolhaas OMA）、詹姆斯·科纳景观设计事务所和胡安·布斯盖兹（Joan Busquetts）提出的三个最终方案都提议首先建设容纳 100 万居民的新城镇，同时恢复汇入大海的河流支流的生态功能和环境健康。詹姆斯·科纳景观设计事务所（2011 年至今）的前期方案以及另外两个最终方案，使用景观生态学的思维，激活了不起眼

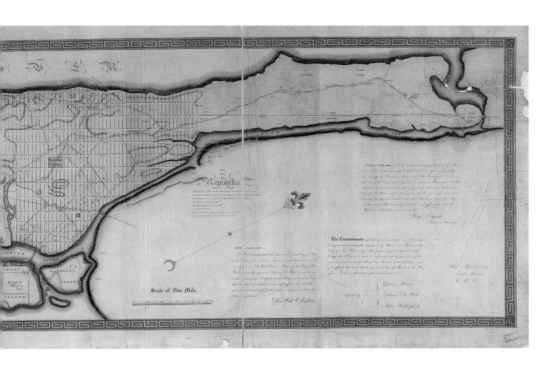

地块的活力。在这方面，这三个最终方案都是从相对于水域和总体城市形态的具有可比性的方面入手的，只不过在如何最好的安排和定位城区的问题方面产生了分歧。这种结果差别显而易见地分别对应了建筑师、景观设计师和城市规划师领导的团队。

这些实践有什么共同之处呢？它们共同代表了我们这个时代的景观设计师是作为城市主义者而存在的。这些实践为该领域的规范和职业身份提出了及时的、根本性的问题。尽管"景观"这个术语的各种词源几十年来一直出现在这一领域，但近年来"景观设计"的表述作为一种职业身份并未得到更多的关注（图 4.6）。

1　在追溯职业身份起源的过程中，约瑟夫·迪斯庞奇奥（Joseph Disponzio）的这一课题是一个少有的例外。他的博士论文和随后关于这一主题的出版物明确说明了景观设计师职业身份的起源是法语概念下的"建筑职业"（architecture-paysagiste）。参看 Disponzio（2000，2002，2007）。

自 19 世纪创立以来，专业术语问题就与所谓"新艺术"的支持者有关。关于这一表述的长期争论揭示了景观设计师的学科特征和工作范围之间的紧张关系。这一新领域的初建者来自于各行各业，从传统的景观园林和乡村改造的从业者，如安德鲁·杰克逊·唐宁（Andrew Jackson Downing，1815—1852）和比阿特丽克斯·法兰德（Beatrix Farrand，1872—1959），到那些主张将景观作为建筑和城市艺术的倡导者，例如弗雷德里克·劳·奥姆斯特德和卡尔弗特·沃克斯及其后继者。这一领域许多美国支持者对英国景观园艺实践抱有强烈的文化亲切感。相比之下，欧洲大陆将城市改善与景观相结合的做法为这一新职业提供了一个非常不同的工作范畴。令情况进一步复杂化的是，许多人渴望得到一种明确的单一职业身份，希望自身区别于其他现有的职业和艺术类别。

在美国景观设计形成的过程中，这个新领域被认为是对快速城市化带来的社会和环境挑战的一种积极回应。尽管相关人士对于这一新行业的出现满怀热情，但是人们却不清楚应当如何称呼这一职业以及与其所涉及的研究领域。到 19 世纪末，许多人认为当时已有的职业（建筑师、工程师和园丁）均不再适合新情况。这些新的（城市和工业）情况要求出现一种与景观设计明确相关的新职业。如何理解这个新领域的初建者宣称景观设计属于建筑学呢？这个领域的创始人们还可以使用哪些替代职业身份？这些选择如何继续推进当今这一专业和学术领域的发展呢？

到 19 世纪末，美国那些主张景观设计应成为一门新艺术的人士，将这一新兴职业与建筑学这门传统艺术联系起来。对于这一新艺术，这项将建筑学（而非艺术、工程和园艺）作为同类职业人群和文化主张的抉择，对于当下如何理解景观设计的"核心"具有重要意义。这一历史引人注目地揭示了城市规划是如何在 20 世纪早期从景观设计中脱离而成为一个独立行业的过程以及后续发展；同时，它也有助于我们理解 20 世纪末关于景观作为城镇化形式的争论。

1857 年，弗雷德里克·劳·奥姆斯特德被任命为纽约市的"中央公园总监"。奥姆斯特德在农业和出版方面饱受打击，负债累累，在他为前路感到迷茫之时，他的家族好友、新成立的中央公园委员会的委员查尔斯·威利斯·埃利奥特（Charles Wyllys Elliott，1817—1883）建议他积极争取"中央公园总监"这一职位。埃利奥特和这些任命奥姆斯特德的公园委员会委员随后经过了如政党投票般的严格流程，翌年在新公园设计比赛中授予奥姆斯特德（和他的合作伙伴，英国建筑师卡尔弗特·沃克斯）一等奖的荣誉。在竞聘成功后，奥姆斯特德的头衔升级为"总建筑师兼总监"，沃克斯被任命为"咨询建筑师"（图 4.7、图 4.8）（Beverage and Schuyler，1983）。

奥姆斯特德在 1857 年第一次担任总监以及 1858 年升任总建筑师时，并没有提到"景观设计师"这个职业名称。虽然奥姆斯特德可能已经意识到法语中有"景观设计师"一词，并且肯定会注意到吉尔伯特·莱恩·梅森（Gilbert Laing Meason，1769—1832）和约翰·克劳迪厄斯·劳登（John Claudius Loudon，1783—1843）的英语词源，但没有证据表明奥姆斯特德在 1859 年 11 月访问巴黎之前就设想出了这个职业身份。这个词在奥姆斯特德多次参观欧洲公园并于 1859 年 11 月在布洛涅森林公园与让－查尔斯·阿道夫·阿尔方（Jean-Charles Adolphe Alphand，1817—1891）多次会面后才出现。结合布洛涅森林公园的先进经验，奥姆斯特德可能看到图纸上印有"景观设计师服务"（Service de l'architecte-paysagiste）的字样，更重要的是，他目睹了巴黎在景观设计上实践范围的扩大，景观设计与基础设施的改进、城市化以及大型公共项目的管理都联系起来。在他考察欧洲公园和城市改良措施的旅程中，奥姆斯特德参访布洛涅森林公园的次数超过之前任何项目，他在两周内共参访了八次（Beverage and Schuyler，1983）。1859 年 12 月下旬，回到纽约市后，奥姆斯特德采纳的每一项城市发展举措都会提到"景观设计师"这个词。

在北美，"景观设计师"这一职业的最早记录可以追溯到 1860 年 7 月奥姆斯特德与他父亲约翰·奥姆斯特德（John Olmsted，1791—1873）的私人信件中。这封信以及后来的通信是关于 1860 年 4 月奥姆斯特德和沃克斯接受"纽约岛北部规划委员"委托出任"景观设计师"的事情（即负责规划曼哈顿休斯敦街与第 155 街之间区域的事情）。亨利·希尔·埃利奥特（Henry Hill Elliott，1805—1868）是负责曼哈顿北部地区第 155 街规划的委员之一，他是中央公园项目委员查尔斯·威利斯·埃利奥特的哥哥，也是他最初推荐奥姆斯特德担任总监的职务（Beverage and Schuyler，1983）。埃利奥特兄弟很可能对景观设计这门职业的发展起到了同样重要的作用：一个是委托奥姆斯特德负责中央公园；另一个则是授予他"景观设计师"的头衔，让他可以进行

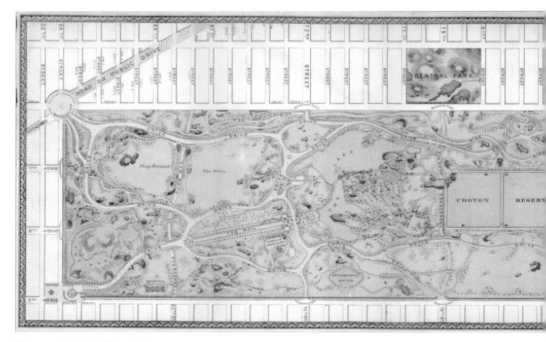

图 4.7　中央公园规划，纽约，1868

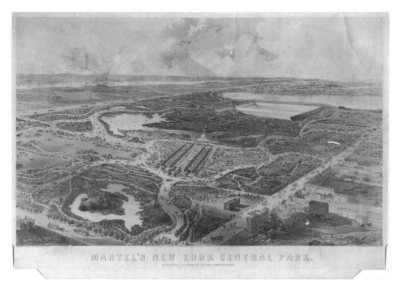

图 4.8　中央公园全景，
　　　　纽约，1868

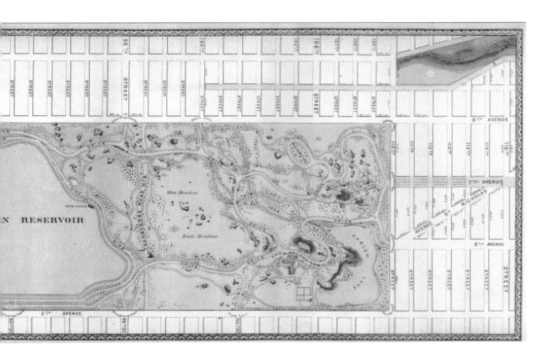

城市开发规划。这是美国首次不是为了设计公园、游乐场或公共花园而任命一位景观设计师。这个新职业接受的第一个委托是曼哈顿北部地区的规划。在这种背景下，景观设计师起初被认为是专门负责设计城市本身的形态，而非城市以外的乡村（图4.9）。

　　尽管转换了新的提法，但奥姆斯特德仍然"一直受到（景观设计）这一整脚命名的困扰"，并希望出现一个代表"森林艺术"的新术语。他抱怨说："景观不是一个好词，建筑也不是好词，它们的组合仍然不是好词，园艺这个词更糟糕。"他希望为法文术语提供具体的英文翻译，以更充分地捕捉这门城市秩序的新艺术的微妙之处（Ranney，1990）。将景观设计与建筑结合起来的顾虑存在已久，我们仍面临那个问题：为什么这个新行业的倡导者们最终选择将景观设计称为建筑学？奥姆斯特德深信，采用建筑师的外衣可以增强公众视野中这个新领域的活力，并减少人们将这项工作误认为是主要关注植物和花园的倾向。奥姆斯特德认为，这也会防止景观在未来

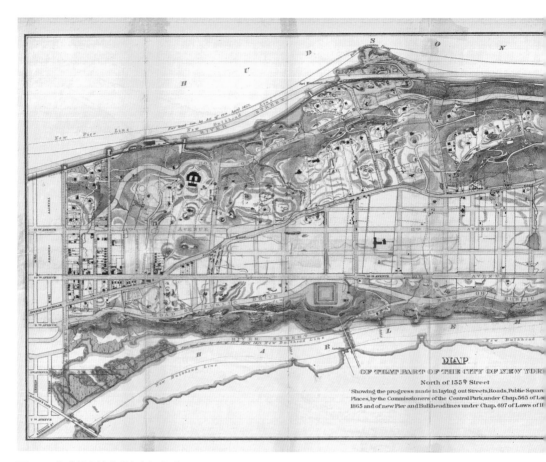

图 4.9 华盛顿高地纳普规划，纽约，1868

与建筑产生"不和谐"带来的"更大危险"。奥姆斯特德相信，科学知识需求不断增加所要求的研究范围会迫使这门新职业越来越依赖专业的技术知识体系，从而导致其区别于对美术和建筑（Beverage et al.，2007）。

到了 19 世纪的最后十年，人们开始积极促成这个新职业的诞生。虽然早在这一行业建立前大西洋两岸就出现了许多先例，但该行业的第一个专业机构美国景观建筑师协会（American Society of Landscape Architects）则是到 1899 年才成立。基于奥姆斯特德对于法语术语的成功倡导，该领域的美国创始人最终采用了法语表述"景观设

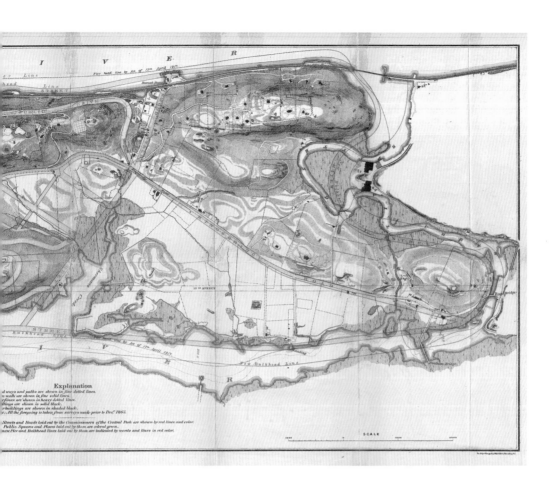

计师"而非英语表述"景观园艺师"作为这一新艺术最适合的专业称谓。根据这一表述及其对城市秩序和基础设施安排的实践要求，该职业率先在美国找到了充分发挥作用的舞台（图 4.10—图 4.13）。

正如我们所见，作为建筑学的景观设计的起源和意愿源于西欧和北美社会独有的工业现代性之中的文化、经济和社会条件。景观设计这一"蹩脚命名"近来才被用在东亚城市化的背景下。虽然东亚已有许多景观园艺的传统，包括日本、韩国和中国独到的文化构造等等，但这些文化体都没有产生一种与景观设计等量齐观的行业形态。直到近年，随着城市化和设计的知识从西方传播到东方，中国已然开始采用景观设计的英语表述。无需多言，中国第一个景观设计的专业实践也是为了响应近来生态城市规划实践的需求而出现的。

俞孔坚是第一位用西方设计和规划理念开展私人咨询实践并开设私人公司的景观设计师。因此，俞孔坚代表了历史上的一个里程碑，他可以说是当今中国最重要的景观设计师。根据俞孔坚和他的公司土人设计在近期获得的国家奖项和荣誉，（中国人倾向于在国内强化这一点，特别是在国家政治和文化组织的承认方面）他的的确确已经成为那些英语世界的受众眼中首屈一指的中国景观设计师。近年来俞孔坚和他的土人设计获奖无数，可见中国人，特别是中国的国家级政治和文化机构，普遍认可他的业界地位。[1]

俞孔坚和土人设计依凭其独特的历史地位，说服中国的政治精英，特别是国家领导和市长，在大都市、省级甚至全国范围内采取西式的生态规划实践。俞孔坚和土人设计承担的"中国国家生态安全规划项目（2007—2008）"就是这一点最充分的体现。凭借其在中国住建部市长会议（1997—2007年）上十多次讲座及其影响力十足的专著《城市景观之路：与市长们交流》（与李迪华合著，2003年），俞孔坚从国家级的高度，向国内外读者明确阐述了具有科学依据的生态规划议程（Yu and Li，2003）。

俞孔坚是1992年秋在哈佛大学设计研究生院（GSD）

---

1 俞孔坚在一定程度上凭借其在海外的工作在中国获得了多个国家大奖，包括海外华人先锋成就奖章（2003）、海外华人专业卓越大奖（2004）和国家金牌美术奖（2004）。

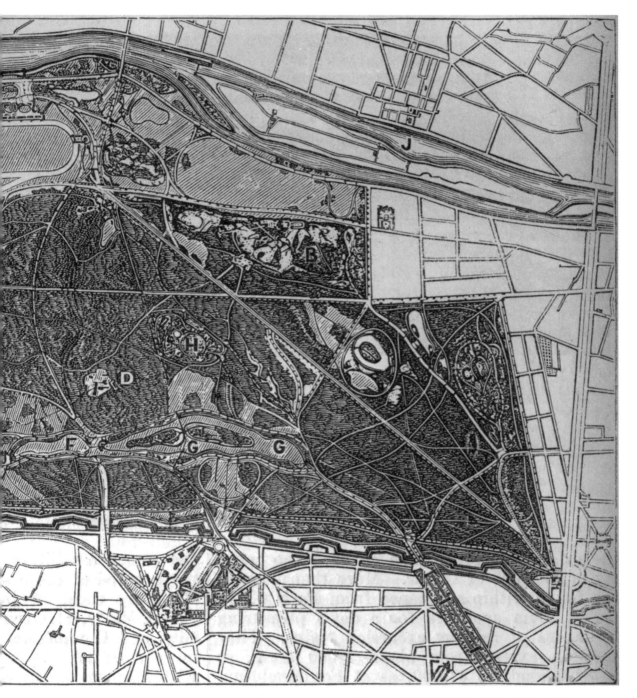

图 4.10 布洛涅森林公园，巴黎，法国，1852

图 4.11 展望公园，布鲁克林，纽约，1861

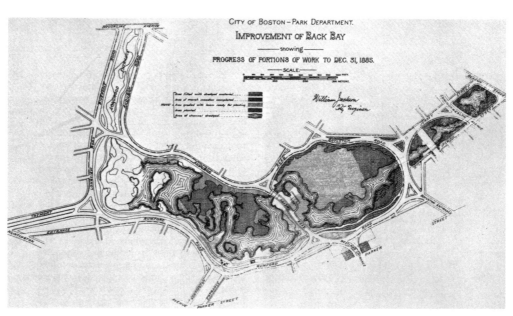

图 4.12 后湾沼泽，波士顿，马萨诸塞，1887

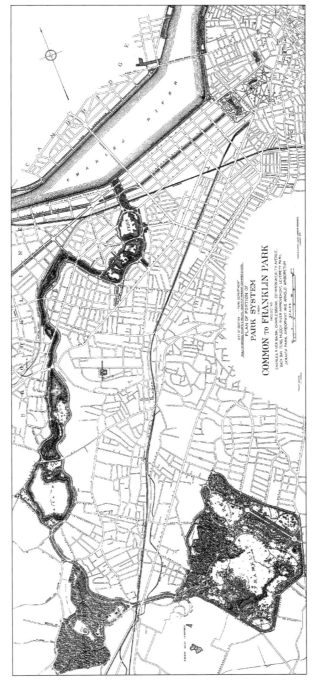

图 4.13　公园系统规划，波士顿，马萨诸塞，1894

获得设计学博士学位的七名学生之一，也是最早从那里获得博士学位的中国人之一。他的老同学包括几位著名的生态学和规划专家，这些人均取得了卓越的学术或职业成就，其中有克里斯蒂娜·希尔、罗德尼·霍恩克斯（Rodney Hoinkes）、道格·奥尔森（Doug Olson）和杰奎琳·塔坦（Jacqueline Tatom）等。设计学博士是研究型学位，要求最终产出一篇书面论文，但卡尔·斯坦尼兹（Carl Steinitz）建议作为课程学习的一部分，研究生们需要定期在他的景观规划工作室参与实践。除了斯坦尼兹的指导之外，俞孔坚还将理查德·福曼课堂上关于景观生态学原理的研究融入他的课程之中。他还喜欢钻研与利用 GIS 汇总生态信息形成的大数据相关的代表性计算问题。与福曼的合作让他接触了景观生态学战略要点的概念。在这段时间里，俞孔坚阅读博弈论，并将与博弈相关的空间冲突论述与福曼的景观分析论述联系起来，尤其是因为它涉及景观中特定战略点的识别和保持。这些俞孔坚提到的要点被称为"安全点"，并且这种理解最终塑造了他关于生态"安全模式"的规划概念。[1]

在俞孔坚的博士研究期间，他在哈佛大学整合了斯坦尼兹严谨的规划方法、福曼分析复杂景观矩阵的表达、计算机图形学实验室（LCG）相关的数字地理信息系统工具和技术以及博弈论的概念。通过这一整合，俞孔坚首先为中国构想了国家级生态安全规划。他在自己的博士论文"景观规划中的安全模式"中，为这个规划提出了概念、方法问题、代表性工具和分析方法。他的指导老师是卡尔·斯坦尼兹、理查德·福曼和斯蒂芬·欧文（Stephen Ervin）（Yu，1995）。[2] 其论文包括中国红石国家公园生态安全规划的案例研究，但是俞孔坚致力于阐明区域、省级和全国范围的生态安全规划方法。这篇论文在方法论方面的整合体现出北京林业大学和哈佛大学对俞孔坚的多方面影响，包括伊恩·麦克哈格所谓的"千层饼"模式、凯文·林奇（Kevin Lynch）的视觉分析方法、理查德·福曼的生态分析、斯蒂芬·欧文的 GIS

1　来自本章作者在 2011 年 1 月 20 日对俞孔坚的采访。

2　俞孔坚将他的博士毕业论文 "Security Patterns and Surface Model in Landscape Planning"（由卡尔·斯坦尼兹、理查德·福曼和斯蒂芬·欧文教授指导，论文日期为 1995 年 6 月 1 日）的标题进行了区分。此外，在哈佛大学学习期间，他曾担任 GIS 助理研究员和助教。1994 年夏天，他在加州雷德兰兹的丹格蒙德环境系统研究所（ESRI）担任第 421 号记录研究员。

方法以及通过杰克·丹哲芒（Jack Dangermond）等在计算机图形学实验室的工作所体现出的地理信息系统方法。

俞孔坚的创新在于论文中对特定"安全点"（SPs）的识别。他通过分析生态功能进行识别，因为阶跃函数的形式使得它可以在特定变化的阈值上受到影响。俞孔坚认识到特定的生态功能可以承受相当大的影响而不会产生相应的变化，但会在特定的影响阈值下突然发生巨大变化，因此他提出了三种不同的"安全点"：生态、视觉和农业。如此一来，他认为国家生态安全规划将整合生态、旅游和粮食安全三方面的主题。因此，俞孔坚关于中国国家生态安全规划的概念在西方也是有先例的。在哈佛大学学习期间，俞孔坚通过斯坦尼兹的课程接触了从古至今各种各样的区域尺度和国家尺度景观规划，其中就包括沃伦·曼宁（Warren Manning）1912 年的美国国家计划。[1]

取得博士学位后，俞孔坚在加利福尼亚州拉古纳海滩的佐佐木希与沃克联合景观设计公司（Sasaki，Walker and Associates，SWA）作为景观设计师工作了两年。在此期间，俞孔坚根据他的博士论文发表了一系列期刊文章（Yu，1995，1996）。1997 年，俞孔坚返回北京创立了土人设计并在北京大学任教。土人设计自成立以来，除参与国家生态安全规划外，还参与了一系列大型生态规划项目。[2] 土人设计的规划实践，包括国家生态安全规划以及各种区域、大都市和城市项目，都体现着历史性的科学和文化知识传承。除了技术效益、预测准确性和易于实施之外，这些计划也代表了俞孔坚个人和职业经历所处的独特历史环境。因此，这些实践可以看作是跨越世代和文化来传达西方出现的科学空间规划理念的重要实验。出人意料的是，这样一位在美国学习景观生态学和规划的第一代中国专家，现在却最有可能使美国几乎被遗忘的规划传统重新焕发生机。

在 1978—1979 年中国宣布要实现"中国式的四个现代化"以来的几十年中，美

1　来自本章作者对斯坦尼兹的采访。要想获得更多斯坦尼兹提供给俞孔坚的关于西方景观规划概念的发展历程，参见 Steinitz（2008）。

2　更多关于俞孔坚或土人设计区域规划项目的信息，参见 Shannon（2012）。

国的政治、经济和文化条件令景观设计的未来越来越偏离科学的空间规划实践，其空间决策的经济学已经愈发转向新自由主义、分散化、私有化了。而这几十年中，通过设计和规划高等教育的"走出去"，生态空间规划的实践已在不可思议地影响着中国的大众观念和政治观点，为其充分发挥找寻到了丰厚的土壤。当代中国自上而下的政治结构、中央集权的决策体制、对西方科技观念的开放态度以及高速城市化等特点，使得中国接受了俞孔坚对西方所采用的生态规划战略的诠释。无论其科学正当性或前景如何，俞孔坚所做的国家级生态安全规划，昭示着了景观规划悠久传统一种既充满矛盾又满载希望的复兴。这将进一步巩固景观设计师作为我们这个时代的城市规划者的历史地位。

参考文献

[1] Beveridge and Schuyler, *Olmsted Papers, Vol. 3: Creating Central Park*, 234–35.

[2] Beveridge, Charles E., and David Schuyler, eds., *The Papers of Frederick Law Olmsted, Vol. 3, Creating Central Park 1857–1861* (Baltimore: Johns Hopkins University Press, 1983), 26–28 and 45, n73.

[3] Beveridge, Charles E., Carolyn F. Hoffman, and Kenneth Hawkins, eds., *The Papers of Frederick Law Olmsted, Vol. 7: Parks, Politics, and Patronage, 1874–1882* (Baltimore, MD: The Johns Hopkins University Press, 2007), 225–26.

[4] Corner, James, "Introduction," in Corner, James, ed., *Recovering Landscape* (New York, NY: Princeton Architectural Press, 1999).

[5] David, Joshua, and Robert Hammond, *High Line: The Inside Story of New York City's Park in the Sky* (New York, NY: Farrar, Straus, and Giroux, 2011).

[6] Disponzio, Joseph, "History of the Profession," in Leonard J. Hopper, ed., *Landscape Architectural Graphic Standards* (Hoboken, NJ: Wiley & Sons, 2007), 5–9.

[7] Disponzio, Joseph, "Jean-Marie Morel and the Invention of Landscape Architecture," in John Dixon Hunt and Michel Conan, eds., *Tradition and Innovation in French Garden Art: Chapters of a New History* (Philadelphia: University of Pennsylvania Press, 2002), 135–59.

[8] Disponzio, Joseph, "The Garden Theory and Landscape Practice of Jean-Marie Morel," Ph.D. diss. (New York, NY: Columbia University, 2000).

[9] Garvin, Alexander, "Introduction: Planning Now for the Twenty-first Century," *Urban Planning Today* (Minneapolis: University of Minnesota Press, 2006), xi–xx.

[10] Gilfoyle, Millennium Park; and Desfor, Gene, and Jennifer Laidley, *Reshaping Toronto's Waterfront* (Toronto, Canada: University of Toronto Press, 2011).

[11] Gilfoyle, Timothy J., *Millennium Park: Creating a Chicago Landmark* (Chicago, IL: University of Chicago Press, 2006).

[12] *Harvard Design Magazine*, No. 22, (Spring/ Summer 2005).

[13] Hight, Christopher, "Re-born on the Bayou: Envisioning the Hydrauli_City," *Praxis*, No. 10, Urban Matters

(October 2008): 36–46.

[14] Hight, Christopher, Natalia Beard, and Michael Robinson, "Hydrauli_City: Urban Design, Infrastructure, Ecology," ACADIA, *Proceedings of the Association for Computer Aided Design in Architecture* (October 2008): 158–65.

[15] Kaliski, John, "Democracy Takes Command: New Community Planning and the Challenge to Urban Design," in William Saunders, ed., *Urban Planning Today* (Minneapolis: University of Minnesota Press, 2006), 24–37.

[16] Mitchell, John G., *High Rock and the Greenbelt: The Making of New York City's Largest Park*, Charles E. Little, ed., (Chicago, IL: Center for American Places, 2011).

[17] Ranney, Victoria Post, ed., *The Papers of Frederick Law Olmsted, Vol. 5: The California Frontier, 1863–1865* (Baltimore, MD: The Johns Hopkins University Press, 1990), 422.

[18] Saunders, William, ed., *Designed Ecologies: The Landscape Architecture of Kongjian Yu* (Basel, Switzerland: Birkhauser, 2012), 200–10.

[19] Steiner, Frederick R., "The Ghost of Ian McHarg," *Log*, No. 13–14 (Fall 2008): 147–51.

[20] Steinitz, Carl, "Landscape Planning: A Brief History of Influential Ideas," *Journal of Landscape Architecture*, Vol. 3, No. 1 (Spring 2008): 68–74.

[21] Wall, Alex, "Green Metropolis," *New Geographies*, Neyran Turan, ed. (September 2009): 87–97.

[22] Weller, Richard, "An Art of Instrumentality," in Waldheim, Charles, ed., *The Landscape Urbanism Reader* (New York, NY: Princeton Architectural Press, 2006).

[23] Yu, Kongjian, "Ecological Security Patterns in Landscape and GIS Application," *Geographic Information Sciences*, Vol. 1, No. 2 (December 1995): 88–102.

[24] Yu, Kongjian, "Lectures to the Mayors' Forum," Chinese Ministry of Construction, Ministry of Central Communist Party Organization, two to three lectures annually, 1997–2007.

[25] Yu, Kongjian, "Security Patterns and Surface Model in Landscape Ecological Planning," *Landscape and Urban Planning*, Vol. 36, Issue 1 (October 1996): 1–17.

[26] Yu, Kongjian, "Security Patterns in Landscape Planning: With a Case in South China," Ph.D. thesis (Cambridge, MA: Harvard University Graduate School of Design, May 1995).

[27] Yu, Kongjian, and Dihua Li, *The Road to Urban Landscape: A Dialogue with Mayors* (Beijing: China Architecture & Building Press), 2003.

[28] Yu, Kongjian, interview with the author, January 20, 2011.

NATURE AND CITIES

第五章　城市自然的深邃之形：
向农民学习[1]

俞孔坚

一、何为深邃之形

　　无论其以何种形态存在，诸如残遗的自然荒野或是农田，都市中的绿地或是工业棕地上繁衍的近自然生境，城市中"自然"的设计总需要融合人的需求和活动与自然过程相适应，使人与自然相融合而成为一个整体，这个整体就是约翰·莱尔（John Lyle）所定义的"人类生态系统"。这个系统包含了"人类生理的、情感的

1　作者感谢许多与他合作的设计公司和个人，他们在本章介绍的项目中提供了强有力的支持和投入，包括共同参与波士顿唐人街公园项目的卡罗尔·约翰逊公司（Carol R. Johnson Associates）；共同参与芝加哥艺术之田（Chicago Arf Field）项目的 JJR；共同参与明尼阿波利斯（Minneapolis）滨河发展计划项目的史蒂夫·杜兰特（Steve Durran，来自 Alta Planning + Design）、内特·科米尔（Nate Cormier）、汤姆·范·施拉德尔（Tom von Schrader，来自 SvR 设计公司）、汤姆·迈耶（Tom Meyer，来自迈耶·谢勒·罗卡斯尔建筑公司）和史蒂夫·阿普菲尔鲍姆［Steve Apfelbaum，来自应用生态服务中心（Applied Ecological Services）］；共同参与沃勒溪（Waller Creek）城市绿洲项目的戴维·雷克（David Lake）和鲍勃·哈里斯（Bob Harris）（来自 Lake | Flato），内特·科米尔和佩格·施特赫林（Peg Staeheli，来自 SvR 设计公司），以及辛克莱·布莱克（Sinclair Black，来自 Black + Vernooy）。作者还要感谢内特·科米尔、安妮·惠斯顿·斯本、弗里茨·斯坦纳和乔治·汤普森对本章提出的深刻建议。

图 5.1　天津桥园湿地公园：收集雨水来灌溉可以修复土壤的植被，并且通过铺设人行道和平台形成的道路网络，能够在人的尺度上增强身临其境的感受，起到构架和通道的作用
资料来源：俞孔坚。

和文化的因素，以及以人类的意志来定义的生态秩序"（Kowarick，2005）。正如莱尔（Lyle，1985）所述，"一个人类生态系统必存在某种深邃之形，这种形是某些内在的、深层的物质和必然的规律所致。因此，深邃之形乃由内在的生态过程与人类的憧憬相互作用而产生，深邃之形是内在秩序的显现，也是人类价值观的体现（图5.1）。这样的深邃之形有别于浅表之形，只因后者只有表面可感知的形，而缺乏表面与内在属性之间固有的本质联系。"从生态美学和可持续性美学意义上讲，这种所谓的深邃之形具有"可持续的美"和"绿色的形"（Meyer，2012）。这也正是安妮·惠斯顿·斯本所阐述的新美学，即"同时包含自然与人文，蕴含功能、审美感知和符号意蕴，并涵盖物体和场所的塑造、感知、使用及感受"（Spirn，1988）。

我在本章中将深邃之形分为"深邃的构形"和"深邃的变形"两类。从人类在地球上定居以来，人类一直致力于在各种尺度上探寻深邃的构形已获得人与自然的和谐共生，尤其是区域或宏观尺度上。深邃的构形就是斯本所描述的"深层结构"，深邃的构形是自然过程和格局所强调的（Spirn，1992）。在诸如风水之类的前科学时代的典籍中，古代人的村镇选址智慧就表现出遵循自然过程和格局来获得深邃之构形的特征（图5.2）（Yu，1994）。在现代，科学探寻这种深邃构形的典型代表包括帕特里克·盖迪斯的"山谷剖面"，伊恩·麦克哈格基于"千层饼"模式的土地利用规划，以及景观生态学的基质、廊道和斑块的格局（McHarg，1995；Forman，1990，1995；Forman and Godron，1981）。这些深邃之形体现了自然与人文的并列和比邻关系，二者很少重叠或融合在一起。在深邃构形中，文化与自然、人类与生物之间有一条明确的界线。多数情况下，通过景观规划界定各个元素的位置，就可以实现这种深邃之构形。例如，将这个区域规划为一个自然保护区或者一条绿化带，抑或将那个区域规划为一片农用地或者城市开发用地。深邃的构形表征了自然环境和人类栖居地之间的和谐关系，可以为大都市地区提供精明增长的模式，并由此成为构筑良好城市空间结构和宜居社区的基础。

在场所或者微观尺度上，自然文化的过程和格局是不可分的、水乳交融的关系。土地利用状态既是一种文化行为，也是一种生态媒介。深邃的变形有无数种形式，

图 5.2 根据中国风水概念的界定，理想的景观是一种深邃的构形
资料来源：俞孔坚。

图 5.3 墨西哥的漂浮花园（Chinampas）展现一种深邃的变形
资料来源：俞孔坚。

从镶嵌在陡峻山坡上的水稻梯田到沼泽地上营建的漂浮花园和垛田（图 5.3）。当人们为了自身需要干预其所在的环境时，人们就改造景观，就是杰克逊（Jackson，1984）所谓的"用来加速或减缓自然过程而刻意创造的空间"。杰克逊认为，这代表人类承担起时间的角色来改造自然（Jackson，1984）。当然，这里也有一个人与自然相互作用的过程，比如在一座废弃的建筑物甚至在衰落的城市当中，自然也会逐渐被侵蚀并改变人类建筑物原本的结构和功能，甚至可以改变城市地势和建筑形式，而形成深邃的变形。这一过程在艾伦·韦斯曼（Alan Weisman）的畅销书《没有我们的世界》（*The World Without Us*）中有生动的描述（Weisman，2007）。

虽然有些学者不愿意区分规划和设计，但在这种情况下，对二者的区分还是非常有意义的（Lyle，1991）。深邃的变形需要通过创意设计来创造，而深邃的构形则主要通过科学的空间规划和分区来实现。正如我们在帕特里克·盖迪斯、伊恩·麦克哈格、理查德·福曼和其他规划师的作品中所见，区域景观规划已经充分吸纳了生态学的理念。虽然将生态学融入设计一直是一项更为艰巨的任务，但这正是当代景观设计的主要焦点（Erden，2012）。因此，深邃的变形可能成为跨越作为一门科学的生态学与作为创造性创意设计之间的桥梁（Nassauer，2001）。

西蒙·范·德·瑞恩（Sim Van der Ryn）和斯图尔特·考恩（Stuart Cowan）认为，"任何与生态过程相协调，使其对环境的破坏影响达到最小化的景观设计形式"都可称为"生态景观设计"（Van der Ryn and Cowan，1996）。一旦涉及城市中的自然，生态设计通常就会被等同于某些特定的技术操作，如保护和连接栖息地、引种本地植物、建立生态系统的演替制度以及管理景观中的城市雨水等等（Nassauer et al.，2009；Erdem，2012）。也有学者认为，生态设计可以而且应该超越保护主义（或资源主义）和修复性（或以生态为中心）的实践，即生态学被视为或应该被视为变革和创造力的主要媒介（Corner，1997；Erdem，2012）。

由此，城市自然不仅是人类创造性适应城市环境的一部分，而且也是应对污染、洪水、栖息地破坏、文化认同丧失、社会不平等和公共健康水平下降等当代问题的关键因素。换句话说，城市自然需要提供多种类型的生态服务，包括供给、环境调节、生命支持，以及教育、休闲和审美体验等文化层面的服务。通过提供生态服务，城市自然将人和自然紧密地结合在一起。[1]但是，尤其是在生态和生产功能以及人类观念方面，城市自然的这种纽带作用应该如何体现，仍然存在疑问。正如琼·纳索尔注意到的那样，"生态特质往往看起来凌乱……生态好的不一定看起来美，看起来美的可能事实上生态并不好"（Nassauer，1995）。寻找城市自然的深邃之形，是将美和生态功能融入杂芜的自然之中的探索，并将美和外观的文化语言进行生态学诠释的方式。

莱尔所设想的深邃之形是修复人类与自然之间疏离关系的一种表现形式（Lyle，1991）。没有什么人类与自然的纽带可以比农民与土地的关系更紧密、更深厚。但工业革命之后，接踵而来的是城市化，直到数字时代的现代化，种种变革已经在很大程度上打破了这一人与自然的紧密纽带关系。因此，研究从古至今的农民如何利用他们传统的耕作方式并为了生活改变自然景观，从而演变成各种极具启发性的深邃之形，具有根本性的重要意义。

二、深邃之形：农民的做法

既然没有什么人类与自然的纽带可以比农民与土地的关系更紧密，因此可以设想，莱尔所定义的深邃之形存在于前工业化和前城市化时期的乡村景观中，按照字面意思可理解为农民和他的土地中。无论是从人居及其周遭的自然环境之间和谐而富有结构性的空间关系上，还是从用于种植不同作物的土地和不同类型的"没有建筑师的建筑"形态上，深邃之形显然是"由内在生态过程与人类欲望相互作用塑造而成，并使得底层的规律显现出来且对人类意义重大"（Rudofsky，1964；Lyle，1991）。这种景观功能的本质回归，提供了产生深邃之形的基础，使"外观与实用、心灵与自然、艺术与科学相结合"（Rudofsky，1964；Lyle，1991）。

让景观回归"农民和他的土地"，需要我们理解农民生活方式的本质，这种本质是农民适应自然力量，并在其生存环境中实现其意愿的表现。根据农业经济理论，

1　由于人类以多种方式从生态系统中受益，这些益处正被统称为"生态系统服务"，参见 Costanza and Daly（1992）、Costanza et al.（1997）和 MEA（2005）。

从事自给自足的自然农业的农民往往只生产满足其家庭生存所需的粮食（Rudofsky，1964；Lyle，1991）。这种生产的本质特征将他们与从事狩猎、采集的祖先和从事工业化农业生产的后代区分开来。以下是农民耕作和生存策略的基本特征：

（1）依赖周围环境中可用的有限资源；

（2）致力于以最小的努力获得最大的收获；

（3）可持续利用祖先遗留下来的资产，并认为这是保持子孙福利的必要条件；

（4）保持从事耕作的人口规模，人工完成各项农田劳动，在人类活动和可达范围内建设农田、小路和街道；

（5）开展社区合作，以跟上自然的季节交替；

（6）共同庆祝丰收和规划未来。

正如其特征所揭示的那样，农业生产过程创造了具有深邃之形的构形和变形。深邃之形的构形可以在自然和文化的关系中得到体现，例如栖居地的选址、土地利用模式和灌溉系统的布局。这可以根据生态规划的适应性原理和景观生态学的空间格局来理解。[1] 而关于农业生产在深邃之形的变形及对城市自然的经验启示方面，农民在耕作过程中采取的四种行为，即挖方和填方、框架和通道、灌溉和施肥、种植和收获，对于创造深邃之形至关重要。接下来对其进行重点阐述。

1. 挖方和填方

功能性挖方和功能性填方均可创造深邃之变形。这种农耕技术通常被认为是土木工程减缓坡度与景观和园林设计地形塑造的一部分。但对挖方和填方应该从更根本之处理解。首先，这种对土地的改造是有目的的，旨在为农作物和物种创造适宜的生境，而不是创造观赏性的"肤浅之形"。[2] 其次，挖方和填方是一种整体的行为，而非两种行为过程，这意味着土方工程是在原地发生的一个完整过程，以最小的劳

1　由于生态规划的适宜性模型和景观生态学的空间模型已为学生与专业人士所熟知，本章将不进行讨论。

2　与内在生态过程和人类愿景互动所塑造而成的"深邃之形"相对立，"肤浅之形"是指那些仅仅反映人类愿景和欲望，无视潜在自然秩序的形态，因此也不能反映出任何生态过程。

动力成本和最小的材料运输成本，土方既不外运也不输入。因此，这种改造对区域自然过程和格局的影响最小。最后，挖方和填方发生在人的尺度上，只依靠人类和动物的力量，而不是依靠机械力。

这一办法几乎被世界范围内的所有农民所采用，将不适宜的地形转变成适宜生产和居住的环境。在冲积平原、湿地甚至盐沼，丰饶的桑基鱼塘系统已经建造数千年。这些已成为中国最具可持续性的景观：土地被开挖之后变成池塘养鱼，填土而成为高亢的基地，用来种植果树和桑树。在洪水不会泛滥成灾的地方，挖方表现为建造简易的沟渠和池塘来进行排水，填方就表现为一条有小路的狭窄的田埂。挖方和填方也会将山坡变成具有生产力的水稻梯田，并已成为东南亚和中国最令人难忘的景观之一。在干旱地带，挖方和填方技术用来收集雨水和修复盐碱地，培育可耕种的土地（图 5.4、图 5.5）。

挖方和填方作为一种人文干预用来减缓或加速田地尺度上的自然过程，以便人类创造适宜的农业生产条件，将不利于居住的地形改造成具有生产力的肥沃景观。

图 5.4　位于中国云南山坡上的梯田是一种深邃的变形
资料来源：俞孔坚。

图 5.5　农民使用人力与家畜进行挖方和填方的行为为城市自然的设计提供了灵感
资料来源：俞孔坚。

中国两个最富饶的地区——长江三角洲和珠江三角洲——很大程度上是依靠这一简单的技术发展起来的，其农业景观被认为是世界上最美丽的景观之一。被联合国教科文组织列为世界遗产的菲律宾科迪勒拉（Cordilleras）水稻梯田和巴厘岛梯田水稻种植系统以及洪河哈尼梯田，也都是这种改造自然而形成的深邃景观的范例。这种改造通过采用挖方和填方，形成了可持续且产生审美共鸣的深邃之变形。

2. 框架和通道

深邃之形有利于构建自然，并在人体尺度上提供通道。从隐喻或者实体上，纳索尔用"框架"这个词表示一种文化语言，将"无序的生态系统"转变为对人类有吸引力的整洁有序的景观。[1] 她留意到，当无序的生态系统被文化语言重构时，其功

1　"无序的生态系统"，或无序的自然或景观，是指由自然力量和过程主导的体系，而非人类所掌控或驯服的体系，或仅仅是因为它们不被视为整洁有序而已。纳索尔认为，人们倾向于将具有生物多样性的景观视为杂乱、乱草丛生且蓬乱粗野的。参见 Nassauer（1995）。

图 5.6　中国广州的一个菜园，可以作为框架的例子
资料来源：俞孔坚。

能并不会"被消除、掩盖或消解"。她指出"框架的设置是为了感知和欣赏，以便人类可以用新的方式去理解生态系统"，借此，功能性生态系统变成了具有欣赏价值的美丽景观。"洁净整齐的表现形式和被人类悉心打理的自然，传达出人文关怀的信号，成为包容性的象征；借此，丰富的生态景观就可以展现在人类面前，成为乡土文化的组成部分。"（Nassauer，1995）

　　在农民的耕作方法中，实体框架是最重要的方法之一。框架可以是简单的木质支架，用来支撑农作物免于倒伏或者无序生长（图 5.6）。田地边通常会被挖方，构成一条明确的边界线，以帮助作物抵御来自风、水、人类和动物等力量的侵害。经过构架的边界将杂芜的自然和整齐排列的庄稼区分开了。宏观上，树木和灌木组成的防风林用来保护农作物免受风的破坏；各种各样的栅栏和护城河用来阻隔家畜和野生动物。框架是防御性的物理结构，使得耕作过程免受外界力量的侵害，同时也是人类干预和自然之间的边界。在景观尺度上，它们是杰克逊所描述的"政治景观"的有形边界（Jackson，1984）。机械耕作中，由于庞大的农田规模和田地边缘地带的

作业强度，这种框架边界由人看来是模糊的，甚至是无法看到的。

人类的通道或可达性是农耕生活所必需的。划分田块的狭窄小径，农田沟渠和田埂，果树之间的空间以及稻田之间的狭窄田埂，都是以人进入农田进行劳作所必须的尺度来衡量的。这与机械化农业完全不同，机械化农业并没有设置明显的通道，操作通道之间的距离也远远超过人体尺度。框架和通道，都创造了可见的深邃之形，在反映人类与自然平衡的同时，加强了人的尺度和活动之间的密切联系。

3. 灌溉和施肥

遵循自然力量进行灌溉，按照自然重力流和物质循环进行施肥，也创造了深邃之形。现代工业化的农业和现代景观设计的现代灌溉方式以管道系统与水泵为代表，除了在喷水的时候，这种灌溉形式几乎看不到。它与周围的地形或者可用水资源无关。基于这种灌溉方式的设计产生了浅表之形。在传统农业中，农民的灌溉方式深深植根于景观的自然过程和格局中。数千年的农耕经验使灌溉成为所有农业社会中最先进的技术之一。巧妙利用重力来灌溉田地，需要精确的知识，而自然与人类微妙的干预之间的和谐关系还可以将这种严肃的科学方法转化为一种艺术形式，转化为社区建设的互动媒介，甚至转化为某种精神力量。巴厘岛的苏巴克（Subak）灌溉系统（图 5.7）是一个很好的例子，它连接了保护水源的森林、水稻梯田景观、灌渠和堰形成的稻田灌溉系统，以及不同规模和等级的寺庙。其中，大大小小的庙宇标志着水源或水路，这些水顺坡流下，浇灌了苏巴克的土地（Lansing，1987）。

施肥是传统农业奇妙的组成部分。农民给田地施肥的方式不同于原始的刀耕火种及现代工业化作业。前者施肥完全依赖于自然，而后者，肥料主要是由人工化学物质构成。农民的施肥方法是形成生物圈闭环和循环利用人类生活材料的关键环节。所有来自人类和家畜的废物以及植物原料，都将作为肥料进行回收利用。城市化和工业化进程打破了这种养分循环。今天，农民的肥料被定义为湖泊与河流中的"污染物"。"富营养化"是传统农民的福祉，而不是城市居民的悲哀现实。在现代城市中，某种意义上，公园和花园中依赖化学肥料施肥的茂密植被，是人造的浅表之形；简单来说，它们是通过中断自然进程而不是连接自然的养分循环而成的。也就是说，

图 5.7　巴厘岛的苏巴克灌溉系统是一种深邃的变形
资料来源：俞孔坚。

修补中断的养分循环系统，可以形成城市自然的深邃之形。

4. 种植和收获

为收获而种植，创造了深邃之形。像挖方和填方一样，种植和收获应被理解为一个完整的综合行为。不同于园艺中的种植和修剪，这是为了获取一种宜人的观赏形态；而农民的种植方法则关注作物的收获。否则，他们会保留其自然形态，或者尽量减少创造宜居环境所需的能耗。

种植从播种开始，其管理过程遵循自然的节奏，以适应周围气候和环境。另外，农民经济上自给自足的特性，要求每个家庭在自然和人类能力范围内，依照其季节性需求按比例种植各种作物，包括谷物、蔬菜、纤维、药品、水果、木材、燃料甚至肥料。因此，深邃之形是在人类欲望和自然力量之间的妥协中形成的，反映出自然节奏和文化活动的统一。传统村庄周围多样化的作物所构成的深邃之形中，别有一种意味深远的美（图 5.8）。

图 5.8　中国云南大理的一个村庄，围绕村庄四周种植丰富多样的作物，形成深邃之形
资料来源：俞孔坚。

　　在农民的生活中，生产的意义远不止食物和产品的生产过程，还包括提高土壤肥力、净化水质和维持土地健康等。换句话说，农民的田地是净生产者，而不是能源和资源的净消费者。我并不认为我们应该放弃城市生活，回到农村，我只是想强调农民生活方式的这些基本特征，揭示了深邃之形的深层含义，即自然与人类欲望之间妥协的外在表达，进而平衡着自然过程和文化干预，帮助我们重新发掘和发现都市自然的深邃之形。

三、效法农民：创造城市自然的深邃之形

　　我的设计机构土人设计的四个城市自然景观项目，就是借鉴农民之法来创造城市自然的深邃之形的案例。这些项目已被证实对城市居民有吸引力，且有良好的生态功能。这些项目已经被广泛接受，当地居民经常来此使用，也获得了一些设计界主要奖项的认可。这些项目也体现出气候条件和规模的多样性（表 5.1）。

表 5.1　生态设计的农民理念

项目名称	挖方和填方	框架和通道	灌溉和施肥	播种和收获
沈阳建筑大学校园：2 公顷；温带气候（图 5.9、图 5.10）	地形平坦，较小的土方工程量	框架由边界清晰的边缘界定；南北向成行的树木与人行道交织，将农场分成五块；平行而狭长的人行道，连接起的对角线和研究室、平台被嵌入到田地里，形成通道网络	雨水收集在一个水池中，利用重力的作用通过一系列沟渠成为灌溉稻田的水源；堆积有机物用作农作物的肥料	种植和收获稻米；此外，还在稻田里养殖鱼和螃蟹；四类生态系统服务目标均得以实现，远远超越农业生产单一的服务，包括雨水收集、鸟类和野生动物的栖息地、校园休憩、学习、校园认同和美感获得的服务。获得 ASLA 荣誉奖
上海后滩公园：10 公顷；北亚热带气候（图 5.11—图 5.15）	建造梯田来调节 5 米的高程差异，起到防洪堤的作用	整齐的梯田边缘构成各种植物地块，形成杂芜的自然植被与种植植被之间的清晰边界，由人行道、栈道组成的网络和平台叠加在梯田湿地基质之上	污染的河水被泵到 5 米的高程，沿长长的岩壁墙跌落，进行曝气加氧；然后在重力作用下，流经湿地梯田，汇至一条小溪；被污染的富营养化水流既成为各种植物的肥料，也在此过程中净化成可重复使用的状态	除了净化水质，该项目还实现了四种生态系统服务，包括收获谷物、蔬菜、豆类、玉米、向日葵种子、红薯和水果；野生动物栖息地；城市防洪；创造美感。获得 ASLA 杰出奖
群力湿地公园：33 公顷；寒温带气候（图 5.16—图 5.19）	在选址区域同时建造了不同大小的坑塘和土丘	架空在土丘上方的空中廊桥、隐藏于土丘和湿地泡泡之间的人行小道、露台、亭台和观景台交织成网络，将杂芜的植被景观组织入框架之内	顺应场地条件和季节变化，城市雨水被用于灌溉池塘中的植被；污染物（多为营养物）在流入公园中心区并对含水层进行补给之前，被过滤掉	绩效包括调节城市雨水、补给含水层、保持生物多样性的栖息地、休憩、教育和美感的创造。获得 ASLA 杰出奖
天津桥园公园：22 公顷；暖温带气候（图 5.20—图 5.21）	通过挖方建造 21 个不同大小和深度的坑塘，挖出的土方堆积成新的地貌来屏蔽公园西北侧的噪声	由红色混凝土铺设而成的道路网，框架出适应与不同生境的植物群落，平台设置在水泡和注地之中，提供人们和自然亲密接触的机会	收集雨水以灌溉作物，根据土地不同的湿度、盐碱度形成相适应的植物群落；植被调节土壤盐分，可以修复土壤；并且不需要施加额外的肥料	绩效包括土壤条件得以改善，雨水得到收集，承载乡土群落，提供娱乐休闲、科普教育和审美启智服务。获得 ASLA 荣誉奖

这四个项目都采用了挖方和填方的策略，在现场平衡土方工程，无需向外或从外运输土方，从而以最少的能源和劳动力创造富有成效的栖息地与富有吸引力的地形。在沈阳建筑大学项目里，挖方和填方的工作量最小，充分利用平地作为水稻种植的理想生境（图5.9、图5.10）。在上海后滩公园，挖方和填方用来创建梯田，污染的河水通过重力作用流过一系列梯级湿地（图5.11—图5.15）。在群力湿地公园和天津桥园公园，挖方和填方策略形成了多样化的栖息地，修复了土壤，将原本贫瘠的栖息地变成了野生动物得以栖息的、织锦般的沃野，并向人类提供丰富的审美体验和休憩场所（图5.20、图5.21）。

这些项目通过在人体尺度上建立框架和通道的方式，将"无序的生态系统"或广阔的农田转化成了有序的景观。在沈阳建筑大学的项目中（图5.9、图5.10），田地被分成五个地块，并通过种有成行杨树的人行道所框限。道路足够一辆拖拉机通行，被中间一条种植带分割成两条人体尺度的路幅。杨树南北向排列，避免遮挡水稻生长必不可少的阳光，并可为师生们提供阴凉舒适的休息场所。这些位于稻田中间的林荫道不仅框限了田野，还使得空间更加便利和宜人。在上海后滩公园，梯田用石墙或水下的挡墙构筑而成，使不同湿地植被的地块保持清晰的肌理。这些梯田的田埂还可以用作贯穿性的路径网络。栈道（图5.14）作为公园的主要通道，与地面分离，与"杂芜"的植被体形成鲜明的对比。在天津桥园（图5.20、图5.21）和群力湿地公园（图5.16—图5.19），路和平台构成的网络既起到框架作用又起到通道作用，使"无序的生态系统"能够在人们身临其境时触手可及。

在四个项目中，农民的灌溉和施肥方式均得到采用，不使用灌溉管网和化肥。所有项目收集的雨水利用重力进行灌溉，并结合池塘和适应植物群落的滞蓄与过滤功能。灌溉过程是景观的一部分，并与景观相结合。在后滩公园，富营养化的河水是源头，流经梯田和小溪，水的净化体现在整个流动过程中，并且这个过程也达到了施肥和灌溉的目的。在小溪中，水流的净化过程通过带状湿地植被的种植设计显现出来。一台水泵将河水泵至叠瀑墙的顶部，使其成为"增氧机"以及宜人的视觉和声景元素。在校园稻田里，生物质用作堆肥归还于土地（图5.9、图5.10）。

作为一名城市自然设计师，我将城市自然环境下的种植和收获定义为生态系统

图 5.9　沈阳建筑大学：收集雨水来灌溉稻田，稻田通过最小规模的挖填方形成，由两旁成行的树木和规则的人行道构成框架及建立通道系统

资料来源：俞孔坚。

图 5.10　沈阳建筑大学：收获水稻是景观过程的一部分，也是创建社区和塑造校园特征的一种方式

资料来源：俞孔坚。

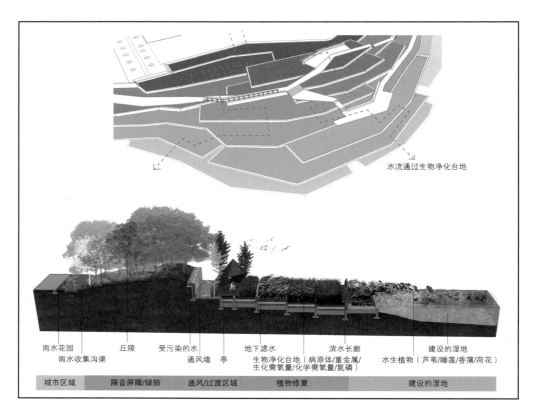

水流通过生物净化台地

雨水花园	丘陵	受污染的水	地下滤水	滨水长廊	建设的湿地
雨水收集沟渠		通风墙 亭	生物净化台地（病原体/重金属/		水生植物（芦苇/睡莲/香蒲/荷花）
			生化需氧量/化学需氧量/氮磷）		

| 城市区域 | 隔音屏障/绿肺 | 通风/过渡区域 | 植物修复 | 建设的湿地 |

图 5.11　土人设计的上海后滩公园规划：挖方和填方为各种各样的湿地物种提供了梯田栖息地
资料来源：俞孔坚与土人设计。

图 5.12　建设中的上海后滩公园：挖方和填方建造了梯田湿地，生长于其中的湿地作物和农作物享受着营养
　　　　丰富的河水的滋养，在施肥过程中也净化了水质
资料来源：俞孔坚。

图 5.13 上海后滩公园：
　　　　杂芜的植被受框
　　　　架限制并通过石
　　　　墙和走道相连接
资料来源：俞孔坚。

图 5.14 上海后滩公园：
　　　　一条栈道蜿蜒在
　　　　湿地之上，起着
　　　　构架和通道的作
　　　　用，将一片杂芜
　　　　的湿地变成整齐
　　　　有序、拥有深邃
　　　　之形的景观
资料来源：俞孔坚。

图 5.15 上海后滩公园：
　　　　各种各样的植被
　　　　提供多样的生态
　　　　系统服务，包括
　　　　供给服务（增强
　　　　公园作物的多样
　　　　性）、环境调节
　　　　（包括洪水管理）、
　　　　提供多样生物栖
　　　　息地和人类休憩
　　　　及审美启智服务
资料来源：俞孔坚。

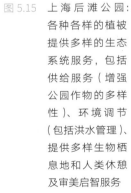

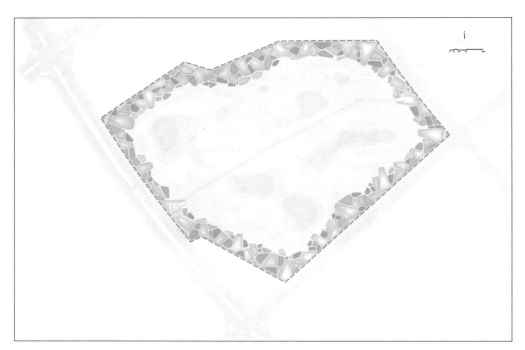

图 5.16　土人设计的群力湿地公园：挖填方建造了一个"绿色海绵"，来储存和净化雨水，为本地植物和野生动物创造多样性的栖息地

资料来源：俞孔坚和土人设计。

图 5.17　群力湿地公园：公园边缘的土丘和池塘形成的架构是雨洪过滤与清洁的缓冲区，也是城市和自然的过渡区

资料来源：俞孔坚。

图 5.18　群力湿地公园：长凳为游客提供休息和遐思的场所，不知不觉间，农民的策略创造了一种深邃之形

资料来源：俞孔坚。

图 5.19　群力湿地公园：人行道构成的网络融入池塘系统中，为游客提供体验湿地的空间。在平台和观景塔上可以欣赏到周围的全景。这些设计的功能是将"杂芜的自然"转化为整齐有序的景观

资料来源：俞孔坚。

图 5.20　土人设计的天津桥园：挖填
　　　　方建造了一片"水泡状"的
　　　　收集雨水和修复盐碱地的湿
　　　　地景观，引入了适应性植被
资料来源：俞孔坚。

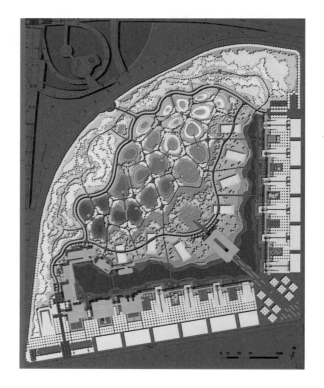

图 5.21　天津桥园：基于生态系统引
　　　　入相适应的植被，为城市提
　　　　供丰富多样的生态修通服务：
　　　　包括土壤修复、雨洪管理、
　　　　承载多样的生物群落和市民
　　　　游憩
资料来源：俞孔坚。

服务来利用。四个项目的设计都是基于生态系统服务的利用，在沈阳建筑大学和上海后滩公园（图 5.15）的案例中体现在收获食物，在校园以外的其他项目中还体现在修复土壤和净化水质。大米、荞麦、油菜籽、葵花籽、玉米、红薯、豆子和莲子，是沈阳建筑大学和上海后滩公园项目中采用的作物。所有的项目设计都采用了芦苇，可以回收用作纤维和燃料。即使是淡水藻类也可以作为家畜的饲料，就像上海后滩公园中使用的那样。当然，必须承认，为收获而种植的理念，并不总是按照设计的初衷得到执行。在项目初期之后，后续管理人员并不总是按照设计者当初的想法进行管理，而这种管理通常超出了设计师的控制范围。尽管如此，这些项目表明，高产的和各式各样的当地作物不仅可以是食物并具有生态功能，而且是城市自然深邃之形设计中美丽的不可或缺的组成部分。

四、农民之道在其他文化背景下的应用

虽然之前四个项目的文化背景都与中国的农业传统有很深的渊源，但在这一节中，我将讨论由土人设计在非常不同的背景下完成的四个设计，以了解农民创造深邃之形的方法是否可以得到更普遍的应用。

1. 竹框绿道：波士顿唐人街公园

作为罗斯·肯尼迪（Rose Kennedy）绿道的一个重要部分，位于波士顿"大开挖"（Big Dig）工程之上，占地 0.4 公顷的唐人街公园将一处危险而荒芜的地区变成了一个活跃的社区。在设计中应用到的农民策略主要是"框架"一片自由松散的竹林。尽管竹子原产于五个大洲，并且北美就有三种，但在西方的园林文化中，竹子通常被认为是杂乱且具有侵略性的。在这个设计中，用红色的钢架将自由生长的竹林从视觉上转变成有序的绿色植被（图 5.22），穿过层层的竹子，到访者们就像穿过一个个门框和牌坊，进入一个四季皆宜的日常"都市剧场"。与摇曳的青草和瀑布水景相结合，由此产生的氛围让周围城市的嘈杂和喧嚣归于宁静，令人耳目一新（Krieger，2010）。它也是孩子们玩耍和聚会的安全场所。

2. 艺术之田：芝加哥北格兰特公园

在土人设计针对芝加哥约 10.7 公顷北格兰特公园的入围方案中，采用的农民之道涉及了各个方面（图 5.23、图 5.24）。在该设计方案中，在一个巨大的停车场屋顶建造了一片玉米地，并不需要向公园输入或从公园输出任何土方。从周围街道和园内收集的城市雨水，通过场地内的沟渠系统汇入九个池塘湿地，这些池塘被策略性地布局为一个自然过滤系统，并在南端与水渠和瀑布相连。水渠中的水既能用来灌溉，又最终成为涉水小径，可供游憩。在冬天，这些小径结冻变成了笔直的溜冰道，人们可以在上面自由地滑冰。

玉米地种植在浅层土壤中，对下面建筑结构的压力不大，旨在唤起城市和美国玉米带（Corn Belt）深厚的农业传统的区域文化景观认同。它还将提供低成本的解决办法，使项目在空间使用上更灵活。每年田里的种植和收获可以作为公园的社区活动和筹款活动。道路可采取艺术化的设计，用几何图案将空间划分，与城市丰富的建筑景观遥相呼应。一条简约的曲线形人行天桥从玉米地中升起，为玉米地提供了框架和空中通道，体验玉米地景观。艺术

图 5.22 波士顿唐人街公园：土人设计联合卡罗尔·约翰逊公司共同完成，框架策略将本来杂乱的竹林变成整洁有序的绿廊
资料来源：俞孔坚。

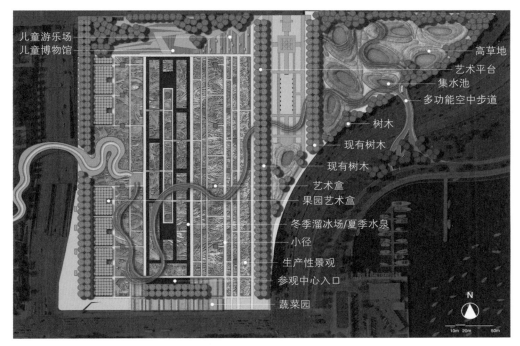

儿童游乐场
儿童博物馆

高草地
艺术平台
集水池
多功能空中步道

树木
现有树木
现有树木
艺术盒
果园艺术盒
冬季溜冰场/夏季水泉
小径
生产性景观
参观中心入口
蔬菜园

N

10m 20m　　50m

图 5.23　土人设计的芝加哥艺术之田方案：在巨大的车库屋顶建造一方农田（主要用于种植玉米），无需输入或输出任何土方，并且雨水被收集用于灌溉。设计人行天桥和路径廊道以及艺术展览平台，为农田建立框架并将农田转变为艺术之田

图 5.24　土人设计的芝加哥艺术之田鸟瞰图：拥有人行天桥的农田呈现出一种将艺术、生产、娱乐体验和文化认同与自然过程相结合的深邃之形

田引入了一种深邃之形,阐明空间本身、周围社区和城市之间的关系,同时弥合可持续发展、社会生活、自然、历史和艺术等之间的整体联系。

3. 激活沉睡的河流:明尼阿波利斯城市滨水区开发计划

在流经明尼阿波利斯市密西西比河两岸长约 8.6 千米的滨水地区再开发的入围方案中,土人设计提出把景观作为应对多种生态、社会、经济和文化挑战的综合工具(图 5.25),展示了 21 世纪城市自然系统的新愿景,这一愿景随着时间的推移可以逐步实现。在这个项目中,城市自然的深邃的构形和变形均充分体现。

作为一种深邃的构形策略,生态基础设施可用以保护和加强自然和文化进程。因此,通过发展这种设施,为子孙后代提供全方位生态系统服务。可持续交通、雨洪管理和城市农业将整合进这一生态基础设施,以应对明尼阿波利斯面临的环境挑战。随着生态基础设施的发展,重新调整和定位河流两岸的城市发展,使社区得以

图 5.25 土人设计的明尼阿波利斯河滨开发计划:提出一种将生态基础设施作为助力城市发展和更新城市的构形策略。采用各种受农民智慧启发的设计策略,来管理城市雨水、修复和改造工业用地,通过加强人和自然的接触来强化社区建设

激发，为新的生活方式和更健康的社会提供契机。

作为一种深邃的变形策略，简单的挖方—填方方法将陡峭的河岸设计成梯田湿地，以减缓暴雨的冲击和营养物质的流失。并在不同水土条件的梯田中种植各种相适应当地植物。工业遗产如铁路、桥梁、工厂和传送带作为框架和通道被循环利用。通过大量种植当地草原花甸和湿地植物，改造工业棕地，创造出一幅具有架构的"杂芜"的野化自然。社区花园和农场作为生产有机农产品的都市农业区，为人们提供接触土地和食物生产的机会，并将其所在的社区与自然系统建立起联系。

4. 农民的"工具箱"：奥斯汀沃勒溪城市绿洲计划

沃勒溪两岸原本是一个生态严重退化的城市河岸走廊，全长 2.4 千米，蜿蜒穿过得克萨斯州奥斯汀市中心。水利工程部门正在溪谷下建设一条新隧道，试图有效改善毗邻该流域有百年历史的泛洪区。这项工程尽管本身颇具争议，但却让奥斯汀市得以重新考虑将沃勒溪作为助推器，推动该地区打造出一个具有可持续发展愿景的城市景观（图 5.26—图 5.28）。

奥斯汀充满活力的绿色愿景需要保护和强化自然资产，以维持健康的城市生活。土人设计提出的沃勒溪改造方案围绕两个相互交织的目的而形成，即将沃勒溪转变成美丽的绿洲以及培育和沃勒溪有实质性共生关系的"小溪"社区。打造绿洲的方法，包括应用最小限度的干预措施，以"加速或减缓自然进程"，从而最大限度地提供有利于奥斯汀人民的生态系统服务。通过这种方式，像农民一样，在重塑土地、净化水质、利用溪谷可持续资源等方面，市民也需要充分考虑时间在其中的作用，来创造沃勒溪两岸令人难忘的绿洲景观体验。

通过一系列最小化的干预措施，"农民的工具箱"策略得以发展并应用在对溪岸走廊的渐进式改造中。虽然被称为农民的方法，但是这种改造其实融入了更为先进的当代科技，包括智能传感器和智慧水管理。提供阴凉是另一种农民应对炎热气候的"策略"，这对于创造奥斯汀的城市自然至关重要。农民的工具箱为在哪里和为什么使用这些工具、如何在特定的情况下组合使用这些工具来修复溪谷走廊并创建出一个城市绿洲，开出了"处方"。

农民的工具箱

沃勒溪的改造将是一个动态的过程，遵循此提案中的概念，但也灵活应对新出现的机遇。我们的设计建立在一系列简单的实践基础上，构成了"农民的工具箱"。

土方工程	灌溉	遮荫	生长	庆典

台地
从精细的微地形到生物工程墙壁，阶梯状的地形保持了斜坡上的土壤，处理雨水并创造了溪畔的栖息地。

智能雨水管理
绿洲最重要的水源是雨水，这是一种宝贵且有限的资源。"智能"技术可以模拟开发前较慢的排放速率。

大树
在干旱条件下实现一个宜人的绿洲的最有效手段是建立一个强大的有弹性的城市森林树冠。

适应性调色板
我们在本节后面讨论的科罗拉多河梯田栖息地的建立方法受到恢复生态学实践的启发。

人行道
沿着溪岸建立网状的小径，可探索沃勒溪的所有特殊地点。将有多个坡道可以到达主人行道。

活墙
从挖掘出的石灰岩和混凝土材料回收利用，在现场作为湿润和干燥活墙的基质。

再生水
回收的污水，沃勒溪隧道的循环水，周围建筑物的灰水，甚至空调机的冷凝水，都可以支持绿洲。

太阳能棚
一个由杆子、电缆和帆布系统组成的太阳能棚将提供阴凉并安装架设太阳能电池板、藤蔓和照明设施。在桥梁交叉处，太阳能棚形成门户，标志着溪流的存在。

设计实验
实验可以比较各种主动和被动方法，包括特定物种混合、土壤改良、灌溉、病害控制、入侵植物管理等。

平台
从得克萨斯州湾地区回收的"沉木"将用于建造木质平台。这些平台将位于主要步道沿线的舒适遮荫位置。

生物工程
稳定且植被茂盛的溪岸是培育多样化栖息地、确保河道连通性和生物连通性的关键。

水塔
蓄水池是一种集传统特色和生态性能于一体的得克萨斯州经典技术。

黑暗
使沃勒溪在夜间成为一个安全舒适的户外休闲场所，将使其作为城市活力的催化剂的价值加倍。

城市农业
社区花园、食物森林及其他创新合作形式的城市农业可以为该地区居民提供产品和乐趣。

游戏场
每个公园将有一个独特的游戏重点，这样可以共同提供各种适合全家人参与的活动，并充分利用每个地方的独特线索和资源。

图 5.26　土人设计受农民智慧的启发而设计的奥斯汀沃勒溪城市绿洲改造"工具箱"

图 5.27　土人设计鸟瞰图中，通过实施用农民的策略将沃勒溪部分河岸打造成音乐湾

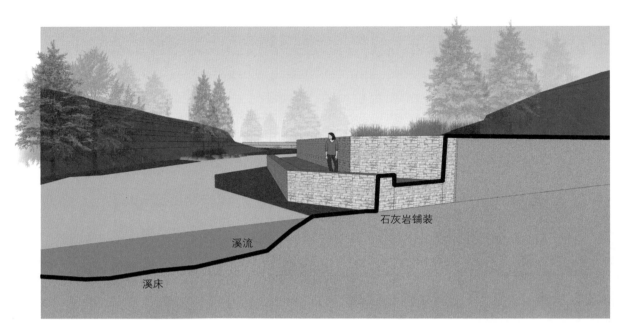

石灰岩铺装

溪流

溪床

过滤梯田

活墙

过滤梯田

高架木板路

活墙

溪流

溪床

挖掘的不同深度的栖息地

图 5.28 挖填方之前的土人设计对照图，将混凝土衬砌的沃勒溪变成了一片郁郁葱葱的绿洲

五、结论

一些设计师和学者，如詹姆斯·科纳和西蒙·斯沃菲尔德（Simon Swaffield）阐述了两种本质上来源不同的景观设计理论：其一是基于科学和艺术原理而演绎生成的理论与方法，并为实践提供指导理论；其二是由实践经验积累、验证而归纳形成的理论（Corner，1991；Swaffield，2002）。作为一种理论框架，农民之道同时归属于这两种类别。它是由我多年来在景观设计方面的专业实践经验逐渐积累归纳形成的，同时也是基于生态学和美学的理论与方法演绎发展而来的，我称之为"生存的艺术"（Yu and Mary，2006；Yu，2009，2010）。

由此产生的项目，已经被实证为既美观又实用（Saunders，2012）。它们吸引了大量游客参观，并获得了业界很高的荣誉。实践表明，运用农民之道在不同的文化和环境下都得到了相似的结果。显然，农民之道提供了一种在各种尺度上都卓有成效的路径，来创造将人类的欲望建立在自然的过程和格局之上的深邃之形。正如莱尔所言，按照这种形式，城市自然可以令"人类与自然在经历一段漫长且危险的疏远期之后，重新相聚"（Lyle，1985）。

参考文献

[1] Chayanov, Alexander, *The Theory of Peasant Economy* (Madison: University of Wisconsin Press, 1986).

[2] Corner, James, "A Discourse on Theory I: Sounding the Depths, Origins, Theory, and Representation," *Landscape Journal*, Vol. 9, No. 2 (Fall 1990): 61–78.

[3] Corner, James, "A Discourse on Theory II: Three Tyrannies of Contemporary Theory and the Alternative of Hermeneutics Landscape," *Landscape Journal*, Vol. 10, No. 2 (Fall 1991): 115–33.

[4] Corner, James, "Ecology and Landscape as Agents of Creativity," in Thompson, George F., and Frederick R. Steiner, eds., *Ecological Design and Planning* (New York, NY: John Wiley & Sons, 1997), 81–108.

[5] Costanza, Robert, and Herman Daly, "Natural Capital and Sustainable Development," *Conservation Biology*, Vol. 6, No. 1 (Spring 1992): 37–46.

[6] Costanza, Robert, Ralph d'Arge, Rudolf de Groot, Stephen Farberk, Monica Grasso, Bruce Hannon, Karin Limburg, Shahid Naeem, Robert V. O'Neill, Jose Paruelo, Robert G. Raskin, Paul Sutton, and Marjan van den Belt, "The Value of the World's Ecosystem Services and Natural Capital," *Nature*, Vol. 387 (May 1997): 253–60.

[7] Erdem, Meltem, "Revaluating Ecology in Contemporary Landscape Design," *ITU A|Z*, Vol. 9, No. 1 (2012):

37–55.

[8] Forman, Richard, "Ecologically Sustainable Landscapes: The Role of Spatial Configuration," in Zonneveld, Isaak, and Richard Forman, eds., *Changing Landscapes: An Ecological Perspective* (New York, NY: Springer-Verlag, 1990).

[9] Forman, Richard, and Michel Godron, "Patches and Structural Components for Landscape Ecology," *BioScience*, Vol. 31, No. 10 (Winter, 1981): 733–40.

[10] Forman, Richard, *Land Mosaics: The Ecology of Landscapes and Regions* (Cambridge, UK: Cambridge University Press, 1995).

[11] Hosey, Lance, *The Shape of Green: Aesthetics, Ecology, and Design* (Washington, D.C.: Island Press, 2012).

[12] Jackson, J. B., *Discovering the Vernacular Landscape* (New Haven, CT: Yale University Press, 1984), 8.

[13] Kowarik, Ingo, "Wild Woodlands as a New Component of Urban Forests," in Kowarik, Ingo, and Stefan Korner, eds., *Wild Urban Woodlands: New Perspectives for Urban Forestry* (Berlin, Germany: Springer, 2005), 1–32.

[14] Krieger, Alex, "Boston's Big Dig," *Topos*, Vol. 73 (2010): 68–75.

[15] Lansing, Stephen, "Balinese 'Water Temples' and the Management of Irrigation," *American Anthropologist*, Vol. 89, No. 2 (Summer 1987): 326–41.

[16] Lyle, John, "Can Floating Seeds Make Deep Forms?" *Landscape Journal*, Vol. 10, No. 1 (Spring 1991): 37–47.

[17] Lyle, John, *Design for Human Ecosystems* (New York, NY: Van Nostrand Reinhold, 1985).

[18] McHarg, Ian L., *Design with Nature* (Garden City, NY: John Wiley & Sons, Inc., 1969; 25th Anniversary Issue, 1995).

[19] Meyer, Elizabeth, "Sustaining Beauty: The Performance of Appearance," *Journal of Landscape Architecture*, Vol. 3, No. 1 (Spring 2008): 6–23.

[20] Millennium Ecosystem Assessment (MEA), *Ecosystems and Human Well-Being: Synthesis* (Washington, D.C.: Island Press, 2005).

[21] Nassauer, Joan, "Ecological Science and Design: A Necessary Relationship," in Johnson, Bart, and Kristina Hill, eds., *Ecology and Design: Frameworks for Learning* (Washington, D.C.: Island Press, 2001), 217–30.

[22] Nassauer, Joan, "Messy Ecosystems, Orderly Frames," *Landscape Journal*, Vol. 14, No. 2 (Fall 1995): 161–70.

[23] Nassauer, Joan, Zhifang Wang, and Erik Dayrell, "What Will the Neighbors Think? Cultural Norms and Ecological Design," *Landscape and Urban Planning*, Vol. 92, Nos. 3–4 (Fall 2009): 282–92.

[24] Rudofsky, Bernard, *Architecture without Architects* (Albuquerque: University of New Mexico Press, 1964).

[25] Saunders, William, ed., *Designed Ecologies: The Landscape Architecture of Kongjian Yu* (Basel, Switzerland: Birkhäuser Architecture 2012).

[26] Spirn, Anne Whiston, "Deep Structure: On Process, Form, and Design in the Urban Landscape," in Kristensen, T. M., et al., eds., *City and Nature: Changing Relations in Time and Space* (Odense, Denmark: Odense University Press, 1992).

[27] Spirn, Anne Whiston, "The Poetics of City and Nature: Towards a New Aesthetic for Urban Design," *Landscape Journal*, Vol. 7, No. 2 (Fall 1988): 108–26.

[28] Swaffield, Simon, *Theory in Landscape Architecture: A Reader* (Philadelphia: University of Pennsylvania Press, 2002).

[29] Van der Ryn, Sim, and Stewart Cowan, *Ecological Design* (Washington, D.C.: Island Press, 1996).

[30] Weisman, Alan, *The World Without Us* (New York, NY: Thomas Dunne Books/St. Martin's Press, 2007).

[31] Yu, Kongjian, "Beautiful Big Feet: Toward a New Landscape Aesthetic," *Harvard Design Magazine*, No. 31 (Fall 2009/Winter 2010): 48–59.

[32] Yu, Kongjian, "Landscape into Places: Feng-shui Model of Place Making and Some Cross-cultural Comparisons," in Clark, J. D., ed., *History and Culture* (Jackson: University Press of Mississippi, 1994), 320–40.

[33] Yu, Kongjian, and Padua, Mary, *Art of Survival: Recovering Landscape Architecture* (Victoria, Australia: The Images Publishing Group, 2006).

NATURE AND CITIES

第六章　延续美观：
论外观的性能效用[1]

伊丽莎白·K.迈耶

一、一篇宣言，三大部分

一般情况下，人们认为可持续景观设计与三大原则相关：生态健康原则、社会正义原则和经济繁荣原则。人们在讨论可持续性时很少将美学因素包含在内，即便提及，也会将外观和美学元素混为一谈，并打上"多余"的标签。

在本章中，我将讨论"美"和"美学"在可持续发展中的作用，我认为要想让文化得以可持续发展，只有生态可再生的设计是远远不够的。我们需要将景观设计得能让身处其中的人更清楚地意识到自己的行为会如何影响环境，从而让他们能够充分重视环境，并在个人和社会层面做出改变。这就需要我们将美学元素和环境体验纳入考虑，比如人类认知从自我中心化的世界观转变为生态中心化的过程中美起到了怎样的作用（图6.1）。最终，我的主张将以延续美观宣言的形式呈现出来；尽管美国景观设计师们的作品往往不被认为推进了可持续景观设计与规划，但本篇宣言是受他们的启发而成的。

1　本章内容早期以 "Sustaining Beauty: The Performance of Appearance: A Manifesto in Three Parts" 为题刊登在《景观建筑学》，2008 年第 5 期第 6—23 页。

图 6.1 由乔治·哈格里夫斯联合设计公司（George Hargreaves Associates，1995—2001）设计的加州旧金山的克里西场地公园（Crissy Field Park），将野生动物栖息地／沼泽和人类栖息地／步道并列在一起。野生动物交配和筑巢的自然节奏改变了公园里的顺序，横跨沼泽的桥的门也不总是开着，这表明在某个时期，人类的存在会造成破坏。然而，在一个前军事基地的场地上建造的野生动物区并没有缓冲，也没有从步行街的体验中移除。通过每天或每周参观这个社区公园，我们可以看到它不断变化的纹理、颜色和水位。人类和非人类生命的动态循环相互交织，增加了人们对沼泽的审美和环境欣赏

资料来源：伊丽莎白·K.迈耶。

二、第一部分：重塑视觉观感

景观设计规划的实践者和理论家们将重点放在了可持续发展中与生态相关的诸多方面，这完全可以理解。这种做法十分合理，毕竟设计师的工作所依托的场地与介质是实体景观——地形地势、土壤、水源、植物和空间；这种做法同时也很有必要，毕竟人们对于人类活动对全球环境的影响越发有共识。在景观设计和可持续性的话题中，美观很少被讨论，即使提到也常常只将它视为一种肤浅的考量或者是画蛇添足的。在人类、区域和全球健康的危急关头，视觉和形式又有什么价值呢？去讨论所谓的美感，难道不是将景观建筑贬低成了装饰或者肤浅的园艺实践吗？

尤其考虑到这一行业在公众领域的悠久历史，我对美国景观建筑师们很少讨论可持续性感到十分奇怪。19世纪时，景观建筑界的代表人物弗雷德里克·劳·奥姆斯特德开始设计城市公园和景观，它们被视作城市、社会和环境改革的空间媒介。奥姆斯特德曾做过农民、记者，并曾在内战期间担任过美国卫生委员会主任。在他眼中，公园是洁净环境的机器，是人们享受日光的开放空间，也是渗水性良好的土地，为人们提供可以遮阴、降温、吸收二氧化碳、释放氧气的树荫。城市公园、绿道、滨海步道、林荫道、公园、经过良好规划的城郊居民绿地等等景观建筑，其实都是文化的产物；它们既是对于现代化与城市化的应对措施，也由此改变了现代化与城市化的进程。

根据奥姆斯特德的估计，景观建筑外观的功能（或者用当代理论术语来说，景

观建筑外观的性能）与其改善城市环境的功能同等甚至可以说更加重要。在他眼中，这些景观的外观和它们所能起到的作用同样重要。[1] 基于诸多心理学家、艺术评论家和哲学家们的文献，奥姆斯特德认为，景观建筑的外观可以通过其表面特征和情感传达的结合来改变人们的精神与心理状态。换句话说，外观的某种特定形式，即美这一特点，是有功能的。人们体验了自然界之美后受到治愈甚至引发其根本转变的例子不胜枚举，这也验证了他的想法。查尔斯·贝弗里奇（Charles Beveridge）可以说是最为熟悉奥姆斯特德作品的历史学家了（Beveridge et al., 1995）。据他所言，奥姆斯特德关于景观影响人们心理状态的理论最早可以追溯到 19 世纪 50 年代，在他开始设计景观前就已经表现出了清晰的端倪。在奥姆斯特德景观建筑师的职业生涯中，这些理论在他的各种工作报告中均得到了体现，比如公司年报、向公园董事会或其他客户提供的项目报告等，其中包括 1867 年的布鲁克林普罗斯佩克特公园（Prospect Park），1876 年被誉为"祖母绿项链"的波士顿公园和绿岛系统，以及同年蒙特利尔的皇家山公园（Beveridge and Hoffman，1997；Sutton，1979）等等。在奥姆斯特德关于公园的演讲中，我们可以找到其思想的最精确总结，他在 1868 年向普罗斯佩克特公园科学协会的致辞中就说道："公园是艺术作品，设计它是为了对人的思想产生某些具体影响"（Beveridge and Hoffman，1997）。

对于奥姆斯特德等 19 世纪的美国景观设计师们来说，设计一个城市景观并不仅仅是设计一种环境，也是设计一种体验，不仅仅是对实体环境的改善，也是延续文明和文化。然而，当代理论和实践对于可持续景观设计规划中"外观的性能功用"，

---

1 我有意识地对"外观"和"功能"进行区分，因为在现有的景观建筑设计理论中二者的含义不同。景观建筑设计作品有两大衡量标准，它们看起来如何（即外观）和它们如何发挥生态作用（功能），这一区别可以从朱莉娅·克泽尼亚克（Julia Czerniak）的"外观、功能：唐士维的景观"（Appearance, Performance: Landscape at Downsview, in *Downsview Park Toronto*, Munich, Germany, and New York, NY: Prestel Verlag, 2001）一文中看出。而这种看法忽略了外观本身的功能，或者换种说法，忽略了人们对景观设计作品的形态和空间的体验，可以改变其想法和意识。景观的外观如何改变我们、对我们产生作用呢？这种外观和功能间的联系就由美学元素作为桥梁，由关于一致感知和对美的欣赏相关的哲学与科学来解释。可以参见《牛津英语词典》（*Oxford English Dictionary*）对于"可持续性"（Sustainability）一词的解释，http://www.oed.com/view/Entry/299890。

尤其是美的作用却甚少关心。文献反而开始注重生态技术的描述与分析，比如如何通过定量分析和生态学、水文学方法来建造雨水花园、绿色屋顶或者日光入室等等。这些文献告诉我们，可持续性的三大支柱是生态、社会公平和经济，所以，生态建设应该与社会正义和资本收益而不是美学相联系。

在此，我呼吁将美学元素重新纳入关于可持续性发展的讨论中来，我认为景观外表并不仅仅是视觉上的、风格上的或者装饰性的问题，也不仅仅出自对景观的表现形式再次进行讨论的兴趣。我将试着将景观外观与人体及多重感官的体验相结合，从而说明其重要性，我将解释沉浸于美学体验中是如何促使人们产生对于环境的认同感、同情心、爱、尊重和关心的。

当然，对于美学和美在景观建筑中作用的话语，在奥姆斯特德之前就已经存在，并且一直持续至今。不过对于景观设计的美学评论，在19世纪尤为集中地涌现，同时在欧洲园林的设计过程中，设计师们也探索着人们穿行在如画风景中时的体验。评价景观时，人们不再聚焦于创造者，而是关注其受众，理论焦点也从如何造景转向景观如何被人们接受。这段时间内，人们热衷于讨论何为美学的基准，以及美感是蕴于某一特定形式之内还是与特定的情感相呼应。当时的很多理论中都内含如下观点，即对于美的欣赏不仅仅纯粹是视觉上的，美感是"能够为其他感官（如听觉）提供快感的某一特质或特质的组合，或是通过与神恩的共鸣、符合人们的理想，从而给人带来智力或道德上的愉悦。"[1] 虽然许多21世纪初的读者会觉得将神的恩典纳入考虑有点奇怪，但对于美的共性认知可以影响到甚至改变人们的思维或道德立场这一点，却让我觉得十分有趣。那么，景观的外观可以做到这一点吗？景观的形式与空间，能否通过它带给人们的体验，间接地却更为有效地加强实体生态环境的可持续性呢？

凯瑟琳·霍维特和安妮·惠斯顿·斯本两人都在30年前的短文中对这些问题进行了探讨，这些文章很有些宣言的意味。我在其他文章中说明过这些关键文献的重要性，它们是连接美学和生态设计间的概念桥梁（Meyer，2000）。以下两则分别摘

1　http://www.oed.com/view/Entry/299890.

录自两位学者文章的片段，奠定了我对许多问题的认知基础，如外观和美之间有何区别？外观要如何包含生态功能乃至情感与道德启示呢？以及为何想要对文明和文化产生重要影响，就必须将美感和美学纳入可持续设计的考量中？霍维特是这样论述的：

> 美学元素必须被看作是与生态共生的，而不是将其限定在传统的艺术批评中，这样美学价值才能够不再与生态价值隔绝。因此，所有的景观建筑设计，无论规模如何，都应该首先考虑与各类交互体系——如土壤和地质学、气候和水文学、植被和野生动物，以及在特定的地点生存发展并受当地景观设计影响的人类社会——的响应。在景观的外观如何艺术地表达这种响应的方法中，我们可以窥见其美之所在。（Howett，1987）

对于这一话题，斯本说：

> 这种美反应的是运动和变化，包含的是动态的过程而不是静止的事物，这就意味着其展现的视野是多重而非单一的。这种美并不是永恒的，而是同时反映着时间的流逝和其长河中的各个片段；这种美不仅需要连续一致，也呼唤着变革创新；这种美占据着所有的感官，不仅仅是视觉，还是听觉、嗅觉、触觉和味觉的集合；这种美不仅包含着对于各种事物、地点的设计，还包含着对于他们的感知、使用和反思。（Spirn，1988）

在以上二人的文章对于"可持续性"一词的高频使用中，我们足以窥见美感和美学对于生态设计的重要性。"可持续性"这一词语的流行，始于 1987 年联合国世界环境与发展委员会［也被称为布伦特兰委员会，因为其主席为时任挪威首相格罗·布伦特兰（Gro Brundtland）］发布的《我们共同的未来》(*Our Common Future*) 这一报告。霍维特和斯本认为，随着时间的推移，人们对于景观设计多感官的亲身体验，并不仅仅能够带来愉悦感，还可能带来转变。从她们的文章中我们可以推断

图 6.2　我们需要一种新型的、混合型的语言系统来描述美和美学体验，以期捕捉到这种酸性采矿废水污染后呈现出五彩斑斓色彩的水池的奇异的、有毒性的美。图中为宾夕法尼亚州维吨达尔（Vintondale）的 AMD 公园

资料来源：DIRT 工作室的朱莉·巴格曼。

出，随着回收、重塑、改革某一地区自然过程的技术的革新，人们也会发现新形式的美，这种新的美感将不仅仅出现景观的设计过程里，也会出现在人们对景观的体验中（Eliot，1896）。这些新的美的形式，将拓展设计师和公众对于可持续性的认知，可持续性将再局限于生态健康领域，而将成为社会实践和文化世界的组成部分（图 6.2）。

　　这并不是说我的观点是被人们广泛接受的。[1] 我所接受的设计教育没有涉及美感这一项，或者说在正面案例中没人提过这个词。这并不是我们这一学科独有的问题，在其他视觉艺术形式中也是如此，想想人们对于艺术评论家戴夫·希基（Dave

---

1　可以参考安妮塔·贝利兹贝提亚（Anita Berrizbeitia）的《罗伯特·布雷·马克思在加拉加斯：东方园林》（*Roberto Burle Marx in Caracas: Parque del Este*, Philadelphia: University of Pennsylvania Press, 2005）一书，来更详细地了解关于美的媒介和安妮塔对于我所提出的"采用并传教"这一类可持续景观设计的看法。她在书中写道："这不是那种遥远的、在背景中的图画式的景观。这是一种对参与者有所要求的美，需要积极调动眼睛和大脑，需要持续的注意力。也不是那种模糊的、无力的（milk-toast）、轻松的、给人安慰的均质化的可持续之美和无法归类的景观。"（ibid. 91）。Mozingo, L. A., The Aestheticsof Ecological Design: Seeing Science as Culture, *Landscape Journal*, Vol. 16, No. 1 (Spring 1997): 46. Nassauer, J., Messy Ecosystems, Orderly Frames, *Landscape Journal*, Vol. 14, No. 2 (Fall 1995). 以上这两篇文章，也可以为了解生态设计和美学相关话题提供视角。

Hickey）关于美的文章的反应吧，或者想想 1999 年赫希洪博物馆（Hirshhorn Museum）以"关于美"为题的展览中对于这一很少讨论的话题的自我反省（Benezra and Olga，1999）。事实上，在哈佛大学设计研究生院 2008 年的一场期末工作室评论中，我感到自己必须去纠正一位年轻（但是很有天赋且善辩的）同事对于美和美学这二词的不屑一顾。同许多景观建筑师一样，他将美和美学等同于外观、形式，并因此认为它们无足轻重。他对于功能性设计的迷恋使得他无法分辨美与美化物、装饰品之间的区别，他并未意识到美的重要性，也不明白外观也可以具有自己的功能。[1]

即便如此，我逐渐发觉对于这种被当作理所当然的美的体验，也是塑造可持续发展社会的必要部分，并且美感也是环境道德得以发展的关键因素。这一看法在过去的 20 年间不停地变化，其演变部分受到主流话语中对于可持续性的有限论述的影响，部分来源于阅读如安妮塔·贝利兹贝提亚对于罗伯特·布雷·马克思的阐释等关于美的文章，部分则来源于我所知的各公司——如朱莉·巴格曼在美国的 DIRT 工作室（Dump It Right There Studio）、德国彼得·拉兹（Peter Latz）联合公司、中国俞孔坚的土人设计等（Berrizbeitia，2005）——风格迥异的景观设计作品。阅读诸多其他领域学者如生态评论家劳伦斯·比尔（Lawrence Buell）、地理学家丹尼斯·科斯格罗夫（Denis Cosgrove，1948—2008）、哲学家伊莲·斯卡利（Elaine Scarry）、社会学家乌尔里希·贝克（Ulrich Beck，1944—2015）等人的著作，也使得我的这一想法得到了扩展和充实。比尔的书《写给濒危的世界》（*Writings for an Endangered World*，2001），对我来说具有指导性意义，因为他提出美国的环境政策忽略了"一种足够激发公众支持的对于良好环境的共同愿景"（Buell，2001），在书中他论述道，美国需要的不是更多的政策或者技术，而是如同理查德·安德鲁

1　想要进一步了解美的不同形式媒介，可以参见亚瑟·丹托的文章"灰烬之美"（Beauty for Ashes, in Benezra, N. D., O. M. Viso, *Regarding Beauty: A View of the Late Twentieth Century*, Washington, D.C.: Hirshhorn Museum, 1999, 182–197）或者伊丽莎白·罗滕伯格（Elizabeth Rottenberg）翻译的和让－弗朗索瓦·利奥塔（Jean-Francoise Lyotard）的《如何去分析崇高的美感》（*Lessons on the Analytic of the Sublime*, Stanford, CA: Stanford University Press, 1994)、"如何展现不能被展现出来的东西：崇高的美感"（Presenting the Unpresentable: The Sublime, *Art Forum*, Vol. 20, April 1982: 64–66）以及"崇高之美与前卫艺术"（Sublime and the Avant-garde, *Art Forum*, Vol. 22, April 1984: 36）。

斯（Richard Andrews）所说的"态度、情感、意象和叙述"。[1]

我认为景观建筑的设计不仅仅是对于生态系统的设计，不仅仅是实现开放式过程的方式，它们应该是拥有自身独特形式的文化产物，并能够通过空间、延续和外在形式来激发人们的态度和情感。同文学作品和艺术作品、图像和叙述一样，景观建筑也可以在激发公众对于环境的持续支持方面起到重要作用（图6.3）。丹尼斯·科

---

[1]　在此，比尔引用了安德鲁斯的《治理环境与治理我们自己：美国环境政策史》（*Managing the Environment, Managing Ourselves: A History of American Environmental Policy*, New Haven, CT: Yale University Press, 1999: 370）。他还直接引用了贝克的《生态学启示：关于风险社会政治的文集》（*Ecological Enlightenment: Essays on the Politics of the Risk Society*, Atlantic Highlands, NJ: Humanities Press, 1995）。

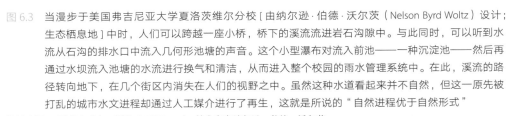

图 6.3 当漫步于美国弗吉尼亚大学夏洛茨维尔分校 [由纳尔逊·伯德·沃尔茨（Nelson Byrd Woltz）设计；
生态栖息地] 中时，人们可以跨越一座小桥，桥下的溪流流进岩石沟隙中。与此同时，可以听到水
流从石沟的排水口中流入几何形池塘的声音。这个小型瀑布对流入前池——一种沉淀池——然后再
通过水坝流入池塘的水流进行换气和清洁，从而进入整个校园的雨水管理系统中。在此，溪流的路
径转向地下，在几个街区内消失在人们的视野之中。虽然这种水道看起来并不自然，但这一原先被
打乱的城市水文进程却通过人工媒介进行了再生，这就是所说的" 自然进程优于自然形式"

资料来源：a 图来自威尔·科纳（Will Kerner），其余来自纳尔逊·伯德·沃尔茨。

斯格罗夫在其 1998 年的著作《社会构建与代表性景观》(*Social Formation and Symbolic Landscape*) 中强调了这一点。他认为，景观建筑这类文化产物可以改变人类意识，也可以改变生产方式——如盛行于 20 世纪晚期和 21 世纪初期美国社会的新自由主义，这一点与人类、区域和全球的健康息息相关 (Cosgrove，1998)。虽然我并不相信设计能够改变整个社会，但是它确实可以改变个人意识，或许也有助于人们重塑价值观。

三、第二部分：景观建筑中的可持续性

在美式景观建筑文化中，可持续性意味着什么？举例来说，在过去的 20 年间，美国政府对于世界上多数发达国家和越来越多的发展中国家遵守的那些环境倡议，不是抵制就是直接强烈反对。这说明可持续性仍处于主流话语之外，并与占据统治地位的美式资本主义概念（如新自由主义、自由市场）相悖，这就自然导致景观建筑师们对此的看法与公众整体的差别不大。一些景观建筑师认为可持续性是对伊恩·麦克哈格在 1969 年发表的宣言《设计结合自然》中提出的环境议程的延伸和扩充，另一些景观建筑师则将可持续性视作对其信奉的实用指向型设计方针的威胁，他们觉得应该完全遵照开发者或者客户的意愿进行设计，即应采取麦克哈格式的"千层饼"模式，对选址进行最大化利用 (McHarg，1969)。此外，也有一些人认为这其实是对于"真正的设计"(design with a capital D) 的又一次攻击。在存在如此多矛盾的情况下，直到联合国布伦特兰大会召开 11 年后的 1994 年，第一篇关于可持续性的文章才在美国景观建筑师协会 (ASLA) 的旗舰期刊《景观建筑学》上发表也就不足为奇了 (Roberts，1994)。

我们需要记住的是，可持续性这一词语的现有含义和用法仅仅经过了 30 多年的演变而已，如 1983 年布伦特兰会议等重要的国际会议是推动其词义演变的主要动因。布伦特兰会议 1987 年发布的报告《我们共同的未来》中对于可持续发展的定义，仍是目前最经常被引用和讨论的定义："可持续发展是指既能满足当代人的需要，又不

对后代人满足其需要的能力构成危害的发展。"[1]

和多数美国人一样，在景观建筑师们看来，可持续性一词被主流话语接受并广泛使用是在副总阿尔·戈尔 1992 年出席里约热内卢联合国环境与发展会议（即地球峰会）时。此次会议发布的里约《环境与发展宣言》(Declaration on the Environment and Development) 中包含了 27 项可持续发展建设的指导性原则，这些原则取材广泛，从女性与原住民的角色到战争对全球可持续发展的负面影响都有所涵盖。其中的第 1、3、4 条与景观建筑师的工作直接相关。

- 原则一：人类处在关注持续发展的中心。他们有权同大自然协调一致从事健康的、创造财富的生活。
- 原则三：必须履行发展的权利，以便公正合理地满足当代和世世代代的发展与环境需要。
- 原则四：为了达到持续发展，环境保护应成为发展进程中的一个组成部分，不能同发展进程孤立开看待。(United Nations，1992)

1993 年 10 月 2 日，美国景观建筑师协会理事会一致通过决议，开始实行自己版本的《环境与发展宣言》(Declaration on Environment and Development)，这一宣言深嵌于美国景观建筑师协会的网络之中，由五大目标和五大战略组成，其中并未提及景观设计的外观与形式，而多数是关于具体的建造技术或者高高在上的道德价值 (ASLA，1993)。

在 2000 年出版的《景观与可持续性》(*Landscape and Sustainability*) 一书的引言中，约翰·贝森 (John Benson) 和麦琪·洛 (Maggie Roe) 提到了在美国景观建筑师协会

1　见联合国 1983 年《世界环境与发展报告》(Report of the World Commission on Environment and Development, 1983, http://www.un.org/issues/m-susdev.html)；联合国《NGO 委员会可持续性发展报告》(NGO Committee on Sustainable Development, 2008, http://www.unngocsd.org/CSD-Defnitions%20SD.html)；以及《我们共同的未来》(World Commission on Environment and Development, Our Common Future, New York, NY: Oxford University Press, 1987)。对于可持续性一词的现有意义和用法，去看一下英文权威词典中对其的定义十分重要。《牛津英语词典》在最近才扩展了"可持续性"一词在环境方面的含义。2001 年，"可持续性"这一词条的解释为"不会导致环境退化的人类经济活动形组织形式或相关关系，尤其需要避免长期耗尽自然资源"。

发布环境宣言后，景观建筑中关于可持续性的文献出现了"诡异的沉默"。他们指出，1992—2000 年，除了一些纯技术性的指导手册外，很少有关于景观建筑与可持续发展的英文书籍出版（Bensen and Rowe，2000）。1994 年，紧跟里约峰会有两本书出版，分别为约翰·莱尔的《可持续发展的可再生设计》（*Regenerative Design for Sustainable Development*）和罗伯特·塞耶（Robert Thayer）的《灰色世界，绿色之心：技术、自然与可持续景观》（*Gray World, Green Heart: Technology, Nature, and the Sustainable Landscape*），对于关心生态设计和可持续发展的景观建筑师们来说，这两部著作至今仍至关重要。赛耶呼吁通过在景观所在地上对生态过程的直接展示来实现美的易读性，从而直接对可持续性景观的外观提出了要求。而莱尔的书则将"可再生"的概念引入景观设计理论之中："'可再生'这一术语描述的是对自身能量和材料进行还原、更新或重生的过程，从而创造出可持续的系统来整合人类社会的需求和自然的完整性。"在其他文章中，莱尔写道：可再生的系统能"通过对于能量和材料的使用来为自身提供持续不断的代替品"（Lyle，1994）。这种语言表述上的转变，对于改变美的文化认知来说至关重要。

在学术文献之外，人们对于可持续性的兴趣并不明显：在《景观建筑学》杂志编辑比尔·汤普森（Bill Thompson）发表开拓性社论"你的杂志有多环保？"（How Green Is Your Magazine？）的同一个月，关于"景观建筑"和"可持续性"的关键词被搜索了 729 000 余次。比尔在社论中问道："现在是不是到了发一期环保主题《景观建筑学》的时候了呢？"（Thompson，2007）或许可持续性已经成为当代景观建筑实践中的重要议题，但并非所有的景观建筑从业者，甚至并非所有的美国景观建筑师协会成员都认为自己应该致力于扩展可持续景观设计的知识基础，或者为创造可持续景观的新形式贡献一份力量。根据我的文献综述和对于这个领域的了解，同时避免错误地以每个个人的特征来定义一份职业，我认为以下这几组设计师，可以作为当代北美关于可持续性设计的几类态度和方法流派的代表。

1. 哈欠派（The Yawners）：承认 + 继续
我们是在做可持续性设计啊，这有什么大不了的？

在这一派许多设计师的眼中，可持续性并不是什么新鲜玩意，所以我用"哈欠派"给他们命名。在 19 世纪城市化进程迅速铺开的北美和欧洲，对于城市社会环境实践与改革的关心，是景观建筑设计作为新兴职业崛起的核心原因之一。在这一观点下，可持续性只是对一系列经久不衰的价值观和实践的重新命名。虽然这派设计师并不站在可持续性的对立面，但他们怀疑这一术语已被滥用为虚假环保宣传的噱头，或成为机会主义者们对某些一二十年前完全与景观设计无关，且曾将自然构建为女性化的、非正式的、非结构化的、反进步的、怀旧等等概念的其他设计规划业界进行营销包装的手段。

美国景观建筑师协会的《环境与发展宣言》可以被归为此类，它认为可持续性背后的概念对于景观建筑设计来说并不新鲜，而是恰恰"反映了美国景观建筑协会最为基本和长期以来建立的价值观"（ASLA，1993）。美国景观建筑师协会是对的，这些价值观深深嵌入在了景观建筑的重要文献和项目中，比如奥姆斯特德的波士顿"祖母绿项链"——一个 19 世纪 80 年代建立的城市湿地和公园体系。在劳伦斯·哈普林（Lawrence Halprin，1916—2009）的作品和文献中我们也能寻到这些价值观的踪迹。在第一个世界地球日后的十年间，1969 年，伊恩·麦克哈格（1920—2001）的宣言《设计结合自然》对景观建筑、区域规划专业的快速发展和知名度提升起到了开创性的作用。从那时起，美国在景观建筑方面的研究生项目数量从大约 6 个增加到 48 个之多。

20 世纪中期在一位设计师和一位规划师的著作中清晰体现出的对于环境因素的关注，在麦克哈格两位学生的研究中得到了延续和融合。都于 1984 年出版的迈克尔·霍夫的《城市形态与自然过程》以及安妮·惠斯顿·斯本的《花岗岩公园》两书，将针对特定地点的环境主义思想引入城市景观设计领域之中（Hough，1984；Spirn，1984）。虽然当时人们对于环境主义和设计间的关系争论不休，但通过 20 世纪 80 年代末期及 90 年代初期各种整合现象学与地球艺术二者的理论和实践的出现，环境主义和设计发生了融合，我将这一现象记录在了"地球日后的难题"（The Post-Earth Day Conundrum）一文中（Meyer，2000）。值得一提的是，北美景观建筑界这些对于环境主义和形式主义之间及之外的探索，出现在大多数建筑师都深陷于历史主义的后现代主义之时，他们热衷于争论应该把历史主义中的哪些方面添加进他们跟可持续性几乎不沾边的建筑设计中。所以，在许多方面，"哈欠派"们的哈欠打得理所应当。

2. 拥护派（The Embracers）：适应 + 传教

可持续性 = 生态 – 科技

归属于这一流派的景观设计师们数量最多，对他们来说可持续性是一种技术挑战。生态过程应该如何构建？减少雨水的流失、增加雨水渗流和净化率、铺平道路、减少建筑垃圾等项目分别该应用怎样的管理实践来达到最优效果？这些尝试十分有益，它们升级了绿化、土方、铺路和材料选择等建筑技术，减少了过程中对自然资源的消耗和对生态系统的污染。詹姆斯·厄本（James Urban）和梅格·卡尔金斯（Meg Calkins）在《景观建筑学》杂志上发表的此方面的实证研究可谓无价，"可持续设计指引"（Sustainable Sites Initiative）所完成的工作也令人敬佩，此二者都应被归入"拥护派"之中（Urban，2004）。虽然仍有人提出，生态技术在技术层面和设计层面的成熟度仍有所不足；在设计师手法不够清晰或者这类技术只能在无形结构上，这类情况更为显著。毕竟，设计师并不是生态修复师和土木工程师。

3. 忽略派（The Dismissers）：回避 + 诋毁

可持续性 = 无设计

可持续性与生态学、过程和环境关联的如此紧密，以至于给创意性设计、形式和表达留下的空间实在有限。这一派的设计师们认为，形式和外观比生态功能更为重要，换而言之他们认为景观建筑是一门艺术。如果放在 40 年前，美国景观建筑界存在着泾渭分明的两大阵营——环境主义者（他们推崇伊恩·麦克哈格）和艺术家 [他们推崇丹·凯利（Dan Kiley，1912—2004）和彼得·沃克（Peter Walker）] 的时候，这一派人数应该会不少。但是从 20 世纪 80 年代开始，情况发生了改变，新一代设计师和教育家开始崛起，其中的代表人物有凯瑟琳·霍维特、迈克尔·霍夫、安妮·惠斯顿·斯本、迈克尔·范·沃肯博格和乔治·哈格里夫斯等，他们致力于沟通艺术性与科学性、连接美学元素和环境主义（Meyer，2000）。时至今日，大多数景观建筑专业的学生已经无法想象这种二元对立辩论的存在了，这体现出景观建筑这一专业自身及其从业人员受到这种文化转向的影响之深。

4. 鄙视派（The Distainers）：私下采用 + 公开疏离
可持续性不可被提及，它只是还原化的生态功能主义的一种形式。

许多大名鼎鼎的设计师都隶属这一派别，他们不是将生态学的功能性、过程和行动当作他们设计所展开的基础，就是将生态学过程视为一种隐喻或者类比。他们可能会将生态过程应用于自己的设计中，但他们始终与倡导可持续性的排头兵们保持距离。除了已经在"哈欠派"中提到的原因以外，还有两大因素导致他们做出这种选择：首先，相较于某些紧密依托 20 世纪 80 年代初期的环境道德和生态理论的可持续设计倡议（具体内容将在后文详细叙述）来说，当代生态学理论更让本派中的设计师满意，其提出的方法也更为行之有效。其次，与采纳 + 传教派的设计师们不同，本派中的许多人认为可持续性不仅仅是技术层面的问题。朱莉·巴格曼、乔治·哈格里夫斯、迈克尔·范·沃肯博格等北美景观建筑师，以及将自己归类为景观城市学家的詹姆斯·科纳、尼娜 – 玛丽·利斯特、克里斯·里德和查尔斯·瓦尔德海姆等都可被归于此类。

本派设计师的观点在 2005 年现代艺术博物馆举办的"风潮：当代景观的构建"（Groundswell: Constructing the Contemporary Landscape）这一展览中体现得淋漓尽致，这次展览十分具有开创性，是现代艺术博物馆自 1939 年 5 月 10 日成立以来的第一次景观设计集合展。与展出同时发布的现代艺术博物馆建筑和设计展览馆馆长彼得·里德（Peter Reed）所写的评论文章中，充满了对于生态学、过程和暂时性的探讨，但却并未提及可持续性（Reed and Shum, 2005）。[1] 这对于当时以矛盾的态度看待这一术语的专业精英们和北美设计评论界来说并不奇怪，可持续性一词在讨论正统设计和外观的力量时甚少被提及。在现代艺术博物馆中也并没有——如同安妮塔·贝利兹贝提亚对罗伯特·布雷·马克思的评论中所描述的那样——"模糊的、无

1　Reed, P., I. Shum, eds., *Groundswell: Constructing the Contemporary Landscape*, New York, NY: Museum of Modern Art, 2005. 这一展览从 2005 年 2 月 25 日持续到 5 月 16 日，展出了 23 件与城市或国际相关的展品。

力的、轻松的、给人安慰的、均质化的可持续之美和无法归类的景观"（Berrizbeitia，2005）的立足之地。

除了这四类设计师和他们所分别代表的看法与实践之外，我们还有别的选择吗？当然！但是在 2008 年我给《景观建筑学》杂志写的文章——即本章的较早版本——之前，并没有人将它描述为"第五种选择"，我将其称为"可持续之美"，它将景观带来的美学体验视作进行可持续设计的一种工具。在这里，我所指的不仅仅是画报般的景观和令人愉悦的、理想化的田园牧歌般的景色，而是人们躯体与感官在特定地点的真实体验，这种体验能让人重新感知到自然中足以支持和重塑生命的韵律与循环。这不仅仅取决于对于新的形式、空间、排序的迅速理解，还受到对之前经历过的体验的印象以及对于景观空间、形式的感知的影响。在这两种体验和加工的过程中，人们才能产生新的认知，才可能对周围其他物种产生理解心和同情心。亚瑟·丹托（Arthur Danto）将美的这种作用描述为"美是感性与真理的交集"（Danto，1999）。

人们还未充分意识到这种方法在未来建设可持续发展城市时的潜力，但在许多项目和地区中，它的作用已经初露端倪。以哈格里夫斯和同事们在旧金山建造的克里西·菲尔德公园（1995—2001）为例，公园将鸟类栖息地和人类休闲区相结合的混合设计，引致了湿地和休闲游廊这两类景观在形式与功能上的并置。这种将人类和野生动物活动空间紧密结合起来的并置设计，抛弃了传统设计中常见的缓冲区或隔离带，给我们提供了另一种全新的思路。那些常常骑车来到公园的城市居民，可以欣赏到触手可及的草地运动场与有时遥不可及、瞬息万变的湿地沼泽潮涨潮落之间的戏剧性对比。公园的活动区中，地形被设计得可以将盛行风从野餐区域和其他游客集中区导出。同时在鸟类和其他湿地物种的栖息地中，通往沼泽的大门可按季节关闭，从而在求偶期和繁殖期对野生动物进行保护。通过这种"并置但不连通"的简单设计，即便是小孩子也能明白这个公园不仅仅是为人类设计的，也是所有野生动物的乐园——无论是两条腿还是四条腿、哺乳动物还是禽类。不需要提示牌来说明，人们在不同的季节漫步公园的不同体验就能让他们明白这一点。

我认为"可持续之美"有其流行的市场，而且那些关心城市、区域和世界可持续发展的设计师们在进行生态设计与规划时，也应该将"可持续之美"的技术与策略运用起来。我希望无论是推崇以计量和数据的方法进行可持续性设计的规划师和设计师们，还是倾向于从伦理学方面解释景观美感的社会学家和自然科学家们，都能给予"可持续之美"更多的信任。[1]

四、第三部分：关于"可持续之美"的宣言

现在是时候来对我宣言的第二部分进行阐释了，本部分将介绍在可持续景观设计和规划中外观的功能。本篇宣言仍未完全完成，我现在分享的概念和方法已经和2007年我在伦敦和北京展示时大有不同了。[2] 我加入了几个例子来对关键点进行强调，同时意识到想要用图像来完全展示某一美感体验是不可能的。我所分享的例子取自同行们的设计，他们可能并没有用"可持续性"一词来描述自己的作品，但他们确实通过设计表达出了对生态系统保护、现场过程的揭示、选址当地生态的补救和重塑方面的关注。[3] 我也可以选取这些设计师的其他作品或者其他设计师的作品，

1　2007 年 4 月，纽约米尔布鲁克的加里生态系统研究中心（Cary Institute of Ecosystem Studies）将其双年会的主题定为"生态学及城市设计的韧性"（Resilience for Ecology and Urban Design），这次会议由著名的生态学家斯图尔特·皮克特（Steward Pickett）主持，他召集了"科学和城市设计领域的专家来建立一个共同框架"去讨论如何将生态学知识应用到可持续城市设计之中。这次为期三日的会议中，大家最大的分歧在于那些睿智的科学家们不愿意（而不是不能）认识到景观外观作用的重要意义。参见 http://www.caryinstitute.org。

2　2007 年 8—9 月，在伦敦举办的皇家地理学会（Royal Geographical Society，RGS）年会的全员会议和北京大学的一次会议中，我都将本篇宣言作为自己的演讲内容。我由衷感谢 RGS 的安吉拉·格内尔（Angela Gurnell）和斯蒂芬·丹尼尔斯（Stephen Daniels）以及北京大学的俞孔坚教授及其同事、学生，能给我这个机会在如此重要的会议上发布本篇宣言，也感谢他们随后的演讲为本篇宣言的深化做出的贡献。虽然人们对于宣言类文章［如海蒂·霍曼（Heidi Hohmann）和乔恩·朗赫斯特（Joern Langhorst）写成后寄给许多大学的景观建筑部门，后来又在《景观建筑学》杂志上发表的"末日宣言：我们到绝境了吗？"（A Terminal Case? An Apocalyptic Manifesto, Landscape Architecture, Vol. 95, No. 4, April 2005: 28–34）的态度中，混杂了不少绝望和嘲讽，但我仍然相信宣言的效力。其他当代的宣言作者包括阿兰·伯格、阿德里安·高伊策、迪特·基纳斯特（Dieter Kienast）、威尼·马斯（Winy Maas）、安妮·惠斯顿·斯本以及在我在弗吉尼亚大学的课程"现代景观建筑理论"中发出自己声音的学生们。

3　如景观建筑师朱莉·巴格曼及其 DIRT 工作室完成的项目就关注后工业化的、有毒性的景观设计，但她对于"可持续性"一词不置可否，而更喜欢"可再生性"一词。

下面我将提到的设计项目，确实反映了我宣言中的某些原则，但绝不是只有这些作品才能反映这些原则。

1. 通过景观的可持续来实现文化的可持续
可持续景观设计并不等同于可持续发展、生态设计、恢复生态学与保育生物学。

想要实现可持续发展，凭借单纯运用可持续技术设计出来的景观是不够的。设计是一种文化行为，它是文化与自然资源的共同产物，同时深嵌于某种特定的社会形式中并受其影响。设计中常常会有对生态学原则的应用，但设计的作用远远不止于此。它使得如散步、通勤等社会惯例和空间实践成为可能；它将文化价值观融于令人印象深刻的景观形式和空间中，从而能够时常挑战、拓展、改变我们对于美的构想。

2. 建立一种混合型景观语言
将可持续景观概念化，需要新的词汇以及新的科技、新的表达方式和新技巧。

当人们开始逾越各类事物固有的界限、打破其限制、探讨其共同性时，可持续景观设计就繁荣兴盛了起来，同类的说法在后结构主义理论中并不罕见；这是景观建筑设计中实用主义的要求，但这一行业仍受限于匮乏的语言体系中"正式与非正式""文化的与自然的""人工的和天然的"等二元对立的词语。试想一下，一座森林在被采矿业酸性废水污染后又通过生物修复重生为一座公园（图6.2），此时这种二元对立的语言在形容这种"毒性美"时完全力不从心——该说它是天然的，还是人工的呢？它这种"毒性美"——借用DIRT工作室朱莉·巴格曼的说法——是一种混合的产物。通过混合，这些二元的词汇就有了在概念层面对设计方法进行革新的潜力，我们在设计景观时，就可以沟通、打破之前限制了我们的想象和思考的各种固定类型间的界限，如社会与生态、城市与郊野、艺术与道德、外观与功能、美感与混乱、美学与可持续性等。

这些概念和实践上的混合体，可以出现在对各类曾经遭受过不幸的地点的景观设计中，无论是在美国东部宾夕法尼亚州的煤田上，在巴塞罗那高低起伏的立交桥上，还是在德国鲁尔河谷的采矿、炼铁工厂之间。

3. 超越生态功能

可持续景观设计不能只做到发挥生态功能，必须同时产生社会和文化效用。

可持续景观设计和规划可以揭示自然的周期，如降雨和洪水的季节性变化，也可以重建自然过程，采取各种措施来洁净、过滤雨水的同时通过阻断侵蚀、促进沉积来培育土壤，并且在进行这些工作的同时与节庆或体育赛事 社会惯例和空间实践进行互动。这种生态和社会周期的混合，或者说季节性事件与人类活动的混合，将日常生活、某一城市的特有活动等和对环境的动态的、亲身的体验联系在了一起。自然不再仅存于人类活动空间之外，而与人类城市环境相互交织。水文学、生态学和人类生活融汇在了一起。

4. 强调自然过程甚于自然形式

生态模仿是可持续景观设计的组成部分，但对于自然进程的模仿比对形式的模仿更重要。

不是仅有看起来像自然的景观才有生态功能，这在没有足够空间来建造看起来很自然的景观的城市空间中尤为正确。在极端条件下，比如城市街道和河流之间狭窄的条状区域、没有任何有机物或表层土壤的水泥地、旧铁路沿线和工厂遗址等荒废的后工业化建筑附近等，需要以新的格局、技术和生态知识来建造"自然"的景观（图 6.4）。

当空间和土壤条件受限时，可以在斜坡之间或沿着斜坡见机插入植被，并佐以用链条连接起来的植物帘幕悬空式人行道。耐旱植物可以占据主要位置，并为其他植被、昆虫和野生动物提供栖息地；自生的植被可以在壕沟或者土堆中落脚；湿地植被可以被种植在漂浮的花盆中，而不是坚实的土地上。这些做法被琼·纳索尔称为"凌乱景观的构建"，这也是上文提到的"混合"的一种，这些做法让生态设计的美学可被称为艺术（Nassauer，1995）。

这类设计项目一定程度上是技术性的建设过程，一定程度上也是生态进程，它们并不会被错认为是自然形成的景观，这使得它们更易长久保持。有些十分自然的景观设计在长期看来并不可持续，尤其当人们随着时间的流逝忽视了它们的时候。经常发生的情

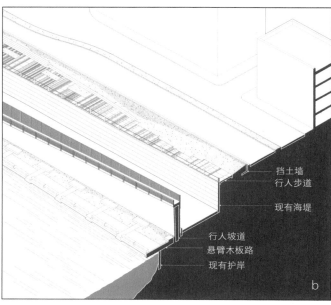

挡土墙
行人步道
现有海堤
行人坡道
悬臂木板路
现有护岸

图 6.4　匹兹堡的阿勒格尼河滨公园［Allegheny River Park，由迈克尔·范·沃肯博格协会与艺术家安·汉密尔顿（Ann Hamilton）、迈克尔·莫西（Michael Mercil）设计］，是一处动态的、有韧性的景观。设计它的初衷是利用在河道和城市街道之间 10—15 米宽的狭窄空间，来为河岸植物和人们提供栖息地。植被组合中有耐洪水和恢复力强的品种。这些树木、草、藤蔓与链型栅栏、悬空水泥步道同样生命力持久。它们的美丽与其韧性、可再生性密不可分

资料来源：a 由伊丽莎白·费利赛拉（Elizabeth Felicella）拍摄，b 和 f 由迈克尔·范·沃肯博格协会拍摄，c 由艾德·梅西（Ed Massery）拍摄，d 由山姆·麦克马洪（Sam McMahon）拍摄，e 由安妮·奥尼尔（Annie O'Neill）拍摄。以上均由迈克尔·范·沃肯博格协会批准使用。

况是，这类设计一旦完成人们就把它们当成真正野生的东西了，所以并不需要人们的照料。但事实上大多数城市中的"人造自然"，尤其是人造湿地，是非常需要人们的照料、培育的。据我的经验，看起来自然的景观设计会很快成为隐形的景观或直接被忽视。

5. 识别超自然中的艺术

对艺术的识别是景观设计的基础和先决条件。

这并不是什么新想法，19 世纪景观设计理论家和实践者们，比如约翰·劳登（John Loudon，1783—1843）、安德鲁·杰克逊·唐宁和弗雷德里克·劳·奥姆斯特德都呼吁过，应该将景观设计或景观建筑列入艺术之列。最近，迈克尔·范·沃肯博格和他的搭档劳拉·索拉诺（Laura Solano）、马修·厄班克西（Matthew Urbanksi）也表达了他们对夸张的、集中的超自然——即人工自然的夸大版——的兴趣。创造超自然的提出，十分务实地认识到了在崎岖地和城市中进行景观设计时受到的约束，也认识到了人们对于景观的体验通常是在从城市日常生活中分心时发生的。弱化形式、密集使用元素、将各种材料并列、打乱设计意图、外形不协调化——这些剪辑和拼贴的技巧——被运用了起来，从而最终达到将庭院、公园或者校园等变得更容易被注意到，使它们功能的发挥更加稳健、更能抵御外界冲击（图 6.5）。[1]

---

1 简·阿米顿（Jane Amidon）对范·沃肯博格及其同僚的访谈，为超自然与模拟自然在城市景观设计中的重要价值提供了有说服力的论点。可参见 Amidon, J., Hypernature, *Michael Van Valkenburgh Associates: Allegheny Riverfront Park*, New York, NY: Princeton Architectural Press, 2005: 56–68；虽然范·沃肯博格没有对这一特定技巧在可持续景观设计中的应用进行特别讨论，但在最近的采访中，他表达出了对超自然可能在典型的可持续性景观——如美国景观建筑师协会在华盛顿特区的全国总部的"绿色屋顶"——中出现这一论断的暂时承认与赞同。参见 Werthmann, C., *Green Roof — A Case Study: Michael Van Valkenburgh Associates Design for the Headquarters of the American Society of Landscape Architects*, Princeton, NJ: Princeton Architectural Press, 2007: 134.

图 6.5　泪滴公园是下曼哈顿城市街区内的一个邻里公园（由迈克尔·范·沃肯博格协会与艺术家安·汉密尔顿、迈克尔·莫西设计），它集中体现了"超自然"的影响力、一种提炼又丰富后的自然感。在构建美学和环境体验时，充分调动了人们的身体与情感。这种崇高且神秘的长 14 米、高 8 米的石墙，隔开了草坪与儿童游乐场。对于城市来说，它显然有些"不合时宜"，但其独特的、出人意料的美，给人挑战感，将人们的关注点短暂地转移到了不可见的、地下的自然世界

资料来源：a 由阿历克斯·麦克莱恩拍摄，b 由伊丽莎白·费利赛拉拍摄，c 由保罗·沃克尔拍摄，d 由迈克尔·范·沃肯博格协会拍摄。以上均由迈克尔·范·沃肯博格协会批准使用。

可持续景观设计应该做到形式完整、清晰且易于感知，从而能从被日常生活、工作、家庭和数字世界的过度刺激占据了视线的城市居民那里分得注意力。这就需要设计者对于景观的传播媒介有敏锐的理解，并能够运用放大、缩合、提炼、夸张、并置和转置等一系列设计技法。

6. 增强美的功能

超自然景观设计能够通过对体验的放大和夸张来揭示及重塑自然进程、结构，并对自然媒介进行艺术开发，它带给我们的体验是恢复性的。

美丽的景观作品可以改善我们的精神状态、给我们提供思索自身之外世界的机会。通过这种体验，我们的精神经历了去中心化、被修复、被更新，再与实体世界重新建立联系的过程。而对美的躯体实感，则可以将环境价值观灌输于我们的脑海之中。如同伊莲·斯卡利所写道的那样：

> 美吸引着人们去对它进行复制。……它性命攸关。美使我们兴奋、激动、心脏狂跳。美使我们的人生更加鲜活、动感、生动、值得一活。（Scarry，1999）

斯卡利还进一步提出，当我们体验美时，美能够改变我们与地点、事物、场景和他人之间的关系。她继续写道：

> 当我们看到美的东西的瞬间，我们就被迅速地去中心化了。如同威尔（Weil）所说，美需要我们"放弃我们是世界的中心这一想法……然后，在我们的感性之源内、在我们感官印象和精神印象产生的瞬间，转变就会悄然发生了。"……我们会发现，我们与世界间的关系与之前大为不同。这并不是说我们不再处于世界的中心——我们就从未站在那里过。我们甚至都不再处于我们自己构建的世界的中心了，而是心甘情愿地让位于面前的美。（Scarry，1999）

斯卡利关于对美的体验的描述，与艺术评论家、哲学家亚瑟·丹托异曲同工。

他认为美不是通过视觉或者通过与已知的比喻建立联系，就能马上被找到、发现的。发现美需要通过一系列心灵与身体、视觉与触觉/嗅觉/听觉、理智与感情、旧有体验和对现有事物的期待之间的调和。丹托借鉴了黑格尔（Hegel）和休谟（Hume）的思想，写道：

> 对美的评判只有在经历了批判分析后才能得出，这就说明它一点儿都不客观，因为它取决于对它最精确的批判中采取的推理方法。
>
> ……当然，评判美首先需要看见美。但是"看见"与"推理"之间是不可分割的，对艺术作品的反应是通过推理来调和的，而这推理的过程与道德层面的求索完全平行。（Danto，1999）

对美的体验，是理智与情感的交互，是知觉的展开，是一种恢复性的体验。扩展开来说，对于构建出的超自然景观的美学体验，不仅对于奥姆斯特德熟知的19世纪术语和实践来说是变革性的，它也可以——像霍维特所说的那样——引导人们对于新形式的美的欣赏。因为它可以揭示我们之前没有意识到的，存在于人类生活和非人类生命之间的联系。

7. 可持续设计包含对体验的构建

对美丽的、可持续景观的设计过程中，也包含着对体验、形式和生态系统的设计。这种体验是我们与周围世界产生联系的载体。

通过对于不同种类美的体验，我们会开始注意、关心并考量自己在这个世界中的位置（图6.6）。在如莫里斯·梅洛–庞蒂（Maurice Merleau-Ponty，1908—1961）和阿诺德·伯林特（Arnold Berleant，1932—）等学者的现象学思考中，这种参与式的环境体检不仅能够打破主观与客观间的藩篱，还能改变我们，甚至有时有能力对我们提出挑战、激励我们去行动（Merleau-Ponty，2004；Berleant，1991）。许多环境学家都说自己早期时在荒野或乡村中的经历让他们投身于环境学，他们有些住在树林或小溪附近，着迷于贫瘠之地繁盛生长的植物和将其作为避难所的

图 6.6　宾夕法尼亚州费城的美国服装零售
　　　企业 URBN 总部园区（由 DIRT 工作
　　　室和迈耶·谢勒·罗卡斯尔建筑公司
　　　设计），其独特的美感体现在对于当
　　　地建筑拆除后的成吨碎石的重新利用
　　　中。这些来自前美国海军造船厂的建
　　　筑废料，原本是要被拉走填埋起来
　　　的，而可持续性就在对这些废料的再
　　　利用中开始了。原本的混凝土路面被
　　　打碎，和碎石、树木组合起来，成为
　　　地下水可以渗透、人们可以散步的场
　　　地。它的这种美，利用了本地特有的
　　　旧有建筑、材料和资源，同时并没有
　　　被局限在旧有的形式之中

资料来源：DIRT 工作室的朱莉·巴格曼。

昆虫、鸟类等野生动物。

只要能够做到将野外给人带来的震撼体验融入设计中，在像下水道、城市广场、铁路与高速公路上下等人们意想不到的地方展示出植被、野生动物、水体的那种繁盛、丰富和倔强的坚持，那么，景观设计作品也能够提供这样的体验。[1]

8. 可持续之美是特殊的，而不是一般的

有多少种地方、城市和区域，就有多少种不同形式的可持续性。

不同种类的美和它们的外在实体之间并非竞争关系，而是二者相辅相成如同放大镜一般，增加我们看到、欣赏周围事物的能力。可持续景观的美能够找到各类事物的特点，无论是丰饶还是贫瘠、重组的还是超越的、天然还是人工、"春风吹又生"还是"千磨万击还坚劲"。可持续之美可能是奇怪、超现实的，或者私密的、宏大的。它依托的是自己所在之处，无论是废弃的老城区、废旧的造船厂还是被砍伐一空的森林，但它又不受所在之地的约束。可持续之美拥有它所在地的特性，源自于此，又与之相离。

9. 可持续之美是动态而非静态的

景观之美的本质在于它随时间而变。

景观建筑所采用的媒介与建筑、舞蹈和雕塑之间存在诸多共通的特性，其媒介都是材料和触觉，拥有空间性，但与其他相关领域不同的是，景观建筑的媒介还有时间性。人们不仅在景观中移动，景观本身也会移动、变化、成长、衰败。有一种美，朝生暮死，它可以是昙花一现的一瞬，只能在每年光线以特定角度汇集时、在地面以一定角度倾斜时，在黄叶短暂地织就黄金地毯之时，让我们惊鸿一瞥。它也可能是一个长期的过程，比如从树干和原木的腐朽开始的森林公园的重生。

这些改变多种多样且相互融合，在无数不同的规模和时间内发生。比如植被在

1　这些见解来自 20 世纪 80 年代中后期与迈克尔·范·沃肯博格和乔治·哈格里夫斯的几次对话，当时他们谈到了自己的设计从构建空间和形式向构建体验进行的转变。

矿渣堆上自发地生长演替，又如在平整、四季常青的微斜草地边乱石铺就的水道内，水流依照韵律的涨落，或是随着季节变化的植物生长与气温变化。北美景观研究的奠基人 J. B. 杰克逊认为景观设计是一种操控时间的过程（Jackson，1984）。可持续景观能够起到揭示、主力、修复、重塑生态进程的作用，有时间性和动态性。可持续之美能够捕捉、延迟、压缩时间，它能够打开日常生活通向——如迈克尔·范·沃肯博格所说的——"精神上的亲密宏大感"之间的大门。城市、社会和自然生态的奇迹，在这样的景观媒介下变得触手可及（Amidon，1995）。[1]

10. 持久的美是韧性的、可再生的

旧有的认为景观之美是原生的、平衡的、平顺的、受限的、有魅力、令人愉悦且和谐的观念仍然存在，必须通过应用生态学的新视角来重新对其进行审视。

动态而非静止的设计作品，可以针对扰动和韧性而作。能够被预报的洪水就不再是灾难，而只是自然现象，是规律性扰动的一部分了，人们就可以提前种植能够在泛滥的洪水下生存的植被。当知道冰流会破坏树干时，我们就可以种植被破坏后重生时会愈加枝繁叶茂的树种。这种景观的美，来源于人们对于它的韧性、坚持和不屈不挠特性的了解（图 6.7）。

美不是一个固定不变的概念，而是随着时间、需求和语境的不同而演变，这种对于美的定义在景观建筑学之外的许多领域中也被广泛接受。这种变化性看待美的观点，建立在景观设计作品原材料的韧性上，而不是在一系列先验的形式或类型上，这种观点既与当代共鸣，又与我们这一行业早期的理论基础相关。在后"9·11"的时代语境下，充斥着恐惧的文化和对于安全感的追求，使得美国城市空间日益受到标准化和日渐增强的监控活动的影响。适应性和韧性强的植被、能够抵御极端天气、洪水、污染和弱光的平整地面，都能激发人们的希望，并带来应对不确定的新方式。

---

1 参见 Amidon, Hypernature, 17；想要了解范·沃肯博格对这一概念的理解和运用，可以参考 Bachelard, G., *La Poétique de l'Espace*（Paris: Presses Universitaries de France, 1958），本书由玛利亚·乔拉斯（Maria Jolas）翻译成英文，以《空间之诗》（*The Poetics of Space*）为名出版，并加入了艾蒂安·吉尔森（Étienne Gilson）所写的序言（NY: Orion Press, 1964）。

图 6.7　斯托斯城市景观公司和泰勒与伯恩斯建筑公司，运用想象力在俄勒冈州波特兰的塔波尔山上，将 19 世纪废弃的饮用水库，转变为了公共公园。通过重新利用现存的建筑结构和林地，设计师们对当地生态和社会的新生完成了催化。通过对供水系统的战略设计，重新充入了地下水、创造了野生动物栖息地，人们也能在其中游泳消遣，一种独特的可持续的美就被构建出来了

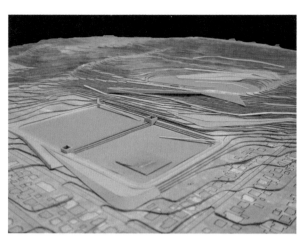

资料来源：由斯托斯城市景观公司克里斯·里德拍摄。

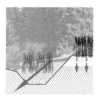

第一阶段　水库5：
在湿地平台建立的芦苇床系统用于暴雨处理>水平和垂直芦苇床的组合(物质流系统)>有效去除无机物。

第二阶段　水库6：
安装在上下水池之间的砂滤系统>水通过砂石台地进行曝气和过滤>必要时添加氯以使得下水池中的水适合游泳。

小查尔斯·埃利奥特（Charles Eliot, Jr., 1859—1897）在其富有先见之明的文章中，列出了许多美国景观建筑在成为一门学科时所面临的难题。他提出美并不是任何一种形式所固有的，对 20 世纪 90 年代对于正式和非正式的争论给出了自己的看法。在其 1896 年的文章中，埃利奥特敏锐地观察到：

这一点可能很难解释，但这是科学的共识之一，即每种生命的外在形式都是通过长时间的自然选择而成的，不是有其功用，就是能够带来好处和便利，美是这种进化的结果。

……无论在何种情况下，无论是谁，只要他坚持某种特定的规划土地和其上景观的方式，那他肯定是个榆木脑袋。他忽略了最基本的事实，即虽然合理不代表美，但所有美的东西都必然合理。真正的艺术在让人感到美之前，都得表达出东西。（Eliot，1896）

埃利奥特也承认，在需求、社会和科学研究发生变化时，对美的文化认知也会发生变化。

近期生态科学的范式转变影响了文化认知中对于自然界合理和美的定义。从麦克哈格 1969 年出版《设计结合自然》一书开始，有关生态系统动态的科学理论发生了重大转变（参见 Cook，1999；Kingsland，2005）。韧性、适应性和干扰取代了稳定性、和谐、均衡和平衡，成为生态系统研究的惯用术语。对于稳定的顶级植物和动物群落的构想，被对干扰机制、突发性和韧性等属性以及混沌、自组织系统的理解所代替。这些理论对景观设计大有指导意义，但是在它们被科学研究所采用的 30 年后的今天，许多景观建筑师和他们的客户仍然在用过时的、浪漫主义的对自然和美的理解来进行设计。靠杀虫剂和除草剂才能维持青绿的草坪，对儿童、宠物、昆虫和鸟类都有害，何谈美感呢？

历年美国景观建筑协会年度会议的主题也是这一点的例证之一。比如在 2006 年的大会上，人们很少讨论棕地，而是将"蓝色星球，绿色方案"[Green (not brown and gray) solutions only for a Blue Planet]作为主题。一年后，主题变成了"设计与自然：平衡的艺术"（Designing with Nature: The Art of Balance），这些主题听起来仍然像是对20世纪50—70年代景观生态学的再现。作为一个职业性的组织，美国景观建筑协会需要加深对于当代生态学理论的认识，特别是当联合国政府间气候变化专门委员会（IPCC）第四次评估报告中，专门提到了全球气候变化及其对未来城市的影响时。我们的设计必须是韧性强、适应力强且可再生的城市模式中的一部分。[1]

到了21世纪，韧性的文化含义与其生态学含义同样重要。三位对可持续性一词的概念和含义有深刻认识的美国景观建筑师——约翰·莱尔、朱莉·巴格曼和伦道夫·赫斯特——都意识到了它的局限性，同时也看到了将景观建筑看作可再生、有韧性的构想的潜力（Lyle，1994；Thayer）。[2] 在《生态民主设计》（Design for Ecological Democracy，2006）一书中，赫斯特解释了生命力持久的设计作品背后的原则，并强调了用韧性替代稳定和平衡的重要性。

> ……对自然的设计或模仿，能够使得人类的居住地在生存威胁和剧烈变化面前，有效地进行自我维持，并与周围的环境相适宜。这类韧性强的设计模式，是可持续城市生态学的根基……。持久的生命力所依靠的城市结构，需要做到即使处于危机之中也能持续为人类社会提供所需的资源和条件。有韧性的城市有抵御外界冲击的内在能力，能够在不产生巨大损失的情况下，轻松从疾病、不幸、袭击、自然或社会灾害等其他剧烈干扰中恢复，也能够随时适应改变。有韧性的城市，即使在被破坏后，也能保存其形式上的精髓。这样看来，韧性比可持续性更能精确描述城市设计所要达到的目标。通过与景观和文化网络的无缝衔接，有韧性的城市可以高效地实现自我维持。（Hester，2006）

---

1 公平地说，在宣布2008年美国景观建筑师协会年度会议的主题"绿色基础设施：连接景观与社区"（Green Infrastructure: Linking Landscapes and Communities）时，美国景观建筑师协会指出了可持续性是"三年间会议参与者和非参会人员共同讨论程度最高"的话题。可以参考 Land On-line, ASLA Call forEducation Sessions for the 2008 Annual Meeting, *Landscape Architecture News Digest*, 2007, http://www.asla.org/land/2007/1106/proposals.

2 参见 Lyle, *Regenerative Design for Sustainable Development*；Thayer, *Gray World, Green Heart*。巴格曼在弗吉尼亚大学景观建筑学课程中教授一门被称为再生技术的必修课。

11. 景观媒介：从体验到可持续实践

对于景观设计作品的体验，可以成为观察、徜徉和关心环境的一部分。对于景观的体验可以成为培养价值观的一种方式。

我关于可持续之美的宣言的最后宗旨，是要强调可持续发展所在的多种话语和实践。可持续性既是一种环境道德，又是一种根植于自然科学的设计技术、方法。可持续性是自我中心论和生态中心论世界观的中间地带，横跨人类和非人类的世界，试图建立一种同心化世界观和生态中心主义世界观的混合体（Thomapson，2000）。[1] 我认为景观设计可以通过不同的设计技巧、可持续科技来实现，也可以作为一种美学体验来改变人们的环境道德观。并且在我看来，后者是我们关心可持续景观设计最为重要的原因（图6.8）。

对美——特别是新型的、有挑战性的美——的体验和欣赏，能够引发参观景观设计作品的人们的关注、同情、爱、关心和重视，并对他们产生作用（Hester and Nelson，2017）。16 400名注册景观设计师或15 200名美国景观建筑师协会成员，对于在美国这个世界上利用资源最多、产生废弃物最多、受到环境挑战最严峻的发达国家中建立起可持续的文化来说，远远不够。但我们可以将这些数字乘上客户的数目，经常游览那些我们所设计的公共空间、公园和社区的人的数目，以及那些理解人们对自然资源的消耗、生活习惯和生态系统的健康之间的联系可以因为美学体验而发生改变的人的数目。并不是所有的改变都需要通过教育、内疚感或者牺牲精神来实现的。在最好的情况下，改变会悄然、逐渐但明显地发生，这时改变就成了个人意愿和内在需要的外现，而并非来自于集体罪恶感。

五、最终思考：延续美 / 延续文化

大众媒体中充满了对可持续性、环保政策和全球气候变化的图文。举例来说，

---

1 对不同形式的可持续性的道德规范的深入分析，可以参考 Thompson, Ian, "The Ethics of Sustainability," in Benson and Roe, Landscape and Sustainability。

斯利辛化工厂

皮匠街走廊

美国环保署斯利辛超级基金场地

地下水处理设施

事件

短期占用

修复树篱

催化剂

入

修复小

1971　　1979　　1994　　　2001　　　　　　2003　　　　　2005

图 6.8　由斯托斯城市景观公司进行景观规划设计的马萨诸塞州洛厄尔市（Lowell）的斯利辛（Silresim）
　　　　化工厂，是对于被污染的工业用地进行修复和再利用的"功能实践"的一种模式。整治地下
　　　　水和植被重生的生态物理过程，在公共空间内和邻近居民的关注和助力下完成。这种过渡性
　　　　的景观，承载了人们日常生活的空间，并支持着生态和文化的发展。这种美随着时间的流逝慢
　　　　慢展现在人们面前，提醒着周围的居民，生态重生的过程是缓慢且充满不确定性的。对于这种
　　　　动态过程的展示，是对公众进行生态过程的现时性教育的重要方面。这一项目不仅可以发挥生
　　　　态功能，也可以构建出新的社会过程和美学体验

资料来源：斯托斯城市景观公司克里斯·里德拍摄。

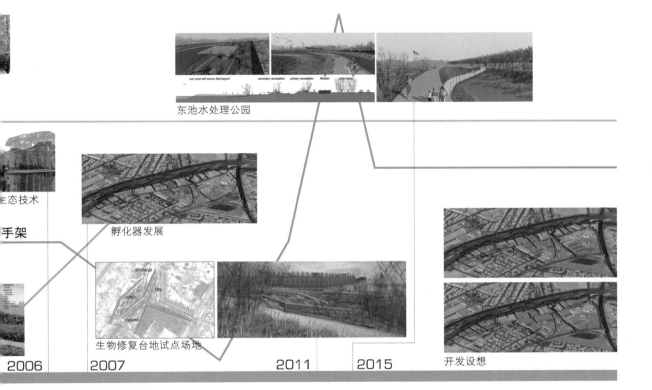

在迎来 2007 年世界地球日之时，《时代》（Time）杂志出版了一期名为"全球变暖存活指南：你能做的 51 件事"（The Global Warming Survival Guide：51 Things You Can Do to Make a Difference，2007.4.9）的特刊；《纽约时报周日版》（New York Times Sunday Magazine）的封面采用了用花朵、苔藓、种子和树叶组成的美国国旗来尝试表达"世界地缘政治的环保化"（The Greening of Global Geopolitics，2007.4.15）；《新闻周刊》（Newsweek's）的"领导能力与环境"特刊（Leadership and the Environment，2007.4.16）的封面上，加利福尼亚州的共和党州长，将小小的地球像篮球一样在指尖旋转；穿着派克大衣的莱昂纳多·迪卡普里奥（Leonardo DiCaprio）和一只小北极熊一起登上了 2007 年五月《名利场》（Vanity Fair）的封面。

关于设计的杂志们经常性地以专栏或者特刊的形式，来论述设计领域的环保化。即使是持续推崇现代设计的《家居》（Dwell）杂志，也在 2000 年后的每一期杂志中都包含一篇有关可持续的文章。在阿尔·戈尔 2006 年的传记电影和书《难以忽视的真相》意外走红和他 2007 年被授予诺贝尔和平奖（同时拿到此奖的还有对全球环境研究进行了重要分析和总结的联合国政府间气候变化专门委员会）之后的一年间，媒体之中环保话题盛行，而在《绿色的新含义：可持续性不会过时》（A New Shade of Green: Sustainability Is Here to Stay）一刊中，编辑山姆·格拉夫（Sam Grawe）代表了当时社会历经此事后的反应——"我跟你们说实话，我有点儿烦可持续性这个词了"（Grawe，2007）。

这些论坛难道是改变人们的价值观和实践的唯一有效方式吗？我认为并非如此。格拉夫在社论中的评价表明，媒体的狂轰滥炸很容易会引起人们对于环境主义反感，尤其是在每种产品、每个行业——无论是豪车还是豪宅，甚至是石油公司——都开始宣称自己"生态友好"或者"环境友好"的时候、在可持续性的狂热追捧者成为"生态博主"，开始记录他们每一天日常行为对于地球的影响时、在当所谓"生态时尚"的教徒开始在回收利用过的、环境安全的材料搭成的场地上举办夜店派对的时候，当家得宝五金公司的海报中开始用生物世界的图景——仿佛它是什么能跟我们成为朋友或者被拥抱的玩具、宠物似的——的时候。

我们需要以各种形式、通过各种论坛去理解人类活动对于这个星球的影响，这些形式可以是视觉上的、文字上的甚至体验性的。如同劳伦斯·比尔在《写给濒危的世界》中所说的，我们不仅需要报告和数据，也需要文化、叙述、图像和地点的产物来促使我们去行动（Buell，2001）。

在这方面设计和美至关重要。美，能在设计中体现出来，改变人的精神。以观赏匹兹堡阿勒格尼（Allegheny）公园沿河岸的水泥步道上的落雪为例（图6.4），由于没有植被覆盖，设计师在水泥地面上印上像草的标记，水流就在这些线条中凝结成冰形成阴影，提醒我们此处缺失了什么。这些地面线条，以一种奇妙的方式与河中水流的动态和周围街灯的灯光交融在一起。在此处，如何区分人工与自然、形态与精神、生态和科技、美学和可持续性？这些问题，都被对于此处即时又恒久的记忆与体验所取代了。

只采用最佳管理实践、符合绿色建筑委员会的绿色能源与环境设计先锋奖（USGBC LEED）和可持续设计倡议（SITES）的标准来进行景观设计是远远不够的，这样的作品很可能看起来全无设计感。单纯去模仿异国他乡同行们的优秀作品是不行的，景观设计必须在构建生态系统的同时做到对体验的构建，从而使得居民能行动起来。景观设计只占据了地球表面很小的一部分，但一举一动——包括生活、通勤、消费、选举——都可能对环境产生重大影响的人类却流连、栖居于此。虽然设计出一个能够减少暴雨冲刷的绿色屋顶或公园十分重要，但景观设计作品的功能或许远超它对于当地生态系统或水域的即时影响。

诸多的学科和行业，都能为我们对可持续性的理解做出贡献。景观建筑师们作为设计者，通过将地点构建得能够发挥生态系统功能、给人们带来美学体验来实现这一点。通过节约、调整设计并减少有害物质的使用，我们可以变得更可持续，同时富饶、神奇和美也能助力环境的可持续和再生。景观外观的功能和对于美的体验，应该与其中生态系统的功能受到同等关注。我坚信并希望着，这种转变能使我们的客户、邻居不再自满和无所作为，并将他们转变为新一代环保主义者。

参考文献

[1] Amidon, "Hypernature," 17, for Van Valkenburgh's interpretation and appropriation of this concept from Bachelard, Gaston, *La Poétique de l'Espace* (Paris: Presses Universitaires de France, 1958); translated into English by Maria Jolas as *The Poetics of Space* with a foreword by Étienne Gilson (New York, NY: Orion Press, 1964).

[2] Amidon, Jane, "Hypernature," in *Michael Van Valkenburgh Associates: Allegheny Riverfront Park* (New York, NY:

Princeton Architectural Press, 2005), 56–68.

[3] Andrews, Richard N. L., *Managing the Environment, Managing Ourselves: A History of American Environmental Policy* (New Haven, CT: Yale University Press, 1999), 370.

[4] Beck, Ulrich, *Ecological Enlightenment: Essays on the Politics of the Risk Society* (Atlantic Highlands, NJ: Humanities Press, 1995).

[5] Benezra, Neal David, and Olga M. Viso, *Regarding Beauty: A View of the Late Twentieth Century* (Washington, D.C.: Hirshhorn Museum, 1999).

[6] Benson, John F., and Maggie H. Rowe, *Landscape and Sustainability* (London, UK: Spon Press, 2000), 2.

[7] Berleant, Arnold, *Art and Engagement* (Philadelphia, PA: Temple University, 1991).

[8] Berrizbeitia, Anita, *Roberto Burle Marx in Caracas: Parque del Este 1956–61* (Philadelphia: University of Pennsylvania Press, 2005).

[9] Beveridge and Hoffman, *The Papers of Frederick Law Olmsted*, 147–57.

[10] Beveridge, Charles E., and Carolyn F. Hoffman, eds., *The Papers of Frederick Law Olmsted, Supplementary Series Vol. 1, Writing on Public Spaces, Parkways, and Park Systems* (Baltimore, MD: The Johns Hopkins University Press, 1997), 10.

[11] Beveridge, Charles E., and Paul Rocheleau, *Frederick Law Olmsted: Designing the American Landscape* (New York, NY: Rizzoli, 1995), 35.

[12] Buell, Lawrence, *Writing for an Endangered World: Literature, Culture, and Environment in the U.S. and Beyond* (Cambridge, MA: Belknap Press, 2001), 1.

[13] Calkins, Meg, "Green Specs," *Landscape Architecture*, Vol. 92, No. 8 (August 2002): 40–45 and 96–97.

[14] Calkins, Meg, "Green Specs II," *Landscape Architecture*, Vol. 92, No. 9 (September 2002): 46–50 and 103–09.

[15] Calkins, Meg, "Greening the Blacktop," *Landscape Architecture*, Vol. 96, No. 10 (October 2006): 142, 144, and 146–59.

[16] Cook, Robert, "Do Landscapes Learn? Ecology's New Paradigm and Design in Landscape Architecture," in Conan, *Environmentalism in Landscape Architecture*, 115–32.

[17] Cosgrove, Denis E., *Social Formation and Symbolic Landscape, with a new introduction* (Madison: University of Wisconsin Press, 1998; originally published in 1984 by Croom Helm, of Beckingham, UK).

[18] Danto, Arthur C., "Beauty from Ashes," in Benezra and Viso, *Regarding Beauty*, 183–97; quoted on 195.

[19] Grawe, Sam, "Sustainability 24/7," *Dwell at Home in the Modern World*, Vol. 8, No. 1 (November 2007): 41.

[20] Hester, Randolph T., and Amber Nelson, *Inheriting the Sacred: How to Awaken to a Landscape that Touches Your Heart and Consecrate It, Design It as Home, Dwell Intentionally in It, and Let It Loose in Your Democracy* (Staunton, VA: George F. Thompson Publishing, 2017).

[21] Hester, Randolph, T., *Design for Ecological Democracy* (Cambridge, MA: The MIT Press, 2006), 138–39.

[22] Hough, Michael, *City Form and Natural Process: Towards a New Urban Vernacular* (Beckenham, UK: Croom Helm, 1984).

[23] Howett, Catherine, "Systems, Signs, Sensibilities: Sources for a New Landscape Aesthetic," *Landscape Journal*, Vol. 6, No. 1 (Spring 1987): 7.

[24] Jackson, J. B., "The World Itself," in *Discovering the Vernacular Landscape* (New Haven, CT: Yale University Press, 1984), 8.

[25] Kingsland, Sharon E., *The Evolution of American Ecology, 1890–2000* (Baltimore, MD: The Johns Hopkins University Press, 2005).

[26] Lyle, John Tillman, *Regenerative Design for Sustainable Development* (New York, NY: John Wiley and Sons, 1994), 10.

[27] Lyotard, Jean-Francoise, "Presenting the Unpresentable: The Sublime," *Art Forum*, Vol. 20, No. 3 (April 1982): 64–66.

[28] Lyotard, Jean-Françoise, "Sublime and the Avant-garde," *Art Forum*, Vol. 22, No. 8 (April 1984): 36.

[29] Lyotard, Jean-Fran coise, *Lessons on the Analytic of the Sublime*, translated by Elizabeth Rottenberg (Stanford, CA: Stanford University Press, 1994).

[30] McHarg, Ian L., *Design with Nature* (Garden City, NY: John Wiley & Sons, Inc., 1969; 25th Anniversary Issue, 1995).

[31] Merchant, Carolyn, *The Columbia Guide to American Environmental History* (New York, NY: Columbia University Press).

[32] Merleau-Ponty, Maurice, *The World of Perception* (New York, NY: Routledge, 2004; originally published in 2002 as Causeries 1948 by Editions De Seuil in Paris, France).

[33] Meyer, Elizabeth, "The Post-Earth Day Conundrum: Translating Environmental Values into Landscape Design," in Conan, Michael, ed., *Environmentalism in Landscape Architecture* (Washington, D.C.: Dumbarton Oaks Trustees for Harvard University, 2000), 187–244.

[34] Mozingo, Louise A., "The Aesthetics of Ecological Design: Seeing Science as Culture," *Landscape Journal*, Vol. 16, No. 1 (Spring 1997): 46.

[35] Nassauer, Joan, "Messy Ecosystems, Orderly Frames," *Landscape Journal*, Vol. 14, No. 2 (Fall 1995).

[36] Reed, Peter, and Irene Shum, eds., *Groundswell: Constructing the Contemporary Landscape* (New York, NY: Museum of Modern Art, 2005).

[37] Roberts, Paul, "Is Sustainable Attainable?" *Landscape Architecture*, Vol. 84, No. 1 (January 1994): 56–61.

[38] Scarry, Elaine, *On Beauty and Being Just* (Princeton, NJ: Princeton University Press, 1999), 24.

[39] Spirn, Anne Whiston, "The Poetics of City and Nature: Towards a New Aesthetic for Urban Design," *Landscape Journal*, Vol. 7, No. 2 (Fall 1988): 108.

[40] Sprirn, Anne Whiston, *The Granite Garden: Urban Nature and Human Design* (New York, NY: Basic Books, 1984).

[41] Sutton, Silvia Barry, ed., *Civilizing American Cities: A Selection of Frederick Law Olmsted's Writings on City Landscape* (Cambridge, MA: The MIT Press, 1979), 214–15 and 244–45.

[42] Thompson, J. William, "How Green is Your Magazine?" *Landscape Architecture*, Vol. 97, No. 7 (July 2007): 11.

[43] *Time magazine Special Double Issue* "The Global Warming Survival Guide: 51 Things you can do to make a difference" (April 9, 2007); and "The Greening of Global Geopolitics," The *New York Times Sunday Magazine* (April 15, 2007); *Newsweek's Leadership and the Environment issue* (April 16, 2007); and *Vanity Fair* (May 2007).

[44] United Nations, *Environmental Program: Rio Declaration on Environment and Development (1992)*, available at http://www.unep.org/Documents.Multilingual/Default.asp?documentid=78&articleid=1163.

[45] United Nations, *NGO Committee on Sustainable Development (2008)*, available at http://www.unngocsd.org/CSD-Definitions%20SD.htm.

[46] United Nations, Report of the World Commission on Environment and Development (1983), available at http://www.un.org/issues/m-susdev.html.

[47] Urban, James, "Organic Maintenance: Mainstream at Last?" *Landscape Architecture*, Vol. 94, No. 3 (March 2004): 38, 40, 42, and 44–45.

[48] Werthmann, Christian, *Green Roof–A Case Study: Michael Van Valkenburgh Associates Design for the Headquarters of the American Society of Landscape Architects* (Princeton, NJ: Princeton Architectural Press, 2007), 134.

[49] World Commission on Environment and Development, *Our Common Future* (New York, NY: Oxford University Press, 1987).

NATURE AND CITIES

第七章　创造性适应：
道法自然的城市设计

何塞·阿尔米尼亚纳　卡罗尔·富兰克林

一、错误的二分法

"自然与城市"的讨论，就已经预设了"自然"某种程度上是相对于"人类及其产物"而独立存在的，因而强化了一种今天已知是错误的过时世界观。20世纪初阿尔伯特·爱因斯坦（Albert Einstein）提出了一套理论体系，并在战后得到了长足发展，自此，人们对于宇宙空间本质的理解发生了巨变。[1] 近来的科学发现（尤其在天文学、生物学和物理学领域）为宇宙的组成、结构和形成过程提供了前所未有的证据。现在，人类对基本物质（原子粒子、基本元素和生命规律）的理解与以往相比已截然不同。人类对行星、太阳系、星系和宇宙的演变也达成了显著共识。推动这些科学发现的工具——从量子力学到X射线晶体学，从大型强子对撞机到哈勃太空望远镜等——就诞生于现如今知识空前爆炸的时代。

过去，西方哲学坚持的假设前提是，人类与地球（包括地球上的动植物）是截然不同的。而如今，随着新工具的出现，这种假设前提已经失效或者变得不相

1　理论物理学家爱因斯坦生于德国，在其1905年发表的论文中提出"广义相对论"，他发现的"光电效应"定律是量子理论建立的关键，也是当代针对宇宙的科学研究的第二大支柱（Einstein，1905，1920）。

关。信息技术的发展——摄影（可捕捉所有波长的光和光谱）、计算机与计算机程序（如 GIS、CAD、3D 设计）、数据管理和视频技术等等——带来很多新的宇宙理论，并引介给了越发广泛的大众。基于实验、实体证据、数学方程和模型，科学为人类提供了有关宇宙各个系统的一套宏大甚至近乎统一的观念，并揭示了宇宙演化的过程。

然而，直到 1964—1965 年，科学家才证明大爆炸开始的奇点是宇宙起源。奇点体积极小，且炙热无比。[1] 这次爆炸导致高密度、高热的氢气暴胀，从而产生了空间／时间和早期同质以及各向同性且平坦的宇宙。经过冷却期和黑暗时期之后，氢云合并成为巨大的早期恒星，恒星进而凝缩，成为核反应的熔炉，（在恒星核心附近的高温高压反应中）使氢元素熔合成氦。恒星融合，形成星系，星系进一步形成星系团，随后宇宙分化成许多复杂的结构（由巨大的空隙分开）和不可见的暗物质与暗能量（由可见物质、辐射和宇宙大型结构的引力效应推断而来）。超新星诞生于退化恒星的核聚变再燃或是大质量恒星核心的引力坍缩，进一步产生名为"脉冲星"的高密度中子星（仅在 1967 年发现）。这种中子星爆炸，向宇宙中投射组成宇宙非生物或生物的较重元素。这样一个宇宙"诞生"的过程展示了宇宙在不断地朝着复杂演变——从最初的大爆炸，进而转变为最初同质、各向同性、扁平宇宙，随之形成星系、恒星、行星以及生命（Choi，2014）。大爆炸理论的成立使宇宙学摆脱神学的桎梏，成为天体物理学的硬科学（粒子物理学和观测天文学的结合）。更重要的是，大爆炸理论改变了人类的世界观。正如天文学家卡尔·萨根（Carl

---

1　1964 年，阿尔诺·彭齐亚斯（Arno Penzias，1933—）和罗伯特·伍德罗·威尔逊（Robert Woodrow Wilson，1936—）在新泽西州霍姆德尔的贝尔实验室意外发现了宇宙微波背景辐射，证明了大爆炸理论 [1927 年由比利时物理学家乔治·勒梅特（Georges Lemaître，1894—1966）首次提出]，并推翻了宇宙学家弗雷德·霍尔（Fred Hoyle，1915—2001）、数学家赫尔曼·邦迪（Herman Bondi，1919—2005）和天体物理学家托马斯·戈尔德（Thomas Gold，1920—2004）所支持的稳态宇宙理论（Lemaître，1927；Bondi and Gold，1948；Hoyle，1948；Penzias，1965；Penzias and Wilson，1965）。然后，美国理论物理学家和宇宙学家阿兰·古斯（Alan Guth，1942—）在 1979—1980 年提出，宇宙在大爆炸后瞬间的膨胀速度超过光速。这个被称为宇宙膨胀论的理论解释了宇宙大尺度结构的起源（Guth，1997）。

Sagan, 1934—1996）的名言：“你我皆星尘。”[1] 如果人类以及所有生命都是“星尘”，便意味着我们皆由同种物质构成，并在可理解的框架内不断进行组织细分。在这一世界观下，将“人与自然”和“自然与城市”相分离的观点就是一种错误的二分法，尽管这种观点在西方文明中有着悠久的历史，并且已经在我们的头脑中根深蒂固。

19 世纪是知识爆炸的时代。随着学科不断细分，在维多利亚时期出现了更多专门化的知识领域。然而，在 20 世纪及 21 世纪初期，尽管学科数量飞增，科学、人文和艺术等领域在研究与实践等方面依旧出现了不断融合的趋势，或至少出现相互重叠的学科边界。[2] 对问题越来越相似的看法也使得“生态”和“进化”的思维模式几乎存在于每个领域。生态学方法意味着对全局的认知（即一切事物都嵌入在一个关系网络中）；进化学方法来源于从科学 / 物质角度对变化机制的认知。从根本上说，进化包括生与死以及整个宇宙及其组成部分的循环往复。注意：“进化”不是单向的线性发展或是 19 世纪那种进步主义论调，而是指事物组成趋于复杂、环境适应能力趋于增强的过程。

除了上述“进化”与“生态”两种思维方式，人类思维方式的另一变化也为城市设计和规划的新方向奠定了基础。这种被称为“系统方法”的思维方式为我们勾勒出了一个全新框架。“系统方法”不再将事物的组成部分视为彼此独立的部分、结果或事件。相反，各要素被视为是有组织的功能单元。这些单元通过能量、信息和

1　卡尔·萨根是美国天文学家、天体物理学家、宇宙学家和作家，他最著名的作品可能是电视连续剧《宇宙：个人旅程》（Cosmos: A Personal Voyage），这是一个广受关注的公共广播服务（PBS）节目（在 60 个国家至少有 5 亿人观看）。这部电视剧共播出 13 集（1980 年 9 月 28 日—12 月 21 日），改编自他的同名著作《宇宙：个人旅程》（*Cosmos: A Personal Voyage*, New York, NY: Random House, 1980）。利用最新的科学发现，这个系列得到了更新，现在叫作《宇宙：时空奥德赛》（Cosmos: A Spacetime Odyssey），于 2014 年 3 月 9 日首演，在 2014 年 6 月 8 日结束。其由美国天体物理学家奈尔·德格拉斯·泰森（Neil deGrasse Tyson）、地球和空间中心海登天文馆负责人以及美国自然史博物馆研究员弗雷德里克·罗斯（Frederick Rose）主办。引自 Sagan, *Cosmos*, 190.
2　这一现象似乎被赋予了一个名称，即工程、物理科学和生命科学联合起来。参见 Berret（2011），http://www.insidehighered.com/news01/05/2011。

材料构成的关系网络互相连接，构成了一个整体功能大于各部分功能之和的有机整体。对于一个有机整体来说，孤立地分析每一个组成部分是无法得出其整体功能的。这些组成部分，不管大小、形状、领域、物质、类型或尺度如何，都嵌入并组成许多互相依赖的矩阵或关系语境（László，1983）。[1]

系统方法在各学科都越来越多被关注，尤其是在生物学、工程学、医学、物理学和社会科学（包括人类学、考古学和历史学）领域。对于设计师，尤其是景观设计师，系统论方法更是要内嵌在对景观的理解之中。系统论将一个复杂实体的所有部分视为"有机体"，即具有结构、行为和互联性的动态且复杂的整体。按照这个定义，不论功能如何失调，所有城市都是一个有机体。个别部分（建筑物、街道、开放空间和自然区域）是不能从系统内和系统外的关系语境中抽离出来的。

在本章中，我们探讨了设计专业的最新动向以及人类认知变化带来的向着"系统思维"的转变。本章首先简要介绍查尔斯·达尔文和劳伦斯·亨德森（Lawrence Henderson，1878—1942）的"适应性"观点。该观点认为生命的存续和有利于生活的条件取决于"创造性地适应环境"，反过来又"创造性地改变环境"。将热力学研究中总结出的"熵"和"负熵"的概念融入进化观念中，让人们认识到宇宙是逐渐且不断在"下沉"——从有序到无序。但宇宙和生命本身的不断进化反驳了上述观点。罗伯特·皮尔斯格（Robert Pirsig）注意到，"……生命在不断'上升'，不仅将低能量的海水、阳光和空气转化成高能量的化学物质，而且随着人类不断繁衍和进化，这种'上升'速度越来越快。"（Persig，1991）因为随机性和无序性不利于人类的生存，而且生命依赖于复杂的进化，所以人类更偏好结构化和差异化的环境（负熵被视为非常正向的价值）。伊恩·麦克哈格将这些想法综合融入进设计创意的定义，他称之为"创造性适应"（图 7.1）。

1　欧文·拉斯洛（Erwin László，1932—）是匈牙利哲学家和系统理论家，他将系统定义为有组织的复杂性，这个术语现在可能被景观设计师、规划师和建筑师采用。关于系统理论的早期根源，可参见 Bateson（1979）、Capra（1997）和 Odum（1983）。

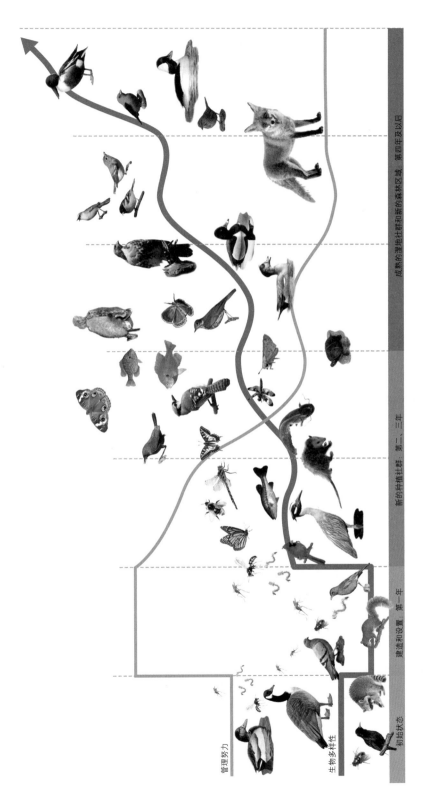

图 7.1　伊恩·麦克哈格的"创造性适应"过程，这个理论已使用了 50 年。它要求设计师和规划师将目标与思维方式从简单转变为复杂，由单一转变为多元，以及在建设成熟的湿地社群和新的森林区域。第四年及以后，计和规划中融入更多物种。这个流程如图中所示。这是在美国华盛顿特区举办的设计竞赛中的作品。随着景观与生态设计的成熟，生物多样性也在逐渐增加

资料来源：须亡草联合设计公司。

（纵轴标签，从上到下）
管理努力

生物多样性

（横轴标签，从左到右）
初始状态　　建造和设置：第一年　　新的种植社群：第二、三年　　成熟的湿地社群和新的森林区域，第四年及以后

"创造性适应"不仅关注生态理念和系统思维的融合以及各学科思想之间的融合，还提出了这种融合如何以及为何会越来越广泛地成为设计和规划的替代方法，并且为何人们对自然、设计的态度以及对景观设计师、建筑师和规划师角色的态度会发生转变。我们相信，这些新的可能性滋养了新的设计环境。在新的环境中，设计师可以融合许多不同的甚至意想不到的元素，进而促进对现有系统的响应式干预并创造新事物——不仅仅是复制自然，更是创造未知甚至是不可能的事物。无论在设计行业还是在世界范围内，这种改变产生了意想不到的结果。对景观设计师来讲，这种改变意义更大。我们坚信，地球作为一个整体，其丰富的地貌决不能与其所抚育的生命形态相分割。

我们利用作者名下的景观建筑与规划公司——须芒草联合设计公司的工作与经验探索城市设计和规划的最新方向——重新编织城市肌理，把城市转变成有生命的有机系统。在新的城市环境中，"城市／人造物"与"自然"系统之间的区别逐渐消失——例如，城市的管道（入口、排水管和管网）将变为自然排水系统。

二、可替代设计实践与理论先例

本章特此提供八个总体思路，这些思路在不同程度上为下一部分提出的"可替代设计实践与理论"注入可能性。

1. "适应性"理念

"适应性"理念源于查尔斯·达尔文对自然选择作为适应性进化驱动力的解释（Darwin，1859）。适应的过程时而渐进，时而突然，使得特定生物特征得以遗传或随时间消失。通过与所处环境需求的互动，"适应性"创造和继承那些使生物变得更具竞争性的生存和繁殖特征。劳伦斯·亨德森是 20 世纪初世界领先的生物化学家之一，他在扩展达尔文理论的基础上，把适应性作为衡量成功适应的标准。1913 年，亨德森提出适应是一条双向道，其中也包括生物体对物质世界的改造。正如他写道："现代推测没有考虑到物质宇宙也可能会受到适应性法则的制约，而适应性法则对有机进化领域十分重要，不管是在环境中抑或是在有机体中。"最新的科学发现已经证实了这个概念（Henderson，1913，1917；Canfield，2014）。[1]

2. 熵和负熵

德国物理学家、数学家鲁道夫·克劳修斯（Rudolf Clausius，1822—1888）在一篇题为"论热的移动力"（1850）的论文中提出了热力学第一定律（Clausius，1850，1867）。[2] 能量或做功的能量以热量、光、化学能、电能和其他形式存在，但封闭系统中的总能量不变——只从一种形式转化为另一种形式，不能被创造也不能被毁灭。1865年，克劳修斯提出了"熵"与热力学第二定律。熵是在能量从一种形式转化另一种形式过程中，能量降解为热量时发生的小而累积性的损失。它是一个系统中"无序"的度量。一个多世纪以后，获得诺贝尔奖的奥地利物理学家和量子理论的创始人之一欧文·施里丁格（Erwin Schrödinger，1887—1961）提出了"负熵"（negative entrophy）的概念。这一概念被法国物理学家莱昂·布里渊（Léon Brillouin，1889—1969）缩写为"negentrophy"（Schrödinger，1944；Brillouin，1953，1959）。负熵是一种从随机到有序、从简单到复杂的变化。[3]

3. "创造性适应"的理念

景观设计师伊恩·麦克哈格，同时也是生态规划和设计理论的奠基人之一，将达尔文和亨德森的"适应性"理论相结合，并融入了"负熵"这个对健康、高效的人类生活至关重要的正面价值概念。麦克哈格用"创造性适应"这个概念来传达设计师在实现负熵设计时所需的假想过程（图7.1）。他认为这个过程是"熵"的对立

1　坎菲尔德（Canfield）追踪地球上从一个无氧世界到一个富氧世界的氧气水平。他进一步描述了生物和地质过程是如何产生和维持大气中的氧气的。这个例子表明，适应确实是一条双向的道路，包括生物体对物质世界的改变，并强调环境和生命的化学共同进化。

2　热力学第一定律是对早期能量守恒定律的一种改编，该定律认为能量永远不会丢失，而且总是守恒的。

3　最早提出基于热力学第二定律和熵原理的历史理论的人之一是美国历史学家亨利·亚当斯（Henry Adams），参见 Adams（1910）。这个想法也是麦克哈格"创造性适应"的基础，参见 Steiner（2006）。

面，表现在随机性的递减，从简单到复杂，从单一到多元，从不稳定到动态平衡，以及物种数量与物种共生的增长。与"创造性适应"相反的则是"在病理学意义上表现出的错配，并且这种病理学的延伸将是病态的。"（McHarg，2007；Margulis et al.，2006）

麦克哈格强烈认为二战后的建筑和景观趋势基本趋向是熵的增加。这不仅破坏了一个活跃运转的社区所不可或缺的物理和生物系统，而且加剧了无序、丑陋、疾病和死亡。在许多方面，麦克哈格的想法已成为替代性设计方法理论的基础，这些方法始于"可持续性"，现在应该也把"负熵"或"净益"（net-positive）设计作为设计目标。

4. 二战后的美国城市解体

从伊恩·麦克哈格在《设计结合自然》（1969）中介绍的生态设计和规划以及菲利普·刘易斯（Philip Lewis，Jr.）等其他人提出的相近概念开始，为了应对二战后美国城市不断遭受的损害，一些新的规划和设计理念得到了片面的发展（McHarg，1969）。[1] 二战后的经济腾飞、人们对"发展"及"更大更好"项目的迷恋，以及缺乏环境意识的规划限制和指导原则，使美国大部分乡村景观发生巨大改变。新建高速公路、区域购物中心和住宅开发项目占用了大片土地。同时，由于生态环境脆弱或生态价值高的地区内出现过多的人类活动，以及营利导向的建设项目带来的冲击作用，自然和社会系统遭到了大规模破坏。

二战后美国城市肌理解构的标志性事件之一是"城市更新"计划。[2] 受到 1947 年

1　菲利普·刘易斯（1925—）以其对环境廊道的区域景观设计和规划方法而闻名。

2　"城市更新"起源于英国 1947 年的《城镇和乡村规划法案》。当时新当选的工党政府在二战后迅速崛起，并立刻起草了全国性开发规划。这一规划性法案通过将开发权与所有权分离，从而将土地国有化。法案授予地方政府多项权力，包括清理贫民窟、提出一系列地方规划等等。伦敦规划主要是力图限制城市过度扩张，用一个"绿色"开放空间带环绕城市，并建造了一系列新的卫星城以安置再开发地区的居民。尽管伦敦地处泰晤士河河谷的低洼处，且饱受浓雾、洪涝之害，1947 年规划法案却并未对此采取措施。在美国，"城市更新"最早被称为"城市再开发"，1954 年对 1949 年《住房法案》进行修订后这一称呼被修改，前者大大加强了联邦政府在公租房建设和债款抵押保险之中发挥的作用。

英国《城镇和乡村规划法案》(Town and Country Planning Act) 的影响，美国 1949 年《住房法案》(Housing Act) 为城市征用和拆除贫困衰败地区提供了联邦资金支持，即所谓的"贫民窟清理"。改革和重建的力量集中在革新丑陋破败的市中心地区，但城市社区的居民却遭到了忽视。被清理出来的土地，或者抛荒闲置，又或移交给开发商以作大规模项目开发。

1956 年《联邦援助高速公路法案》(Federal-Aid Highway Act) 赋予各州和联邦政府新建公路的完全控制权。[1] 这些高速公路有限定的出入口，专为高速车辆交通设计，城市与交通设计者通常会设计路线穿过那些原本充满活力的城市社区，这就令发展健全的社区被主干道割裂，变得孤立、零散甚至最终人去楼空。新的公共高层住宅成为无处可去的穷人为数不多的庇身之所，而富人则退身郊区。随着时间的流逝，城市复兴计划愈发明显地展示出，正如最开始一些人预测的那样，严重侵蚀了城市税基，破坏了城市社区，原有的商业区也由于被互不相通的大型新项目掏空、隔断或避开而衰落。

二战后，美国城市和景观退化的另一个主要原因，是美国陆军工程兵部队设计和建造的（或大或小的）防洪项目激增。作为联邦机构，部队负责对所有通航水道进行测量、监督和管理，并设计和建造防洪措施以及电力和供水项目。[2] 在当时，通过硬件工程来实施水资源管理是一种被广泛接受的解决方案，但新公路和城郊社区的建设往往会掩埋河道或改变河道走向；为此，工程兵会建坝、筑堤、挖渠、搭建管道。这些行为往往造成非常坏的结果。

新一代环保人士警醒于"进步"所带来的影响，担心逐利的企业和无人监管的大型项目正在破坏文化多样性、社会关系和环境健康；其中，蕾切尔·卡森（Rachel

---

1　《联邦援助高速公路法案》又被称为《州际国防高速公路法案》(National Interstate and Defense Highways Act; Public Law 84-627)，是由艾森豪威尔总统签署生效的。这项法案起初投入 250 亿美元用于建设约 6.6 万千米的"州际高速路网"。原计划在十年内完成，但最终这一项目成为当时美国史上最大的公共工程项目。

2　1899 年《河流与港口法案》(Rivers and Harbors Act) 授予了美国陆军工程兵部队全美可航行水道的所有建筑工程控制权。

Carson，1907—1964）、巴瑞·康门罗（Barry Commoner，1917—2012）、保罗·埃利希（Paul Ehrlich，生于 1932 年）、伯德·约翰逊夫人 [Lady Bird Johnson，即克劳迪亚·阿尔塔泰勒·约翰逊（Claudia Alta Taylor Johnson），1912—2007]、伊恩·麦克哈格和参议员盖洛德·尼尔森（Gaylord Nelson，1916—2005）频频撰文，不断发表反对意见，这些声音觉醒了公众意识，激发了公共辩论，进而带来了开拓性的国家立法。

美国一系列重要的环境相关立法以及关键国际组织及其研讨会和报告，共同构成了变革的基石（表 7.1）。针对逆城市化扩张、景观蔓延、城市更新、超大型公路以及防洪项目的反对声浪，不断刺激着愈发惊惶的设计师绞尽脑汁，做出有别于传统设计和规划的替代方案。这些替代方案尽管看似有一种反城市的偏见，但依然为我们对城市和大城市群的观念转变奠定了基础。

表 7.1　美国重要的环境相关立法、标志性全球环境组织和事件

年份	环境相关立法、标志性全球环境组织和事件
1954	《流域保护和防洪法案》（Watershed Protection and Flood Prevention Act）授权美国土壤保护局（Soil Conservation Service，1935 年 4 月成立，1994 年更名为自然资源保护局，Natural Resources Conservation Service）与其他联邦机构合作，协同规划水资源项目，包括洪灾保险、涝原管理
1955	《空气污染治理法案》（Air Pollution Control Act）是联邦政府首次在空气污染防治方面提供研究和技术支持所颁布的法案
1963	《洁净空气法案》是美国首个在全国范围内通过防控和减缓方式来应对空气污染的联邦法案
1964	人们长期以来试图建立一个正式机制用于确认、指定以及保护联邦各州土地上的野生自然环境，《荒野保护法案》（Wilderness Act）正是这一努力之下的成果
1966	《国家历史保护法案》（National Historic Preservation Act）以及后续的一些立法旨在保护历史和考古遗迹，并建立一个国家史迹名录（National Register of Historic Places）、国家史迹清单（National Historic Landmarks）、国家历史名迹保护办公室（State Historic Preservation Offices）。1976 年，法案进一步扩充，第 106 节增加了其他历史资源、新建筑种类、考古地点、历史和人文景观。1980 年，第 10 节又新增了联邦机构的一些要求
1969	美国环境保护署（EPA）是理查德·尼克松（Richard Nixon）总统下达行政命令建立起来的，它旨在根据国会立法，制定并执行环境影响说明等政策法规，以保护人类健康和自然环境

年份	环境相关立法、标志性全球环境组织和事件
1970	地球日（Earth Day）由美国威斯康星州参议员盖洛德·尼尔森倡议形成，首个地球日是 1970 年 4 月 22 日。当时，地球日被视为一个国家环境危机的全国性大宣讲，以此令公众注意到我们日益受损的自然世界
1970	《国家环境政策法案》（National Environmental Policy Act）推动了全国的环境保护，并成立了总统环境质量委员会（President's Council on Environmental Quality）
1972	《洁净水法案》根本上重组了联邦政府对于水污染的管理，并极大提升了其管理能力，法案规定了排入美国水体的污染物种类，并建立地表水质量标准
1972	联合国人居环境大会（United Nations Conference on the Human Environment）在斯德哥尔摩召开，"可持续发展"这一理念在会上应运而生，用以通过平衡发展中国家的发展需求与发达国家的保护需求，来解决全球环境问题
1972	联合国环境规划署（United Nations Environment Programme）成立，其目的是推动环境保护研究、政策、实践，特别在发展中国家
1973	《濒危野生动植物国际贸易公约》（Convention on International Trade in Endangered Species of Wild Fauna and Flora，亦称作《华盛顿公约》）是旨在保护全球超过 3 500 种濒危植物的多国国际公约
1973	《濒危物种法案》（Endangered Species Act）对受威胁物种和濒危物种的名称进行了定义，也为保护它们赖以生存的生态系统提供了法律依据
1980	国际自然保护联盟（International Union for the Conservation of Nature）于 1948 年在法国成立，致力于影响、鼓励和协助全世界的社会团体以公平和生态可持续的方式保护自然。保护联盟也公布了受威胁物种的红色清单，评估全球物种的保护状况
1983	世界环境与发展委员会（World Commission on Environment and Development）编制了《布伦特兰报告》（Brundtland Report），以联合各国促进可持续发展
1988	联合国环境规划署和世界气象组织（World Meteorological Organization）建立了政府间气候变化专门委员会（IPCC），对气候变化及其潜在的环境和社会经济影响的现状进行了清晰的科学评估。自此，该小组每年召开一次会议
1990	联合国环境与发展大会于纽约召开，强调发展与环境之间的根本关系
1992	在巴西里约热内卢举办的联合国地球首脑会议（United Nations Earth Summit）呼吁世界各国政府采取行动促进可持续发展。本次会议上还通过了"21 世纪议程"，其中提出了"精明增长"的概念
1992	联合国地球首脑会议上衍生出的生物多样性会议（Convention on Biological Diversity）提出了一个多边条约，这份条约被视为关于国际法和可持续发展的重要文件。自此，生物多样性会议每年召开一次

年份	环境相关立法、标志性全球环境组织和事件
1997	在京都举行的国际气候协定大会（International Climate Agreement）是通过约束发达国家减排从而保护地球大气和气候的初步尝试
1997	第一届世界水资源论坛（World Water Forum）在马拉喀什举行，并每三年由世界水理事会（World Water Council）举办一次。世界水理事会是一个 1996 年成立的国际智库，旨在促进水源的可持续利用并唤起相应的公众意识
1997	环境合作委员会（Commission for Environmental Cooperation）协调统筹了加拿大、墨西哥和美国三国科学家的努力，创建北美环境地图集，为美国环境保护署生态区的建立奠定了基础
2001	《联合国千禧年生态评估报告》（The United Millennium Assessment Report）对人类环境活动做出了重要评估，并普及了"生态服务"的科学基础；这一术语是用来指人们从生态系统中所取得的益处
2002	在南非约翰内斯堡举行的世界可持续发展峰会（World Summit on Sustainable Development）上，各国讨论了联合国提出的可持续发展问题
2010	名古屋举办的生物多样性大会宣布将 2010 年设为国际生物多样性年（International Year of Biodiversity）
2011	美国环境保护署根据《洁净空气法案》着手管治温室气体
2012	巴西里约热内卢举办的联合国可持续发展会议（United Nations Conference on Sustainable Development）是旨在协调经济和环境目标的第三次国际会议
2015	巴黎召开的联合国气候变化会议（United Nations Climate Change Conference）上，195 个国家承诺要达到减少人为导致全球变暖的最低目标

注：许多学者和环境专家一向认为，1954 年标志着全球环境状况恶化的开始，全球变暖和气候变化的情况开始恶化。这份目录反映了自此以来人类为改善地球生态系统而做出的努力。

5. 关于城市价值的新共识

随着关键性环境立法的出台以及对"城市复兴"政策的不断回应，人们对城市的态度开始发生变化，变得愈发"绿色"。很快，人类开始治理城市自然环境；并认识到城市可以成为美好的人类家园，通过设计，城市可以变得更好。今天，尽管环境和社会经济问题依然存在，但人们意识到城市在内陆地区有尚未发现的积极作用。正如库里蒂巴市（Curitiba）前市长和前巴西巴拉那州（Paraná）州长杰

米·勒那（Jaime Lerner）在演讲中所说："城市是解决方案，而不是问题。"（Lerner，2007）[1]

- 城市是人类创造的最大、最复杂和最具活力的文化艺术品。
- 城市是最复杂的人类劳动结晶，拥有最复杂的关系和最高水平的组织。
- 城市代表了人类对环境的主要适应性，因为在过去的一万年中城市一直是人类的创造和活动中心。
- 城市生命力顽强。即使城市被掠夺、烧毁、轰炸、淹没，抑或被海啸和地震移平，城市始终在不断复兴、重建，并创造了极其丰富的文化。
- 城市是人类活动的基本场所，是我们商贸活动的枢纽，也是我们交换交流的节点，像磁石般吸引着机遇机会。城市是一个集聚公共资源的聚宝盆，为庞大的城市人口提供着更多的选择与更大的机会。

除了对城市固有价值的新认识之外，第二个现象是人们重新点燃对创造更宜居城市的热情：灾难防治。到 2050 年，每 10 个人中将有 7 个居住在城市（Irvine，2014）。追溯回 20 世纪初，城市肌理融合，形成了现在所称的"特大城市""城市群"或"大都市"。[2] 今天的许多城市已经发展成为庞大的综合体，面积广大。就北美洲大陆来说，从温哥华到圣地亚哥和墨西哥一带的西海岸，以及从波特兰到迈阿密的东海岸，是特大城市聚集带；南美洲的大城市带则是圣保罗到蒙得维的亚一带。

6. 区域规划的起点

18 世纪后期，北欧的工业城市迎来了城市人口激增、规模扩大、污染严重——无序疯长——但人性化宜居城市（不仅是城市美化）的建设规划很大程度上被忽视

1　拍摄于 2007 年 3 月，并于 2008 年在 http://www.ted.com 上发布。
2　"大都市"一词是由苏格兰城市和区域规划先驱帕特里克·盖迪斯发明的，用来描述合并的城市地区。参见 Geddes（1915）。

了。[1] 区域规划的理念以及联通城市及其欠发达中心区的想法，在20世纪初由苏格兰生物学家、社会学家、地理学家和创新规划师帕特里克·盖迪斯提出。他大篇幅撰述了城市规划、城市设计和区域规划的必要性。他认为，应该对城市和地区的地质、地理、气候和经济生活以及当地的社会制度进行充分调查，然后再进行规划，并把这种理念称为"治疗前诊断"。他还提倡在规划的同时加入新的增长点，尊重当地的发展背景和文化传统（Geddes，1915）。盖迪斯与刘易斯·芒福德、简·雅各布斯（Jane Jacobs，1916—2006）、伊恩·麦克哈格以及后来的现代规划师和理论家们大有共鸣，他们批判现代规划与设计的破坏性和单调性。盖迪斯的许多想法今天已被纳入生态规划和设计的基本原则和实践当中了。

1944年美国出台《军人复员法案》（Servicemen's Readjustment Act，又被称为《大兵法案》，GI Bill）。该法案为退伍军提供诸多福利，并最终大大推动了二战后美国的经济发展，进而促进了新的城郊地区以及连接郊区的高速公路的建设项目和应对城市化问题所需的防洪项目等。在迅猛增长的背后，新修道路和大坝破坏了社区并造成自然资源流失。于是人们开始了有针对性的抗议，并逐渐出现越来越强烈的丧失感。这种丧失感刺激了美国人对综合性规划的需求。人们坚信，除了立即改善城市质量，选择性地建设新城镇，规划还需要综合关注区域发展。1954年的《流域保护和防洪法案》就是这种关注的早期表现。"区域"的官方定义内涵被大大扩充，不仅考虑到了社会政治单元，也纳入了流域等自然边界的内容（Kaufman，2002）。[2] 随着

1　埃比尼泽·霍华德及其著作《明日的田园城市》（*Garden Cities of Tomorrow*）对"宜居"城市（他称之为"田园城市"）的规划与设计起到了深远影响。然而，他的规划多为静态的几何图形。1899年霍华德在英国创立了城镇和乡村规划协会［Town and Country Planning Association，前身为田园城市协会（Garden Cities Association）］，以推动他的田园城市理念。1913年，英国建筑师雷蒙德·安文（Raymond Unwin，1863—1940）在英国赫特福德郡的莱奇沃斯（Letchworth）工程设计中，实现了霍华德田园城市的构想。

2　考夫曼（Kauffman）如是说："流域（watershed）这个词来源于德语 wasser-scheide 或者分水，这个词从14世纪就被使用了。同时，流域这个词也是指排水入河或其他水体的一个区域。作为一个科学术语，这个英语单词直到1800年才得到广泛应用。"他还提到了一件影响至今的历史事件："1878年，意识到流域的政策重要性，科罗拉多河的杰出探索者约翰·卫斯理·鲍威尔提出美国西部的区划要符合流域分区；为了这个进步主义的流域治理建议，鲍威尔先生丢掉了自己美国地理调查主任的工作。"

这个想法的进一步发展，规划和设计界出现了"生态区域"这一概念的使用。[1]20 世纪 60 年代初，由于伊恩·麦克哈格、菲利普·刘易斯（他提出指导发展的方法，包括区域规划、资源绘图和环境走廊等）等人的努力，美国的大规模规划开始纳入环境考量因素。[2]

7. 生态规划与设计

伊恩·麦克哈格出于创造功能性和人性化的开放空间的目的来进行生态设计，详细阐述并定义了"生态设计"，使其成为第一个也是最全面的可替代设计方向之一（McHarg，1969，2006）。麦克哈格似乎是受到菲利普·刘易斯（伊利诺伊大学、威斯康星大学麦迪逊分校的执业景观设计师和教授，后受麦克哈格邀请执教于宾夕法尼亚大学）的影响，将生态规划和设计首先集中在识别区域自然系统方面（气候、地质、生理学、水文学、土壤、野生动植物和植被）。不久之后，麦克哈格希望创造更宜居的城市，于是城市设计要素超越了自然系统，延伸到了人类系统。

由于民权运动的高涨，加之保罗·大卫杜夫（Paul Davidoff，美国规划师，曾就读于宾夕法尼亚大学，短期内曾任教授）和其他社会规划者的作品相继出版，麦克哈

---

1 "生态群落"和"生态区"的概念是由植物生态学家于 20 世纪 50 年代提出的，前者是巨大的世界性生态区，后者则会将一个国家细分为非常小的地块。较流域概念更为全面，这种景观划分是基于气候、地理、地文、水文、土壤及动植物分布等相近要素而形成的。环境合作委员会 1997 年与环保署、地质调查局的报告《北美生态区》（Ecological Regions of North America）首次将北美洲划分为若干个生物与物理区块。参看 Whittaker（1975）。罗伯特·贝利（Robert Bailey）在其制作的全美生物地理分类系统图（Map of the Biogeographical Classification System of the United States，1976）用气候划分出七大生态域或生态区——这后来成为世界自然基金会（World Wide Fund for Nature）的生态土地分类体系——地图中明确区分了栖息地的主要种类，并将全球土地进一步细分为陆基生态区。参看 Bryce and Larsen（1999）。詹姆斯·欧姆尼克（James Omernik）在 20 世纪 90 年代晚期率领环保署修正了现有的生态区划，环保署划分的生态区为规划设计提供了一种明确自身生物定位的方法。参看 http://www.epa.gov/wed/pages/ecoregions.htm。维克托·奥尔嘉（Victor Olgay）是一名生于匈牙利的建筑师和城市规划师，他于 20 世纪 60 年代率先提出了"生物气候主义"这一概念。参看 Olgay（1963）。
2 菲利普·刘易斯是于 20 世纪 60 年代起致力于区域规划并形成生态设计与规划框架的数名规划人员和设计师之一。参看 Lewis（1964，1996）。

格意识到了社会系统的重要性。大卫杜夫创造了"倡导性规划"这一术语，使得专业人士开始注意到城市规划师对于实体规划的过分执着。他明确指出，规划不是一种客观价值，而是一种主观价值。因此规划过程中必须令用户充分参与，进而在规划和设计中表达、整合用户的价值观。正如大卫杜夫总结的那样，"合理的规划行为不能从价值中立的角度来规定，因为规定本身就是基于某种预期目标的"（Davidoff，1965）。麦克哈格最初对排屋和庭院式住房以及适于人类交互的优质开放空间十分感兴趣。但了解到大卫杜夫的理念之后，麦克哈格脱离了原有兴趣的桎梏，将更好理解社会系统作为区域规划的基础，并坚持将当地居民想法纳入考量，从而激发出了更好的设计和规划思路。为此，他将人类学家和社会学家吸收进他的规划和设计团队中，让他们既参与工作室的项目，同时也让他们在宾夕法尼亚大学景观设计和区域规划系授课。

虽然在生态设计的早期阶段没有探索"社区参与"和"社会正义"，但后来的实业人员对其极为关注。倡导性规划尽管之后被赋予了许多不同的称谓，但现在已经成为可持续设计的关键原则。在现行"社会公平"的概念下，保罗·大卫杜夫的原则在设计界中再次被唤起。

生态设计的总体目标是在各层面上进行规划和设计，并且通过充分认识自然和社会形态来促进生态设计的感染力。人们对自然系统的关注在于其功能的完整性以及免费提供的价值（生态服务的前身）。生态设计的支持者现在将景观（自主和自创）视为自然环境当中整合人类各形式发展的一种方式——从建筑到社区，从本土到区域和国家设施。通过沉浸在景观"纹理"中，设计师可以人为干预，适应场所特征；反过来，场所也可以适应人类需求。但有一点需注意：人与景观都将从这一互动中受益。麦克哈格在 WMRT 的项目中纳入了当地自然系统和人类社区的双重价值，目标正是保护那些经过确认的资源的功能和完整性，探明其与人类发展之间的冲突并加以避免，预估出忽视这些关键系统需求所可能产生的负面结果等。新的发展形式，源于通过研究某一场地的潜力和限制条件来找到"最适合"的设计，解决方案就在其中了。麦克哈格"负熵设计"的思路，激发了一批全新的设计和规划倡议。他的一些项目［例如得克萨斯州伍德兰市的天然排水系统、伊朗的帕蒂森酒店（Pardisan）项目等〕就已经体现出后来这些新倡议涌现的可能性。但是由于 20 世纪 50 年代过于死板的设计环境以及当时对设计和开发人员的刚性要求，他才不得不采用了较为传统的模式。

在发展生态设计的理论和方法时，麦克哈格为 20 世纪 60 年代和 70 年代环保运动提供了设计层面的意见，并为 20 世纪后期环境与社会导向型设计理念的发展奠定了基础。他重视相互关系，在设计和规划中首创"系统思维"。他坚持多学科团队，支持创新工具，如遥感和计算模型（当时主要由社会和交通规划者使用）。在多学科支持下，他创建了后来发展为 GIS 的初始模型，用于相关系统的制图和测量；这一模型当时先经手工制作，后由复杂的大型计算机完成。他的生态规划和设计理念植根于最新、最佳的科学研究，汇集了几乎各领域的专家建议，为其项目集思广益。

8. 淡出视线

罗纳德·里根（Ronald Reagan）总统执政期间（1981—1989 年）推崇减少联邦政府的规模和影响力。里根总统内政部长詹姆斯·瓦特（James Watt）1981—1983 年致力于将 20 世纪 60 年代和 70 年代环境改革的阻力制度化，导致了 20 世纪 80 年代和 90 年代环保运动的显著减少和区域解决方案的边缘化。

值得庆幸的是，同时段孵化的城市设计和规划新方向扩展了麦克哈格等人提出的生态设计和规划理念，并在千禧年之后得到充分发展。其中一些新理论，如"新城市主义"，开始让设计和规划专业人员关注那些以前被区域交通规划所忽视以至于变得无序蔓延的城郊地区。其他理念则提出了设计和建造的新方法。这些方法提升了公众对资源消耗的影响及其相关的全球变暖和气候变化等问题的意识。

三、可替代设计实践与理论

基于上一节介绍的八种"可替代设计实践与理论先例"，我们提出如下构成"可替代设计实践与理论"的七个新方法。

1. 可持续设计及其评级体系

20世纪70年代早期，在阿莫里·洛文斯［Amory Lovins，1947—，科罗拉多州斯诺马斯市落基山研究所（Rocky Mountain Institute in Snowmass，Colorado）环境科学家、作家、主席兼首席科学家］的推动下，一些建筑师认识到建筑物消耗了大量能源、原料、水和土地。一般而言，建筑业是材料浪费和温室气体的主要来源。为了扭转这种状况，堪萨斯州密苏里市博尼姆（Berkebile Nelson Immenschuh McDowell，BNIM）设计公司的罗伯特·伯克比利（Robert Berkebile）于1989年与其他建筑师一道创建了美国建筑师协会（American Institute of Architects，AIA）的环境委员会（Committee on the Environment，COTE），并制定了《环境资源指导意见》（Environmental Resource Guidelines，ERG），明确设定了减少建筑物环境影响的技术和标准。当然，他们是致力于推进更高效、更环保的建筑施工和运营。这一设计思路当时未能实现，因为实现高效低耗，根本上需要一种设计过程的全新思考方式。

美国建筑师协会领导的多项举措，促进了可持续性评级体系的发展。随着时间的推移，地方、州和联邦机构已采用这些体系。这些举措的时间表如下：

- 1970—1989年：建筑物节能研究。
- 1989年：环境委员会成立。
- 1990年：首个当地绿色建筑项目在得克萨斯州奥斯汀市启动。
- 1992年：美国环保署出资出版了《环境资源指南》（*Environmental Resource Guide*）。
- 1992年：美国环保署和能源部（U.S. Department of Energy）推出能源之星计划（ENERGY STAR program）。
- 1992年：美国绿色建筑委员会（U.S. Green Building Council）成立，旨在促进建筑设计和施工可持续发展。
- 1993年：在克林顿政府倡议下，美国绿色建筑委员会与美国建筑师协会合作举办"白宫绿化"（Greening of the White House）项目。[1]

- 2000 年：美国绿色建筑委员会启动能源与环境设计领导力计划 LEED®，"立德"）。
- 2009 年：美国绿色建筑委员会启动"立德"社区发展计划（LEED® for Neighborhood Development，LEED-ND®）。
- 2011 年：美国绿色建筑委员会启动"立德"医疗建筑计划（LEED® for Healthcare）。

（1）LEED® 和 LEED-ND®

20 世纪 90 年代初期，自然资源保护委员会（Natural Resources Defense Council）和美国建筑师协会环境委员会领导并创建了能源和环境设计领导力计划（LEED®），现由美国绿色建筑委员会管理。LEED® 作为第三方认证以及国家和国际认可的基准，其初衷是为了鼓励使用可量化的可持续建筑和开发实践，以减少能源和材料的消耗。这一工具正在广泛应用。

LEED® 社区发展计划（LEED-ND®）发布于 2009 年，表现出人们对可持续设计的关切大大超出了建筑本身。该计划是为了回应城市规划师和景观设计师的关切而增加的部分，涵盖了五个领域：智能位置和互联，社区格局和设计，绿色基础设施和步行街道，现有和历史建筑的保存与再利用，创新性和设计过程。[2]

（2）SITES™

可持续场地倡议（SITES™）于 2007 年发布了指南和基准。来自三个相关组

1　1993 年联邦地质调查局和美国建筑师协会联合克林顿政府，开展名为"白宫绿化"的合作计划，重点关注应用创新技术，降低能耗，提升环境效益。照明工程师南希·克兰顿（Nancy Clanton）、景观设计师伯纳黛特·柯扎特（Bernadette Cozart）和景观建筑师卡罗尔·富兰克林是仅有的三位女性参与者，也是仅有的三位非建筑师参与者。

2　有关 LEED® 和 LEED-ND®，可参见 http://www.usgbc.org/leed/rating-systems。"可持续发展"一词是随着世界环境与发展委员会的报告《我们共同的未来》而普遍使用的，该报告又称为《布伦特兰报告》（Oxford, UK: Oxford University Press, 1987），其中提出了下列定义：可持续发展是既满足当代人的需要，又不损害后代人满足其需要的能力的发展。该报告是国际社会对协调经济增长与公认的生态退化的需要做出的回应。

织 [美国景观建筑师协会、奥斯汀得克萨斯州立大学伯德·约翰逊女士野生花卉中心 (Lady Bird Johnson Wildflower Center)、美国植物园 (United States Botanic Garden)] 的景观建筑师、生态学家和园艺师，以及来自其他多个领域的专家共同开展了这项工作。SITES™ 的目标是深入探讨 LEED® 未覆盖的关键领域。该项目基于一个前提，即景观是一切人类生存环境及活动之所。SITES™ 指南中包括自然景观以及类似公园和公共花园的大型设计景观，SITES™ 认识到每个项目都有一个场地，但并不是每个项目都有好的建筑。[1]

　　SITES™ 于 2015 年成为绿色建筑认证协会的一部分。SITES™ 的前身是"生态系统服务"和"自然资本"这两个概念。"生态系统服务"理论可以追溯到 20 世纪 60 年代的生态经济学家的著作。赫尔曼·达利 (Herman Daly) 提出，我们这个时代，限制繁荣发展的不是人造资本的缺乏，而是自然资本的缺乏。打个比方，捕鱼量不是受限于船只数量，而是渔业生产力 (Daly and Farly，2004)。[2] 麦克哈格还将这一理念作为自然系统设计的重要动机。[3] 来自佛蒙特大学冈德生态经济学研究所 (Gund Institute for Ecological Economics) 的鲍勃·克斯坦萨 (Bob Costanza) 和费迪南多·维拉 (Ferdinando Villa) 于 2001—2004 年提出了生态系统服务的度量标准[4]，使生态系统服务从此有了量化标准。这项标准给重要的自然功能赋予了货币价值，比如未开发

1　关于 SITES™，可参阅 http://www.sustainablesites.org。有了 LEED®，没有新建筑的景观设计不能获得评级。本书的合著者弗雷德里克·斯坦纳和本章的合著者何塞·阿尔米尼亚纳是美国景观建筑师协会创建 SITES™ 团队的两名代表。

2　1989 年，达利还创办了《生态经济学：国际生态经济学学会跨学科期刊》(*Ecological Economics: The Transdisciplinary Journal of the International Society for Ecological Economics*，*ISEE*)，致力于扩展和整合自然家庭（生态学）与人类家庭（经济学）的研究及管理。这种一体化是必要的，因为概念上和专业上的孤立导致了经济与环境政策，这些政策是相互破坏的，而不是长期加强的。详情请见 http://www.journals.elsevier.com/ecological-economics。

3　来自伊恩·麦克哈格在 1962—1965 年与宾夕法尼亚大学景观建筑和区域规划系的学生进行的多次谈话和讨论。

4　冈德生态经济研究所 (1992) 成立的宗旨，是为了构建一个专注生态、社会、经济系统的跨学科研究团队，进而为应对地区和全球环境问题发展创新解决方案，并为未来领袖提供必要工具与知识以导向可持续社会的转型。参见 Kareiva et al. (2011)。

湿地和涝原的防洪功能。正如许多学者在 2002 年写道:"量化生态系统服务价值对于提高社会对跨地理尺度的生态系统管理的认可度和接受度很重要。然而,执行此类量化所需的数据以及预测政策未来变化的动态模型目前还比较分散、不完整,并且难以使用。"(Villa et al., 2002)

1999 年,保尔·霍根(Paul Hawken)与阿莫里·洛文斯、亨特·洛文斯(Hunter Lovins)合著了《自然资本主义:创造下一次工业革命》(*Natural Capitalism: Creating the Next Industrial Revolution*)一书,他们将"自然资本"的理念上升为我们使用的、可为我们提供数万亿美元生态系统服务的生命系统(Hawken et al., 1999)。[1] SITES™ 用生态系统服务的概念将自然系统的保护和维持与人类健康和福祉联系起来。SITES™ 强调土地本身,提出土地开发和土地管理实践不仅限于场地保护,而且可以改善场地并重建"生态系统服务"。2005 年,千禧年生态系统评估(Millennium Ecosystem Assessment)第一次在全球范围内对生态系统和生态系统服务做出评估。《千禧年报告》(The Millennium Report)是一项国际性突破,由一流生物学家对地球生态系统开展分析并为决策者提供情况简介和指导方针。该报告将自然系统称为向人类提供必要"生态系统服务"的"生命支持系统"(Giles, 2005; Kareiva, 2011)。[2]

通过为环保理念背书,这些评级系统为设计和规划项目提供了激励措施,将更强有力的长期措施纳入设计和规划,从而遏制气候变化和环境恶化和更好地利用全球资源。公认的标准使可持续设计和规划合法化,并使其目标能够被更广泛的人群所接受。评级系统鼓励政府机构和公司"树立良好榜样",同时也改变了市场。

---

[1] 这本书是这样总结的:在《自然资本主义》一书中,作者将全球经济描述为依赖自然资源和自然提供的生态系统服务。自然资本主义是对传统工业资本主义的批判,认为传统资本主义体系并不完全符合其自身的会计原则。它清算其资本并称之为收入。它忽略了给它所使用的自然资源和生命系统以及作为人力资本基础的社会和文化系统的最大的资本存量赋值。自然资本主义认识到人工资本的生产和使用与自然资本的维持和供应之间至关重要的相互依赖性。作者认为,只有认识到这种与地球宝贵资源的本质关系,企业和他们所支持的人才能继续存在。详情可见 http://en.wikipedia.org/wiki/Natural_Capitalism。

[2] 这是对生态系统服务制图、建模和估值模型工具箱的全面审查。自然保护协会(Nature Conservancy)和世界自然基金会(WWF)正在运用这些工具,将保护从只关注生物多样性转变为关注人类和生态系统服务。

最终，这些评级系统的目标是让理念主流化，届时这些指导方针也就会退出舞台。

2. 生态建筑挑战

生态建筑挑战（Living Building Challenge，LBC）由博尼姆设计公司的杰森·麦克伦南（Jason McLennan）和罗伯特·伯克比利向国际生态建筑研究所［International Living Building Institute，2011 年更名为国际生态未来研究所（International Living Future Institute）］提出，旨在建立一个国际认证平台，对从建筑到景观每一层面的可持续性进行评价。[1] 2006 年，由卡斯卡迪亚绿色建筑委员会（Cascadia Green Building Council）［美国绿色建筑委员会和加拿大绿色建筑委员会（Canada Green Building Council）发起的分会］发起，建筑师们明确了生态建筑挑战的原则，其中许多人在起草早期规则中起到了关键作用。生态建筑挑战认为，建筑必须有"生态"且能融入大型生态环境，因此 LBC 比 LEED® 在建筑设计中更强调场地、生态区域和创新型生物气候反馈的重要性。

LBC 具有很强的包容性，涵盖了各种规模的发展。作为宣传工具和认证方案，LBC 提倡绝对绩效标准，要求对资源进行"零净值"使用，特别是能源、土地和水，同时鼓励废物的创造性再利用（图 7.2）。

3. 新城市主义

20 世纪 80 年代早期，安德烈斯·杜安尼、伊丽莎白·普莱特-柴伯克（Elizabeth Plater-Zyberk）、皮特·卡尔索普（Peter Calthorpe）及美国其他城市建筑师和规划师提出了各种城市规划新主张（Duany et al.，2000，2003），新城市主义在此基础上应运而生。新城市主义认为传统规划和设计是一条"死胡同"，该主义还反对建造丑陋且不宜居的城市。新城市主义倡导创造以人为本的场所，提倡集中城市结构，整合多种用途，提供多种形式的就业、住房和公共资源（从学校到公园）供人们选择，并提供互联的步行通道和公共交通以降低成本。在许多方面，新城市主义一直致力于复兴"城市村庄"——类似大城镇中的新社区或小市镇。艾米丽·塔伦（Emily Talen）

1　该研究所的使命是引导世界向社会公正、文化丰富和生态恢复的世界转变。参见 http://living-future.org/lbc。

图 7.2　通过紧密合作的设计和施工，宾夕法尼亚州匹兹堡费普斯音乐学院的可持续景观中心取得了多项可持续性评级，其中包括 LBC™、净零能源建筑认证（Net Zero Energy Building Certification）、SITES™ 认证、LEED 铂金认证以及用于测量建筑环境中人体健康的 WELL 铂金项目认证（WELL Platinum Pilot Certification）

资料来源：a 由亚历山大・登马什（Alexander Denmarsh）拍摄，b 由须芒草联合设计公司提供。

总结道："我们主张重构公共政策和发展实践，以支持以下原则：邻里街区需要在人口和使用方面实现多样化；社区设计在考虑机动车的同时也应考虑行人与公共交通；公共空间和社区机构应该有特性且向公众开放；构成城市地区的建筑和景观设计应该充分体现当地历史、气候、生态和建筑实践。"（Talen，2013）

新的城市主义原则和策略，如"精明增长"[1]、"形态导向区划"、"步行街区"和卡尔索普的"公共交通导向发展"不仅融合了生活、工作及娱乐，而且提出发展必须依靠机会均等和可行的经济产业。[2]新城市主义者通过改变市政土地利用政策、规范、房地产开发和交通规划，在改变城市建设方面发挥了重要作用。

新城市主义在提高公众对城市生活接受度和证明传统美国城市可以转型方面发挥了重要作用。但早期设计专业人士提倡的区域规划理念并未被重视，因此很少有新城市主义规划者在其规划中将自然系统或文化多样性完全纳入其中。这种做法通常会导致个别地方个性与特殊风格的丧失以及"美国城市主干道"这个概念的高频复制带来的城镇结构重复。[3]

4. 从"净零"到"净益"设计

"城市韧性"、"亲生命性"和"再生设计"是"生态设计"主要观点发展过程的一部分。"净零"是生态建筑挑战（LBC）的一大要求。从"净零"发展到"净益"的过程为替代性生态设计方法的发展做出了重要贡献。"净益"设计要求给定项目的所有生物和非生物系统之间的相互作用只产生积极影响。进入千禧年后，一些替代

---

1 "精明增长"是指公共交通主导、步行与单车友好型的复合土地使用方式，包括社区学校、街区整体及多种房型的混合开发等。传统的区划包括人口密度、土地用途、层高面积比、壁阶、泊车需求、楼层限高、开孔频次及明确要求的表面铰接等等。以形态为基础的做法是明确街区类型及混合的建筑物类型、最大高度、楼层数以及楼面临街宽度等要求。公交导向开发模式（TOD）则是融合居住、商业的混合用途地块，以最大化公交服务的易得性，也往往加入了鼓励居民采用公交出行的一些特征。一个公交导向社区一般有一个公交站点枢纽（火车站、地铁站、电车站或公交站），四周是相对高密度的开发区，人口密度随着向外延伸不断降低。同时参见 Van der Ryn（2008）。

2 皮特·卡尔索普是一名早期的可持续设计建筑师，也是"新城市主义"的创始会员。他在自己的两部书［Calthorpe（1993）、Calthorpe et al.（2001）］中发展完善了公交导向开发这一概念。

3 关于芝加哥新城市主义的视觉描述，参阅 Thall（1999）；关于最新的评价，参阅 Borowiec（2015）。

设计已经形成发展势头，比如一些项目要求创造的环境不仅要有益健康、灵活和积极适应变化，还要能够重振项目系统的完整性、功能性和组织性。

5. 韧性

尽管设计规划中的"韧性"概念可能起源于心理学（心理学十分关注人类从战争、折磨、洪水、地震和火灾中的恢复能力），许多学者、设计师和规划师仍将城市韧性与著名生态学家奥尔多·利奥波德（1887—1948）等同了起来。利奥波德将韧性看作环境通过现有生态系统进行自我更新的能力。这种更新复原在让环境更为健康的同时还得到土地伦理的支持，即以社会生态相适应和通过生态设计体现真实的社区。[1]设计规划专业人士意识到自然以及人为的气候变化和未来更频繁、更危险的自然灾害，因此开始探索城市建筑及景观如何以自身灵活性和适应性应对不断变化的环境。

伊恩·麦克哈格为韧性理论奠定了基础。他提出，环境"健康"取决于"从破坏中恢复的能力，或者说不仅是解决问题，而是发现问题的能力"（McHarg，2006）。弗雷德里克·斯坦纳和他的同事们在其开创性的文章"设计的生态要求"（The Ecological Imperative for Design）中提到，城市要有韧性，应避免在过于危险或过于昂贵的地方选址，并运用创新和适应性策略将自然条件（包括灾难）纳入考量（Steiner et al.，2013）。

城市韧性的概念强化了动态思维。它要求设计师和规划师不仅要考虑施工结束后的维护工作，而且要了解治理该地方的基本环节，以及如何通过逐步或者某一重大事件对该地方造成影响的基本过程。韧性社区不是静态或防御性的。灵活的设计和规划需要及时地更新信息，这反过来又需要监控以及进行某种形式的再设计。这种信息持续输入的过程会让建筑更具适应能力。理想情况下，韧性理念还包括让建筑环境适应与所处生物区节奏相适应，例如乡土建筑对当地气候的适应性。

现代适应性理念为我们带来能够应时而变、适应环境条件变化的智能城市、智能建筑和可变化景观。他们就像老练又警惕的船长，他会在远洋中密切关注风、潮汐、气流和海浪，并从容地依照每一次情况变化来调整绳索、船帆和船舵。

---

[1] 参阅 Leopold（1949），这仍然是对我们理解景观和生命之网最重要的贡献之一。

6. 亲生命性

"亲生命性"由爱德华·威尔逊（Edward Wilson，1929—）首次提出，他曾两次获得普利策奖。威尔逊说："我们之所以为人，部分原因是人类与其他生命体的交互方式不同。"（Wilson，1984）[1] 他将脑科学研究与大自然愈合、安慰和激励人类的能力联系了起来。他的研究表明，有序且多元的自然世界会刺激人类大脑和身体，增强人类的创新力和适应新环境的能力。

亲生命性理论影响了一批建筑师和室内设计师，激发他们创造与环境相适应并能鼓励人类亲近自然的建筑和空间。这种方法在医疗设施设计中尤其重要，它可以缩短住院时间并降低工作人员缺勤率。亲生命原则也将纳入新的 LEED® 医疗标准（LEED® Health）之中。

7. 再生设计

有人指出"可持续设计"只会减缓损耗速度，而"再生设计"意味着设计师和规划人员需要重建项目中所有系统的完整性、功能和组织，包括人类和社会系统。该理念强调需要将人类意识与特定的、独特的地点联系起来，关键让人有能力与该地点建立起健康的关系。这个概念使用"共同进化"的生物思想，倡导持续学习和系统反馈，让我们重新回到劳伦斯·亨德森关于相互适应的想法——场所适应人类，人类适应场所。

因为再生设计要求建筑内和场地上的系统高效且有目的性，所以系统必须呈现其最佳状态，不浪费资源。为了达到这个目标，项目的设计必须尽可能符合场地的条件，运用新技术和传统文化知识，创造"净益"的适应性。

为了实现场地不同元素以及建筑系统尽可能高的性能，设计和规划团队必须要精诚合作，所有团队成员必须受到重视并且在项目中从头干到尾。客户和设计专业

---

1 威尔逊是美国著名生物学家、研究人员（社会生物学、生物多样性）、理论家（一致性、亲生命性）、自然学家（保护主义者）和作家。近年来，他主张保护地球一半的栖息地，以防止大规模灭绝。参阅 Wilson（2016）。

人员环环相扣，建立目标并重新调整目标，以便于场所及其建筑系统可以及时进行适当调整。这种过程现在称为"整合"或"协作"设计。

四、创造性适应与生态美学追求

经过 40 多年的实践，位于宾夕法尼亚州费城的生态设计公司须芒草联合已经结合并使用了本文中描述的许多替代性设计方法。[1] 在努力创造健康、协作、有韧性、"净益"的设计过程中，公司已经逐渐提炼出以下七种策略和工具，用于指导实践。

1. 确保项目全过程的参与性

建立系统思维需要设计和规划团队所有成员、客户以及关键群众和利益相关者的持续互动。综合性团体会带来不同的观点，并且更多人发表观点可以汇集各种建议，提升团队知识水平和求知欲。

2. 精简数据，形成核心动力

直击问题核心需要创造力，并且这对设计师和策划者也是项严格要求。需要牢记的一点是：并非所有信息都有用。保障项目价值的关键在于确定和控制场地的两个或三个关键流程。不要只关注单一部分，而是所有组成部分之和。这种方法比常见的"机会和约束"法更具协同性。

3. 提取"环境"结构

深入探索一个地方的固有"建筑"可以同时满足设计和规划的美感度与必然性。突出显示被打破的格局，通过新设计的空间将被打破的格局进行恢复和重新连接。这种既不来自个人也不反映艺术家风格的"个性"是场地的核心特质，也将赋予项目认同感。[2]

1　卡罗尔·富兰克林是须芒草联合设计公司的创始人。
2　景观设计中的"深层特征"与俞孔坚在本书第五章所阐述的"深邃之形"即便在实操层面没有关联，也在精神内涵上是共通的。

4. 确保干预的经济效益

能够建立互相扶持、健康和功能良好的关系网的解决方案往往是最经济和最高效的方案。因为许多问题可以通过单一的干预来解决，通过多部分协同以实现任何场地各尺度上的最佳性能。

5. 创造附加值

创造前所未有的价值，或许是设计师和规划者的主要责任和贡献之一，并且一定程度上可以使项目得到更广泛的接受以及保证财务可行性。设计者应充实设计方案，超越单一目的和既定边界，找到被忽视或未被重视的资源，连接被忽视部分以及揭示隐藏关系。以上都是解决棘手问题的一些方法。

6. 鼓励居住

设计的必然性是可以使我们"栖息"在景观中，而不仅仅是占据或使用它。"居住"需要人类不断适应环境，与此同时环境也适应人类和其他生命形式。目前的解决方案必须能够适应未来的变化，无论是自然的抑或人文的。

7. 追求"创意性适应"的生态审美

一个负熵设计方案的美和价值源于其清晰的意图、共享资源理念以及创作过程的表达。理想情况下，新的审美可以不受拘束，正因为新系统和其功能也更容易被理解，这才赋予了设计师和规划师充分的机会来创造新形态。

五、须芒草联合公司示范项目

"行为就是信仰。"本着这种精神，本节将分享六个已落成的项目，分别选自科罗拉多州丹佛（Denver）、田纳西州查特努加（Chattanooga）、华盛顿特区和宾夕法尼亚州费城。这些项目揭示了城市设计和规划中的新生态美学。

1. 功能性协同成为"城中新镇"开放空间的"支柱"（图 7.3—图 7.5）

斯特普尔顿机场（Stapleton Airport）再开发总体计划（1994）

丹佛，科罗拉多州

须芒草联合设计公司：生态规划和设计

库珀·罗伯逊联合公司（Cooper Robertson & Partners）：建筑设计和规划

科罗拉多州丹佛市位于北美大平原的西部边缘，在那里高原与落基山脉毗邻。位于市中心以东 4.8 千米处的斯特普尔顿机场在 1929—1995 年是丹佛的市立机场。该机场因天气问题而名声不佳。1995 年，丹佛市在距斯特普尔顿东部 36 千米的地方建成并开放丹佛国际机场，斯特普尔顿机场就此退役。斯特普尔顿再开发基金会（成立于 1990 年）决定出资，将要废弃的机场（1 902 公顷）重新打造为行人友好型、公共交通导向型、综合利用的社区。该地区现在被称为"森林城市"。它本质上是一个"城中新镇"。斯特普尔顿现在是美国首批经过恢复、填充和重新安置的城市之一。它是第一个通过提供足够连通的开放空间（50 个公园）以平衡新的城市肌理的城市，也是首次将各种规模的自然和建筑区域整合在一起的城市。"斯特普尔顿发展计划"（也称为"绿皮书"）于 1995 年成为丹佛市综合发展计划[1]。

在该计划中，开放空间作为联通整个场地的结构，因治理雨水的迫切需求而产生。丹佛从落基山脉西部的潮湿地区获取水资源，并将该水用于工业、农业、住房和商业开发。虽然丹佛气候非常干燥，每年仅有 22.9 厘米的降水量，但西部山区的水源一旦过量并汇入科罗拉多河，将会造成严重的洪涝。因此，解决方案的设计基于两点：①了解当前自然排水系统和废弃机场的限制条件及其整体情况；②根据现实情况设想场地"排水"的可能性。现有的雨水管理措施是将开放的混凝土渠道中的水排入当地河流，但此举加剧了排水速度缓慢的问题，而且使排水系统无法应对二次雨洪袭击。丹佛的策略还包括在南普拉特河（South Platte River）沿岸建造多个水坝来蓄水和降低流速。

---

[1] 更多概述可参阅 Fernandez（2015）和 Roberts 的著作（http://www.frontporch.com）。

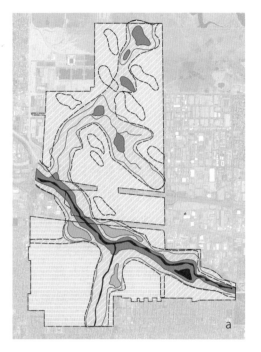

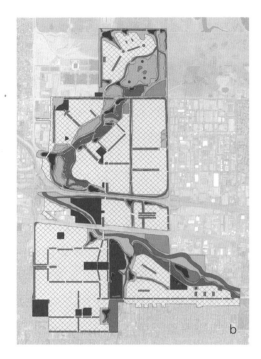

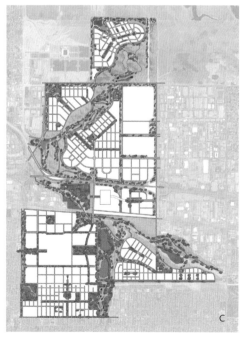

图 7.3 科罗拉多州丹佛市的斯特普尔顿国际机场
　　　再开发项目是首个大规模、城市"填充"
　　　再开发项目，该项目提供了充足的开放空
　　　间以促进城市肌理、建造环境和自然修复
　　　的平衡。须芒草联合对该区域的早期环境
　　　分析包括自然排水系统（a）和生境面积
　　　（b），目的是进一步进行开放空间（c）的
　　　规划

资料来源：须芒草联合设计公司。

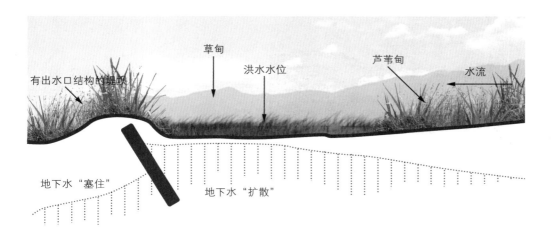

图 7.4 为了储水和防洪，丹佛原斯特普尔顿国际机场重建项目在现场进行仔细分层并模仿自然模型，以便处理和渗透尽可能多的雨水，如普拉亚湖（Playa Lake）的两部分和道路附近区域所示

资料来源：须芒草联合设计公司。

图 7.5　丹佛原斯特普尔顿国际机场（1929—1995）从光秃秃的平坦地形变成了一个高地草原公园，那里有绵延起伏的草地覆盖的山丘，如科林·富兰克林（Colin Franklin）概念草图所示

资料来源：须芒草联合设计公司。

　　场地现有排水系统的 2/3 流向北方，其中大部分未受机场跑道的影响。位于场地以北的洛矶山军火库，是美国环境保护署认定的有毒污染场地，不允许排放任何雨水。另外一条可能使用的北方排水通道要通过丹佛重工业中心商业城，将斯特普尔顿的雨水引入桑德溪，但要通过商业城铺设在道路和建筑物之下一条又长又粗的管道，会使项目成本变得非常昂贵。而由于与工程师本·乌尔博纳斯（Bend Urbonas，丹佛市城市排水与防洪控制区规划部首席工程师）之间形成的极具创意的合作伙伴关系，我们找到了一种替代的排水方案。

　　乌尔博纳斯对此很感兴趣，并决定利用自然模型来管理雨水。他明白，新方法不仅会减少雨量和流速，还能改善新社区的水质。他支持建立一个宽阔的开放空间作为"自然"排水系统的主脉。开发商认识到这片土地不仅可以用来管理雨水，同时也可以为这个地区提供多种多样的功能，包括排水、开放空间、娱乐休闲以及自然保护，他们才接受了把 1/4 的土地用作开放空间的想法。

　　"排水"系统将由混凝土渠道和人工水坝转变为"高原草原"系统，流淌的沙质溪流将携带水源，大草原上的坑洼将作为区域盆地储存水源。景观特征将从光秃秃的平坦地形（夷平植被用于飞机跑道）转变为连绵起伏的草地山丘和与本地融为一体的树木繁茂的溪流走廊。从大型中央干线到校园机构和办公园区，再到公园小径和住宅街道，都采用了适合场地的自然模型来构建开放空间和排水系统。

2. 将规范标准纳入绿色开发与重建指南（图 7.6、图 7.7）
雨水法令草案与径流手册及其示范项目（2010）
查特努加，田纳西州
须芒草联合设计公司：生态规划和设计
美利奥拉环境设计（Meliora Environmental Design）：环境工程

查特努加是沿着田纳西河的旧切诺基（Cherokee）居住区。它在内战时期成为主要的铁路中心，战后成为重要的工业城市。这不禁让人想起美国南部和铁锈带上的其他钢铁城镇。在 1963 年《洁净空气法案》和 1972 年《洁净水法案》时期，查特努加因为长期的空气和水污染而全国闻名。为了应对不断变化的经济形势并符合联邦关于洁净空气和水的标准，该市不得不做出根本性的改变。

查特努加市确实在 20 世纪 80 年代和 90 年代进行了最具创新性的可持续设计实践，其中的很多规划甚至包括了所有城市居民的真实参与。首先便是清理高度污染的田纳西河，重建海滨，让城市面向河流。计划中还融入了新的金融刺激措施，例如提供由本市生产的无污染电动公交车。这个设计方案获得了广泛的成功，并彻底改变了一个原本丑陋和污染严重的城市。然而在最初的转型之后，这个城市又回落到了停滞期，15 年来一直没有发展（Little，1990）。

2008 年，查特努加市依然受到诸多困扰，包括受损河道，传统和无效的雨水管理（包括市中心超负荷的混合污水管道），丑陋、过度铺设的商业干道，大量棕地、食物残留垃圾和城市随处可见的废弃地，以及孤立零散化的街区。该市的发展与美国环保署强制的"国家污染物排放清除制度"（National Pollutant Discharge Elimination System，NPDES）的许可计划 [NPDES 第一阶段 MS_4 许可（NPDES—Phase I MS_4 permit）] 严重不符。这种违规意味着巨额罚款。

美国环保署的目标是通过控制雨水径流和流速、减少汇入河流的污染物数量（包括建筑工地污染物），从而更好地管理雨水径流和恢复城市河道健康。第二个

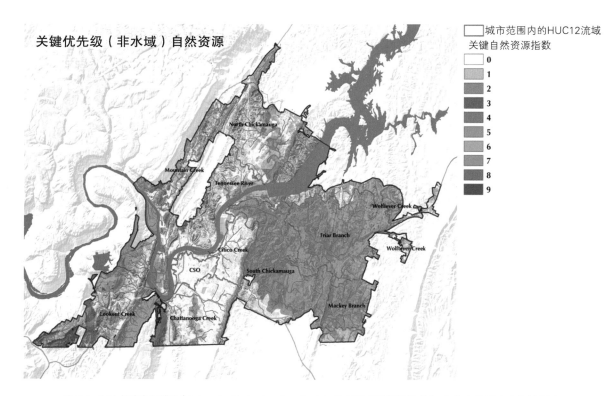

图 7.6 "雨水减少标准"（Rainwater Reduction Standards）是在田纳西州查特努加市全市范围内实行的雨水
管理标准之一。如 GIS 地图所示，该标准是在对包括现存自然资源在内的一系列关键环境因子的严
密空间分析基础上制定的

资料来源：须芒草联合设计公司。

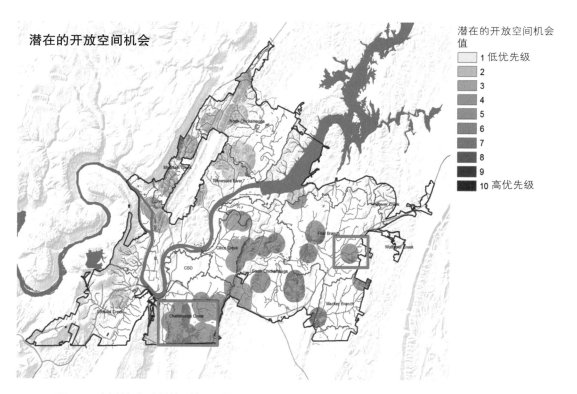

图 7.7 对查特努加市关键环境因子的 GIS 制图分析有效帮助了该市定位目标区域，被定位的区域能够在发
挥雨水管理作用的同时为城市提供关键性生态服务并改进公共开放空间

资料来源：须芒草联合设计公司。

更普遍且更有远见的目标是促使城市官员利用资金支持那些符合国家污染物排放清除制度（NPDES）要求的发展项目，建设更加绿色、美丽、宜居的城市。在这样的城市中，雨水管理被推上更大的舞台，其中包括绿色基础设施网络。

为了实现上述目标有若干必不可少的工作。其一是起草一份全新的、包含新开发与再开发的雨水条例；其二是为设计和开发人员提供的雨水径流减少指南。该指南需要遵从全新雨水条例并鼓励这些关键的参与者达到低影响开发、绿色基础设施和因地制宜等要求。雨水径流减少指南还需要阐述合理的标准以及清晰、连贯、易遵循的程序，从而使参与者能够通过非传统雨水管理策略和措施达到该标准。其他必不可少的工作还包括统一现行规范和条例以促进新方案的实施，以及彻底深入的成本收益分析。

为了构建一个完整的、在未来能够嵌入并改变城市肌理的雨水管理体系，查特努加市仍面临一个亟待解决的传统问题。同许多城市一样（无论大小），查特努加市在行政管理方面存在着严重的部门职能分散化问题。在城市内部和不同城市区域间，城市发展政策也存在不协调或相互冲突，并且在若干重叠问题上缺乏有效沟通。例如，负责雨水和开发管理的城市市政工程师们几乎没有与诸如城市公园管理部门、城市规划部门或该区域中汉密尔顿县（Hamilton County）规划委员会等相关部门的互动。并且，像分区规划这样涉及到设计、建筑和施工等各个方面的管理态度和规章制度还停留在20世纪50年代早期，远远落后于国家和区域发展标准。

鉴于出台雨水管理指南的必要性，本节将介绍修订工作的开展过程。该过程包括定期与城市部门和县机构开展会议，在一个严谨的紧密合作框架下进行项目审查。该指南手册还向设计和规划人员阐述了一种截然不同的设计方法和特殊的审核步骤。第一步是对关键水文环境的分析（包括土壤和植被），第二步包括两个项目设计评审，最后一步则包括对项目是否成功进行最终评审，决定对场地进行的额外修复，以及审核必要的长期项目监管方案。

来自市政独立雨水污水制度（Municipal Separate Stormwater Sewage Systems，MS$_4$）的一般雨水通用许可（General Permit for Stormwater Discharges）要求该市提交一份美国环境保护署的水质计分卡和一份年度合规评估报告，该报告将用于强调那些缺乏对雨水实施管理的政策或突出市政部门间的冲突。这份计分卡要求城市对其自然资源进行清算，并且在完成记分卡的过程中，城市也有机会去识别、了解和量化当前的雨水管理及未来雨水政策的影响。

证明合规性的需求成为绘制和量化城市当前水管理及利用潜在景观资源解决问题的机会。规划新城市的目标包括：

- 将城市展示为一个相互关联相互依赖的系统；
- 证明保护景观，以及保护那些经常被忽视的土壤和植被是成本最低的最佳管理规划（best management plan，BMP）；
- 直接放缓工作力度，确定未来关键项目并用雨水费为其提供资金；
- 确定并排列最能够提供关键生态系统服务的土地和水资源（如绿道、公园、校园、剩余土地和棕地），并且确定对组合开放空间/雨水管理网络的重要土地征收；
- 寻找精明增长和完整街道的发展机会。

不论是最初的自然资源清算地图还是综合规划地图，都为城市提供了一个不断更新的 GIS 分析框架。这些地图成为指导和衡量城市是否与国家污染物排放清除制度（NPDES）合规的工具，并且帮助传统的规划参与者更好地接受环境友好型解决方案。

3. 将大自然植入工作空间（图 7.8—图 7.10）
美国海岸警卫队和美国国土安全部总部（2010）
华盛顿特区圣伊丽莎白医院
须芒草联合设计公司：生态规划和设计
珀金思和威尔国际建筑事务所（Perkins and Will）：建筑设计

美国国土安全部已经将其总部和在华盛顿特区的大部分设施搬迁至由联邦所有的但已被废弃的圣伊丽莎白医院。医院的建筑和场地已被列入国家史迹名录并

图 7.8　位于华盛顿特区的美国海岸警卫队总部是一处建在山坡上的面向外部的建筑。这座复式建筑的灵感
　　　　来源于皮埃蒙特景观，周围环绕着一系列庭院，并且进一步设计了大范围绿色屋顶，也为一些重要
　　　　的地面筑巢鸟类提供了栖息之所
资料来源：须芒草联合设计公司。

图 7.9　美国海岸警卫队总部能够看到越过河谷的景色，提供了与周围景观的连接
资料来源：须芒草联合设计公司。

被指定为美国国家地标。这个位于波托马克河（Potomac River）和阿纳科斯蒂亚河（Anacostia River）交汇处的遗址是一个重要的历史、文化和生态场所。

新的美国海岸警卫队总部位于圣伊丽莎白医院的西南角，占地 92 903 平方米。这座巨大建筑的形式和位置的想法起源于保留和恢复首都附近"绿色盆地"（Green Bowl）并充分利用下游河谷的全景的目标。为了达到这些目标，建筑的结构必须隐藏在景观之中。

该建筑的形式与 20 世纪中叶的整体式、内向的联邦政府建筑非常不同。由于建筑工地的规模庞大并且考虑到巨大建筑物可能带来的视觉冲击，该建筑被嵌在一个起伏的山丘上：最上面两层是一个等级，其余九层嵌入并延伸出了景观。阶梯式设计不仅将建筑融入山坡，而且还保留了医院历史核心区和华盛顿中部的美景。

在每个层面上建筑物都被"结构之上"的庭院围绕。这些庭院将室内与室外、建筑物和庭院与河流美景相连接。庭院为建筑物内部提供了自然光线，并且庭院的

图 7.10 这些庭院为美国海岸警卫队提
供了人文尺度，受到区域性生
态适宜群落的启发，每个庭院
都有自己的景观特色

资料来源：须芒草联合设计公司。

设计旨在营造一种树林在建筑中蔓延之感。

这些庭院自东向西逐级下沉，最低一级的建筑和庭院位于地势最低点。庭院之间互相联系，但又保持独特个性。递降的趋势也反映在植物群落的变化中，凸显出该地区植物和地形区域连续变化的特征——从最高海拔的蓝岭（Blue Ridge）和皮埃蒙特（Piedmont）的贫瘠地区到山丘底部沿海平原沼泽低地。

绿色屋顶和庭院可以收集并过滤雨水。水景可以将一个庭院的水流引入下一个庭院，也可收集、处理和再利用广场和建筑物中的雨水。屋顶溢出的雨水互联，雨水从高地势屋顶流向低地势屋顶，直到最后注入底层的大水池。

庭院植被丰富，遮挡了南面和西面的窗户，减少了建筑物的能源消耗。这种方式也减轻了由铺砌地板、阻断冬季冷风造成的热岛效应。每个庭院都有丰富、多元的植物群落，创造并激活人们独特的感官体验。由于人可以与建筑物各层级的多元、绿色景观密切接触，因此建筑物巨大的尺度感被大大减轻，原本大量的路面铺砌也相应减少。该混合景观的目的之一是呼应毗邻精神病院历史景观设计的"治疗"功能。

4. 再连接城市系统（图 7.11—图 7.13）
鲁伯特广场（Lubert Plaza，2007）
托马斯·杰斐逊大学（Thomas Jefferson University），费城，宾夕法尼亚州
须芒草联合设计公司：景观建筑
波特·希尔公司（Burt Hill）：建筑

托马斯·杰斐逊大学是一所私立的大学，以健康科学为主。它创办于 1824 年，位于费城市中心。新广场为原本没有开放空间的大学和密集的、近乎被铺面完全覆盖的城市提供了一个巨大的开放式绿地。这一城市网络中的新广场不仅连接了历史悠久的街道，同时解决了困扰当今许多美国城市的共同问题：合流下水道系统无法容纳更多雨水。

广场如今坐落在曾经是两层停车库的水泥屋顶上。这座冷漠的建筑将城市人行道与托马斯·杰斐逊大学校园隔开，阻碍行人直接通行。新的停车库被改建在地下，

是半个世纪以来费城最大的建筑改建成开放式空间的项目。

停车场向地下的迁移使得校园能够重新连接到城市网中，同时也连接了更大的人流以及公共交通站点。城市雨水问题得到解决，且未使用费城已经超负荷运转的综合污水溢流系统（Combined Sewer Overflow system）。这个项目的城市地下水道每年向附近的特拉华河（Delaware River）排放 40 万立方米的雨水和未经处理的污水，溢流情况每年可达 30 次。广场与城市超负荷的雨水和污水系统之间建立的良性关系，使该场地和建筑物中的多余水量不会进入城市管道，特拉华河作为城市流域的受纳水域的地位也得到了认可。

新广场几乎是全绿色景观，拥有草坪、灌木、树木和专门配制的具三重功效的土壤。车库的结构经过强化，其新的"绿色"屋顶能够承受附着其上的活跃绿化空间的重量，并将水存储在内置蓄水池中。专门配制的土壤（含有机质和微生物）重量较轻，可以在车库顶部深层铺盖。该这种土壤既能为植物生命提供养分，还使植物能够应对恶劣的城市环境。0.9 米的土壤混合物在滋养大树冠树木树根的同时，经过设计，土壤还可作为雨污的"第一道防线"，吸收并过滤暴雨冲刷后从街道和建筑物中流出的受污染雨水，提高水质。通过土壤的过滤功能减少雨水径流，

图 7.11　位于宾夕法尼亚州费城托马斯·杰斐逊大学的鲁伯特广场为拥挤的城市网提供了缓冲地带，广场带有多功能、高亲和性、绿色的开放空间

资料来源：须芒草联合设计公司。

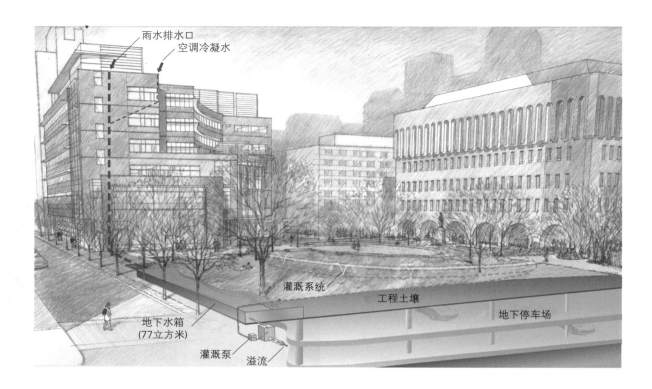

雨水排水口
空调冷凝水
灌溉系统
工程土壤
地下停车场
地下水箱
(77立方米)
灌溉泵　溢流

图 7.12　鲁伯特广场建于地下停车场之
上。广场通过过滤、积蓄、治
理、灌溉再利用，能够在场地
中实现高效雨水管理，包括临
近楼栋中的空调冷凝水
资料来源：须芒草联合设计公司。

图 7.13　鲁伯特广场成为公共便利设
施。广场作为城市路径节点，
可以让行人在费城的城网中通
过新广场自由穿梭
资料来源：须芒草联合设计公司。

并且有机物质增强了土壤的持水能力，为植物提供了额外 340 立方米的水。

　　屋顶积攒的雨水、雪水则会流入地下车库结构中特别设计的蓄水池。储存的水用于干旱季节广场的灌溉。空调冷凝水同样也储存在这个水箱中，用于灌溉，从而节省水费。多种不同策略为雨水管理带来的高效率，包括从新建筑的屋顶和空调冷凝水中收集雨水，储存在广场的土壤（绿色屋顶）以及车库的水池中，使得雨水管理系统能够在 25 毫米的降雨中将半个街区从城市的雨水系统中剥离。建筑功能（一座新的学术大楼和重建的车库）与直接的城市景观融合在一起，立面的细微变化进一步协调了空间，将场地和建筑融合在一起。

　　该广场为托马斯·杰斐逊大学提供了一个郁郁葱葱的绿洲。广场中央铺设的空间为大学活动（毕业典礼、招聘会和学生聚会）提供了场所，同时也提供了休息区和宽敞的校园入口。这个广场与全街区循环同级，四面重新与城区相连。该广场以费城的近乎最成功的传统广场——利顿豪斯广场（Rittenhouse Square）为模型所建。正如利顿豪斯广场那样，新广场将大型的开放式绿色空间与相互交叉的街道结合，提供了跨越城市网络的捷径。这种"路径节点"让广场变成一个可供众人使用的公共空间，同时校园向居民和游客开放，而不是将之视为一个私人花园。现在，托马斯·杰斐逊大学中心成了便民、温馨之所。

5. 过程即场地：人与隐藏系统的连接（图 7.14、图 7.15）
西德威尔友谊中学（Sidwell Friends Middle School，2007）
华盛顿特区
基兰·廷伯雷克建筑事务所（Kieran Timberlake）：建筑
国际自然系统 / 生物栖息地（Natural Systems International/Biohabitats）：工程
须芒草联合设计公司：景观设计

　　传统意义上说，废水处理等服务型基础设施一直被视为建筑物中必不可少的实用部分，但一定不能外显。西德威尔友谊中学成立于 1883 年，是一所贵格派（Quaker）贵族学校。自学校项目初建伊始，这些实用主义元素便纳入了学校审美和教育使命。作为教学工具的智能水管理是设计的重点，其最终目标是让每一名学

图 7.14 人造湿地位于华盛顿特区西德威尔友谊中学的中心。该湿地让废水处理肉眼可见，如同室外教室，"过程和场地融为一体"

资料来源：须芒草联合设计公司。

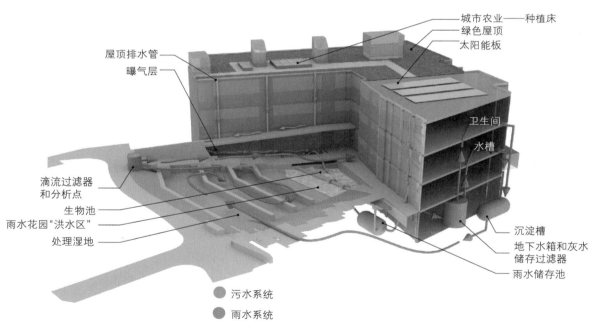

生都具备贵格派的社会和环境良知。

初、高中校园坐落在华盛顿特区西北部历史悠久的坦利城区（Tenleytown），占地6公顷，位于罗克溪（Rock Creek）流域的历史城区。在建筑翻新时，新旧两翼被设计成一个U形庭院，中部景观由建筑物、花园、户外教室和实验室环绕，成为一大特色。中部景观带有一个小型池塘，池水外溢到草地，模仿泛滥平原的功能。人造湿地旨在处理和存储雨水和废水。校方与建筑师、工程师的密切合作，使得新建筑系统和校园新庭院系统完美融合。

学校建筑的污水处理需要通过庭院内的多级系统，同时地下湿地也可以消除污水气味并防止人与受污染的水直接接触。废水首先在建筑物的一级处理池中保存，然后流入庭院中的一系列梯级湿地处理室，再流入一个滴滤池，最终流入一个砂滤池进行精细处理。所建造的处理室符合庭院的地形，上铺有砾石，呈阶梯式下降，水处理系统可以利用重力，顺势而下。当地的湿地植物不仅可以保障美感，在其根部还具有各种微生物，可分解水中的污染物。

废水处理过程需要经过3—5天，随后转入地下存储槽。一旦校内卫生间或者冷却塔需要引入非饮用水时，再利用水箱

图7.15　西德威尔友谊中学的梯田种植了各种原生湿地植物，这些植物可以清洁废水，以便在建筑物的系统中重新使用

资料来源：须芒草联合设计公司。

中的洁净水就通过细筛过滤、紫外线消毒，再通过专用循环水平行管道泵送回校内。湿地系统最多每天可以接收 11 立方米的水。再生水回收到建筑物中，作为卫生间使用水。多余的洁净水资源则输入市政供水系统。

学校雨水系统同样具有动态性。建筑物屋顶、草坪、小路上的雨水流向地势最低处的小池塘。该池塘邻近校园建筑，配合湿地、洼地和一个游泳池，共同作为室外教室。场地中所有径流都引入雨水花园，园内种植了当地草甸物种作为渗透层。绿色屋顶还可以减少径流量并提高渗透水的质量。为了改善渗透水水质，铺面区域的地表流水会被引入雨水过滤器，以去除悬浮固体和多余营养物质。部分屋顶径流会储存在地下蓄水池中，天气干燥时为池塘供水。在暴雨期间，溢出的池水也会流入雨水花园。

2007 年，该项目成为首个获得 LEED® "铂金" ——最高评级的基础教育（K-12）学校。凡是获得铂金认证的项目，必须展示最新环保材料的使用并投入实践。项目施工结束后还需要经过一段时间的监控期，从而确保实际策略有效。

6. 人与场地的共生（图 7.16—图 7.21）
鞋匠绿地（2012）
宾夕法尼亚大学，费城，宾夕法尼亚州
须芒草联合设计公司：景观建筑

鞋匠绿地位于费城宾夕法尼亚大学校园内，紧挨第 33 街（33rd Street）东侧，位于沃那特（Walnut）和斯布鲁斯（Spruce）街道之间，占地 1.52 公顷。2006 年，马萨诸塞州沃特镇（Watertown）的佐佐木设计事务所（Sasaki Associates）制定了"宾大互联：未来展望"（Penn Connects: A Vision for the Future）的大学总体规划。为支持项目发展，这片新"绿地"应运而生，它将连接校园体育设施，将校园扩展到斯古吉尔河（Schuylkill River）。这片新绿地也反映了宾大的核心特征——承载"绿色大学"的本质，同时保留宾大自身的特点。

鞋匠绿地展示了宾大向东扩张至费城市中心的承诺。多年来，宾大校园周边遗留的工业废弃土地令人揪心。新的扩张将重塑这片废弃工业区，让校园重新与斯古

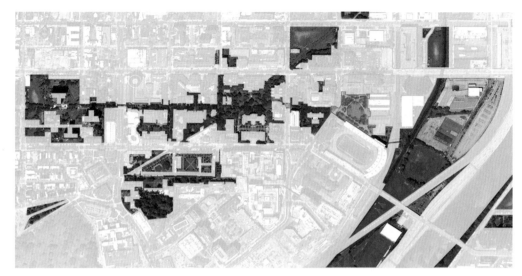

图 7.16 鞋匠绿地位于费城的宾夕法尼亚大学，该图展示了绿地与大学开放空间网络之间的关系
资料来源：须芒草联合设计公司。

图 7.17 鞋匠绿地在整个场地中提供了灵活的集会地点，用途非常广泛，比如个人冥想以及户外班级活动，
大型活动如户外演唱会、毕业典礼，国际活动如宾大接力赛
资料来源：须芒草联合设计公司。巴雷特·多尔蒂（Barrett Doherty）拍摄。

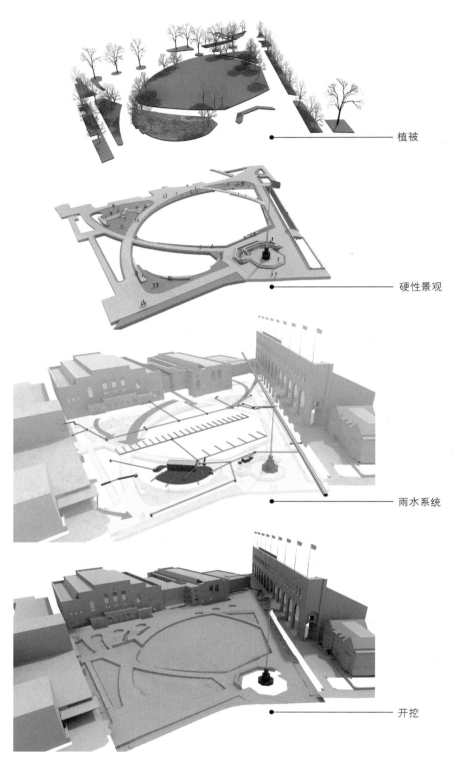

植被

硬性景观

雨水系统

开挖

图 7.18　鞋匠绿地的设计源于一种基于系统的方法（思维方式），它将自然系统和人造系统整合在一起，使它们能够整体运作

资料来源：须芒草联合设计公司。

图 7.19　鞋匠绿地作为绿色走廊中的一个节点，把宾大校园和邻近的斯古吉尔河新公园开发连接在一起
资料来源：须芒草联合设计公司。巴雷特·多尔蒂拍摄。

图 7.20　绿地周边的雨水花园可以让用户切实体会到该场地的雨水管理功能
资料来源：须芒草联合设计公司。巴雷特·多尔蒂拍摄。

图 7.21　绿地让人类开始感受到景观对于宾大西院乃至整个费城的促进作用

资料来源：须芒草联合设计公司。巴雷特·多尔蒂拍摄。

吉尔河建立联系。新的"绿地"将成为校园众多绿地之一。这其中包括中部学院大厅的道旁绿地。绿地沿着一条从对角线方向贯穿校园的人行道（洛克斯特和史密斯绿道）修建，从校园西南部的新生宿舍延伸到东北部的体育设施。早期的"景观总体规划"强调这些人行道搭建，这也是宾大西校区的主要构造要素。

新绿地环绕着校园最具标志性的两个体育设施，包括以篮球比赛闻名的帕莱斯特拉体育馆（Palestra，1927）和宾夕法尼亚接力赛体育场——富兰克林球场（Franklin Field，1895）。9.14 米的城市填土掩埋了一条古老的小溪，成为一条 2.13 米 × 2.44 米的合污管道，流经 1.29 平方千米的城市流域。该场地几乎是全铺面，建有网球馆。由于建筑物和景观之间的高度不同，出入变得不便，入口视野受阻，宾大历史悠久的 19 世纪建筑也被遮挡。

新项目需要创造开放的绿色空间，用于娱乐放松等多项活动，容纳大小规模活动，包括在周末举行超 5 万人参加的大型季节性活动，如宾大接力赛，还有户外电影和毕业典礼，以及小型、私密、僻静之所用于食用午餐或举办小型班级活动。由于街道和建筑物入口之间现有的 3 米高度差，所以新高度必须保障周围建筑物的出入便利。

除了改造环境以满足方案要求外，该场所还提供了生态系统服务，如调节气候、收集雨水和周围建筑物的空调冷凝水，以及通过蒸发和蒸腾重新连接水文循环的某些方面。鞋匠绿地的设计独到，场地和周围屋顶雨水收集经过最优处理，引入土壤和雨水花园。宾夕法尼亚大学第八任校长艾米·古特曼（Amy Gutmann）称赞这个项目是"新型公共产品，既美观又环保，可以自豪地邀请所有社区成员来享受"。[1]

公园本身的舒适和温馨是一方面，这个项目独特之处还在于让大学与校园之间建立起一种新型的长期关系：鼓励让人类更加了解景观对城市生活的贡献，以及培养人与自然景观之间更加共生和相互支持的关系。实践中，雨水管理渗透在许多设计景观中得到了很好的探索，但是蒸发和蒸腾——同样作为水文循环的关键部

---

1 关于古特曼的著作，参阅 http://www.upenn.edu/president/penn-compact/engaging-locally-shoemaker-green-penn%E2%80%99s-newest-public-common。

分——并没有被纳入最佳管理规划（BMP）而得到广泛使用。在这个项目中，植物和土壤都提供这些生态系统服务。土壤也会净化水质，植物会将二氧化碳转化为碳水化合物从而支持土壤生命和碳隔离。

鞋匠绿地的设计理念是系统性的。生物和非生物形成一个整体，互相支持。随着时间的推移，绿地维护需要不断学习和系统性反馈。工作人员将该绿地维护作为一个起点，探索如何为整个大学提供可持续的维护方案。为帮助工作人员，须芒草联合设计公司领导了一个为期 5 年的研究监测项目，与地球和环境科学学院的师生共同观察系统中的水流量以及土壤和植物在降低雨水流量方面的效果如何。[1]景观变化及其表现的判别和量化将为设计的适用性评估提供有价值的反馈，并让我们了解具体管理行为随时间推移的影响。

六、再见吧，错误二分法

我们对广袤宇宙的理解得到了重新定义。最近的科学发现证实，宇宙从奇点大爆炸演化成了复杂的实体，实体又受到进化、环境和相互关联的系统制约。最关键的是，我们清楚地认识到，宇宙中的一切事物，所有的生命和非生命物质，都是由相同的原料构成（"星尘"）。

我们希望，设计和规划专业人员会逐步、稳定地重新构思他们的工作，并致力于"创造性适应"理念，也就是保护、改造和重新认识人类环境，尤其是我们的城市。将我们生活的环境重新织入健康的低熵系统。这种设计和规划方法符合人类对宇宙的最新认知。这也是伊恩·麦克哈格大力阐述的一个目标，也是他设计理念和方法的基础。我们希望设计和规划专业人员，作为一个团体，可以承担起提高生活品质的责任，并为所有城市和公民面临的紧迫问题带来创造性解决方案。

---

[1]　鞋匠绿地项目完成一年后的 2013 年，植被蒸腾率的初步监测业已实施。初步数据显示，洪泛平原的植物物种蒸腾水量极巨；令人吃惊的是，莎草和草皮草同样具有蒸腾大量水分的潜力。

参考文献

[1] Adams, Henry, *A Letter to American Teachers of History* (Washington, D.C.: J. H. Furst Co., 1910).

[2] Bateson, Gregory, *Mind and Nature: A Necessary Unity* (New York, NY: Ballantine, 1979).

[3] Berret, Dan, "The Rise of 'Convergence' Science," Inside Higher Ed (January 5, 2011), available online at http://www.insidehighered.com/news 01/05/2011.

[4] Bondi, Herman, and Thomas Gold, "The Steady-State Theory of the Expanding Universe," *Monthly Notices of the Royal Astronomical Society*, Vol. 108, No. 3 (June 1948): 252–70.

[5] Borowiec, Andrew, *The New Heartland: Looking for the American Dream* (Staunton, VA: George F. Thompson Publishing, 2016).

[6] Brillouin, Léon, "The Negentropy Principle of Information," *Journal of Applied Physics*, Vol. 24, No. 9 (September 1953): 1152–63.

[7] Bryce, S. A. J. M. Omernik, and D. P. Larsen, "Ecoregions—A Geographic Framework to Guide Risk Characterization and Ecosystem Management," *Environmental Practice*, Vol. 1, No. 3 (September 1999): 141–55.

[8] Calthorpe, Peter, and William Fulton, *The Regional City: Planning for the End of Sprawl* (Washington, D.C.: Island Press, 2001).

[9] Calthorpe, Peter, *The Next American Metropolis: Ecology, Community, and the American Dream* (New York, NY: Princeton Architectural Press, 1993).

[10] Capra, Fritzof, *The Web of Life: A New Scientific Understanding of Living Systems* (New York, NY: Anchor Books, 1997).

[11] Choi, Charles Q., "Map of 'Cosmic Web' Reveals Our Galactic Neighborhood," *The Christian Science Monitor* (September 4, 2014); available online with a video at http://www.csmonitor.com.

[12] Clausius, Rudolf, "Über die bewegende Kraft der Wärme ..." ("On the Moving Force of Heat and the Laws of Heat which may be Deduced Therefrom"), *Annalen der Physik*, Vol. 155, Nos. 3–4 (1850): 368–97 and 500–24.

[13] Clausius, *The Mechanical Theory of Heat—with its Applications to the Steam Engine and to Physical Properties of Bodies* (London, UK: John van Voorst, 1867).

[14] Daly, Herman, and Josh Farley, *Ecological Economics, Principles and Applications* (Washington, D.C.: Island Press, 2004).

[15] Darwin, Charles, *On the Origin of Species by Means of Natural Selection* (London, UK: John Murray, 1859).

[16] Davidoff, Paul, "Advocacy and Pluralism in Planning," *Journal of the American Institute of Planners*, Vol. 31, No. 4 (1965): 331–38.

[17] Duany, Andrés, Elizabeth Plater-Zyberk, and Jeff Speck, *Suburban Nation: The Rise of Sprawl and the Decline of the American Dream* (New York, NY: North Point Press, 2000).

[18] Duany, Andrés, Elizabeth Plater-Zyberk, and Robert Alminana, *The New Civic Art: Elements of Town Planning* (New York, NY: Rizzoli International Publications, 2003).

[19] Einstein, Albert, "Über einen die Erzeugung und Verwandlung des Lichtes betreffenden heuristischen Gesichtspunkt" ("On a Heuristic Viewpoint Concerning the Production and Transformation of Light"), *Annalen der Physik*, Vol. 322, No. 6 (1905): 132–48.

[20] Einstein, Albert, *Relativity: The Special and General Theory* (New York, NY: Henry Holt, 1920).

[21] Geddes, Patrick, *Cities in Evolution: An Introduction to the Town Planning Movement and to the Study of Civic* (London, UK: Williams & Norgate, 1915).

[22] Giles, Jim, "Millennium Group Nails Down the Financial Value of Ecosystems," *Nature*, Vol. 434, No. 7033 (March 31, 2005).

[23] Guth, Alan H., *The Inflationary Universe* (New York, NY: Perseus Books, 1997).

[24] Howard, Ebenezer, *Garden Cities of Tomorrow* (London, UK: Swan, Sonnenschein and Co., 1902).

[25] Hawken, Paul, Amory Lovins, and Hunter L. Lovins, *Natural Capitalism: Creating the Next Industrial Revolution* (Boston, MA: Little, Brown and Company, 1999).

[26] Henderson, Lawrence, "The Fitness of the Environment: An Inquiry into the Biological Significance of the Properties of Matter," *The American Naturalist*, Vol. 47, No. 554 (February 1913): 105–15.

[27] Henderson, Lawrence, *The Fitness of the Environment* (New York, NY: Macmillan, 1913).

[28] Henderson, Lawrence, *The Order of Nature* (Cambridge, MA: Harvard University Press, 1917).

[29] Hoyle, Fred, "A New Model for the Expanding Universe," *Monthly Notices of the Royal Astronomical Society*, Vol. 108, No. 5 (October 1948): 372–82.

[30] Irvine, Mac, "7 Out of 10 People Will Live in Cities by 2050," *Popular Science* (February 2014): 23.

[31] Kareiva, Peter, Heather Tallis, and Ricketts Taylor, et al., *Natural Capital: Theory and Practice of Mapping Ecosystem Services* (Oxford, UK: Oxford University Press, 2011).

[32] Kareiva, Peter, Heather Tallis, Taylor Ricketts, Gretchen Daily, and Stephen Polasky, eds., *Natural Capital: Theory and Practice of Mapping Ecosystem Services* (Oxford, UK: Oxford University Press, 2011).

[33] Kaufman, Gerald J., "What if ... the United States of America Were Based on Watersheds?" *Journal of Water Policy*, Vol. 4, No. 1 (December 2002): 57–68.

[34] László, Erwin, *Systems Science and World Order: Selected Studies* (New York, NY: Pergamon Press, 1983).

[35] Lemaître, G., "Un Univers Homogène de Masse Constante et de Rayon Croissant Rendant Compete de la Vitesse Radiale des Nébuleuses Extragalactiques" ("A Homogenous Universe of Constant Mass and Growing Radius Accounting for the Radial Velocity of Extragalactic Nebulae"), *Annales de la Société Scientifique de Bruxelles*, Vol. 47A (1927): 49–59.

[36] Leopold, Aldo, *A Sand Country Almanac and Sketches Here and There* (New York, NY: Oxford University Press, 1949).

[37] Lerner, Jaime, "A Song of the City," a TED talk (15:43 minutes); filmed in March 2007.

[38] Lewis, Philip, "Quality Corridors for Wisconsin," *Landscape Architecture Magazine*, Vol. 54, No. 2 (January 1964): 100–07.

[39] Lewis, Philip, *Tomorrow by Design: A Regional Design Process for Sustainability* (New York, NY: John Wiley and Sons, 1996).

[40] Little, Charles E., "Making the City Jump: Riverpark, Chattanooga, Tennessee," in *Greenways for America* (Baltimore, MD: The Johns Hopkins University Press, in association with the Center for American Places, 1990), 140–43.

[41] Margulis, Lynn, James Corner, and Brian Hawthorne, eds., *Ian McHarg: Conversations with Students* (New York, NY: Princeton Architectural Press, 2006).

[42] McHarg, Ian, *Design with Nature* (Garden City, NJ: Natural History Press, 1969).

[43] McHarg, Ian, *Dwelling in Nature: Conversations with Students* (New York, NY: Princeton Architectural Press, 2007).

[44] Millennium Ecosystem Assessment, *Ecosystems and Human Well-Being: Synthesis Report* (Washington, D.C.: Island Press, 2005).

[45] Odum, Howard, *Systems Ecology: An Introduction* (Hoboken, NJ: Wiley Interscience, 1983).

[46] Olgay, Victor, *Design with Climate: A Bioclimatic Approach to Architectural Regionalism* (Princeton, NJ: Princeton University Press, 1963).

[47] Penzias, A. A., and R. W. Wilson, "A Measurement of Excess Antenna Temperature at 4080 Mc/s," *Astrophysical Journal*, Vol. 142 (July 1965): 419–21.

[48] Penzias, A. A., and R. W. Wilson, "A Measurement of the Flux Density of CAS A at 4080 Mc/s," *Monthly Notices of the Royal Astronomical Society*, Vol. 142 (October 1965): 149–54.

[49] Persig, Robert, *Lila: An Inquiry into Morals* (New York, NY: Bantam Books, 1991), 162.

[50] Sagan, Carl, *Cosmos: A Personal Voyage* (New York, NY: Random House, 1980).

[51] Schrödinger, Erwin, *What Is Life—the Physical Aspect of the Living Cell* (Cambridge, UK: Cambridge University Press, 1944).

[52] Steiner, Frederick, ed., *The Essential Ian McHarg: Writings on Design and Nature* (Washington, D.C.: Island Press, 2006).

[53] Steiner, Frederick, Mark Simmons, Mark Gallagher, Janet Ranganathan, and Colin Robertson, "The Ecological Imperative for Design and Planning," *Frontiers in Ecology and the Environment*, Vol. 11, No. 7 (September 2013), 335–61.

[54] Talen, Emily, ed., *Charter for the New Urbanism, Second Edition, Congress for the New Urbanism* (New York, NY: McGraw-Hill Education, 2013).

[55] Thall, Bob, *The New American Village* (Baltimore, MD: The Johns Hopkins University Press, in association with the Center for American Places, 1999).

[56] Van der Ryn, Sim, and Peter Calthorpe, *Sustainable Communities: A New Design Synthesis for Cities, Suburbs, and Towns* (San Francisco: New Catalyst Books, 2008).

[57] Villa, Ferdinando, Matthew Wilson, Rudolf de Groote, Steven Farber, Robert Constanza, and Roelof Boumans, "Designing an Integrated Knowledge Base to Support Ecosystem Services Valuation," *The Dynamics and Value of Ecosystem Services: Integrating Economic and Ecological Perspectives, Special Issue of Ecological Economics*, Vol. 41, No. 3 (June 2002): 445–56, quoted on 445.

[58] Whittaker, Robert, "Classification of Natural Communities," *Botanical Review*, Vol. 28, No. 1 (January–March 1962).

[59] Whittaker, Robert, *Communities and Ecosystems* (New York, NY: MacMillan, 1975).

[60] Wilson, Edward O., "The Global Solution to Extinction," *The New York Times* (March 13, 2016): SR7.

[61] Wilson, Edward O., *Biophilia* (Cambridge, MA: Harvard University Press, 1984).

NATURE AND CITIES

第八章　韧性与再生性：
通向新城市的路径[1]

福斯特·恩杜比斯

　　几年前，笔者飞往得克萨斯州休斯敦市，掠过加尔维斯顿湾（Galveston Bay）上空时，该地区正在进行的灾后重建工作使我大为震撼。我不由做出这样的假设，倘若这个地方没有像美国许多沿海地区那样，快速地把海岸湿地转变为城市用地，2008 年 9 月飓风艾克登陆引发的海湾洪水或许不会造成如此严重的影响。飞机渐渐接近机场，休斯敦大都市区的宏伟再次使我感到震撼：相当平坦的大片土地上遍布着同样细密而又形态各异的城市建筑群；零碎的绿地斑块，还有湖泊、河口、湿地以及布法罗河（Buffalo Bayou）——布法罗河流经休斯敦，从东部流向休斯敦航道（Houston Ship Channel），并通过加尔维斯顿湾流入墨西哥湾——所形成的水体网络混杂其间。格外引人注目的是，高速公路与普通公路，以及缓慢移动甚至无法前行的车辆，在路上排成长线，像意大利面般缠绕盘旋；同样值得注意的还有，随着休斯敦建成区持续的迅速扩张，农田、牧场和林地的面积与我十年前所观察到的相比大幅缩减。

　　从机场出来，我先沿萨姆休斯敦 8 号环城公路（城市的外环路）南行了 25 分钟，然后向西拐上美国 290 号公路，驶向休斯敦西北 121 千米处得州农工大学所在的卡城（College Station），也就是我工作和生活的地方。多次的旅途使我对这条路线相

1　本章的一些材料改编自 Ndubisi（2014）。

图 8.1　休斯敦鸟瞰图
资料来源：保罗·萨伯曼（Paul Sableman）拍摄。

当熟悉，8 号环城公路（机场与美国 290 号公路之间）的两侧曾经是空地、农田和林地，然而如今这片土地却被彻彻底底地改造了，它被细分为许多小型地块，分布着办公大楼、商业建筑和公寓集群。

8 号环城公路和美国 290 号公路以西地区也经历了类似的景观变化。大约 10 年前，一个住宅开发的大项目在 8 号环城公路和美国 290 号公路的交叉点以西 32 千米处建成，成就了"跨越式"发展的一个耀眼案例。这个住宅开发区与休斯敦建成区的西边界线间曾经有着大量的农业和森林景观，而如今却是一片低密度住宅区、公寓群、商业广场、购物中心和办公园区等建设用地。尤其是在 8 号环城公路和美国 290 号公路交叉点的附近，交通拥堵明显加剧，因而近期不得不新建了很多立交桥来疏解因人口增长而逐渐拥堵的交通。最近这个住宅开发区以西约 16 千米的地方又新开了一个"跨越式"住宅项目，沿着美国 290 号公路行驶在两个住宅区之间的我经常有一种强烈的预感，现在这些各具特色的优质农地、美丽的开放空间以及森林 7 年后都将会变成低密度的、大面积的建设区。一系列新的立交桥可能也会在这附近建起，而这个新的住宅区最终可能成为休斯敦建成区新的西部边界。

我所经历的景观城市化并非个例，这种在世界各地都很常见的体验说明了城市化的本质和影响：事实上，即使提供了有前景的解决方案，景观作为人类和其他生物的生命支持系统也依然会持续遭到破坏。人类的影响愈发巨大，也愈发复杂，大大提高了解决方案实现的难度。这些影响在我们所生活的景观中显而易见，正如美国第四大城市休斯敦的情况所体现的那样。

在过去几十年中，人口、社会、经济和技术力量的变化使得生态问题的类型增加、规模扩大、复杂性不断加剧，因此驱动了景观的变化 [例如 Steiner（2011）]。目前，全球人口快速增长，世界人口从 1900 年的 2 200 万[1] 增长到 1999 年的约 29 亿，增长超过十倍。2012 年世界人口总量为 72 亿，联合国估计 2030 年该数量将达 82 亿，2050 年将达到 92 亿，且 70% 以上的人口将居住在大都市地区。[2] 美国的人口变化趋

1　原文如此，数据错误。——译者注

2　数据来自联合国官网（http://www.un.org）。

势与全球趋势相似，据估计，到2050年，美国人口总量将达4.1亿，其中86%将居住于大都市地区。[1]

大都市地区的人口加速增长产生了巨大影响，加重了景观满足人们日常饮食、工作、居住和娱乐需求的负担。不同社区、区域间，这些需求类型和强度的可变性，与人们的消费行为和模式息息相关。为满足这些需求，自然、社会、文化和经济资源面临着不同程度的要求。这些要求直接作用到景观上，会带来或正面或负面的作用，不过后者情况居多。此外，在快速城市化的背景下，农村地区非常脆弱，因为它们需要为城市化地区提供自然和文化资源基础。

正如笔者在休斯敦8号环城公路和美国290号公路所观察到的，乡村景观向城郊和城市的转变，是通过改变景观的物质条件，来影响生态环境的（Alberti，2005）。这大大增加了能源消耗，因为大都市区需要大量的能源和资源投入（Odum，1997）。显著影响之一就是景观的破碎化（将大块土地划分为更小的地块），它细分且均质化了生物的栖息地，从而影响生物循环并侵害着生物多样性（Ndubisi，2008；Alberti，2005；Wilcox and Murphy，1985）。对景观的改变也影响了水文系统的运行，因其往往产生含有高浓度重金属和无机物的土壤，并降低土壤的渗透性和溢流量，从而破坏水文循环，增加污染径流。

事实上，城市化阻碍了能源、矿物、物种和信息在景观嵌合体（landscape mosaic）中的流动，特别是城市的无序扩张加剧了对生态的负面影响。气候变化导致的严重而不可预测的天气事件愈发频繁，烈度也不断加剧，导致生命和财产损失的洪水及中暑风险持续攀升，进而威胁到人类健康（图8.2）。住宅、工业和其他用途的能源消费日益集中，使得土地利用受到影响。

我将这些情况归纳为以下五个主要问题，用以指导对解决方案的讨论：

（1）如何创造和维持具有韧性的可行、宜居、健康与可持续的城市，以及如何在日益全球化和城市化的背景下，尽量减少景观的同质性并创造出独特的场景？

（2）面对自然与人为的动荡，尤其是灾难频发地区，我们如何确保城市得以继

1　数据来自美国统计局（http://www.census.gov）。

图 8.2　2008年6月12日，在艾奥瓦州锡达拉皮兹（Cedar Rapids）中心，密西西比河洪水对城市破坏的景象，反映了在洪水易发地区建造城镇和城市的普遍境况

资料来源：维基百科。

续维持？

（3）随着时间的推移，我们如何保证景观作为人类及其他生物生命支持系统的质量和完整性不会恶化，相反还可能提升其质量？

（4）特别是通过保护基本农田、珍贵自然与文化资源以及农村价值和特色，我们如何才可能缓解农村地区在城市化进程加快的背景下的脆弱性？

（5）面对气候变化导致的海岸线上升、对动植物栖息地的破坏等问题，以及对人类健康福祉的威胁（包括加剧热岛效应、带来财产损失等），我们如何才能做到最佳应对？

即使学术界对此已有长期研究，且已有很多值得效仿的解决方案，但人类所面临的挑战越来越复杂，解决方案的实施越来越难以实现。接下来的内容试图通过概述一系列准则来扩展此领域的研究，这些准则结合在一起，共同以富有意义和成效的方式丰富研究内容，为景观设计师和规划师提供了一条创造并维持具有韧性、可再生的美丽城市的路径。

一、景观的韧性与稳定性

长期以来乡村景观被认为是具有韧性的，城市地区也逐渐被视为复杂而富有韧性的生态系统（Wu and Wu，2014；Levin，1998）。英属哥伦比亚大学的生态学家 C. S. 霍林（C. S. Holling）在 1973 年发表开创性论文"生态系统的韧性与稳定性"（Resilience and Stability of Ecological Systems）中引入了一种理解生态系统行为的新思路，认为生态系统的表现可以通过韧性与稳定性这两种不同的特性来确立。具体描述如下：

> 韧性决定了系统内部关系的持久性，是系统对状态变量、驱动变量和参数变化吸收能力的衡量指标。在这个定义中，韧性是生态系统的一个属性，韧性大小不同的系统最终可能持续存在或者走向灭亡。另外，稳定性是系统在受到临时干扰后恢复平衡的能力。恢复的速度越快，波动越小，系统就越稳定。在这个定义中，稳定性也是生态系统的一个属性，使得系统在特定状态上下有一定程度的波动。（Holling，1973）

自从"生态系统的韧性与稳定性"发表以来，关于如何理解生态系统行为的新思路陆续涌现。霍林指出，对生态系统稳定性与韧性的认知可能会产生截然不同的景观资源管理思路。注重韧性的设计和管理框架强调不限制生态系统的选择面，在认识到生态系统是由各类相互作用的异质要素所组成，其中能源、矿物、物种和信息的流动相互连接的前提下，强化其转型能力，来保持生态系统的持久性。相反，完全基于稳定性观点的框架，则强调生态系统结构与功能的平衡和维持，这一直是20 世纪 60 年代以来设计者和规划者所采用的观点。

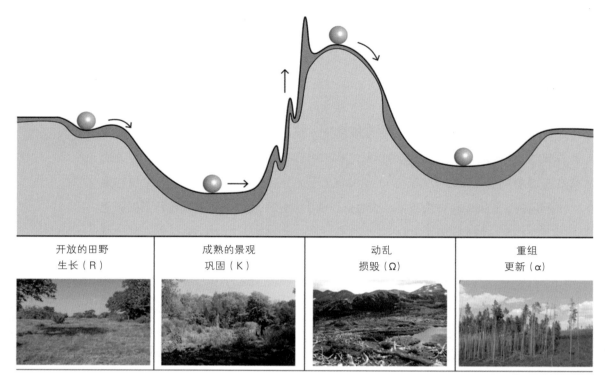

| 开放的田野
生长（R） | 成熟的景观
巩固（K） | 动乱
损毁（Ω） | 重组
更新（α） |

图 8.3　生态韧性适应性循环中的各个阶段
资料来源：Wu and Wu（2013）。图由 Yuan Ren 重绘。

二、适应性循环

　　规划师、景观设计师和生态学家逐渐被韧性理论吸引，认识到洞察生态系统中的适应性循环对于理解城市设计和规划中韧性的相关性至关重要。基于韧性理论的生态演替适应过程与尤金·奥德姆（Eugene Odum）和雷蒙德·马加莱夫（Raymond Margalef）等著名生态学家提出的传统观点略有不同（Odum，1969；Margalef，1968）——韧性理论认为，适应性循环涉及生态系统被破坏之后可能发生的四个阶段（图 8.3）（Holling，1996）。[1] 第一个阶段是生长或开发阶段（R 阶段），生态系统开

1　在此，我引用了 Wu and Wu（2014）对适应过程性的简洁解释。

始重新建立先锋种。[1] 第二个阶段是保护或巩固阶段（K 阶段），生态系统通过对本地气候或成熟物种的适应而逐渐成熟起来。生物量和营养物质在这个阶段积累并逐步地集成于植物组织中。养分循环效率高，食物网紧密结合，生物地球化学循环变得更加封闭，能源和养分利用的整体效率提高。能量主要用于对生态系统的维护，而不像在第一阶段中大多数能量用于呼吸和生长。

当发生严重干旱、重大火灾、洪水或飓风等严重干扰时，生态系统可能会被损毁，当生态系统"联系过度紧密"导致僵化的情况下尤其如此。继而，缺乏灵活性的管控也会被打破，前两个阶段（R 和 K）积累的生物量和营养（资源）便会释放出来，生态系统会变得松散无力、疏于管理。这代表着损毁阶段（Ω），其特点是高度的不确定性、强烈的外部影响以及生态系统实现创造性重组的充裕机会。随着时间推移，资源可以重新组合，生态系统可能走向重组或更新阶段（α），这可能（但不一定）导致另一个生长或开发阶段（R 阶段）。

随着生态系统在这些适应性阶段中移动，在重组或更新阶段，当控制和连通性较低时，韧性增加；在巩固阶段，当连通性较高且系统僵化时，韧性下降。前两个阶段——生长和巩固——经常出现在传统生态学研究中。适应性和变革性生态系统具有韧性，损毁阶段和更新阶段，可以分别有效地调整和重组人为诱发与自然的灾害，同时保留其基本结构、过程和特性。

三、桥接概念

一组越来越强大的概念和准则已经出现，其基础是创建系统以增强景观吸收变化或干扰的能力，但不改变其底层结构和功能，也不将其转变为新的状态（Pickett et al.，2004）。这种系统强调"持久性、多变性和不可预测性"（Gunderson，2010）。笔者区分了两类概念和原则：首先是桥接概念，侧重于来自韧性或其他生态理论中的原则，它揭示了那些与行为指导相关理论的重要维度，如采用区域视角、明确地

---

1 生物学术语，指生命力顽强、最先入驻一个原先遭到破坏生态环境的物种。——译者注

改变设计目标等；其次是将这些桥接概念转化为设计和规划的概念、准则及标准。[1]

各种桥接概念有望创造有韧性与再生性的城市景观（正如许多学者提出的那样），主要包括：

- 管理可预测和不可预测的变化应该是城市设计与规划的主要目标，需要开发自组织机制以使景观做出有效的调整（Wu and Wu，2014）；
- 如果指导得当，改变可能会导致创新，从而为景观持续的调整创造机会（Wu and Wu，2014）；
- 管理城市系统的变化很大程度上取决于该系统在极端天气事件和资源约束下降的情况下提供生态系统服务的能力（Elmqvist et al.，2014；Ernston et al.，2010）；
- 由于生态系统努力从灾害中恢复（尤其是那些由极端气候条件造成的灾害），因此建立有韧性的社会生态系统的建议应该与管理气候变化的建议相结合（Elmqvist et al.，2014）；
- 再生性有必要涵盖对退化系统的积极修复，以确保韧性系统的持久性（Ndubisi，2014）；
- 增加生态系统、机构和学习平台的多样性，增强了生态系统的复原力（Wu and Wu，2014）；
- 明确关注系统效率，例如某单一输入的最大化，可能会削弱系统的韧性（Folke et al.，2010）；
- 维持韧性景观最有效的空间尺度，是有强烈而持续的反馈循环的区域尺度，而不是局部尺度（Holling，1996）；
- 高水平的协作、社区参与和社会资本是韧性系统的重要特征（Felson and Pickett，2005；Wu and Wu，2014）；
- 将城市作为实验田野和研究中心，用以了解不可预测变化的不确定性，对于维持韧性是至关重要的（Elmqvist et al.，2014）；

1　我在 Ndubisi（2002）中作了区分。

- 保持城市系统的韧性需要大幅度减少城市生态足迹和温室气体消耗（Wiseman et al.，2014）
- 景观由空间异质元素组成，因此需要促进其各个方面的多样性，并制定有详细而非笼统的设计和规划建议（Wu and Wu，2014；Elmqvist et al.，2014）。

在下一节中，我将桥接概念重新概念化为空间规划与设计的概念，以及创建并维护韧性与再生性城市景观的准则，即：为变化与不确定性而设计；维持生态系统服务；适应与减缓气候变化的影响；接纳城市与景观的再生；认可区域思维与行为；整合协作的流程、实践与学习。

四、韧性与再生性景观

1. 为变化与不确定性而设计

历史证明，景观设计师为韧性与再生性而设计的城乡景观会随着时间变化，现今尤其如此。正如景观设计师梅格·卡尔金斯所主张的那样："……在我们设计动态系统时，不确定性、变化和独特性必须纳入设计中。自然条件不是一成不变的，故而我们的设计方案也不能一成不变。场地系统必须在景观生命周期中发挥作用——其建设必须包含变化的空间和适应的机会。"（Calkins，2012）

20世纪80年代以来，学者们逐步认识到对城市景观不确定性的设计和规划需要我们遵循以下各方面建议及要求：

- 在景观中首先建立好空间管理和基础设施的最高组织结构，再让细节随时间逐渐填充其间（Lynch，1981）；
- 同时应该在计划中为可能的瞬时骤变和渐进变化留出空间，由于景观的"基础结构"（如基岩地质和水文）变化缓慢，可将其作为塑造城市形态的基础（Spirn，2014）；
- 以巩固城市景观有效体现的生态系统关键变量为目标制定干预措施，例如利用低影响发展战略加强洪泛区水文流动的设计（Ndubisi，2014；Wiseman et al.，2014）；

- 发展出一套能够处理跨规模影响的治理结构，如问题导向的政府间联盟和流域管理（Wu and Wu，2014）；
- 采用培养反思性学习能力的设计和管理流程，如针对学习的协作组织流程（Gunderson，2010；Ndubisi，2014）；
- 建立严密的反馈循环并监控已设计景观的进程，将设计意图与正在进行的管理活动无缝连接（Calkins，2012）；
- 使用绩效导向的方法设计和监测城市景观，例如建立绩效目标，将其作为评估项目成果的基础（Calkins，2012）；
- 为更大规模范围的城市进行设计和规划，因为城市具有高度依赖、相互关联的系统，其韧性取决于大规模的景观，区域规划即是如此（Ndubisi，2014）。

这些建议和要求表明，我们亟须持续的研究和监测。考虑到愿景、目标、资源、社区的参与及实施等因素，我们需要关注城市生态系统如何随着不确定性、非线性和突发变化而发展，而韧性景观要如何实现预期目标。

2. 维持生态系统服务

能否在当前自然资源减少和气候恶化的条件下，提供生态系统服务是韧性城市的一个重要判断标准（Elmqvist et al.，2014）。生态系统服务是指，"我们（包括其他生物）从生态系统中获得的益处。"（Millennium Ecosystem Assessment，2005）[1] 这些好处包括：资源服务，如净化水和空气的过程；支持废物分解和养分循环等服务；监管服务，如碳封存和气候调节；娱乐、精神和健康等文化服务。有一些生态系统可以提供多种益处。

提供这种服务的生态系统不仅可以作为竞争性土地用途之间的缓冲区，还可以

1　参阅 http://www.scribd.com/doc/5250322/MILLENNIUM-EC。

图 8.4　南非特森岛（Thesen Island）上的这类湿地提供多种生态系统服务，包括为一些濒危的动植物群提供栖息地，减少风暴潮和洪水造成的破坏。这种栖息地是否适合开发值得慎重对待

资料来源：福斯特·恩杜比斯拍摄。

提供韧性，使城市景观吸收生态和其他干扰，从而保持环境的基本结构、功能和特征。例如，湿地有助于暴雨在流入溪流、海湾和大海之前，清除其中的污染物，还可以为动植物（包括濒危动植物）提供日常生活的栖息地、保留营养物质并且缓解风暴潮和洪水造成的危害。当湿地被用作其他城市用途（例如转化为住宅或商业用地）时，景观适应的能力受到阻碍（图 8.4）。当然，生态系统为城市、郊区与农村地区提供时间和空间的益处，也可以为环境敏感地区提供益处，这对于长期维护当地与区域生物多样性、土壤、水以及其他自然资源极其重要（Ndubisi，1995）。虽然环境敏感地区在每个景观中都存在，但其对于保持当地景观健康的重要性与其生态价值以及相邻景观的管理制度有关（Bastedo et al.，1984）。

因此，恢复、保持和增强生态系统的完整性及美感对于维持城市景观的韧性特征至关重要，还有助于确保生态系统继续提供多样而有价值的服务。再生实践可能会加强其持续提供生态系统服务的能力，甚至可能会提高其质量，因为这些实践旨在增加自然资本。当然，设计的景观可以保护、维持甚至提供这些关键的生态系统服务（Calkins，2012）。将生态系统服务作为设计城市景观的基础，需要我们"将重点从创建和维护静态的、孤立的景观，转移到设计以及管理建筑环境和自然环境的复杂的、相互关联的生命系统"。[1] 此外，确保城市景观提供生态系统服务的能力需要建立基准数据和业绩衡量标准，以确定这些生态系统的当前价值和健康状况，评估它们在设计和规划干预方面的预期表现，以及支持投入管理（如通过资源的再利用和资源回收减少维护人类生态系统所需的投入）和生态系统资源的综合管理（例如通过"低影响开发"原则来治理暴雨）(Steinitz，2003；Calkins，2012)。[2]

保护城市的生态能力需要加强对因果关系的关注，因为生态系统是一个复杂的、相互联系的系统，其中一个单一的动作往往会触发许多相互作用，反之亦然。专业规划师和设计师需要认识到生态系统具有各种功能，因此他们必须进行相适应的规划和设计，例如通过将某程序的输出（"废料"）用作另一个程序的输入（"食物"）(Yang et al.，2013)。然而，我要强调道德义务的重要性，要确保生态系统的完整性和美感的连续性与持久性，因为这些生态系统不计功利地向人类和其他生物提供各种服务，以保证我们的健康与生存。

3. 适应与减缓气候变化的影响

城市生态系统的完整性、长期维护及其提供的服务会受到气候变化的影响，例如海平面上升以及频繁、极端的天气事件。这些干扰可能导致城市景观无法实现有效的再组织，以针对这种变化做出反应和调整。因此，理解并应用生态系统服务作为设计和规划的基础，需要我们制定出减缓和应对气候变化短期和长期影响的策略。在过去的半个世纪里，关于气候变化影响的研究和专业工作越来越丰富，且质量越来越好。例如，采用生态设计和规划策略来控制高风险地区建筑环境的边缘；根据

1　其中首次明确建议在景观中从静态形式到动态形式的设计转移的公开发表的文献为 Murphy（2005），也可见 Swaffield（2002）。

2　也可关注"可持续场所倡议"（Sustainable Sites Initiative，http://www.sustainablesites.org）和景观建筑基金会（Landscape Architecture Foundation，http://www.lafoundation.org）。

可识别风险的水平进行设计规划；顺应自然进行设计规划；开发紧凑的居住区；节能设计和规划；通过设计和规划确保整个城市景观的能源、矿物、物种和信息畅通无阻，例如开发和维护绿色基础设施及人类连接路径，包括小径、运输路线、绿色通道、通信网络和道路等（Newton and Doherty，1969；McHarg，1969）。我想指出的关键一点是，保护和加强生态系统服务的设计和规划与应对和缓解气候变化影响密切相关，两者应该以一体化、无缝衔接的方式同时进行。

4. 接纳城市与景观的再生

再生是指"在受伤之后或在正常运行过程中重建或恢复身体、身体某部位或生物系统（如一片森林）"[1]，也是"通过积极恢复退化的生态系统和社区来扩张自然资本（生态系统服务）"（Van der Ryn and Cowan，1996）。"扩张"一词意味着通过行为导向的战略增加自然资本的意图。在韧性城市景观的背景下，它意味着一种更新和修复的方法，使生态系统能够保持对自然和人为干扰的抵抗力（Ndubisi，2014）。

作为系统维护的正常组成部分，维持城市景观在目前性能水平上所需的能量，会随着时间推移逐渐增加，因为一些能量会转换为诸如热量等其他状态。为了确保这些景观持续保持其韧性，我建议创造有韧性景观的策略应该与那些促进再生系统的策略永久地联系或合并起来（Ndubisi，2014）。其中一个结果，就是一个重新概念化的城市生态设计和规划目标，即聚焦于创造和保持韧性或适应性再生景观。

再生系统的一个重要特征是矿物和矿物质的流动发生在一个闭环中，其中一个系统的输出会成为下一个系统的输入，如此逐渐导致整个连续循环或系统的能源和矿物的投入减少。关于再生系统及其策略的知识正在逐渐增多[2]，例如：我们知道，仔细地调整废弃物的范围和组成，令景观吸收它们，会增加土壤的肥力，并减

1　参阅《韦氏词典》（*Merriam-Webster Dictionary*）关于"再生"（Regeneration）的解释。同时可参阅 http://www.merriam-webster.com/dictionary/regeneration。

2　建筑师、景观设计师蒲林尼·菲斯克三世（Pliny Fisk III）既是得克萨斯州奥斯汀市最大潜能建筑系统中心（Center for Maximum Potential Building Systems）的联合创始人，也是可再生设计的领军人物之一。他在物质流输入／输出生物循环评估模式的开发工作中做出很大贡献。参阅 McDonough（2002）。

少建立废物处置系统的需要。约翰·莱尔认为存储是再生系统的核心，正如他写的，"……保持充足的存储空间并平衡补货率和使用率是可持续发展的关键。由于生产率、吸收率和使用率都不尽相同，因此储存是必不可少的、不断变化的均衡维护者。"（Lyle，1994）将再生作为生态系统适应过程中的关键，对于创造成功的韧性和再生景观至关重要。

如果韧性与再生策略是长久关联的，那么改进性的再生行为将会促进愈合或修复过程并将其转移到创造性重组阶段，来减缓重大干扰之后生态系统崩溃的可能性。再生性减少了长期维护韧性城市景观所需的能源和矿物投入，因为一个生态循环周期的废弃物被作为下一个周期的输入物。

5. 认可区域思维与行为

一个多世纪以来的大量证据表明，用于创造适应性再生景观的最合适的空间尺度就是区域（Geddes，1915；MacKaye，1928；Mumford，1938；McHarg，1969）。"区域"在不同专业领域代表不同的含义。我用"区域"来指"在空间范围上比当地城市大的地理区域，通过共同的和统一的属性来划分，由随时间建立其自然和文化特征的相互作用的物理、生物和文化现象组成"（Ndubisi，2008；Holling，1996）。

将区域作为平衡人类需求和环境问题的空间框架，并且最终创造和保持适应性再生景观可能是大势所趋，并且会从不同的角度出现。在 20 世纪早期到 20 世纪中叶期间，苏格兰生物学家兼规划师帕特里克·盖迪斯、美国林业和地区规划师本顿·麦凯、美国城市历史学家和评论家刘易斯·芒福德认为区域是理解和管理美国及英国迅速扩张的大都市区的最合适的空间单位（图 8.5）。他们的区域主义思想在20 世纪 60 年代和 70 年代由伊恩·麦克哈格及其同事们大加扩展并重新定义（McHarg，1969；Lucareli，1995）。他主张将生态区域的组成部分作为一个可以理解为整体的实体进行探索。生态学家理查德·福曼后来指出，区域层面是参与可持续发展的最合适的空间尺度，因为与当地层面相比，其空间范围更大，生态过程发生率更低（Forman，1995）。霍林认为，基于韧性的管理方法"需要在区域而不是局部范围内观察事件"（Holling，1996）。景观建筑学教授罗伯特·塞耶和其他空间理论家

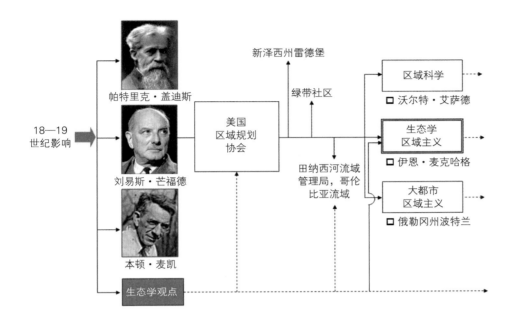

图 8.5　区域主义的演进路径

资料来源：图由笔者绘制，由 Tsung-Pei（Eric）Cheng 完善。

们都呼吁采取区域性的方法，把地方的"住宅区"作为区域内的重要组成部分。

　　采用区域思维来创造韧性与再生性的城市景观，需要从区域角度考虑与处理城市问题；了解这些地区包括分等级的嵌套地点，作为理解其内部社区的背景；酌情制定一个区域框架或设想一个设计或计划，通过揭示土地用途及其间的联系，来阐明其基本结构或空间和基础设施的一级组织结构（例如提供方向而非具体细节的框架计划，传统设计和区域计划就是如此）；发掘一个地区的地域本质，解释它，并将其转化为设计和规划。正如罗伯特·塞耶所指出的，所有区域都有"必须被发掘或保存的、显示区域独特性的本质"（Thayer，2003；Hart，1928[1]）。

1　哈特（Hart）不是理论家，但他是区域研究与分析的早期和长期倡导者。

笔者论点的核心是，区域概念和区域性的设计与规划方法对于创建及维护韧性与再生性景观至关重要。区域代表了恢复和保护生态系统服务以及建立可持续和有活力景观的适当的空间尺度，采用区域视角迫切需要建立或重建清晰、畅通的连接器，以便在区域内流通货物、服务、信息和能源。与人类连接器相比，环境走廊是实现连通性的重要途径，它们协助建立区域的自然特征和特质，特别是在由于土地改造可能造成走廊侵蚀的建成区。

6. 整合协作的流程、实践与学习

管理城市景观的变化是复杂的，因为城市是复杂的、相互关联的社会和生态系统。如今加速的城市化和气候变化，放大了城市内为平衡人类需求和生态问题所带来的问题的规模与复杂性。阐明问题的确切性质并设计有效的解决方案，需要当事各方的持续协作，包括具有相关技术专长、知识和技能的人员，他们对相关问题有经验性的深刻理解，并拥有权力与财政资源。

美国国家科学基金会（U.S. National Science Foundation，NSF，一个独立的联邦机构，美国国会于 1950 年创立）支持的长期生态研究（LTER）项目使得设计师和规划师们开始更多地了解自然地区如何融入城市建成区的科学知识（Steiner，2011）。截至 1997 年，NSF 支持的 26 个长期生态研究项目中大多数位于城市以外的地区。为了加强对城市的研究力度，NSF 设置了两个专门针对大都市地区的对比案例：比较古老、发展比较健全的巴尔的摩和位于亚利桑那州中部的新兴都会凤凰城。[1] 巴尔的摩的项目试图将大都市区理解为一个综合生态系统，而凤凰城的项目则考察了生态和社会经济系统与迅速发展的大都市区之间的相互作用。迄今为止的研究成果增加了我们对科学作为经验性证据可以如何用来支持城市设计决策的认知。

理解韧性与再生性城市景观复杂行为的奥秘，包括从不同角度探索其相互作用

1　巴尔的摩的长期生态研究参阅 http//:www.beslter.org；亚利桑那中部凤凰城的长期生态研究参阅 http://caplter.asu.edu。

的物理、社会、文化和经济组成部分是如何构成的，以及它们如何运作和适应景观变化（Murphy，2005）。多学科和跨学科团队比个人更有能力支持韧性与再生性城市景观的设计、规划及持续管理。可以肯定的是，团队会因项目而异，包括它是否位于私人或公共领域，但团队建立在多领域的专业知识基础之上，并有望增加个人所掌握的知识面。在团队环境中，成员彼此互动，并且在有效管理时，他们通过互动互相学习更多的知识，而不是单独工作。因此，实现成功干预的一个方法就是建立和维护高效有力的团队。

团队管理的方式多种多样，关于团队应该如何建立的文献也相当丰富（Adair，1986；Bertcher and Maple，1996；Caudill，1971；Forsyth，1990；Katzenbach and Smith，2005；Lattuca，2001；Murphy，2005）。协作小组流程已被证明对管理团队有用，它们旨在通过"让个人参与创意生成、批判性反思以及对行动计划的选择进行分析的过程"在利益冲突之间达成共识（Moore and Feldt，1993；Ndubisi，2008）。领土冲突、知识和沟通的条件模式以及不同的理论基础，都是团队必须解决的问题（Murphy，2005）。

在创建和维护城市景观的韧性与再生性的背景下，学习至关重要，这也是协作小组流程的一个重要特征。小组内成员通过对话来阐明彼此的价值观和想法的过程中，协作学习就开始了（Ndubisi，2008）。通过对话互动和参与，依靠系统思维，团队会形成一个共同的、清晰的理想未来的愿景，也可能会共同质疑一些根深蒂固的假设和概括性结论，团队学习就将大大加强（Senge，1990；Murphy，1995）。当与冲突调解、情景探索、研讨会和可视化技术相结合时，协作小组流程可以成为管理团队来创建并维护韧性和再生景观的有效方法。

五、设计—管理联合程序

有目的地整合设计和管理并将其统一，有助于维护韧性再生城市。管理涉及组织和协调活动，以达到预期的目标或明确的目的；在设计和规划中，需要采取措施来实现设计和规划目标，而管理可能有助于对这些目标的实现。任何设计或计划的结果都是概率性的，我们需要预估并实施行动以确保我们的设计目标得以实现（Lyle and Tillman，1985）。

因此，管理也包括对景观建设后期的监测，以确保景观体现出预期的设计或规划意图。而根据具体情况，也应采取相应的改进措施。遵循这种思路，正如约翰·莱尔所说，"管理的角色比通常预期的更具创造性……设计和管理之间的这种连接关系是所有生态系统设计过程的一个特别重要的特征。"（Lyle and Tillman，1985）这种关系对创建和维护韧性再生城市景观更为重要。我将这种关系称为"设计—管理联合程序"，作为创建这些城市景观的基本特征（图8.6）。

持续监测和及时反馈对于韧性系统的成功至关重要（Holling，2000；Pickett et al.，2004）。通过创建、压缩和保持这些反馈回路的强度，可以及时发现生态系统和景观中的干扰，以便在轻微或重大的环境挑战以及其他灾害前及时采取改进措施（Wu and Wu，2014）。可以开发和实施必要的行动，以便将受到干扰的生态系统更有效地转移到更新和重组的适应阶段。设计—管理联合程序这一主张也认识到，自然过程对吸收变化的包容度有限。对设计景观的性能进行有目的性的监测和反馈后，可能需要采取改进措施，其中可能包括再生，即"维修和更新"，这是维持甚至增强城市适应能力的策略。

永久的设计—管理联合程序对城市生态设计和规划具有深远的影响。其涉及以下五项重要条件：

- 建立一个可同时作为设计目标与过程实施的设计—管理关联性框架；
- 建立一个综合设计、规划和管理的程序，其中资源更可能长期运用于管理和监测活动；
- 建立有效的协作学习团队；
- 制定和实施严密的监测程序及详细的管理计划；
- 对城市生态系统的绩效进行有目的、有重点和持续的监测，以确定其健康、质量和完整性，并确定其正在遭受冲击的压力的性质。（Calkins，2012）

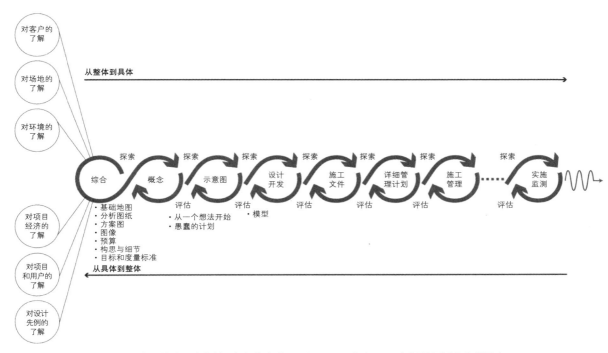

图 8.6　设计—管理联合程序，修改于库尔特·卡尔伯森（Kurt Culbertson）在 2014 年设计研讨会上的图表
资料来源：由福斯特·恩杜比斯和 Yuan Ren 绘制。

　　评估一个生态系统的性能有助于我们确定有效的改进措施，以使该生态系统在正常情况下提升表现，在干扰情况下也能够更好应对。结果将呈现为以下问题：景观目前的表现如何？当前生态系统的整合性和价值是什么？它们预期的表现水平是什么？衡量预期表现水平进展情况基准是什么？频率又如何？

　　笔者在此处提出的主要观点是，永久的设计—管理联合程序对创建和维护韧性与再生性城市景观至关重要。这种联合还加大了绩效衡量标准在整个项目的生命周期内的统一性，从而大大推进了高性能城市景观的前景。如何有效实现这一点，则需要具体问题具体分析。

　　基本目标之一正是将城市景观转变为新的场所。场所是一个抽象的概念，具有实用意义的场所通常被定义为一个地点。地点从环境力量和人类行为之间的相互作用中产生（Ndubisi，2002），这个定义强调通过个人、群体或文化过程为空间赋予意义；通过交互联系，更好地认识一个区位；进而在特定的景观中获取重复体验（Beatley，2004；Tuan，1977；Canter，1977；Hough，1990）。当个人感到与某个地方绑在一起时，个体会获得显著的情感和心理满足（Canter，1977；Kaplan，1995；Wilson，1984）。但是场所并不是静态的，随着人们适应它们，它们也在不断变化。它们也通过时间（自然和文化历史）和空间（与更大的地方的联系）相连（Ndubisi，2002）。当然，关于场所、场所特质、场所构建、场所资产和无地方性，均有长期有记载的研究史（Relph，1976；Relph，1987；Hummon，1992）。

　　无地方性日益成为如今城市景观的一个特征。当代的变革力量（如城市化、全球化、技术进步、流动性和日益增长的消费主义）逐渐导致了景观的同质性，使得地方的独特性逐渐遭受侵蚀。例如，技术进步显著改善了我们的生活，但也产生了"远离社区影响"（Beatley，2004）。我们现在可以通过互联网了解全球许多地理位置，而无需亲身体验。

　　具有韧性和再生性的城市景观，必定能够培育成真正的场所，更具体地与地域特征相结合，无论其是自然的还是文化的。场所重建的想法与举措很多，且有着丰富的文献记录（Jackson，2011；Beatley，2004）。正如韦斯·杰克逊（Wes Jackson）指出的那样，"景观的历史和遗产可以而且应该成为地方构建的重要起点。"（Beatley，2004）保护和加强景观的历史和遗产是一种场所建造战略，已被证明可以减少生态影响，刺激经济发展并推进可持续性目标（Beatley，2004）。其他想法包括整合和表达地方（背景）特色，包括景观设计中的地形、气候、光线、建筑技术和材质等；通过建筑和景观来保护、加强及展现社区的历史遗产；通过探索自然历史、区域和当地生态系统、本土植物群以及当地居民多具有的社会价值来发掘地区和当地的特质（Frampton，1983；Miller，2005；Beatley，2004）。应该评估每个想法的相关性、优点和合时性，以达到预期目的，其包括建立韧性的再生性环境。构建和维护这样的场所并不容易，因为当前社会、文化和经济力量的变化阻碍着它们的存在；但我们借鉴已有记录的成功经验，能够加以构建。

六、结论

世界城市化正日益推进，人类发展需求与环境保护要求之间要如何权衡取舍，问题日趋复杂且更具挑战性。气候变化的影响及其导致的不可预测的极端天气事件、海平面上升以及极端炎热和寒冷天气的频发加剧了这些问题的严重程度，而全球化和技术进步逐渐增强了同质化的无地方性。未来对这些生态问题的解决方案应该建立在这样的认识之上：城市是自然界不可分割的一部分。这一观点正逐渐获得规划师、景观设计师和生态学家的认可，亦在城市生态学界得到了认可，城市作为自然组成部分的观点也得以进一步丰富。

本章所提出的各个原则，其潜在效用主要在于它们的协同效应。针对笔者在得克萨斯州休斯敦观察到的郊区化不利影响（如景观破碎化、蔓延和土地资源退化）做出的规划设计应该与那些旨在应对和减轻气候变化影响的措施相结合。郊区化和气候变化严重威胁着城市景观持续提供生态系统服务的能力，因此，确保城市景观持续提供这些服务的能力至关重要。笔者认为，可以通过实施一系列相互依存的策略来维护和加强这些生态系统，这些策略包括将韧性与再生相结合、构建设计—管理联合程序、实施基于性能的设计和规划以及监测程序等，它们均能相互强化。

由于城市依靠其所在区域获取资源，其可持续性和韧性也就取决于该区域的可持续性和韧性，保护矿物、能源、物种和信息从社区到城市和区域的流动途径对于创造韧性和再生性城市景观至关重要。即使行政区划的设置模式可能与这种思路并不一致，区域其实是可持续性和韧性的最有效的空间尺度，同一区域内的城市之间需要合作。经验表明，将城市景观转化为差异化的区域景观强化了人与自然、建筑环境之间的联系，从而加强了生态和行政景观的韧性，使其更有效地适应各种形式和程度的干扰。有充足的方法可以加强城市景观（如休斯敦）向可识别和有价值的地方转化，使其韧性和再生景观对居民更加的宜居和健康。

笔者坚持认为，为人们提供机会来积极持久地提升他们对城市景观的审美认识和参与程度，是地方构建和培育策略的重要组成部分。持久的城市包含活力、多样性、通达性、公平性和公共领域等都市生活的要素。[1] 韧性存在于在城市土地利用多样化的地方，如住宅、商业和机构用地（Pearson et al.，1969）。

建立韧性与再生性城市地区开辟了专业土地利用实践研究和创新的新领域，包括：持续追求丰富我们对地方的审美理解；持续监测城市生态系统，以便我们可以更好地模拟其行为；寻求理解高度一体化的社会生态城市系统的新的理论、方法和策略；在城市设计和规划中证实生态学方法；并制定出可靠的绩效衡量标准，以评估干扰产生前后的生态系统的质量和健康状况。

上文所提出的构想补充了对城市生态问题的日益增多的解决方案，如果城市在实施上述构想后立即取得重大进展，那么我们就将发现休斯敦大都市的景观在未来大为改变，这将展示出休斯敦作为一个场所品质的真正提升，以及其成为一座富有活力的再生城市的前景。但愿在不远的将来，全球可以出现生态设计和规划的真实成功案例，点燃我们的信心。

参考文献

[1] Adair, John, *Effective Teambuilding* (London, UK: Pan Books, 1986).

[2] Alberti, Marina, "The Effects of Urban Patternsnon Ecosystem Function," *International Regional Sciencen Review*, Vol. 28, No. 2 (April 2005): 168–92.

[3] Bastedo, Jamie, Gordon Nelson, and John Theberge, "Ecological Approaches to Resource Survey and Planning for Environmentally Significant Areas: The ABC Method," *Environmental Management*, Vol. 8, No. 2 (March 1984): 125–34.

[4] Beatley, Timothy, *Native to Nowhere: Sustaining Home and Community in a Global Age* (Washington, D.C.: Island Press, 2004), especially 26.

[5] Bertcher, Harvey J., and Frank F. Maple, *Creating Groups*, 2nd Edition (Thousand Oaks, CA: Sage Publications, 1996).

[6] Calkins, Meg, *The Sustainable Sites Handbook: A Complete Guide to the Principle, Strategies, and Best Practices for Sustainable Sites* (Hoboken, NJ: John Wiley & Sons, 2012), 17.

[7] Canter, David, *The Psychology of Place* (London, UK: Architecture Press, 1977).

[8] Caudill, William W., *Architecture by Team* (New York, NY: Van Nostrand Reinhold, 1971).

[9] Elmqvist, Thomas, Guy Barnett, and Cathy Wilkinson, "Exploring Urban Sustainability and Resilience," in Pearson, Leonie, Peter Newton, and Peter Roberts, eds., *Resilient Sustainable Cities: A Future* (New York, NY:

1　新城市主义大会，具体可参阅 http://www.cnu.org/who-we-are/charter-new-urbanism-book（第二版）。

Routledge, 2014), 238.

[10] Ernston, H., et al., "Urban Transitions: On Urban Resilience and Human-Dominated Ecosystems," *A Journal of Human Environment*, Vol. 39, No. 8 (December 2010): 531–45.

[11] Felson, A., and S. Pickett, "Designed Experiments: New Approaches to Studying Urban Ecosystems," *Frontiers in Ecology and the Environment*, Vol. 3, No. 10 (December 2005): 549–56.

[12] Folke, C., S. Carpenter, T. Elmqvist, M. Scheffer, T. Chapin, and J. Rockstrom, "Resilience Thinking: Integrating Resilience, Adaptability, and Transformability," *Ecology and Society*, Vol. 15, No. 4 (December 2010): 20.

[13] Forman, Richard, *Land Mosaics: The Ecology of Landscapes and Regions* (New York, NY: Cambridge University Press, 1995).

[14] Forsyth, Donelson R., *Group Dynamics*, 2nd Edition (Pacific Grove, CA: Brooks/ Cole, 1990).

[15] Frampton, Kenneth, "Toward A Critical Regionalism: 6 Points for Architecture of Revolution," in Foster, Hal, ed., *The Anti-Aesthetic: Essays on Post Modern Culture* (Port Townsend, WA: Bay Press, 1983), 16–30.

[16] Geddes, Patrick, *Cities in Evolution: An Introduction to the Town Planning Movement and the Study of Cities* (London, UK: Williams and Norgate, 1915).

[17] Gunderson, Allen, "Ecological and Human Community Resilience in Response to Natural Disasters," *Ecology and Society*, Vol. 15, No. 2 (June 2010): 18.

[18] Gunderson, Lance, Craig Allen, and Crawford Holling, *Foundations of Ecological Resilience* (Washington, D.C.: Island Press, 2010).

[19] Hart, John Fraser, "The Highest Form of the Geographer's Art," *Annals of the Association of American Geographers*, Vol. 72, No.1 (March 1982), 1–29.

[20] Holling, "The Resilience of Terrestrial Ecosystems"; Gunderson, Lance, "Ecological Resilience in Theory and Practice," *Annual Review of Ecology and Systematics*, Vol. 31 (November 2000): 425–39.

[21] Holling, Crawford S., "Resilience and Stability of Ecological Systems," *Annual Review of Ecology and Systematics*, Vol. 4 (November 1973): 1–23.

[22] Holling, Crawford S., "The Resilience of Terrestrial Ecosystems," in Schulze, Peter, ed., *Engineering within Ecological Constraints* (Washington, D.C.: National Academies Press, 1996).

[23] Hough, Michael, *Out of Place: Restoring Identity to the Regional Landscape* (New Haven, CT: Yale University Press, 1990).

[24] Hummon, David, "Community Attachment: Local Sentiment: Local Attachment and Sense of Place," in Altman, Irwin, and Setha M. Low, eds., *Place Attachment* (New York, NY: Plenum Press, 1992).

[25] Jackson, Wes, *Consulting the Genius of Place: An Ecological Approach to a New Agriculture* (New York, NY: Counterpoint, 2011).

[26] Kaplan, Stephen, "The Restorative Benefits of Nature: Toward an Integrative Framework," *Journal of Environmental Psychology*, Vol. 15, No. 3 (September 1995): 169–82.

[27] Katzenbach, Jon R., and Douglas K. Smith, "The Discipline of Teams," *Harvard Business Review*, Vol. 83, No. 7 (July–August 2005), 162–71.

[28] Lattuca, Lisa R., *Creating Interdisciplinarity: Interdisciplinary Research and Teaching among College and University Faculty* (Nashville, TN: Vanderbilt University Press, 2001).

[29] Levin, Simon, "Ecosystems and the Biosphere as Complex Adaptive Systems," *Ecosystems*, Vol. 1, No. 5 (September–October 1998): 431–36.

[30] Luccaleri, Mark, *Lewis Mumford and the Ecological Region* (New York, NY: The Guilford Press, 1995).

[31] Lyle, John Tillman, *Design for Human Ecosystems: Landscape, Land Use, and Natural Resources* (New York, NY: Van Nostrand Reinhold, 1985), 18.

[32] Lyle, John, *Regenerative Design for Sustainable Development* (New York, NY: John Wiley & Sons, 1994), 43.

[33] Lynch, Kevin, *A Theory of Good City Form* (Cambridge, MA: The MIT Press, 1981).

[34] MacKaye, Benton, *The New Exploration* (New York, NY: Harcourt Brace, 1928).

[35] Margalef, Raymond, *Perspectives in Ecological Theory* (Chicago: University of Chicago Press, 1968).

[36] McDonough, William, *Cradle to Cradle: Remaking the Way We Make Things* (New York, NY: North Point Press, 2002).

[37] McHarg, Ian L., *A Quest for Life: An Autobiography* (New York, NY: John Wiley & Sons, in association with the Center for American Places, 1996).

[38] McHarg, Ian L., *Design with Nature* (Garden City, NY: Natural History Press/Doubleday, 1969).

[39] Millennium Ecosystem Assessment, *The Millennium Ecosystem Assessment (2005)*, available at http://www.scribd.com/doc/5250322/MILLENNIUM-EC.

[40] Miller, David, *Toward a New Regionalism: Environmental Architecture in the Pacific Northwest* (Seattle: University of Washington Press, 2005).

[41] Moore, Allen, and James A. Feldt, *Facilitating Community and Decision-Making Groups* (Malabar, FL: Krieger Publishing Company, 1993), xvii.

[42] Mumford, Lewis, *The Culturemof Cities* (London, UK: Secker & Warburg, 1938).

[43] Murphy, "Design Collaboration," in Murphy, *Landscape Architecture Theory*, 189–213.

[44] Murphy, *Landscape Architecture Theory*, 189–211, 190–92.

[45] Murphy, Michael D., "Design Form," in *Landscape Architecture Theory: An Evolving Body of Thought* (Long Grove, IL: Waveland Press, 2005), 150–51.

[46] Ndubisi, Forster, "Sustainable Regionalism: Evolutionary Framework and Prospects for Managing Metropolitan Landscape," *Landscape Journal*, Vol. 27, No. 1 (April 2008): 51–68.

[47] Ndubisi, Forster, *Ecological Planning: A Historical and Comparative Synthesis* (Baltimore, MD: The Johns Hopkins University Press, in association with the Center for American Places, 2002).

[48] Ndubisi, Forster, Terry DeMeo, and Niels Ditto, "Environmentally Sensitive Areas: A Template for Developing Greenway Corridors," *Landscape and Urban Planning*, Vol. 33, Nos. 1–3 (October 1995): 159–77.

[49] Newton, Peter, and Peter Doherty, "The Challenges of Urban Sustainability and Resilience," in Pearson, Leonie, Peter Newton, and Peter Roberts, eds., *Resilient Sustainable Cities: A Future* (New York, NY: Routledge, 2014), 238.

[50] Odum, Eugene P., "The Strategy of Ecosystem Development," *Science*, Vol. 164, No. 3877 (April 1969): 262–70.

[51] Odum, Eugene, *Ecology: A Bridge between Science and Society* (Sunderland, MA: Sinauer Associates Incorporated, 1997).

[52] Pickett, Steward, Mary Candenasso, and J. Morgan Grove, "Resilient Cities: Meaning, Models, and Metaphors for Integrating the Ecological, Socio-Economic, and Planning Realms," *Landscape and Urban Planning*, Vol. 69, No. 4

(October 2004): 369–84.

[53] Relph, Edward, *Place and Placelessness* (London, UK: Pion, 1976).

[54] Relph, Edward, *The Modern Urban Landscape* (Baltimore, MD: The Johns Hopkins University Press, 1987).

[55] Senge, Peter M., *The Fifth Discipline: The Art and Practice of the Learning Organization* (New York, NY: Doubleday, 1990).

[56] Steiner, Frederick R., *Design for a Vulnerable Planet* (Austin: University of TexasnPress, 2011).

[57] Steiner, Frederick, "Landscape Ecological Urbanism: Origins and Trajectories," *Landscape and Urban Planning*, Vol. 100, No. 4 (April 2011): 333–37.

[58] Steinitz, Carl, *Alternative Futures for Changing Landscapes: The Upper San Pedro River Basin in Arizona and Sonora* (Washington, D.C.: Island Press, 2003).

[59] Swaffield, Simon, ed., *Theory in Landscape Architecture: A Reader* (Philadelphia: University of Pennsylvania Press, 2002).

[60] Thayer, Robert, *Life Place: Bioregional Thought and Practice* (Los Angeles: University of California Press, 2003).

[61] Thompson, George F., "Our Place in the World: From Butte to Your Neck of the Woods," *Vernacular Architecture Forum*, No. 123 (Spring 2010): 1 and 3–6.

[62] Tuan, Yi-Fu, *Space and Place: The Perspective of Experience* (Minneapolis: University of Minnesota Press, 1977).

[63] Van der Ryn, Sim, and Stuart Cowan, "An Introduction to Ecological Design," in their book, *Ecological Design* (Washington, D.C.: Island Press, 1996; reissued in 2007 as a "Tenth Anniversary Edition"), 22.

[64] Wilcox, Bruce, and Dennis D. Murphy, "Conservation Strategy: The Effects of Fragmentation on Extinction," *The American Naturalist*, Vol. 125, No. 6 (June 1985): 879.

[65] Wilson, Edward O., Biophilia: *The Human Bond with Other Species* (Cambridge, MA: Harvard University Press, 1984).

[66] Wu, Jianguo, and Tong Wu, "Ecological Resilience as a Foundation for Urban Design and Sustainability," in Ndubisi, Forster, ed., *Ecological Design and Planning Reader* (Washington, D.C.: Island Press, 2014), 221.

[67] Yang, Bo, Ming-Han Li, and Shujuan Li, "Design-with-Nature for Multifunctional Landscapes: Environmental Benefits and Social Barriers in Community Development," *International Journal of Environmental Research and Public Health*, Vol. 10, No. 3 (November 2013), 5433–58.

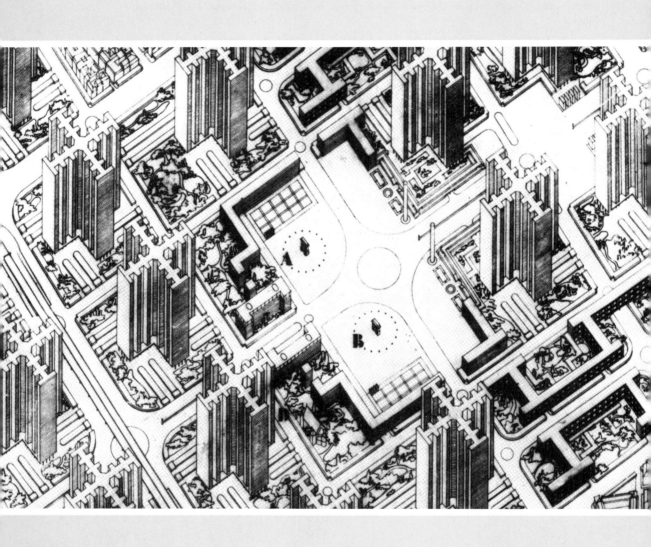

NATURE AND CITIES

第九章 乌托邦思想在生态规划设计中的作用[1]

达尼洛·帕拉佐

本章认为规划设计中的乌托邦和前瞻思想对于面对当下与未来的城市化及全球化挑战有重要意义。同时,乌托邦思想的基础原则、理论要素和实践成果为我们提供了一种对日常生活当中生态规划与设计的演化及价值更为清晰深刻的见解。因此,笔者也建议城市规划设计师需要在某种程度上成为乌托邦主义者或"空想者",这样才能对当下及未来的城市化和全球化挑战提出创新的解决方案。

乌托邦思想作为生态规划设计思路而言似乎并不典型,将乌托邦思潮和空想性思想应用于面对气候变化、食品安全、环境污染、生态多样性减少、人口急剧增加以及上述问题带来的各种后果等的这些现阶段和未来的城市化和全球化挑战似乎有些古怪。但回望历史:城市污染、自然资源枯竭、水和空气质量以及工业时代以来糟糕的城市居民生活环境,都引发了人们对于更好的城市愿景和城市规划的思考——同样,已有的乌托邦核心思想以各种各样的方式在北美洲直接构想出了某些社区,或是应用于其中(Holloway,1996;Vollaro,2006;Isaacs,1999)。这些花样繁多的乌托邦思想描绘的图景中,没有城市区域中的生态衰退,也没有令人烦扰的社会关系。正如戴维·平德(David Pinder)写道,他们"更强调为了社会和政治方面的原因而干预城市空间,因为他们意识到社会是在某个空间范围

1　感谢史蒂芬·K. 迪科(Stephen K. Diko),他为本章的撰写提供了相当大的帮助。

内构成的。"（Pinder，2005）

　　总的来说，规划或者说更具体而言的生态规划，都借用了某些乌托邦思想的关键理论要素和技巧，这些要素和技巧甚至对今天的学科发展都存在深远影响。正如平德进一步观察到的，"城市早已是乌托邦思想和向往更美好未来的载体，人们经常将城市描绘为潜在的启示、民主和自由的熔炉，因此城市的空气也被认为可以使人自由。"于是，"人们并不将城市理解成某种可以退化为建筑和实体形式的'物'，而是将其视为一种由社会生产出来的、动态的、开放的和相互关联的空间。"（Pinder，2005）

　　乌托邦的这种概念建构是新条件下针对城市空间转型所带来挑战的一种回应，这些挑战包括社会网络的破坏，以及政治系统对城市和社会形态转型的迟缓应对。同时，人们开始意识到城市规划需要考虑城市空间和生活的交互联系，意识到设计、建筑和规划都与城市生活和城市文化的政治方面息息相关（Pinder，2005）。因此，回顾这些起源于欧洲、转型于北美洲的乌托邦思想可以提供一条批判性地探索乌托邦规划与生态规划之间关系的途径，同时也能了解它对未来城市和都市形态的各种潜在启发。乌托邦思想家们认为城市空间是能为短时间内从乡村生活转变为城市生活的工业社会带来新秩序的途径，也是促进衰败城市空间的转型和引领人们更加亲近自然的新途径。除了城市空间、社会秩序和政治意涵等方面高度关注以外，乌托邦思想家们同样从精神、文化、哲学和生态视角，强调了人类与自然环境之间联系的重要性。

　　重新回顾乌托邦思想的建议和成就，不仅为我们提供了一个视角，可以让我们了解这些历史上看待环境和城市的视角在那个年代是如何整合到城市规划的实践中的，同时也能够提供应对当前城市全球性挑战的一种方案。就是在这样一种视角下，20世纪六七十年代的生态规划思想——正如我们后文中要提到的——从乌托邦思想中萌生出来。乌托邦思想的一贯目标，就是提供一种与工业革命影响下的城市与社会截然不同的视角；同样地，接近一个世纪以后，生态规划设计的出现是为了应对北美乃至于全球的环境危机，并为之提供解决方案。在今天，这些目标仍然非常重要，尤其是对于在发达国家和发展中国家中显现出来的不同的城市和全球性的挑战，以及对于其他在可以预见的未来将要经历的挑战。这种对乌托邦主义的再现肯定了对于过去的赞美、对现在的理解以及对未来理想城市的美好梦想（Schiller，1965）。

一、乌托邦模型

托马斯·莫尔（Thomas More，1478—1535）首先在 1516 年从希腊语"ou-topos"中创造了"乌托邦"的概念（意味着"不存在的地方"或者"乌有之乡"），用于描述具有不同政治分配形式的一个想象的社会，这种分配形式通过区别于私有财产的联邦制、宗教宽容和福利国家（Thomas，1989）来减轻政治、道德与社会问题。这种乌托邦构想反映了某种对理想社会的追求——一个代表着城市"公共利益"以及更美好的生活方式的"良性社会"（Kumar，1986，1991；Bloch，1988，2000）。因此，城市空间的愿景与乌托邦思想是很难分离开的（Rowe，2002）。正如亨利·列斐伏尔（Henri Lefebvre，1901—1991）提出的，当我们提出看待城市的新愿景时，在某种程度上"我们都是乌托邦主义者"（Lefebvre，1984）。

作为一个学科的城市主义是在 19 世纪和 20 世纪发展起来的。城市主义试图解释的问题是工业年代的城市特性以及居住于此的人们的生活状态。许多人谴责工业城市有害健康的糟糕环境，其中既有科学家，如阿德那·费林·韦伯（Adna Ferrin Weber，1870—1968），也有社会学家和慈善家，如查尔·布斯（Chales Booth，1840—1916），还有政治学家和改革者，如弗雷德里希·恩格斯（Friedrich Engels，1820—1895）、马修·阿诺德（Matthew Arnold，1822—1888）、皮埃尔–约瑟夫·蒲鲁东（Pierre-Joseph Proudhon，1809—1865）、夏尔·傅立叶（Charles Fourier，1772—1837）和约翰·拉斯金（John Ruskin，1819—1900），以及作家，如查尔斯·狄更斯（Charles Dickens，1812—1870）、维克多·雨果（Victor Hugo，1802—1885）。这一时期社会中出现了无序和无政府主义的概念，许多人以此综合概括影响工业城镇的各种条件。与此同时，学者们也提出了让城市肌理和社会更有序的方案。为了改变受到城市化以及其他工业革命带来的影响波及的城市状况（如工业革命对城市、小镇、栖息地和环境的影响），人们提出了一系列方案、视角，一言以蔽之，就是乌托邦思想。

在 1963 年以法语首次出版、论述了乌托邦主义在城市主义中的作用的重要著作中，法国历史学家、城市和建筑理论家弗朗索瓦斯·乔伊（Françoise Choay，1925—）区分了两种最初的乌托邦方案：进步模型和文化模型。她同时认为还存在第三种模型——在这两种模型提出的 50 年后，在北美洲又发展起来了自然主义模型（Choay，1973）。乔伊的研究概括了多种乌托邦和乌托邦主义者的观点，使我们能够进一步认识城市形态及其与开放空间——例如农田和自然系统——的关系，这些关系集中代表了生态规划思想演进过程中的一些基础性原则。

进步模型的观点由艾迪安·卡贝特（Étienne Cabet，1788—1856）、傅立叶、罗伯特·欧文（Robert Owen，1771—1858）、蒲鲁东和本杰明·沃德·理查德森（Benjamin Ward Richardson，1828—1896）所提出的乌托邦思想构成。他们认为，人类的需求可以被科学演绎推理出来；因而，通过结合科学及其他技术和理性思考，我们就可以明确得到个体的基本需求，从而构建出普遍性的解决方案。他们的方案为健康计，要求城市必须设有绿色空间。因此，理查德森的方案被称作海吉亚（Hygeia，古希腊健康女神）或健康城市（City of Health）（图 9.1）。该作者提出：

> 我的目标是提出某种社区的理论框架：这种社区由科学知识为引导，由自身的自由意志塑造其环境、维持其运作，因此可以达到完美的洁净状况。即使再不济，也能使人们达到最低可能的死亡率和最高可能的寿命。（Richardson，1876）

以同样的方式，蒲鲁东在《艺术的原则和社会的终点》（*Du principe de l'art et de sa destination sociale*，1865）一书中认为住房是人们的首要需求。他认为，他宁愿放弃卢浮宫、杜伊勒里宫以及巴黎圣母院，寄身于 1 000 平方米的花园中心，享受流水、树荫、草坪和宁静。傅立叶思想的追随者、吉斯家庭协会（Société du Familistère de Guise）的建立者让 – 巴蒂斯特·安德烈·戈丁（Jean-Baptiste André Godin，1817—1888）同样认为，城市进步的标志是每个人享有均等的空气、光线和阳光（Proudhon，1865；

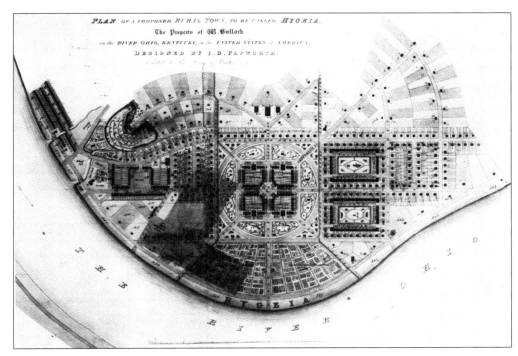

图 9.1　海吉亚城的规划，这一规划针对肯塔基州俄亥俄河的一个村镇，是为了解决大量人口和城市增长的
技术问题而提出的

资料来源：Tod, Ian, and Michael Wheeler, *Utopia* (New York, NY: Harmony Books, 1978), 125.

Godin，1886）。

　　为了平衡个人权利、不让个人从健康环境与合适住房中攫取过多，进步思想家
们将城市空间描述为理性的、精确划定的、强制性的空间。不同形式的进步模型均
是具有约束力和强制力的系统。在第一个层面上，这种压迫体现在一个预先规划好
的、高度理性的固定空间框架中，正如傅立叶 1832 年对于法伦斯泰尔（phalanstère）[1]
的规划（Mumford，1922）。在第二个层面上，政治强制力塑造了空间秩序，而这种政
治强制力为了实现最大程度的文明进步或傅立叶乌托邦那样的"和谐"，需要整个社

1　即傅立叶为其理想社会"法郎吉"所设计的建筑物，其中并不包括农业农村地块，见下文。——译
者注

会落实，也需要一种禁欲主义的价值观。对于这一规划，刘易斯·芒福德写道："人们必须团结在和谐的组织之下，这一组织既会在他们的所有活动中发挥作用，也会通过树立共同的制度，消灭人们自私自利带来的不良后果，因为这些事务都会由整个社区来执行。"（Mumford，1922）同时，乔伊还认为，在这一模型下发展出来的原型所带来的效应并不仅仅狭义地属于城市，她写道：

> 在大多数情况下，自给自足的地区、自治区或者法郎吉（Phalanges）[1]们即使全合成一体，也不能形成密集的城市体。开放空间通过与典型城市环境不相容的大量绿色空间而先于扩散单元存在。传统的城市概念破碎化了，而与此同时却凸显出了城乡区分的概念。（Choay，1973）

在乔伊提到的文化模型中，主要代表人物是卡米洛·西特（Camillo Sitte，1843—1903）。他 1889 年于奥地利出版的《遵循艺术原则的城市规划》（*City Planning According to Artistic Principles*）一书中，建议在城市建设过程中考虑艺术效果，而非过度地追求从技术层面来设计街道的形式；城市设计应该向中世纪的城市看齐，而非模仿由奥斯曼（Haussmann）改造的巴黎；约翰·拉斯金在《建筑的七盏明灯》（*The Seven Lamps of Architecture*，1849）和《威尼斯的建筑》（*The Stones of Venice*，1851 年和 1853 年出版的三卷本）两部著作中，认为应该回到过去的艺术和建筑形式以面对当下、改变当下。师从拉斯金的威廉·莫里斯（1834—1896）出版了一本名为《乌有之乡消息》（*News from Nowhere*，1890）的小说，描绘了 16 世纪英国的一幅乌托邦画卷，书中社会主义、马克思主义思想与回到前工业革命时代乡村的愿望、消失的城市喧嚣交织在一起；同时还有提出影响深远的田园城市概念的埃比尼泽·霍华德（Sitte，1965；Morris，1892，1896）。进步模型的作者所有提议的基础都是一种对工业城镇的反映，但他们也对工业革命所导致的存在于过去城市中有机体的消失以及它从乡村中脱离出来感到遗憾和哀悼。对于个体而言，文化模型中的个体是被整合到共同体中的，并且代

1　即傅立叶的理想社区，他命名为"法郎吉"。——译者注

表了一个不可替代的组成部分。而进步模型则恰恰相反，它认为共同体本身是比组成它的个人更加重要的。在文化模型中，面对美学，物欲将不再横流，与此同时艺术和工艺也将拯救丑陋的工业城市。

对于埃比尼泽·霍华德而言，真正的改革——乡村和城镇令人愉快地结合起来——可以通过宣扬"通过与土地联系而再生"（Howard，1978）观念的分配方式、土地使用方式和准确入微的交通组织来和平地实现。城市空间的实现过程并不是被严格限定的。正如乔伊写道："然而，为了实现美丽文化整体（这一文化整体被构想为一个有机体，每个人都对这一有机体最初的角色有自己的认定），文化模型中的城市必须符合一系列空间的、实体上的特征。"（Choay，1973）乔伊描述的两个模型有一个共同点："所有这些思想家都以模型的形式来描绘城市的未来。在所有的模型中，城市并不被视为一个过程或是一个问题，而是被看作一个东西，一个可以再生产的物品。城市被迫拥抱短暂性，变成了语源学意义上的乌托邦，即它并不属于'乌有之乡'。"（Choay，1973）

在乔伊描述的自然主义模型中，主要的代表人物是美国建筑师弗兰克·劳埃德·赖特（Frank Lloyd Wright，1867—1959），他的一项重要创新在于 1931—1935 年将广亩城（Broadacre City）建设为一个进步城市的模型。在他的方案中，拒绝使个人在人造环境中异化的巨大工业城市，认为只有与自然和乡村生活紧密联系才能引致个人的和谐发展。因此，建筑和城市成为自然与风貌的附属品。赖特的乌托邦愿景强调与自然，或者更具体而言，与"乡村"的动态联系。

乔伊归纳的三种模型根植于工业城市的城市空间所面临的挑战，例如各种无所不在的快速的城市化、恶劣的生活条件、空气污染、拥堵的空间和空间的混乱。这些现象反映在许多代表人物欲将更多乡村要素（如新鲜的空气和整体上的吸引力）整合进城市环境而提出的乌托邦概念中。因此，各种乌托邦的共同点是都希望使人们更加亲近自然，同时也希望将自然塑造成审视城市空间转型和城市形态的透镜，通过这一自然的透镜，城市空间转型能够得到阐释和自证。

另一些乌托邦思想见于整体性和全局性的城市规划与城市发展理念。乌托邦思想家们认为构成城市的单元之间具有错综复杂的联系，构成一个复杂的系统。欲要使这一系统良好地发挥作用，需要在系统内的各个单元内取得平衡。实现他们的构想便意味着城市的各个单元——文化的、经济的、环境的、制度的、政治的、社会的、精神的和空间的——需要和谐地互相合作，以完成一个脱离污染、不存在贫民区与祸患、社会正义成为每个行动的关键基础的社会。这些洞见已经部分地在北美洲实现了。

二、北美洲的乌托邦洞见

北美洲乌托邦思想的洞见和乌托邦社区以 17 世纪到 19 世纪早期横扫整个大陆的共产主义社区为代表。这些共产主义社区是由相信需要将社会组织为一个与工业时代社会经济有较大区别的理想化社区的人领导的（Hayden，1976）。其一，许多这些乌托邦社区都是实验性的社区，在某种社会、宗教和经济原则的基础上，通过共同努力，通过日常活动与环境和生态准则的结合将社区与自然环境整合到一起，使可能的不良影响最小化（Screenivasan，2008；Moos，1977）；其二，这些领导者相信平等主义和社会正义的理想，并且他们拥有将平等主义和社会正义的原则应用到他们的居住地规划的实践中的使命感。

虽然这些乌托邦主义者中有一部分是土生土长的美国公社成员，另一部分人则如德洛利斯·海登（Delores Hayden）注意到的，"是从英国、法国、德国、斯堪的纳维亚半岛和东欧来的移民，他们的领导者认为美国是他们执行实验（或落实他们的构想）的最佳地区"（Hayden，1976）。这些活动多带有宗教倾向，例如阿玛纳教团（inspirationalists）、傅立叶主义者（Fourierists）、完全派信徒（Perfectionists）、震教徒（Shakers）以及移民联盟（Union Colonists）[1] 等由于政治迫害流亡到美国的种种团体（Screenivasan，2008）。由宗教信仰或世俗社会因素而聚集形成的社区和乌托邦实验，他们均发现北美洲是一个允许他们以不同于欧洲的方式繁衍生息的理想场所。不过，这里的宗教社区仍未取得什么成功。典型的例子便是在美国印第安纳州创造

---

1 该组织于 1869 年 10 月由内森·米克尔（Nathan Meeker）组建，旨在建立宗教导向的高道德水准乌托邦社群。——译者注

图 9.2 "为容纳一个欧文社区（Owenite community）而建造的房屋之规划。"这个规划中的社区能够容纳
2 000 人，同时，它是基于柏拉图、培根、托马斯·莫尔和欧文所共同坚持的某种原则而设计的

资料来源：Tod, Ian, and Michael Wheeler, *Utopia* (New York, NY: Harmony Books, 1978) 80, 85.

"新和谐公社"的罗伯特·欧文，他提出创建一个自给自足的殖民地，该提案仅仅被英国议会平静地"纳入考虑"，却遭到英国政府和圣公会的强烈反对（图 9.2）（Tod and Wheeler，1978）。因此，正如海登写道，北美洲被乌托邦空想家们视为"一个潜在的天堂，但是他们坚持要通过集体组织和集体所有权来实现这一目标……（美洲同样被视为）一个关于国家如何成为人间天堂的知识源泉，自给自足、民主和良好道德（的）前沿阵地……以及用农业与工业相结合的、去中心化的、自给自足的社区代替目前存在的工业卫星城的（潜在机会）。这些共产主义聚落后来更直接地挑战了美国家庭的生活方式以及美国的资本主义工业企业家"（Hayden，1976）。

18—19 世纪，美国同样被视为设立新社区、开辟荒地的理想场所。法国社会主义者、傅立叶的弟子维克多·普洛斯珀·康德拉（Victor Prosper Considerant，1808—1893）很好地阐释了这一观点："如果将新社会的核心要素植根于这片土地，那么今天的荒野在未来就会变得人潮拥挤，数以千计的类似组织就会受到最初这样的组织范本的示范作用而不受阻碍地迅速涌现。"（Considerant，1976）

第一个这一类乌托邦主义者和共产主义共同体是 1638 年在康涅狄格州建立的殖民地纽黑文（New Haven Colony），创始人为约翰·达文波特（John Davenport，1597—1670）和西奥菲勒斯·伊顿（Theophilus Eaton，1590—1658），其中，前者是一个清教牧师，而后者是一个 1637 年离开英国来美国寻求新居的富商。其他的例子还有震教徒们［官方上，被认为是耶稣基督复临归一会（United Society of Believers in Christ's Second Appearing）］，他们在安·李（Ann Lee，1736—1784）领导下，1774 年从苏格兰来到美国，在奥尔巴尼市附近建立乌托邦社区。在雷蒙德·蒙戈（Raymond Mungo）所著的《全然损失农场》（*Total Loss Farm*，1970）一书中，他注意到了这些共产主义聚落，尤其是震教徒形成的聚落，发展出了一种与"伟大而不道德的城市""拥挤的城市里远离自然的生活"不同的社区形态（Mungo，1970）。还有其他一些例子，比如 1848 年由约翰·亨弗雷·诺耶斯（John Humphrey Noyes，1811—1886）在纽约州创立的奥奈达市（Oneida）、1919 年由威廉·莱克（William Riker，1873—1969）在加利福尼亚州圣克鲁斯附近创立的圣城（Holy City）[1] 等等。这些美国的乌托邦聚落对于生态规划设计有重要的启示，正如德洛利斯·海登总结的：

> 乌托邦社区需要强调朝向"平等生活"的努力。
> 　　在空间组织上的努力需包括"为了应对工业革命带来的环境问题，对城市和乡村的彻底重构"。他们的目标包含社会结构上和实体结构上的设计。
> 　　一个乌托邦社区的根本法则的目标需要达到："将反映了对待土地和生活态度的田园与技术上的理想主义之诸多方面进行综合。在他们同样强有力的、作为样板的理想社区象征中，他们希望将被外观、内饰和规划取代的、与家庭和社会相关的各种理想主义融合到一起。"
> 　　"社会和经济组织需要成为其他所有与环境相关的组织的基石。"

1　耶鲁大学拜内克（Beinecke）珍本与手稿图书馆拥有 24 个从 17 世纪到 20 世纪 70 年代的乌托邦社区的在线档案。可访问 http://brbl-archive.library.yale.edu/exhibitions/utopia/ utopcom.html 查阅"美国和乌托邦的梦想"（America and the Utopian Dream）。海登还在《美国七个乌托邦》（*Seven American Utopias*）中提供了一份 1860 年的共产主义聚落点清单。

"理想社区"有一种象征，那就是广泛的、能够说服大众的政治权力。(Hayden，1976)

后来，共产主义聚落的乌托邦思想家们同样意识到技术和人类社会需要和谐地共存。戴维·迪克森（David Dickson）将他提出的"乌托邦技术"的术语定义在具有如下特点的场所：在这些场所中，乌托邦与技术不仅在经济效率上发生联系，同样在"生态和社会思想如何塑造技术的替代性形式以支撑社区及其可持续性上发生联系"（Dickson，1974；Jamison，2012）。这些启示也为一些直接或间接影响北美洲城市规划的乌托邦思想家所信奉，例如埃比尼泽·霍华德、弗兰克·劳埃德·赖特和勒·柯布西耶。

埃比尼泽·霍华德在其开创性作品《明天：一条通往真正改革的和平之路》(To-morrow: A Peaceful Path to Real Reform，1898) 中主张道："城镇和乡村需要结合到一起，这个愉快的结合会带来新的希望、新的生活和新的文明"（图 9.3）(Howard，1965)。他的这一主张呼吁建成环境与自然环境之间的和谐，或者说人与自然之间的和谐。这种和谐强化了生态规划的决定性理论要素，同时也改变了它与城市规划相关的目标（Mumford，1965）。同时，这一陈述还使"环境"成为城市规划的一个目标，围绕这一目标的诉求在后来的 20 世纪 60—70 年达到顶峰，并发展出了一个羽翼丰满的学科。埃比尼泽·霍华德的乌托邦思想同时也强调了社会的转型以及每个人能够平等地获得经济和生产资源——这是一种对城市的生态趋向的肯定。正如罗伯特·费希曼（Robert Fishman）写道，霍华德的理想城市是基于"……小规模的商业和农业，每个人都可以享受到健康的环境带来的好处……资本和劳动的鸿沟将会缩小，社会问题通过人们的合作将得以解决，同时可以达到秩序和自由之间的适度平衡"(Fishman，1982)。

霍华德的规划中充满着对于城市空间和各种要素以及它们之间的内部联系的生态性与整体性的赞赏，同时城市空间和各种城市要素得到了同等程度的关注。霍华德第一个社会改革的案例是莱奇沃思（图 9.4）——20 世纪前十年由雷蒙德·安文（1863—1940）设计、在伦敦以北 56.3 千米处建造的世界上第一个田园城市；第

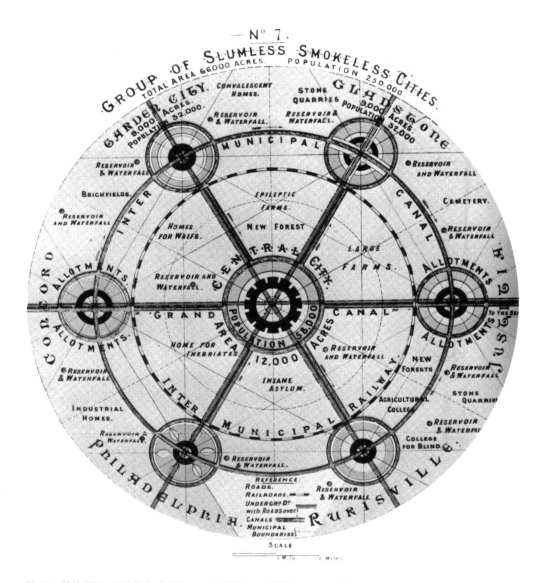

图 9.3　埃比尼泽·霍华德在《明天：一条通往真正改革的和平之路》（1898）中展示的田园城市布局
资料来源：Tod, Ian, and Michael Wheeler, *Utopia* (New York, NY: Harmony Books, 1978), 118.

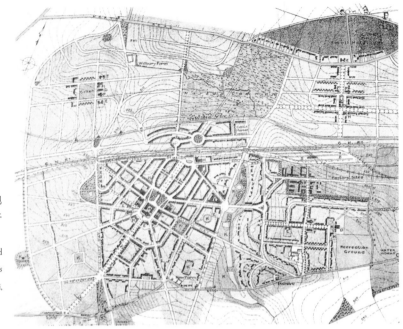

图 9.4　第一个田园城市——莱奇沃思规
　　　　划。该规划由雷蒙德·安文基于
　　　　埃比尼泽·霍华德的图示设计

资料来源：Duany, Andres, Elizabeth Plater-Zyberk, and
　　　　Robert Almiñana, *The New Civic Art: Elements
　　　　of Town Planning* (New York, NY: Rizzoli,
　　　　2003), 44.

二个案例是威尔温（Welwyn）（图 9.5）（Clavel，2002）。在美国，则有弗吉尼亚州的雷斯顿镇（Reston）和马里兰州的哥伦比亚镇——二者均建于第二次世界大战之后的 20世纪 60 年代（Fisher，1992；Forsyth，2009）。这些新的城镇受到霍华德预期的、提倡绿化带和绿色空间的生态思想影响。同时，霍华德提倡的这一原则与 20 世纪 30 年代美国实施的三个"绿带新城镇"（Greenbelt New Towns）、从风景大道到风景系统的开放空间规划实践联系到一起。[1] 另外，他的原则也暗合了或者说在一定程度上补充了对北美区域规划，尤其是由刘易斯·芒福德和伊恩·麦克哈格经手的规划有着深远影响的苏格兰生物学家帕特里克·盖迪斯提出的理论框架，这一框架描述了社会实践、居民、环境形式和动态流的互动关系（Welter，1995；Thomas，1970）。

1　这些新城镇包括马里兰州的格林比尔特（Greenbelt，Maryland）、威斯康星州的格林戴尔（Greendale，Wisconsin）和俄亥俄州的格林希尔斯（Greenhills，Ohio）。具体可参看 Elson（1986）、Mandelker（1962）和Thomas（1970）。

图 9.5 威尔温田园城市规划，这是霍华德的图示如何变为现实的第二个证据

资料来源：Tod, Ian, and Michael Wheeler, *Utopia* (New York, NY: Harmony Books, 1978), 123.

弗兰克·劳埃德·赖特的乌托邦城市广亩城同样强调人类与环境间的互动（图 9.6）。他的乌托邦在以下这个层面上是独特的：城市和乡村合并进入一个连续的和谐体，这一和谐体在不过度强调城乡二者其中之一的前提下优化了这两种不同景观的潜能。同时，赖特的广亩城并不是一个回归小国寡民的规划，而是对机械

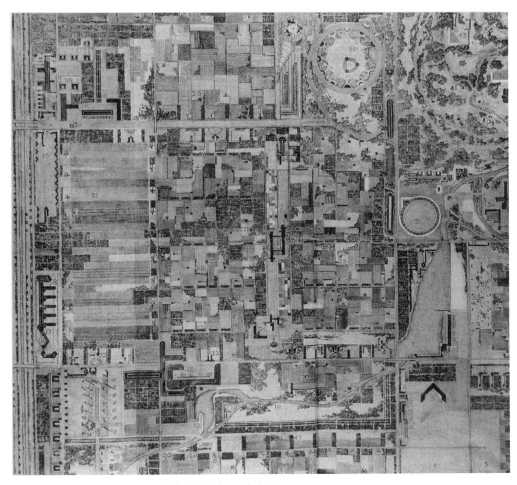

图 9.6　弗兰克·劳埃德·赖特设计的广亩城（1932）规划

资料来源：Wright, Frank Lloyd, *The Living City* (New York, NY: Horizon Press, 1958; New York Public Library, Miriam and Ira D. Wallach Division of Art, Prints and Photographs), fold-out inside front cover; cited in Wright, Frank Lloyd, David Gilson De Long, Exhibitions International, Vitra Design Museum, and Frank Lloyd Wright Foundation. Frank Lloyd Wright and the Living City (Weil am Rhein, Germany: Vitra Design Museum, 1998), 37.

化时代提出的一种愿景。它在这一时代生活和机器间的平衡中，反映出合作、和谐与互动等要素，也考虑到了技术对城市空间各种要素的影响（Fishman，1982）。换言之，一个良好的规划中的各种要素和表现应当是有机的（Wright，1928）。如赖特所说，"未来的艺术将是个体艺术家通过机器的上千种力量表达自身，机器将会代替个体工人完成所有不能完成的工作，而创意艺术家是控制这一过程并理解它的人。"（Luccarelli，1995）正如马克·卢卡雷利（Mark Luccarelli）注意到的，它"承诺重新构建环境平衡，不仅要保护自然景观，而且还要重新设计建成环境"（Crawford et al.，1970）。

上述这些情绪反映了一种逐渐兴起的生态学见解，这种生态学见解关乎城市本质、要求城市规划和乌托邦思想必须同时反映出合作、和谐与互动以及技术对城市空间各个要素的影响。虽然赖特的方案存在部分小农倾向的局限性，但是采纳城市农业和农场、城郊以及边缘城市发展的方案也为赖特的创新想法在整体上为主流规划（或者更具体而言是生态规划）所采纳提供了证据（Fishman，1982）。

如同赖特一样，勒·柯布西耶同样坚信机械化时代潜在的机遇，他认为城市需要拥有"……人类、自然和机器相互调和的环境"（Fishman，1982）。他提倡高密度，提倡集中，提倡在建成环境中的高耸建筑之间点缀公园和花园，正如他在 1925 年提出的"'邻国'计划"（Plan Voisin）和 1933 年提出的光辉城市（The Radiant city）（图 9.7）。于是，费希曼注意到，"勒·柯布西耶的目标是构建一个合作和个人主义同时得到表现的社会。"（Fishman，1982）他的愿景因此是"创造一个技术和工业化为市民日常生活服务的全新的环境，在这一环境中混乱将会停歇"（Fishman，1982）。因此，城市"不再需要排除自然，将其视为异己之物，而是发现绿色城市（Green City）成为城市自身一个不可或缺的对应物"（Fishman，1982）。勒·柯布西耶对高密度的城市的愿景在不同尺度上与当下关于城市密集化的思考一脉相承。

这些乌托邦愿景都是为了在自然和建成环境之间构建更强的关联以增加人类活动在城市的集聚性，并以此提高城市环境中各种活动的效率。20 世纪 60 年代，在由不同的思想根脉滋养而成的生态规划之下，这些思想悄然绽放。

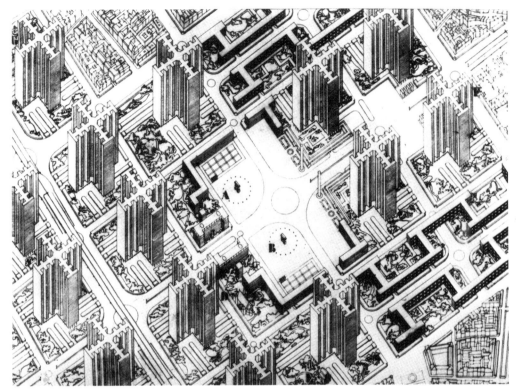

图 9.7　在"'邻国'计划"，勒·柯布西耶提出建成环境的密集化和集中化布局，并在其中点缀城市绿地

资料来源：Tod, Ian, and Michael Wheeler, *Utopia* (New York, NY: Harmony Books, 1978), 139.

三、北美生态规划的三个根源

　　"生态规划"这一术语直到 20 世纪 60 年代才首次出现在当时学者的论文和著作中。[1] 这一时期正是美国面临大量环境问题并引发现代环保行动的时期，也正如威廉·玛什（William Marsh）观察到的："它们为在所有政府级别上、更强更宽的环境规制铺平了道路。"（Marsh，1991）这种新的环境意识复兴了第二次世界大战以

1　在《国家环境政策法》（National Environmental Policy Act，1969）通过后，"生态规划"一词被更广泛的环境规划公式所取代。我在本章更频繁地使用生态规划，因为本章主要引用的是 20 世纪 60 年代更广泛使用的方案，而当指代那些在写作中使用这个方案的作者时，我会使用"环境规划"一词。

后逐渐萎缩的对环境与规划之间关系的研究。生态规划开始将生态学观点移植到在这一方面有一定共性的分析、调查、规划、设计和应用的实践当中。正如欧文·H. 祖比（Erwin H. Zube，1931—2001）所注意到的那样，景观建筑师和规划者现在需要：

- 评估自然与文化资源的质量、数量及地理分布；
- 理解资源过程；
- 估计将不同活动落地于不同位置所带来的对自然过程的破坏以及资源价值的减损情况；
- 提出在生态上合理、文化上合适、审美上合意的解决方案。（Zube，1986；Friedmann，1989）

20 世纪 60—70 年代，规划和设计过程也开始与社区接触，通过互动实践来建立社会意义上公平的规划或设计。这一态度，用约翰·弗里德曼（John Friedmann）的话来说，同样支持了如下观点："为了一个更加有利于健康的环境而规划……是规划固有的一种政治形式。与其被视为政治的技术附属品，不如将环境规划和具体规划视为一项将专业技术与政治联系在一起的活动"（Friedmann，1989）。

在生态规划在美国的萌芽阶段，乔治·安格斯·希尔斯（George Angus Hills，1902—1994）、菲利普·刘易斯、麦克哈格均被视为一时之选（Belknap，1967）。他们的论文和文献囊括了生态规划的技术要素及应用描述，不过却很少介绍过往深受生态规划哲学影响的经验和理论。在 1997 年的作品《站在巨人的肩膀上》（Sulle spalle di giganti）中，笔者认为生态规划的出现代表一种过程、实践和观点的结合，而这些过程、实践和观点实际上早已是北美洲区域规划和景观建筑设计历史的一部分了（Palazzo，1997）。这本书的主题是，20 世纪 60 年代"发明"生态规划的代表人物实际上是起到了某种催化作用，使那些过去早已有之却潜伏不出的思想终于浮出水面。这些"过去的思想"对于对生态规划这一创造有所贡献的人们来说，甚至仍是模糊的。在这个对生态规划来说十分重要的时期，对"过去的思想"的回顾却非常薄弱。虽然因为这些作者聚焦于实际问题，而非理论和历史问题，因此这种忽视过去经验的倾向也可以理解，但本书的目的便是要使那些"隐藏的过去"显现出来：笔者认为这一隐藏的历史主要可以追溯到突出了生态规划跨学科本质的三个根源：景观建筑学、公共领域管理学和区域规划学。

在这三个主要根源以外，还有另一个组成部分也与生态规划的出现和演化相关：乌托邦社区。乌托邦空想和社会改革激发并启发了欧洲与北美洲的城市规划，他们同样也导致了生态规划的出现——即使是那些社会改革含义不太明晰、宗教意义不太明显的乌托邦空想——主要通过埃比尼泽·霍华德的田园城市、弗兰克·劳埃德·赖特的广亩城、美国的乌托邦绿带社区以及刘易斯·芒福德和本顿·麦凯引领的"区域规划哲学"（Mackaye，1928；Anderson，2002）。虽然乌托邦常常容易引发异议，但是它也为塑造理论要素和规划工作提供了一个重要的视角，引致了20世纪60—70年代生态规划作为一个学科领域受到的肯定和赞赏。欧洲和美洲的建筑师、园林师、规划师、哲学家、社会学家等对生态规划的形成过程及随后的演化均做出了贡献。

1. 景观建筑学

生态规划的第一个思想根源是景观建筑学。景观建筑学是英国的景观园艺技法和美国优美的原生自然环境结合下的产物。如下几位代表人物塑造了这一演化的过程：第一，与这一过程最为相关的是赞扬美国文化本质、在自己的私人项目中改变英国园林风格的托马斯·杰斐逊（Thomas Jefferson，1743—1826）；第二是定义了英国园艺工艺在美国本地化的安德鲁·杰克逊·唐宁；第三是开创了景观建筑职业并为处理都市、大城市、区域和州尺度下的景观指明方向的弗雷德里克·劳·奥姆斯特德；第四是可持续景观系统、连锁景观系统的先驱，将自然与文化要素融合进公园设计的霍勒斯·克利夫兰（Horace Cleveland，1814—1900）；第五是运用理性和科学方法对自然系统进行设计的查尔斯·埃利奥特；第六是建议景观建筑学的角色不应该局限于设计私家花园，同时还要拓展到对整个国家进行规划的沃伦·曼宁；第七是在规划中指出"是自然指引了道路"、对自然敏感的人类应该"睿智地顺着自然指出的这条路走下去"的约翰·诺伦（John Nolen，1869—1937）（Beck，2013）。

这些代表人物是景观建筑领域主要的奠基者，同时也将科学知识、历史经验与伦理、审美和方法论原则组合并纳入景观建筑的"工具箱"中。景观建筑师们同城市规划师们（他们在20世纪前半部分创造了一个独立的学科）、生态环境规划师们一起，在工作中持续地应用上述原则，这成为这些相关职业的文化遗产。

2. 公共领域

对公共领域的分析和管理构成了生态规划学的第二个思想根源，其中乔治·珀金斯·玛什（George Perkins Marsh，1801—1882）发挥了重要作用。在《人与自然》(*Man and Nature*，1864）一书中，他不仅提倡研究自然，而且揭示了研究自然的重要性以及人类作为自然干扰者的文化作用（Marsh，1864）。地质学家兼探险家约翰·卫斯理·鲍威尔（John Wesley Powell，1834—1902）在1869年完成了第一个对美国西部的科学调查［《鲍威尔在格林和科罗拉多河的地理探险》(Powell Geographic Expedition of the Green and Colorado Rivers)］，并设计了区域规划的指引和政策规划——华莱士·斯蒂格（Wallace Stegner）后来称之为"旱区民主的蓝图"。[1] 约翰·缪尔的保护活动促使"自然环境需要保护"这一思想观念以及环境激进主义的广泛传播。美国林务局（U. S. Forest Service，1905—1910）的首任主任吉福德·平肖（Gifford Pinchot，1865—1946）与缪尔一样，采取了保护主义的方法，对国家森林系统实行了一种保存式管理的政策，这一政策后来以"为了人类长远的福祉而明智地使用地球和它的资源"的主张而闻名（Pinchot，1947）。同时，著名生态学家、荒野协会（Wilderness Society）的创始人之一奥尔多·利奥波德（1887—1948），定义了保护伦理，并提出一种作为"面对生态情境、处理人地关系的行为指南"的"土地伦理"。利奥波德认为，文明是"是一种人类和动物、植物、土壤之间共同的、相互依赖的配合状态，其中任一环节的崩溃都有可能干扰到这种微妙的配合"（Leopold，1933）。

---

1 后来，鲍威尔于1879年成为史密森学会民族学局（Bureau of Ethnology at the Smithsonian Institution）第一任局长，并于1881—1894年成为美国地质调查局第二任局长。参阅 Stegner（1954）。

这些人在如何保护、保留和优化自然环境的技术指导与伦理方法的形成过程中起到关键作用。他们同时建议并亲身应用科学方法来管理土地，这在许多年之后仍是被四个管理美国公共领域的机构［美国林务局（1905）、国家公园管理局（1916）、渔业和野生动物局（1940）、土地管理局（1946）］采用的有效方法。

3. 区域规划学

区域规划学同样影响了北美洲生态规划学科的形成过程。它的起源可以追溯到重视整体性方法在规划中的应用的美国区域规划协会（Regional Planning Association of America，RPAA）。刘易斯·芒福德与一群拥有跨学科背景的人一起建立了这一协会，而阿巴拉契亚国家步道（Appalachian Trail）的创建者、护林员本顿·麦凯也在其中（MacKaye，1921）。另外，景观建筑师亨利·莱特也是这一协会的成员，他曾与克拉伦斯·斯坦（Clarence Stein，1882—1975）一起设计了纽约市皇后区的阳光花园（Sunnyside Gardens，1924—1928，图 9.8）以及新泽西州的雷德堡镇（Radburn，1929，图 9.9）。这些设计都是英国田园城市理念在美国的应用。其他的设计师包括伊迪丝·埃尔默·伍德（Edith Elmer Wood，1871—1945）和凯瑟琳·鲍尔·伍斯特（Catherine Bauer Wurster），他们都是住房方面的专家。区域规划学，如同帕克·迪克森·高伊斯特（Park Dixon Goist）评价刘易斯·芒福德时所说的，是一种"整体观察事物"的方法（Goist，1972）。麦凯在其开创性著作《新的探索：区域规划的哲学》（*The New Exploration: A Philosophy of Regional Planning*）中也解释道，区域规划意味着"将环境规划成足以让人们有效地、热情地追逐生活目标的样板"（Mackaye，1928）。

作为美国区域规划协会的创立者之一，刘易斯·芒福德是 1926 年最早撰写州一级规划报告《纽约州住房和区域委员会报告》（Report of the New York State Commission of Housing and Regional Commission）的作者小组中十分有名的成员。芒福德本身坚定支持乌托邦思想和乌托邦规划。所有思考，所有的理论努力，其他美国区域规划协会成员的宝贵经验、对社会不断增长的需求和环境限制之间关系的思考，以及对规划中所需要的远见卓识及其坚持精神，都是区域规划学给我们留下的宝贵遗产，而且与这些相关的话题到今天仍备受关注。

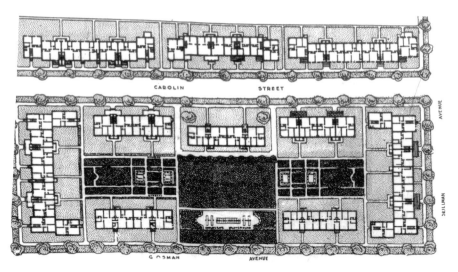

图 9.8　纽约皇后区阳光花园的详细规划

资料来源：Luccarelli, Mark, *Lewis Mumford and the Ecological Region: The Politics of Planning* (New York, NY: Guilford Press, 1995), 152.

图 9.9　新泽西州雷德堡镇（1929）的详细规划，
　　　　展示了该镇西北部和西南部的居住区
　　　　规划

资料来源：Luccarelli, Mark, *Lewis Mumford and the Ecological Region: The Politics of Planning* (New York, NY: Guilford Press, 1995), 151.

美国区域规划协会成员的工作对于罗斯福新政也有重要影响，这是由于大多数成员都在联邦或州主持的项目中工作或扮演协调配合的角色。他们的贡献体现在罗斯福总统开展的、包括社会和住房项目在内的几乎所有重要项目中。例如，斯坦对作为美国移垦管理局（Resettlement Administration）工作的一部分的"绿带新城镇"（Greenbelt New Towns）项目做出贡献；赖特是美国公共工程署房屋事务处（Housing Division of the Public Works Administration）的顾问；鲍尔·伍斯特成为住房方面的权威专家并为罗斯福新政的住房政策引领方向。

四、我们需要成为乌托邦主义者

乌托邦思想家、空想者、共产主义社区领导者以及梦想家不仅提供了一种对于后工业城市的深刻理解，还通过不同的建筑、空间、经济、社会、环境和文化视角提供了一种对不同于过去城市的深刻洞见。乌托邦者提议的城市规划是十分严格而细致的，它们表明了城市生活如何可以不与拥挤的贫民窟联系在一起，而可以拥抱自然、得到其滋养。正如罗伯特·费希曼注意到的，这些理想城市"是十分便捷和诱人的工具，使规划师得以整合融入他在设计上的各种创新，以及将它们作为一个连续整体的一部分展示出来，同时它也带来了一种对城市概念彻彻底底的重新定义"（Fishman，1982）。尤其值得注意的是，这些城市成为"对于整体环境的乌托邦愿景，在其中人们与他们的伙伴和平相处，也能与自然和谐共生"（Fishman，1982）。

因此可以从上述讨论中得到以下两个较为宽泛的结论：

（1）乌托邦思想家建议城市规划和愿景需要反映多元化的目标，不仅应该包括实体形式上和经济上的转型，而且应该关注城市空间的社会和生态转型；即城市规划和设计需要提供一种改善城市衰败、退化、贫困和污染的路径，才能在与第一个城市世纪带来的挑战进行抗争的所有城市中促进人类的福祉。

（2）乌托邦思想同时也通过赞赏城市演化过程中都市景观的和谐感、交互联系性和适应能力，从而建议城市规划和愿景需要考虑可持续原则。

生态规划的历史根源与乌托邦思想的共同要素在上述两条结论中殊途同归。同时，提倡这种规划、愿景——以及应用这些结论——需要肯定城市空间转型和形态的复杂性。乌托邦思想家们因此强调了理解可得资源和运用这些资源以优化生活方式的重要性，这也是生态规划设计的一个基本组成部分。

因为乌托邦社区最初是对工业时代的城市形态和社会问题提出的改善性替代方案，也因为生态规划学最初是对 20 世纪 60 — 70 年代北美洲环境危机的回应，未来城市的生态规划应该继续探寻城市、市郊、乡村、区域和自然环境等等组成部分之间联系的交互性。就这一点而言，本顿·麦凯在很久以前便总结道，城市规划和都市愿景应该设计出某些行动，这些行动将"影响人类良性的有机组织，它们的目标是将人类与区域之间的最佳关系应用起来或付诸实践"（MacKaye，1940）。对乌托邦思想的运用以及北美洲生态规划目标和案例的应用可以被置于罗伯特·费斯通（Robert Freestone）的思考之内："规划应该与多样化的目标相连接：城市容量、保护社区身份、提供更多的娱乐机会、保护农业经济和乡村生活、守护自然与文化遗产、最小化空气和水污染。"他还继续补充道，"城市化、环境约束、规划样式和地点与位置构成的特殊环境已经产生出了多样化的后果。"（Freestone，2002）

尽管每一个乌托邦空想有自身的独特性，但是将它们放在一起，他们都肯定了人类活动会影响各种城市实体，同时需要注意这种影响可以超越当下，在空间、社会、政治制度、环境、经济和文化方面发生作用，因此需要在它们之间形成一种和谐状态，需要一种整体性的、整合性的规划设计方法。展望新的社会、新的城市形式和城郊的益处、新的克服环境问题的方法以及寻找"乌托邦"、修正"反乌托邦"，上述种种都需要回到规划者和设计者的工具箱中。同样地，规划者和设计者都需要成为乌托邦主义者并勇于梦想，因为没有空想和愿景便不再有规划或设计。

因此，城市规划者和设计者需要理解未来的理想城市对哪些人意味着什么。理想的城市会像福斯特（Foster）公司和帕特纳尔（Partner）公司在阿布扎比设计的马斯达尔城（Masdar City）？像保罗·索莱里（Paolo Soleri，1919—2013）在亚利桑那州设计的诺万诺阿二号（Novanoah Ⅱ）（图 9.10、图 9.11）？像类底特律（Detropia，2012 年海蒂·尤因和雷切尔·格雷迪导演的纪录片中对底特律的称呼）？还是像那些饱经战

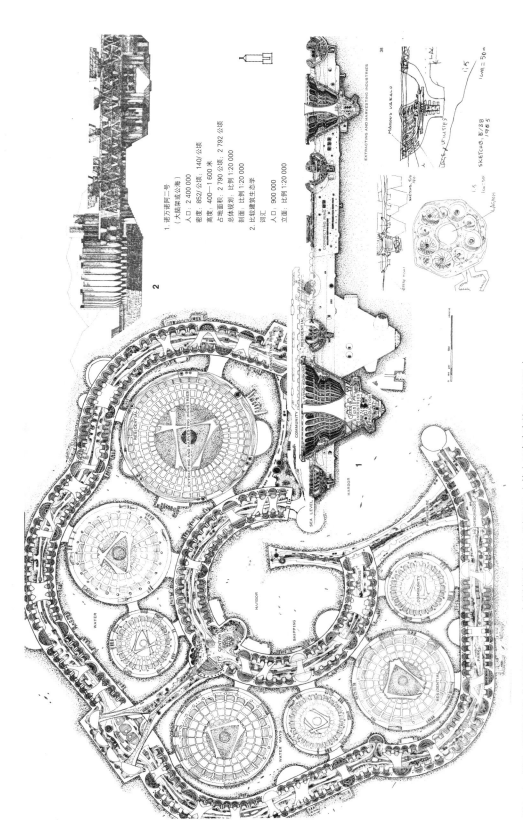

图 9.10 保罗·索莱里设计的诺万诺阿二号，它能够以每 0.405 公顷 345 人的人口密度容纳 2 400 000 人

资料来源：Paolo Soleri, *Arcology: The City in the Image of Man* (Cambridge, MA: The MIT Press, 1973), 38.

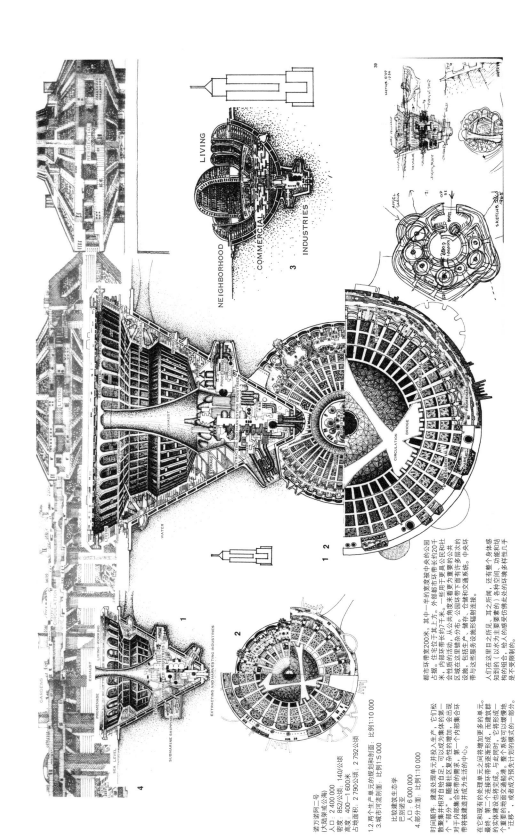

诺万诺阿二号
（大陆架或公海）
人口：2 400 000
密度：852/公顷，140/公顷
高度：400~1 600米
占地面积：2 790公顷；2 792公顷

1.2 两个生产单元的规划和剖面 比例1:5 000
3. 城市河流剖面 比例1:5 000

比较建筑生态学
巴别诺亚

人口：6 000 000

4. 部分立面 比例1:10 000

时间顺序：建造处理单元并投入生产，它们松散聚集并相对于最终社区群的第一个"部分"。随着社区群复杂性的增加，会出现对于内部集合环带的需求。第一个内部集合环带被建造并成为生活的中心。

在它和现有的处理单元之间增加更多的单元。最终，第一个连接环带将逐渐形成，而建筑将成一个实体建设地将相连接。与此同时，它将成为一个重要的地面交通线路。整个系统可以螺旋增地"迁移"，或者将成为成计划规式的一部分。

都市环带宽200米，其中一半的宽度支撑中央城的公园占据。住宅区位于其上方，外部都市环带长约20千米，内部环带长约7千米。一些用于更重大要的公共社会性活动的区域在这里被集中分布。从公共角度来看，公园环绕下面的公共设施，包括生产中心、储存、仓储和交通系统。中央环带与这些服务设施多区域形辐射连接。

人们在这里目之所见，且之所闻，还有整个之身体感知到的（以水为主要要素赛的）各种空间，功能和结构的组合，给人以易于变仿佛此处的环绕多样性几乎是不受限制的。

图9.11 诺万诺阿一号规划的一个界面，展示了两个生产单元和一个城市河流

资料来源：Paolo Soleri, Arcology: The City in the Image of Man (Cambridge, MA: The MIT Press, 1973), 39.

图 9.12　约旦的难民营，据联合国难民署估计，这些难民营自 2012 年 7 月开放以来已经接纳了 122 000 多位难民，因而成为约旦第五大城市

资料来源：美国国务院。

乱的国家的边境上，如花朵般生长和绽放的大量难民营（图 9.12）？

从气候变化到过度城市化，再到城市萎缩、荒漠中间兴起的无家可归的人群聚落，能源消费、食物和水资源的获取等种种问题都需要城市规划者将自己的思维不局限于当下的城市改善。因此，面对上述挑战也需要拥有与 19—20 世纪乌托邦思想家们面对工业城市，以及 20 世纪 60—70 年代生态规划者面对环境危机的那种激情和创新精神。今天我们所面临的危机同样需要不同的方法；相似地，我们的乌托邦愿景也需要变得更加依赖于特定的城市和区域情况。

即使贫困的社区和城市随处可见，富裕的国家也更可能拥有与其他国家不同的需求和动力。规划师和设计师需要面对世界新城市秩序带来的挑战，即使是在极端恶劣的条件下，也要设计出生态合理、自给自足的社区和城市，同时还要协调社会、经济和文化效应以及这些新的愿景带来的收益。另外，规划师和设计师作为地球"管家"，还需要坚持乌托邦思想的悠久传统，通过与其他学科合作，全面可持续地处理各种城市和全球化挑战。

参考文献

［1］ Anderson, Larry, *Benton MacKaye: Conservationist, Planner, and Creator of the Appalachian Trail* (Baltimore, MD: The Johns Hopkins University Press, in association with the Center for American Places, 2002).

［2］ Beck, Jody, *John Nolen and the Metropolitan Landscape* (New York, NY: Routledge, 2013), 137.

［3］ Belknap, Raymond K., and John G. Furtado, "Three Approaches to Environmental Resource Analysis," prepared by the Landscape Architecture Research Office, Graduate School of Design, Harvard University (Washington, D.C.: The Conservative Foundation, 1967).

［4］ Bloch, Ernst, *The Spirit of Utopia* (Palo Alto, CA: Stanford University Press, 2000).

［5］ Bloch, Ernst, *The Utopian Function of Art, and Literature: Selected Essays* (Cambridge, MA: The MIT Press, 1988)

［6］ Choay, Françoise, *La città: utopie e realtà* (Torino, Italy: Einaudi, 1973; originally published as L'urbanisme, utopies et réalités in 1965 in Paris, France by Editions de Seuil).

［7］ Clavel, Pierre, "Ebenezer Howard and Patrick Geddes: Two Approaches to City Development," in Parsons, Kermit C., and David Schuyler, eds., *From Garden City to Green City: The Legacy of Ebenezer Howard* (Baltimore, MD: The Johns Hopkins University Press, in association with the Center for American Places, 2002), 38–57.

［8］ Crawford, Alan, Frank Lloyd Wright, and Charles Robert Ashbee, "Ten Letters from Frank Lloyd Wright to Charles Robert Ashbee," *Architectural History*, Vol. 13 (January 1970): 64–132.

［9］ Dickson, David, *Alternative Technology and the Politics of Technical Change* (London, UK: Fontana 1974).

［10］ Elson, Martin. J., *Green Belts: Conflict Mediation in the Urban Fringe* (London, UK: Heinemann, 1986).

[11] Fishman, Robert, "The American Garden City: Still Relevant," in Ward, Stephen, ed., *Garden City; Past, Present and Future*, Vol. 15 (Abingdon, UK: Spon Press, 1992), 146–63.

[12] Fishman, Robert, *Urban Utopias in the Twentieth Century* (Cambridge, MA: The MIT Press, 1982), 38.

[13] Forsyth, Ann, and Katherine Crewe, "A Typology of Comprehensive Designed Communities Since the Second World War," *Landscape Journal*, Vol. 28, No. 1 (January 2009): 1–9.

[14] Freestone, Robert, "Greenbelts in City and Regional Planning," in Parsons and Schuyler, *From Garden City to Green City*, 67–98; quoted on 67.

[15] Friedmann, John, "Planning, Politics, and the Environment," *Journal of the American Planning Association*, Vol. 55, No. 3 (Summer 1989): 334–38; quoted on 337.

[16] Godin, Jean-Baptist André, *Solutions Sociale* (1871); issued in English as *Social Solutions* (New York, NY: John W. Lovel Company, 1886).

[17] Goist, Park Dixon, "Seeing Things Whole: A Consideration of Lewis Mumford," *Journal of the American Institute of Planners*, Vol. 38, No. 6 (November 1972): 379–91.

[18] Hayden, Dolores, *Seven American Utopias: The Architecture of Communitarian Socialism, 1790–1975* (Cambridge, MA: The MIT Press, 1976).

[19] Holloway, Mark, *Heavens on Earth: Utopian Communities in America, 1680–1880*, 2nd Revised Edition (New York, NY: Dover Publications; 1966).

[20] Howard, as quoted in Ian, Tod, and Michael Wheeler, *Utopia* (New York, NY: Harmony Books, 1978), 120.

[21] Howard, Ebenezer, as quoted by Lewis Mumford in his introductory essay to Osborn, F. J., ed., *Garden Cities of Tomorrow* (Cambridge, MA: The MIT Press, 1965); originally published as *Tomorrow: A Peaceful Path to Real Reform* (London, UK: Swan Sonnenstein & Co., 1898), 2.

[22] Jamison, Andrew, "In Search of Green Knowledge: A Cognitive Approach to Sustainable Development," in Muchie, Mammo, and Angathevar Baskaran, eds., *Innovation for Sustainability: African and European Perspectives* (Pretoria, South Africa: African Institute of South Africa and Institute of Economic Research on Innovation, 2012), 147–61.

[23] Kumar, Krishan, *Utopia and Anti-Utopia in Modern Times* (New York, NY: Blackwell, 1986).

[24] Kumar, Krishan, *Utopianism* (Buckingham, UK: Open University Press, 1991).

[25] Lefebvre, Henri, *Everyday Life in a Modern World*, translated by Sacha Rainovitch (New Brunswick, NJ: Transaction Publishers, 1984; originally published as *La vie quotidienne dans le monde moderne* in 1968 in Paris, France by Gallimard Parking Area 21), 75.

[26] Leopold, Aldo, "The Conservation Ethic," *Journal of Forestry*, Vol. 31, No. 6 (October 1933): 634–43; quoted on 635.

[27] Luccarelli, Mark, *Lewis Mumford and the Ecological Region: The Politics of Planning* (New York, NY: The Guilford Press, 1995).

[28] MacKaye, Benton, "An Appalachian Trail: A Project in Regional Planning," *Journal of the American Institute of Architects*, Vol. 9, No. 10 (October 1921): 325–30.

[29] MacKaye, Benton, "Regional Planning and Ecology," *Ecological Monographs*, Vol. 10, No. 3 (July 1940): 349–53; quoted on 351.

[30] MacKaye, Benton, *The New Exploration: A Philosophy of Regional Planning* (New York, NY: Harcourt, Brace and Company, 1928).

[31] Mandelker, Daniel. R., *Green Belts and Urban Growth: English Town and Country Planning in Action* (Madison: University of Wisconsin Press, 1962).

[32] Marsh, George Perkins, *Man and Nature* (New York, NY: Charles Scribner, 1864).

[33] Marsh, William M., *Landscape Planning: Environmental Applications*, 2nd Edition (Reading, PA: Addison Wesley Publishing Company, 1991), 3.

[34] Moos, Rudolf H., and Robert Brownstein, *Environment and Utopia: A Synthesis* (New York, NY: Plenum Press, 1977).

[35] Morris, William, *News from Nowhere* (London, UK: Kelmscott Press Edition, 1892).

[36] Morris, William, *How I Became a Socialist* (London, UK: Twentieth Century Press Ltd., 1896).

[37] Mumford, Lewis, *The Story of Utopias* (New York, Viking Press, 1922), 120–22.

[38] Mungo, Raymond, *Total Lost Farm: A Year in the Life* (New York, NY: E. P. Dutton, 1970), 15.

[39] Palazzo, Danilo, *Sulle Spalle di Giganti. Le Matrici Della Pianificazione Ambientale Negli Stati Uniti* (Milano, Italy: Franco Angeli, 1997).

[40] Pinchot, Gifford, *The Fight for Conservation* (New York, NY: Hartcourt, Brace, and Co, 1947), 95–6.

[41] Pinder, David, *Visions of the City: Utopianism, Power, and Politics in Twentieth-Century Urbanism* (New York, NY: Routledge, 2005), viii.

[42] Proudhon, Pierre-Joseph, *Du principe de l'art et de sa destination sociale* (Paris, France: Garnier frères, 1865), 352.

[43] Richardson, W. Benjamin, "Modern Sanitary Science: A City of Health," V*an Nostrand's Eclectic Engineering Magazine*, Vol. 14, No. LXXXV (January 1876): 31–42.

[44] Rowe, Colin, "The Architecture of Utopia," in Rowe, Colin, and Leon George Satkowski, *The Mathematics of the Ideal Villa* (Cambridge, MA: The MIT Press, 1976; 2002).

[45] saacs, Kathleen, "Utopian Visionaries," *School Library Journal*, Vol. 45. No. 11 (November 1999): 177.

[46] Schiller, Friedrich, *On the Aesthetic Education of Man, translated by Reginald Snell* (New York, NY: Friedrich Unger, 1965; originally published in 1795 as *Über die Ästhetische Erziehung des Menschen* in einer Reihe von Briefen in Die Horen).

[47] Sitte, Camillo, *City Planning according to Artistic Principles* (London, UK: Phaidon Press, 1965; originally published in 1889 as *Der Städtebau nach seinen künstlerischen Grundsätzen*).

[48] Sreenivasan, Jyotsna, *Utopias in American History* (Santa Barbara, CA: ABC-CLIO, Inc., 2008).

[49] Stegner, Wallace, *Beyond the Hundredth Meridian: John Wesley Powell and the Second Opening of the West* (Boston, MA: Houghton Mifflin, 1954), 202.

[50] Thomas, David, *London's Green Belt: The Evolution of an Idea* (London, UK: Faber & Faber, 1970).

[51] Thomas, *Utopia*, George M. Logan and Robert M. Adams, eds. (Cambridge, UK: Cambridge University Press, 1989; first printed in Latin in 1516 and in English in 1551).

[52] Vollaro, Daniel R., "Utopian Communities," in GablerHover, Janet, and Robert Sattelmeyer, eds., *American History Through Literature, 1820–1870*, Vol. 3 (Detroit, MI: Charles Scribner's Sons, 2006).

[53] Welter, Volker M., *Biopolis: Patrick Geddes and the City of Life* (Cambridge, MA: The MIT Press, 2002).

[54] Wright, Frank Lloyd, "In the Cause of Architecture VIII: Sheet Metal and a Modern Instance," *Architectural Record*, Vol. 64, No. 4 (October 1928): 334–42.

[55] Zube, Ervin H., "Landscape Planning Education in America: Retrospect and Prospect," *Landscape and Urban Planning*, Vol. 13 (July 1986): 367–78; quoted on 367.

NATURE AND CITIES

第十章 WPA 2.0：
美、经济、政治与新公共基础设施的建设

苏珊娜·德雷克

一、联通系统案例

在过去的 400 年间，大量的公共项目和私营工程改变了美利坚合众国这片土地的面貌。尽管整个国家从这些旨在促进商业贸易、改善公共健康、增进经济发展的工程项目中收获了丰厚的财富，然而这种收益往往建立在损害环境的基础之上。气候变化的全球现实、城市化进程中的贫困问题——人们对于这些工程项目的生态影响有了更为深入的认识。美国正处在一个特殊的历史关头，我们需要一个 WPA 2.0 版本。

WPA 即公共事业振兴署（Works Progress Administration，1935—1943），是大萧条期间美国总统罗斯福实行的新政当中规模最大的雄心勃勃的项目。现如今美国的大部分基础设施都是由公共事业振兴署或者与其名字相近的公共工程署（Public Works Administration，PWA）建造而成。在美国，几乎所有的城市、乡镇乃至社区都从公共事业振兴署或公共工程署建造的机场、桥梁、堤坝、公园、道路、学校或者其他公共建筑当中获益。[1]

---

1 公共事业振兴署和公共工程署都是大萧条时期的新政项目。尽管它们的名字听起来很相似，但它们有重要区别：首先，公共事业振兴署的工人由政府直接雇佣，而公共工程署将其大部分工作承包给私人实体；其次，公共事业振兴署主要从事与地方政府的小型项目，如学校、道路、人行道和下水道，而公共工程署项目包括大型桥梁、隧道和水坝。参阅 Leighninger（1996）。

接下来我们将对美国公共工程项目的历史进行简略回顾，基于城市基础设施的视角，探讨当今世界上最富有的国家的发展历程和现实处境。这有助于我们了解在全球气候变化的背景下，景观设计师、建筑师和规划师如何把握时机，满足美国城市、全球城市和社区发展的需求。美国的做法对于世界各地的其他城市和社区同样具有参考意义。

1. 运河与港口

美国早期乡镇和城市的布局与水利资源直接相关。大型商业中心的发展离不开适航水道与安全港口，更需要充足的淡水，用以防抑火灾、保障环卫、生产电力、灌溉农田以及生活饮用。举例而言，1817—1825 年开掘的伊利运河开辟了重要的木材、皮毛、矿物和农产品的供应链条，不但使得纽约在 19 世纪成为世界的金融中心，更帮助北方联邦在 1861—1865 年的美国南北战争中赢得胜利。此后，交通系统建设则逐渐显示出与自然环境解耦的特点。

2. 土地网格

回望 19 世纪的美国社会，对于天选之论与农耕神话的信奉点燃了这一时期管理和开垦西部边境的需求。1785 年由托马斯·杰弗逊（1743—1826，后来也成为代表弗吉尼亚州的议员）起草的《土地法》（Land Ordinance Act），旨在对阿巴拉契亚山脉以西联邦所有的土地建立起完善的测量和出售制度，从而帮助当时无法进行有效税收的联邦政府获得财政收入（Carstensen，1988）。也正是在这一时期，自然环境系统和国家开发系统开始了大规模的解耦：公共土地调查制度不考虑地貌特征，也不关心承载能力，只是简单地把土地分割成网格状的大小方块，再对这些大（38.624 千米×38.624 千米）、中（9.656 千米×9.656 千米）、小（1.609 千米×1.069 千米）型地块按牛耕式编号管理，即在一个方块的象限内从左到右，再从右到左，正如一个农夫耕地时所经过的路线（Stilgoe，1983）。

3. 农业、铁路与土地网格

"到西部去，年轻人！到西部去与国家一同成长！"——这句鼓舞人心的口号出自《纽约先驱论坛报》（*The New York Herald Tribune*）著名编辑霍勒斯·格里利（Horace Greeley，1811—1872）1865 年 7 月 13 日发表的社论。[1] 根据 1862 年颁布的《宅地法》（Homestead Act），无论老兵、妇女、获得自由的奴隶，如想拥有 260 公顷的宅地，只需要在所获宅地上居住并且耕作足够 5 年时间，开荒富国、拓土兴邦的观念因此大获推广。这种农耕价值观实则是快速工业化时期形成的美国民族主义的一部分，正如几十年前德·克雷夫科尔（de Crèvecoeur，1735—1813）在其多部著作中所总结的那样，天选之论与农耕文化为种植耕作赋予了神化色彩，乡村生活被认为是人格的根本（de Crèvecœur，1782）。虽则如此，美国在土地网格化以及随之而来的国家铁路建设——国家向铁路公司划归超过 121 405 693 公顷土地从而助力铁路建设——进程当中，常常不顾地势高低或与河流走向，与自然的地形水文特征背道而驰。

这种凌驾于自然之上的建设理念当然有其局限。四通八达的铁路尽管促进了商贸，然而运转中的长距爬坡和大量用水却限制了铁路的普遍推行。新建铁路的近旁尽管涌现了不少的农庄与城镇，然而并不是所有的地区在土地承载能力上都能与托马斯·杰弗逊的弗吉尼亚州媲美（Hudson，1985）。[2] 在西经 100° 以西的干旱地区，必须把好几个小型的地块合在一起才能开展林牧生产，而伐木放牛本身又会大幅改变当地的地貌景观。林牧产业的经营规模逐渐趋向于规范化的操作，而偏离了最初对于乡村农庄的理想化设计。来自西方的拓荒者和先验主义者谁都没有考虑过，引入外来植物群落会对当地环境带来怎样不利的后果。

1869 年 5 月 10 日，联合太平洋铁路与中央太平洋铁路在今犹他州布里格姆（Brigham）城附近接轨，首次横贯北美大陆的这条铁路终结了两个半世纪以来依赖自然系统进行基础建设的历史，更成为美国工业革命的标志之一。到了 1910 年，美国的铁路总里程已经达到 402 336 千米。伴随着铁路网络的发展，河流不再是国家

1　这个关于美国天选之论著名短语的起源是有争议的（Fred，2008），同时可参阅 http://archives.yalealumnimagazine.com。

2　该书获得了美国地理学家协会颁发的第一个约翰·布林克霍夫·杰克逊图书奖（John Brinckerhoff Jackson Book Prize）。

的经济命脉，反而成为人们倾倒垃圾的场所。正如卡洛琳·麦茜特所说，"工业厂房排出的硫酸、盐酸、苏打粉、石灰粉、染料、木浆还有动物副产品等各种化工原料和废物污染了美国东北地区的水源。"(Merchant，2002) 尽管 1972 年颁布的《洁净水法案》使得这种破坏自然的情况有所改善，然而位于河流、运河、港口周边的社区至今都在为曾经持续多年的污染买单。

尽管自然系统在交通运输上的重要性日渐降低，人们仍然依赖山川河流提供各种必需的原材料。举例而言，水资源对于铁路线至关重要，不仅仅是因为蒸汽火车的发动机需要使用大量的净水，更是因为铁路系统旨在促进农牧商贸从而加速国家发展，如果没有足够的灌溉用水，铁路两旁的不会发展出如今这样大规模农业牧业，玉米小麦之类的商品贸易更是无从谈起了。

4. 合流式下水道

当 19 世纪 60 年代英国管道工托马斯·克拉普（Thomas Crapper，1836 — 1910）推广抽水马桶的使用时，他一定没有想过这件事将会给城市用水管理系统带来怎样的影响。他的工作引发了一连串的连锁反应，最终导致了 150 年后世界水道的恶化。随着抽水马桶的普及，欧洲人建造了合流式下水道，来处理不断增多的生活废水，而在 19 世纪，这种集中处理生活废水的新式设计成为快速城市化的美国的借鉴对象。然而谁也没有料到的是，合流系统存在着严重的溢流污染问题，每当污水量超过了净化站的处理能力，未经处理的地表径流和生活污水就会被直接排入附近的水道。如今，包括纽约在内的 772 个采用合流式下水道系统美国城市，都不得不面对溢流污染——即使是一场小雨，也会使得生活污水与地表径流混在一处，夹杂着排泄物、避孕套、油脂、农药和重金属排入城市内外的港口与河流。

尽管这种将生活污水与地表径流汇入同一管道的系统曾经是一种革新性的基础设施，然而时至今日，世界各地的混合式下水道已经达到了它们的极限。城市中不断增加的人口数量和不可渗透路面面积，使得全球污水处理系统处于超负荷运转的状态。生活污水排入水道的事件频繁出现，海平面的不断升高又使得现有排污系统的效力大打折扣。在这样的情况下，政策制定者们和私人捐助者们需要设置适当的激励，从而推动设计师们重新思考城市雨污处理系统的设计和管理。工业化的进程已经导致了海滨水质硬化，而在未来，全球气候变化必将引发更为猛烈和频繁的风暴天气，对海滨造成进一步的影响。为了应对这种情况，海滨地区需要一种创新性的城市设计来消解风暴带来的浪潮、有效管控洪水、减少地表水径流且弱化热岛效应。如果不进行重大的技术变革，自然和人力资源的管理将出现全球性的问题，人类社会卫生健康和生产力状况将受到影响。

5. 罗斯福新政

为了应对危机重重的大萧条，美国的政治领袖们从 1933 年开始实施新政，推行了一系列旨在减少失业、缓解贫困、促进经济逐步复苏以及金融体系改良的项目。值得注意的是，这些新政项目同样新建或改进了众多关键性的基础设施。道路交通、水务管理、供电网络、污水处理、落后地区供能的问题被率先解决，公园、公共建筑、桥梁、机场以及其他市政项目则紧接其后。在富兰克林·罗斯福总统的任期内，公共事业振兴署使得包括妇女和少数群体在内数以百万的失业人员获得工作，为这个国家培养起一种新的文化认同。

新政的标志性项目之一，是耗资 200 亿美元（如今约合 3 470 亿美元）的国家面貌和文化塑造计划，由艺术家、作家、景观设计师、建筑师以及众多富有创造力且有助于改变国家风貌和文化素养的专业人士合力完成。运用各具特色的当地材料，设计者和官员们带领着成千上万的劳动者，一同参与了这项建造工作。这项工作既现代化，又鼓舞人心，还展示了各个地区的特点和材料不但兼具美学与实用价值，更将公民意识与国家自豪感蕴含其中。罗斯福总统显然明白，要想让这个国家平安度过危机、重新踏上征程，大型的政府行动确实不可或缺。

6. 联邦高速公路系统

经历了第二次世界大战和朝鲜战争，《联邦援助高速公路法案》于新政实施20多年后的 1956 年经由德怀特·艾森豪威尔总统签署生效，又被称作《州际国防高速公路法案》。法案认定，横贯美洲的高速公路具有重要的国防意义，并通过对汽油和柴油征税筹集了 250 亿美元的建设成本。"基础设施建设"这个形成于第二次世界大战期间的概念，原本是指军事后勤行动，借由州际高速公路系统的形式，成为艾森豪威尔总统推行时间最久、成效最大的项目。曾作为盟军五星上将和杰出指挥官在欧洲作战的艾森豪威尔一向欣赏德国高速公路的便捷高效，也想在美国建设类似的系统。根据现代主义的宗旨，整个国家应该采取统一的建设标准，这就意味着必须有过硬的工程技术解决各种地形地貌的难题。另外，这一高速公路建设项目促进了20 世纪末新的巨型都市区的出现和发展。

7. 解耦

社会学家与哲学家尤尔根·哈贝马斯（Jürgen Habermas，1929—）在其 1999 年"制度与生活世界的解耦"（The Uncoupling of System and Lifeworld）一文中指出，现代主义固有的差异化和专业化进程是不民主的，在像美国这样高度资本化的社会当中，民主领导制下所做的决定也无法反应多数人的意见。

> 然而政治支配整合了这个社会的权力，处罚制裁的手段不再是赤裸裸的威压，而是建立在法律秩序的权威之上。正因为此，每一条法律其实都需要被公民主体间认可，只有被认作正确且合适的提案才能得以通过。从这一点上来说，提供政治秩序值得被认可的理由，就是文化需要完成的任务。（Habermas，1999）

家庭权力体系为家长赋予了其他成员的绝对信任，与之类似，民主体系中的领导者们之所以能够做出事关国家发展的重大决策，也正是因为拥有社会民众的绝对信任，特别在充斥着恐惧与疲倦的战后时期，这种稍显盲目的信任更是被进一步地加强。在二战之后技术至上的环境中，当那位入主白宫的战斗英雄提出了系统（州际高速公路）与生活世界（社会环境与自然环境）解耦的建设方案，美国文化当中的家长主义和理想主义使得这项美国史上最大规模的公共项目获得了政治上的支持。

曾经一度被现代主义系统性压制的群体在 20 世纪后期找到了表达的渠道，对"不同声音"［借用卡罗尔·吉利根（Carol Gilligan）的术语］的需求渐渐注入了社会文化当中（Gilligan，1982）。一次次的妇女运动、民权运动和现代环保运动聚集了人们的声音，对当时权力体系中的不合理之处提出了挑战。1963 年的《洁净空气法案》、1972 年的《洁净水法案》以及其他一些重要的法案之所以能够确立，都应归功于环保运动。

8. 问题

然而很多在新政时期建设并完工的项目，现在已经临近了使用期限。正如詹姆斯·L. 奥伯斯塔（James L. Oberstar）所说：

> 60 年过去了，很多建造于 20 世纪五六十年代的州际高速公路都已临近甚至超出了设计时规定的使用年限。上一代美国人传承给我们的世界级道路网络即将退役，我们需要重新建设地面交通运输系统。（Oberstar，2010）

很多运河与港口不再像曾经那样在商业活动中发挥着关键性的作用，它们被弃置、浪费和污染，而且还受到不断上升的海平面和风暴潮的威胁。美国一度拥有的 482 803 千米铁路轨道中，如今投入使用的不足半数（Tracy and Morris，1998）。[1]美国 772 个采用合流式下水道的城市里，仍然有大量生活污水被排入江河湖海。高速公路和桥梁的状态也同样不容乐观。过去半个世纪以来，社会、环境和技术方面都发生了巨大的进步，然而这些重要基础设施目前的维修养护与更新换代情况根本没能体现出这一点。

美国土木工程协会（American Society of Civil Engineers）每四年发布一次的美国基础设施报告，2009 年和 2013 年的报告对各类基础设施的评级如表 10.1。

1　http://www.railstotrails.org/resources/documents/resource_docs/Safe%20Communities_F_lr.pdf.

表 10.1　2009 年、2013 年美国基础设施评级

分类	2009 年	2013 年
航空 / 机场	D	D
桥梁	C	C+
水坝	D	D
饮用水	D–	D
能源	D+	D+
有害垃圾	D	D
内河水道	D–	D–
堤岸	D–	D
港口	(N.A.)	C
公园与娱乐设施	C–	C–
铁路	C–	C+
道路	D–	D
学校	D	D
固体垃圾	C+	B–
运输	D	D
废水	D–	D
总体	D	D+

注：D= 差；C= 中；B= 好。

资料来源：http://www.infrastructurereportcard.org.

如今我们一方面拥有进步的政治体系、新式的设计理念和先进的科学技术，一方面又面临着空前深重的环境问题，正是美国改善基础设施的绝佳时机。考虑到全球性的气候变化、日益推进的城市化以及不断增长的人口数量，不同学科的专家们应当通力合作，建立起与水文、交通、生态、经济和文化系统相适应的城市规划模型，让城市成为一个让人们更好地工作、生活并且组建家庭的地方。这项工作的推动究竟会是联邦政府主导（即如法国和荷兰那样），还是采取在美国更为常见的公私

合作方式，目前还不能确定。然而必须明确的是，社会观念低估了公共领域中规划的作用，这种价值判断无疑需要改变。

想要开发出能够更好地应对自然力量的新型基础设施，就必须先理解地理、生态、气候的作用。利用自然系统提供公共设施并提升卫生福利的想法并不新奇，19世纪80年代末期，弗雷德里克·劳·奥姆斯特德（1822—1903）在波士顿后湾小塘的规划当中就曾利用潮汐流减少瘟疫与污染。然而工业革命之后，技术的快速发展却使得人们认定机械工程能够提供远远优于历史先例的解决方案。顺应自然的设计理念逐渐消亡，基础设施只作为一种工具机器存在。尽管如此，近年来飓风过境（2005年的飓风卡特里娜、2011年的飓风艾琳和2012年的飓风桑迪）后的景象却明明白白地告诉我们，僵化的工程系统不具备适应调节的能力，考虑到风暴的强度、频率和严重程度正逐年增加，这些设施很可能在遭遇灾害时崩盘。

现在，我们应当对19和20世纪的建设模型加以反思，并且思考出能够再次与自然和谐共处的建设方案。偏远地区曾经惯常沿河修路以节约成本，然而当遭遇飓风艾琳时，佛蒙特州暴涨的河水顷刻间就将河旁道路与河上桥梁摧毁。用堤岸为江河湖海限制了轮廓分明的边界之后，后工业时代的大型都市往往选择在地价便宜的后工业化滨水区域修建高速公路、火车车场和公共房屋，然而当飓风桑迪在2012年袭击纽约时，整个洪泛区都受灾严重。极端天气是如此频繁，新泽西州替换受损的火车、重建被淹的隧道再加上维修其他受洪水影响的公共与私人设施，每年需要支出几亿美元的税收。迈阿密地区位于淡水咸水交汇处的石灰石透水层之上，频发的飓风和来自高地或大海的洪水，不但使该地区的支柱产业——旅游业——受到威胁，更有可能破坏佛罗里达州南部大沼泽地生态环境的健康（Kolbert，2015）。

很多美国城市的合流式下水道曾经一度是经济划算的卫生工程解决方案，直到变化的气候与增长的人口使得情况发生了改变。如今美国的规划设计者与公共官员们常常试图向欧洲借鉴水管理的技术，他们先是学习了法国与德国合流式下水道的例子，现在又就防洪问题向荷兰取经。"荷兰"（Netherland）一词的含义即是"低洼之地",这个国家的防洪策略时既考虑了未来 200 年的规划(长期),又将不断加固堤坝、水坝和拦河坝(短期)视作保护建筑环境与依赖甜水(荷兰人将盐度低的淡水称为甜水)的农业经济的必需之举。美国的城市也应该把目光放远,并且认识到国家的地理多样性可以带来大量的建设创新机会。卓越的美国地理学家吉尔伯特·F.怀特(Gilbert F. White,1911—2006)在 1934 年提出国家防洪政策时就曾经说过,耗资数十亿美元的水库、运河、堤岸和深层河道的修筑项目,并不能缓解此后几十年的洪灾。

> 当我们认定只有工程项目才能驯服弯弯曲曲、不断改道的溪流时,其他诸如管制土地使用或者提升建筑防洪能力之类潜在的有效方法其实就被我们忽略了。当我们认定工程项目可以像收益成本计算所预测的那样精准而完美地运转,并不核实土地实际使用情况的时候,公众就会获得(与我们认定的假设)截然不同的结果。(White,1986)

对水管理工程的信赖营造了一种虚假的安全感,美国人因此认为这些水利工事切实有效、成本低廉并且能够在灾难性的洪水来袭时为城市提供有力的保护。怀特进一步指出,"单目标堤岸或许只是助长了我们应对灾难的盲目信心;单目标水库或许只是花费了一大笔钱,却不能保证把洪水带来的损失减少到零。"(White,1986)作为一名地理教授以及受人尊敬的自然灾害和洪水问题政府顾问,60 年间怀特在文章中不断提倡人们使用更为周全的设计规划方法,并通过测试评估应用技术的有效性。

二、解决方法

我们知道滨水区和堰洲岛作为宽广的缓冲带能够消耗海浪的能量、吸收海水的洪流、为动植物提供栖息地,还可以起到固碳的作用。大堡礁、盐水沼泽和柏树沼泽的功能对我们开发新的生态系统管理模型无疑具有启示意义(图 10.1)。在对周期性涨水的河流进行规划时,需要制订出一个基于激励的计划,就像 Zone (A)ir 计划那

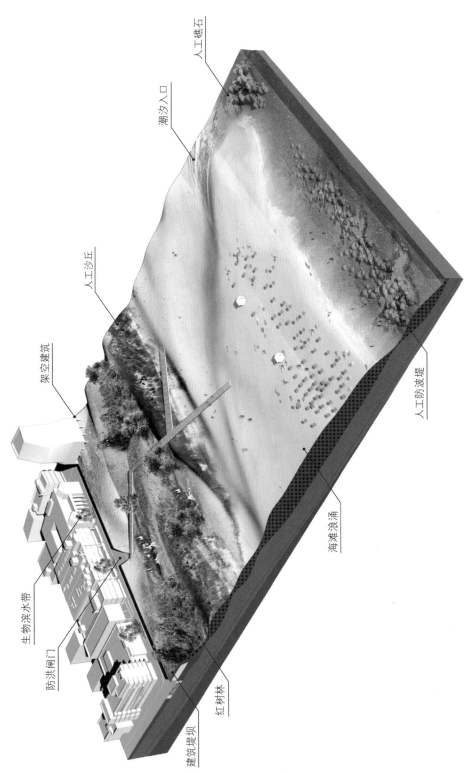

图 10.1 例如红树林和潮汐湿地（百万年间演化而成的水岸线保护者）这样的海岸生态，启发了我们通过工程化方式重建这些因为人类生活破坏或受损的生态系统

资料来源：迪兰德建筑和景观设计工作室。

人工礁石

潮汐入口

人工沙丘

架空建筑

生物滨水带

防洪闸门

红树林

建筑堤坝

人工防波堤

海滩浪涌

样对家庭、城镇、道路、社区与商业重新布局（图 10.2）。规划调整建筑（楼房）和景观建筑（基础设施、户外空间）时应当对孔隙密度、建筑材料、机械系统的新位置以及人们使用这些建筑的方便程度着重考量。简而言之，我们的路面应当能够吸水；我们的高速旁边应当是既能净化空气又能供人休憩的公园；我们的江河湖海也不能一味追求边界分明，尽管清晰的边线可以促进商贸，有些情况下也应当用模糊的边界为高地上的房产做好缓冲保护——人类活动与自然环境之间的融洽接触正是这一切的关键所在。

这一类重视生态的规划与设计项目已经在多地开始实行，路旁吸水洼地与路面多孔材料逐渐成为芝加哥、费城以及俄勒冈州波特兰城市街道的标配。纽约市也正在通过试点项目检测新材料和新思路的有效性，只不过上述测试需要时间，而我们更需要迅速行动。在密西西比河沿岸的泛滥平原上，人口较少的社区正在进行迁移，被淹没的农田中也挖掘了溢洪道以保证下游大型城镇的安全。人类一度认为自己可以控制住洪水的力量，然而事实证明我们曾经的这种自信太过盲目。我们无法完全控制自然，更不应试图驯服自然，想要尽量消解自然的破坏性力量，必须通过长时期、大规模、有计划的行动，来降低我们对地区改变的程度，在与自然的和谐共处中建立起新的交换系统。

尽管吉尔伯特·怀特在很久以前就开始提倡更为周全的、地区合作式的水管理方法，人们在很长的一段时间之内都对此充耳不闻，在解决城市当地问题的时候不顾潜在的洪水泛滥或污水溢出，建设了大量单一用途的工程项目。距离《洁净水法案》出台已经过去了 40 多年，在风暴频发和海面上升的大背景下，基础设施老化的城镇现在有机会接受新式的观念和技术，通过周全的灰色（基于机械的）/绿色（基于自然的）工程项目彻底解决一次又一次暴雨引发的污水负荷问题。[1] 当然这些新式基础设施的建造成本也不算小：根据目前的造价水平，想要让城市下水道的污水溢出符合

---

1 根据环保署定义，"灰色"基础设施是"传统的管道排水与水处理系统"，"绿色"基础设施则是"经过设计将市内雨水转移出建筑环境，从源头减少和处理雨水，并同时带来环境、社会和经济效益的设施"。可查阅环保署官网"什么是绿色基础设施"（https://www.epa.gov/green-infrastructure/what-green-infrastructure）。

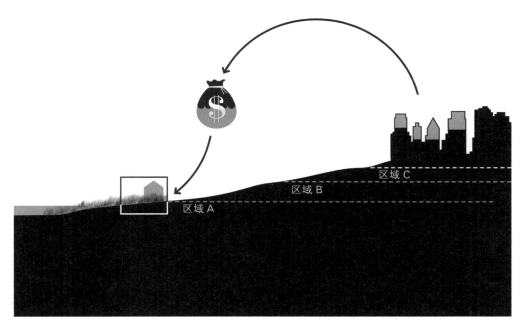

图 10.2　Zone (A)ir 计划通过增加分区的方式获取高地资产的价值，用作保护性海岸湿地的长期养护资金，并支付强风暴潜在受灾区住户的搬迁费用

资料来源：迪兰德建筑和景观设计工作室。

1972 年《洁净水法案》的规定需要大约 950 亿美元，保护社区与城市在未来免受洪灾影响也需要数千亿美元的投入。处理上述问题要同时考虑成本——收益以及效率。

　　绿色基础设施网络扩张——移除硬质路面、保护公用设施、蓄积雨水以灌溉公园、花园和湿地——自然也对吸收洪水有所帮助。绿色（基于自然的）基础设施系统让我们重新思考什么才是基础设施的首要功用，以及城市居民从中获得怎样的自然体验。市政当局因此有机会做出最全面的、性价比最高的设计与规划。众所周知，即使 2015 年参加巴黎气候大会的 196 个国家能够完全遵守那份应对气候变化的协议，海平面仍会在未来的一个世纪之内上升 0.914—1.219 米，如今海平面以上大约 4.572 米之内的沿海地区到时候非常容易受到潮汐和风暴潮的袭击。这就意味着，地处海平面上下的城市要想继续存在，就必须明显改善大规模基础设施应对气候变化与破坏性风暴的能力（Ganis，2016）。

1. WPA 2.0：一种新型自然基础设施系统

2012 年的飓风桑迪袭击面广、破坏性强，285 人因它失去性命，超过 500 亿美元财产因它化为泡影。为了应对此次灾害，美国三级政府——联邦政府、州政府和地区城镇政府——组织了调查团、任务小组和全权会议，提出了特别倡议、白皮书计划和 12 点计划，开启了滨水地区生态复苏项目，甚至还隐约借助军事力量来推广落实。然而以上种种小组和会议真的能有成果吗？它们想要通过修正和改善项目让各个层面的基础设施能够更好地应对日常或极端的天气影响，然而这些野心勃勃的计划到哪里才能找到资金呢？想要改变基础设施日益老化、装备落后的情况，想要从现在开始为全球气候变化做好准备，想要为一个新的弹性防御网络筹措资金，我认为 WPA 2.0 正是我们所亟须的适时解决方案。

为了让美国的城市、社区以及偏远乡村都能够更好地应对洪水泛滥以及全球气候变化，我们需要进行大规模的"灰色"（基于机械的）和"绿色"（基于自然的）基础设施系统的改造工作。传统"灰色"工程方法往往较为僵化：比如用防水的材料修筑公路和隧道，用堤岸、堤坝等改变水的流向从而增进效用；注重生态的"绿色"建设理念则更富有弹性：比如利用水和风的自然运动让沉积物形成新的堰洲岛，把疏浚清除的淤泥用作人造湿地的原料，通过新型设计让街道发挥吸收和过滤暴雨降水的作用，通过种植各式各样水生植物建立起生态多样的风暴潮缓冲带，增大洪泛保护区的面积（当然要向这一区域内原本的居民和企业支付搬迁费用）并在非泛滥期把它用作自然公园，做好高速公路排水并通过海绵公园和其他暴雨降水收集系统对地表径流进行集中——"灰色"工程方法与"绿色"建设理念相互配合，可以为我们带来惊艳的效果。

如前所述，大萧条期间罗斯福总统的新政项目设计并建造了一系列坚固、优质且美观的公共基础设施。在整个国家的国内生产总值不过 730 亿美元的那个年代，这些花费高达 200 亿美元的项目创造了数以百万计的就业岗位，为经济稳定的恢复提供了帮助，还为当时存在缺陷的银行体系带来了金融革命。作为最大的新政公司，田纳西河流域管理局（TVA）的设立意图是对跨越七州的田纳西河流域进行管控、建设公用设施，并且向这个贫穷地区输入资源。除了汛期河水泛滥的防御工事和通航必须的管理系统之外，罗斯福总统签订的《田纳西河流域管理法案》还为这个经济落后的地区建造了农业生产需要的水坝，更是在那个私人企业选择对贫穷用户收取更高电费的年代，解决了田纳西河流域用电成本过高的问题。不过，尽管田纳西河流域管理局原本是单纯利用河流水能发电的电力公司，为了满足不断增长的用电需求，田纳西河流域管理局在 20 世纪 50 年代不得不开始设立燃煤发电厂，在 20 世纪 70 年代又增加了核能发电站——越来越多的能源被生产出来，作为燃料燃烧的过程中既散发了热量又产生了温室气体，最终导致了全球变暖。

燃料燃烧排放的温室气体加剧了全球变暖，这要求城市必须提升应对气候变化的能力。根据美国环保署（由理查德·尼克松总统于 1970 年下令成立）的调查研究，2013 年发电厂、炼油厂和化学制造业公开排放的二氧化碳、甲烷、一氧化二氮和氟化气体几乎占总排放量的 84%。[1] 如果政府对电力公司、机动车制造公司、原油公司以及其他应当为气候变化负主要责任的公司适当征税，就将有足够的税收来成立自然防御基金，只要运营得当，未来 100 年间气候变化弹性型基础设施都不会有建设资金的后顾之忧。这种针对碳排放的税收早已经历了多番讨论——根据历史数据，即使是在能源价格的历史最低时期，十大电力企业的年销售额依然高达 170 亿美元（2014），财富五百强榜上有名的十大炼油企业更是收获了高达 670 亿美元的利润（2015）——这些公司完全有能力负担起这一类的税收，通过对碳排放和水污染情况最严重的企业收税来建立基金继而提升城乡气候顺应能力完全可行。

2014 年美国政府拨款 500 亿美元进行飓风桑迪灾后修缮工作，尽管这笔钱的用途中并不包括设立新的防御系统，巴拉克·奥巴马总统在 2015 年的财政预算当中加入了 10 亿美元的气候应对基金项目，为我们开了一个好头。必须明确的是，在 2015 财年，包含 486 亿美元基础设施修缮资金的联邦高速公路预算项目已经接近尾声；未来的 20 年间美国各个城市需要花费 1 000 亿美元，才能解决暴雨排水问题并把合流下水道溢污（CSOs）降低到 1972 年《洁净水法案》规定的标准。无论是本地社区抑

1　更新的信息可查阅 http://www3.epa.gov。

或联邦政府，单纯依靠私人税收恐怕难以筹措数量如此巨大的资金。正是因为如此，向那些应该为全球气候变暖负责的企业适当地征税从而建立自然防御基金就再好不过了。如果能够通过这种方式筹集到新政时振兴署量级的资金，我们就可以对未来一百年（甚至更长时间）的弹性型公共事业进行切实可行的规划，很多事情将因此变得大为不同。一旦有了如此雄厚的资金支持，这一大型国家基础设施更新发展项目不但将避免城镇及偏远地区因灾难性天气或气候变化而毁于一旦，还能提供大量的、多样的工作机会——仅仅是一项新的风暴降雨管控工事，其设计、建造和养护工作就能在公共和私人领域增加上万个岗位。

2005 年，我在纽约布鲁克林创立了迪兰德工作室（DLANDstudio）的跨学科设计公司，在这里研发城市基础设施建设系统性的干预措施和调整方案，为上文描述的许多问题寻找答案。我们在补助基金与公共基金的赞助下开展了一系列的试点项目，一旦将我们从这些项目（这些项目的规模较之我们面临的问题相对较小）中找到的方法推广开来，自然可以带来大范围的改善。我们的试点项目大多集中于纽约，然而我们的计划却遍及世界各地。我们最重要的项目之一位于郭瓦纳斯运河海绵公园（Gowanus Canal Sponge Park），正对美国污染最严重的地表水资源进行吸收、储存、净化和过滤。

2. 郭瓦纳斯运河海绵公园

邻近纽约布鲁克林的郭瓦纳斯地区有着一段曲折的历史：这里最开始是一大片沼泽，还一度是荷兰人在北美的早期聚居地，革命战争曾经在这里打响，能源和制造工业最终占据了这片土地。在最近几十年间，这条运河里充斥着工业污染和城市垃圾，并因此臭名昭著（Alexiou，2015）。

根据现在的规划，这片地区将在未来成为新的大型住宅开发区，然而考虑到海平面上升的威胁，这一议案应当被再次考量。迪兰德与当地社区组织者、政府机构和选举出的官员通力合作，设计出海绵公园这种新式公共开放空间，为这片低洼地区的安全发展找到了解决方案。[1]

1　想了解海绵公园的概况，可参阅 Foderaro（2015）。

在纽约，2.54 毫米的降水（以降雨为主）就可以引发合流式下水道的污水外溢，哈得孙河与东河、新镇溪、长岛海峡、牙买加湾还有郭瓦纳斯运河都深受其害。海绵公园则能够对暴雨后的地表径流进行重新定向、吸收和处理，从而将进入郭瓦纳斯运河的外溢污水量控制到最小。参照这一设计，在城市各处临水道路的末端，都可以通过类似的机制缓解地表径流带来的污水外溢问题。

郭瓦纳斯运河是美国环保署的超级基金项目，我们针对其污水处理问题设计的海绵公园兼顾了美学性、规划性和效用性，可以随着时间的推移，不断改善运河环境。这个创新计划采取组合式策略，使得风暴后的地表径流可以被用于运河沿岸的公园，而不至于全部涌入合流式下水道，还通过植物和特殊处理的土壤对污水中的重金属和有害物加以吸收。

正如其他基础设施项目一样，海绵公园也面临独特的挑战。这项旨在长期改善运河环境的实用景观建设计划，不但需要处理一层层的地面土壤，还需要应对一层层的官僚机构（图 10.3）。想要完成这个计划，我们得与至少九个联邦、州和城市各级机构共事，而这些机构彼此之间对于土地所有权和监管控制权的归属又模糊不清。为了应对由此引发的问题，迪兰德富有创造性地选择从纽约州艺术委员会、美国国会、纽约市议会、新英格兰水污染管理委员会、纽约州环保部门还有纽约州环境设施局处筹集设计和建设资金。有了资金的支持，我们无需再像平时那样束手束脚，也因此实现了通过传统的采办流程不可能完成的目标。虽由（我们这样的）外部企业牵头，但在政府的支持之下，我们的这一项目不但富有创新性，而且可被复制而推广。我们这第一处临水道路末端每年可以吸收 7 570 立方米的风暴降水，如果在纽约市五个区每一处临水道路的末端都能建上海绵公园，每年将会有高达 100 万立方米的污水在涌入纽约港之前被吸收和净化。

3. 高速公路立交桥景观集水系统

高速公路立交桥景观集水（Highway Overpass Landscape Detention，HOLD）系统通过高速公路落水管对风暴降水进行集中过滤（图 10.4）。这一模块化的绿色基础设施系统不但可以吸收并滤去污水中的油脂和重金属，还能在大雨时对降水加以收

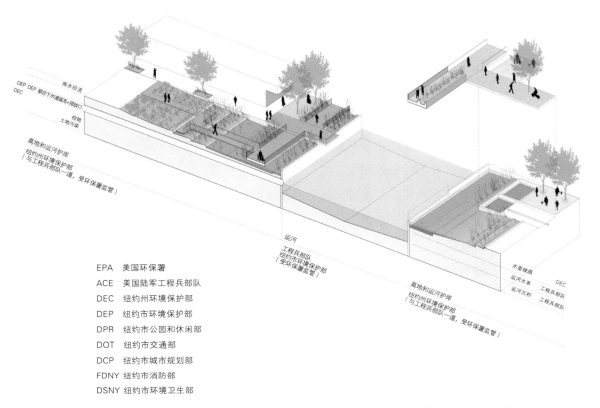

EPA   美国环保署
ACE   美国陆军工程兵部队
DEC   纽约州环境保护部
DEP   纽约市环境保护部
DPR   纽约市公园和休闲部
DOT   纽约市交通部
DCP   纽约市城市规划部
FDNY 纽约市消防部
DSNY 纽约市环境卫生部

图 10.3　这张司法管辖示意图描述了市、州和联邦机构对各种滨水环境要素及情况的繁复管辖划分
资料来源：迪兰德建筑和景观设计工作室、丹·威利（Dan Wiley）。

集和储存，由此一来，流入排水管或者水道中的水变得干净了许多，邻近水体在雨天的污水溢入也得到了缓解。精心布置的植物群落可以对地表径流中常含的铜、铅、镉、碳氢化合物、锌进行降解和吸收，特殊处理过的土壤也能够在最大化植物降解吸收效用的同时，帮助我们把风暴降水后城市的污水排放量控制在最理想的水平。

　　高速公路立交桥景观集水系统的设计方案重视运输和调度的便捷性，可以轻松地安装在州际高速公路两侧难以触及、难以排水的区域，有效地修复高速公路对周边地区水文循环造成的影响。不但如此，迪兰德所采用的二加一模块化组合系

图 10.4 高速公路立交桥景观集水（HOLD）系统是一种布置在高架基础设施下方的模块化生态湿地，能够过滤和储存大量降水

资料来源：迪兰德建筑和景观设计工作室。

统（两个位于地下，一个位于地上），还能根据当地的地下水位、地面渗透率、土壤毒性和日照利用率进行调整从而提升整体功效。借助于纽约市环保部门、长岛健康未来基金以及国家海洋与大气管理局的资金支持，纽约现已有三处将高速公路立交桥景观集水系统投入实际应用，其中两处在范威克高速（Van Wyck Expressway）下方的法拉盛草地—可乐娜公园（Flushing Meadows-Corona Park）里，另有一处位于布朗克斯（Bronx）区的狄根少校高速（Major Deegan Expressway）下方。

4. 现代艺术博物馆："新式城市地面"设计案

作为纽约现代艺术博物馆 2010 年"潮水方兴"主题展的参展作品之一，由迪兰德与纽约市建筑研究办公室（Architecture Research Office，ARO）共同完成的"新式城市地面"设计案向社会展示了基础设施硬件与自然环境之间若合一契的理想状态。

图 10.5　这张曼哈顿比弗大街剖面图展示了人行道下方的防水地窖中的实用基础设施。这些地窖一部分用于安置私人设施（如电力和电信之类的干式系统），另一部分则用于安置公共设施（如水、气、污水管道之类的湿式系统），不但可以节省地上空间，还便于将路面改造为高渗透率的新式地貌景观。这项整体设计旨在原地处理该处高地的全部风暴降水
资料来源：迪兰德建筑和景观设计工作室、纽约市建筑研究办公室。

通过在滨水地区加高水岸、建设湿地、改造海绵船坞（把旧船坞改造水管理景观），在远水地区采用新式街道基础设施系统的组合策略保证再有飓风过境时，不会像飓风桑迪那样给曼哈顿下城带来严重的洪灾（要知道飓风桑迪最初登陆新泽西、纽约和康涅狄格海岸时只不过被评为一级灾害）。

　　我们的提案设计了一个由高渗透率街道和渐进式水岸边缘两部分组成的系统：高渗透率的街道可以在一般性降水天气里吸收地表径流、避免引发合流式下水道污水外溢；强降水天气里经过街道表面过滤的径流则会被导向滨水湿地，改善当地生态环境——高渗透率街道和渐进式水岸边缘彼此联通、相辅相成（图 10.5）。

　　针对未来海水上涨以及风暴潮多发的可能情况，大西洋沿岸地区现在正在建设公园网络、淡水湿地、海水沼泽这三种彼此相关且性能优越的系统（图 10.6）。通过

图 10.6 这张虚拟场景图展示了迪兰德为曼哈顿南部设计的新式城市地面提案的内容。曼哈顿的海岸线被延长了 3.2 千米，连续的新生态系统将会对曼哈顿岛起到缓冲带的作用

资料来源：迪兰德建筑和景观设计工作室、纽约市建筑研究办公室（Palazzo，2011，2010）。

完美结合自然生态和工程化基础设施系统，"新式城市地面"提供了一种提升城市基建表现、优化城市生活体验的全新思路。这项早在飓风桑迪引发的洪灾席卷曼哈顿下城、斯塔滕岛、红钩和洛克威地区两年之前就被提出的计划，现已作为切实可行的海水上涨和风暴潮应对措施，得到了国际性的认可。

5. 布鲁克林—皇后区高速路绿化项目（BQGreen）

尽快完成两地间人和货物的转移曾经是美国高速公路设计的主要目的，然而现在社会应当对这种单一的、局限的观点进行反思，并且开始考虑如何使高速公路成为美学、文化、生态和娱乐的走廊。针对布鲁克林—皇后区高速公路（BQE）展开的绿化项目（图 10.7）对这条全长 18.8 千米的公路上的两处进行了深入研究，展示了高速公路的在发挥交通运输作用的之外另一种可能。

图 10.7 这张虚拟场景图展示了迪兰德的 BQGreen 提案内容。根据这项提案，布鲁克林—皇后区高速公路（BQE）将会被改造为有益环境生态和社会文化的走廊，其所提供的全新休闲空间、采用的生态策略以及带来的基础设施改善效果会使得这条曾经不入眼的沟堑焕然一新。BQGreen 提案的设计可以在很大程度上抵消诸如噪声污染、儿童哮喘率增长和绿化缺失等一系列高速公路对环境、经济及社会造成的负面影响

资料来源：迪兰德建筑和景观设计工作室。

　　为了缓解交通堵塞、促进工业发展并增强纽约各区之间的联系，区域规划协会在 19 世纪 30 年代中期提出了布鲁克林—皇后区高速公路的建设方案。与纽约其他的林荫大道不同，布鲁克林—皇后区高速公路同时对货运和非货运车辆开放，其路线规划由时任三区大桥和隧道管理局主席的罗伯特·摩斯（Robert Moses，1888—1981）完成。这位城市规划者的方案直截了当，贯通布鲁克林区红钩附近的炮台隧道和皇后区的大中央公园大道的布鲁克林—皇后区高速公路穿城而过，把沿线的众多社区一分为二。

　　我们从曼哈顿河滨公园（奥姆斯特德时代和摩斯时代的共同产物，一个利用铁路主线上方混凝土箱形建设而成的公园）等一干样例中知道，公园和道路确实可以

通过分层叠加的方式结合在一起。随着城市人口的增多和城市地价的攀升，提升建筑密度成为了一种增进经济效益的方法，分层叠加的基础设施建设方案因此也变得合乎情理。在当下，美国大部分高速公路都已临近使用寿命的极限，道路改造不但符合实际情况的需要，还能体现重视环保的社会观念。既然旧有的道路系统将被取代，我们为什么不对他们进行重新考量，让它们在发挥交通运输作用之余也对经济、生态、娱乐、公共健康和行人友好型交通做出贡献呢？（图 10.8）

迪兰德针对布鲁克林一皇后区高速公路两处下沉区间的研究开始于 2005年：我们先是在纽约州艺术委员会的资金支持下在小科布尔山（Cobble Hill）和卡罗尔花园（Carroll Gardens）进行了理论层面的研究工作；之后又在戴安娜·雷纳（Diana Reyna）议员的资金支持下，将我们的研究扩展到威廉姆斯伯格南侧一个完全不同的社区当中，针对新建公园能够为贫穷社区带来怎样的经济、社会和公共健康影响展开的深入细致的研究。我们在当地体验了运动场地、参加了教堂仪式、观看了社区演出——在对这一社区获得尽可能多的了解之后，我们进行了全方位数据统计工作：节约成本（通风设备成本和建筑结构成本）的财务可行性、创造就业、地产价值甚至于周边杂货铺的销售增长都在我们调查的范围之内。根据调查结果，我们发现当地的哮喘患病率和肥胖率居高不下，同时还没到青春期的孩子们急需一个开阔的活动场地。我们因此替当地社区牵线搭桥，帮助他们联系相关机构并取得了纽约市政府交通、环保、公园和娱乐部门的正式支持。我们还试着接触了国会众议员妮迪亚·委拉斯凯兹（Nydia Velázquez）和参议员柯尔斯顿·吉里布朗德（Kirsten Gillibrand），两位也都乐于向当地社区提供帮助。为了让当地社区规划中的美好未来成为现实，我们正在有力论证这一项目对社区和城市高效性、宜居性和环境友好度的促进作用，从而争取市、州、联邦各级机构的支持与合作。

高质量的开放空间不但能够让社区环境更为美观，而且可以起到催化剂的作用，改善当地生态状况、促进当地经济发展。针对布鲁克林一皇后区高速公路周边社区开展的绿化项目向我们展示的就是如何通过建设绿色休闲走廊的方式变废为宝，把曾经不入眼的东西变成漂亮实用的活动空间。

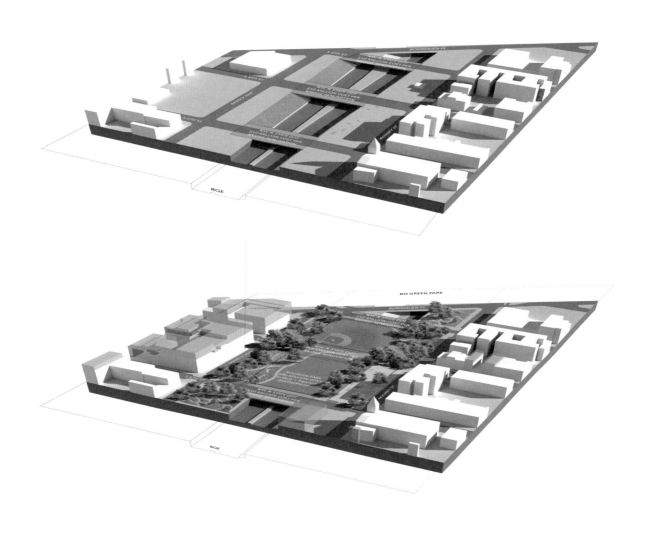

图 10.8 这张图片描绘了迪兰德对布鲁克林—皇后区高速公路上三架桥梁的改造工程。每架桥梁移动的成本约为 1 000 万美元——这是一笔城市无法回避的巨大支出。BQGreen 提案计划通过在桥梁之间建造新的公园、激活未被充分利用的空间的做法促进当地经济

资料来源：迪兰德建筑和景观设计工作室。

6. 皇后大道（Queens Way）

迄今为止，美国已经有 32 187 千米的废弃铁轨被改造成供单车和行人通行的林荫道。[1] 作为公共用地基金会（Trust for Public Land，TPL，成立于 1972 年的非营利性组织）现在进行着的铁轨改造项目之一，皇后大道景观计划就希望将原来的长岛铁路改造成一条全新的开放式公共走廊（图 10.9）。

19 世纪末到 20 世纪初兴建的众多铁道把皇后区的土地分割成若干小块，而皇后大道景观计划则试图把其中的一条铁道融入当地社区的整体景观之中。通过各具特色的外观设计，皇后大道的北、中、南三段为城市生活与自然环境间的互动联通提

图 10.9　像皇后大道这样的新型线性公园不但可以减轻热岛效应，方便非机动车和行人出行，处理风暴降水，还能够展示社区的文化风貌和自然历史，为城市环境增添新的意义

资料来源：迪兰德建筑和景观设计工作室。

1　关于"从铁路到步道（rail-to-trail）运动"的起源，可以参阅（Little，1990）。

供了独特的舞台。这条 5.6 千米的昔日铁路长度虽然不长，所经之处却地形多样，建造结构自然十分复杂：一段经过高堤，一段穿行峡谷，还有一段是高架钢桥。铁路两旁环境更是各式各样：北段边上是小型联盟的棒球场，中段两旁有大型商店停车场、居民社区和公园，南段周围则分布着其他穿行的铁道线路、商业走廊和停车场。这条昔日铁路以何种方式从建筑当中穿过，与邻近产业的安全、保险和隐私因素息息相关。我们相信这条现在停放着校车、覆盖着藤蔓、提供着轻工业用地，静静蜿蜒在城市之中的昔日铁路有潜力成为当地社区既美观又实用的休闲生态走廊。

7. 基建缝合（Infra-Sutures）

当人们从加拿大魁北克省蒙特利尔市的特鲁多机场驾车驶向市中心时，或许无法想到这个城市可以通过生态规划实现与自然的合而为一。就像北美其他地区一样，在 19 世纪轰轰烈烈的解耦自然基础设施建设项目的进程当中，这里的自然系统也被征用、无视甚至受到破坏。包含机场—市区道路在内的基础设施取代自然元素，成为地形景观的主角，然而这些经过精心设计的道路仅仅完成了交通运输的单一任务，当地的生态、水文、创造力和城市精神风貌都因此变得单调刻板。高速公路、运河还有货运线路等交通基础设施，帮助蒙特利尔和其他北美城市成为全球工业贸易的重要组成部分，然而同时又给这些城市中带来了伤害。溪流被填上砂石，洪泛平原被铺上道路，开放空间无法契合城市形象，也不再能融入周遭环境。

蒙特利尔在 19 世纪的经历，正是整个北美单一目标基础建设的缩影。从蒙特利尔到墨西哥城，交通运输设施定义了社区、乡镇、城市、州和地区。国际高速公路系统的建设促使这片大陆上出现了低密度大规模的"巨型城市群"（通过环境、经济和基础设施系统联系在一起的城市群），广阔的铁路公路网络联接了内陆和沿海港口，成为了农业和工业经济的命脉（Carbonell et al., 2005）。比如，直通大海而又紧邻北美工业中心地带的蒙特利尔港，每天吞吐的商品惠及超过 1 亿美国和加拿大内陆地区的消费者。北美地区承包了全球 1/4 的能源生产，在世界商用能源的供给和消费上占比达到 30%。高速公路促使低人口密度的"巨型城市群"不断出现，使得能源类基础设施的体量规模和复杂程度也不断增加。

可悲的是，人们排干湿地进行建造的交通运输基础设施往往铺设着低渗透率的硬质材料，这一目光短浅的设计阻断了自然系统当中水资源净化的过程，使得北美地区的江河湖海逐渐失去活力。如今的开发模式使得自然生态栖息地面积不断缩小，硬质路面被广泛应用，破坏自然系统运转的建筑也拔地而起。尽管国家公园管理局（National Park Service，成立于 1916 年）等美国机构试图对此进行补救，然而它们采取的碎片化保护模式不能让这些零散的栖息地重新建立联系，因此无法从根本上扭转现状。

不过迪兰德对蒙特利尔交通的新规划却续写了一个全然不同的新故事，它不但可以治愈横七竖八的铁路、高速和运河给这个城市留下的伤痕，还能够让这个即将到达使用期限的北美的最大开放空间系统焕发出不一样的光彩。我们应该抓住这个机会，通过促进可持续发展城市生活、支持经济生产力、批准替代性能源、恢复自然水文、联通生态栖息地的方式，创造出一个"基建缝合"的系统。

"缝合"指的是对交通系统进行的移位、跨越、浸入以及架高操作。深入地下的非金属道路支柱可以成为地热导管，为新型开发和垂直农业提供能源。叠加式、高密度的工业和特别规划过的制造业厂区可以在全新的道路或栖息地沿线研发生产。公园和"绿色"道路将社区连接起来，减轻了污染，提供了互相连通的自然栖息地，还能起到固碳的作用。新式开放空间的出现与拉钦运河滨水区的扩张一道，为高密度发展提供了空间。"绿色"街道、"蓝色"屋顶和人工建造的湿地可以吸收雨水、防止流泛，低洼地区则可以通过加高建筑应对变化的水平面。"基建缝合"不但可以改善交通基础设施的生产能力，更为城市居民创造了与自然交互的平台。

三、未来

美国最伟大的地理学家和科学探索者之一，约翰·卫斯理·鲍威尔在其 1878 年著名的《美国干旱地区土地报告》（Report on the Lands of the Arid Region of the United States）中曾呼吁人们对美国西南地区的气候特点和土地承载能力多加了解，认识到不同的地貌有着不同的开发潜力，一概而论实非明智之举：

对于所有这些土地的再次开发依赖于大量集中的资本和协力合作的劳动，因此在很大程度上需要进行深入而全面的计划……我希望纳入考虑范围的不只是这些土地的特质，还有土地开发中可能存在的工程问题，并就此提出法律方面的建议，好让那些最终要对这些现在没什么产出的土地进行开发的公司获得动力。（Powell，1978）

鲍威尔写下这段话的时候，美国社会对于大型工业建设及其对地形地貌的影响还处在懵懵懂懂的阶段。与之类似，我们同样处于一个全球气候变化及人类对自然的影响了解不足进而可能导致灾难性后果的历史时代。尽管鲍威尔、吉尔伯特·怀特、哈贝马斯所处的时代并不相同，他们探讨问题的角度也不一致，然而他们在著作却都殊途同归地表达了同一个观点：社会需要整合多学科的知识，从自然环境内在特质入手，对人类与物理世界之间的交互活动加以思考，我们对于地球的开发和利用，必须用生态、经济、社会学和艺术等多学科、多价值观的方式进行考量。

美国在新政和二战后对于土地开发、系统建设空前绝后的巨大投入为我们现在开发能够有效应对气候变化、消减城市化负面痕迹的基础设施新系统提供了可以复制的范例。强调因势利导、尊重自然环境的新型技术方法可以帮助我们建造出起更为坚固和持久的设施系统。有了强大的集体意志、全新的筹资方法（公共或私人基金资助）再加上有力的系统性领导，WPA 2.0 将会成为一个与自然和谐共处的基础设施系统。

参考文献

[1] Alexiou, Joseph, *Gowanus: Brooklyn's Curious Canal* (New York, NY: NYU Press, 2015).

[2] Carbonell, Armando, Mark Pisano, and Robert Yaro. 2005. Global gateway regions. September. New York, NY: Regional Plan Association. http://www.america2050.org/pdf/globalgatewayregions.pdf.

[3] Carstensen, Vernon, "Patterns on the American Land," *Publius: The Journal of Federalism*, Vol. 18, No. 4 (Fall 1988): 31–39.

[4] de Crèvecœur, J. Hector St. John, *Letters from an American Farmer* (London, UK: T. Davies, 1782).

[5] Foderaro, Lisa W., "Building a Park in Brooklyn to Sop Up Polluted Waters: Site Will Treat Thousands of Gallons near Canal," *The New York Times* (December 16, 2015): A27 and A29.

[6] Ganis, John, with essays by Liz Wells and James E. Hansen, *America's Endangered Coasts: Photographs from Texas to Maine* (Staunton, VA: George F. Thompson Publishing, 2016).

[7] Gilligan, Carol, *In a Different Voice: Psychological Theory and Women's Development* (Cambridge, MA: Harvard University Press, 1982).

[8] Habermas, Jürgen, "The Uncoupling of System and Lifeworld," in Elliott, Anthony, ed., *The Blackwell Reader in Contemporary Social Theory* (Oxford, UK: Wiley-Blackwell, 1999), 175.

[9] Hudson, John C., *Plains Country Towns* (Minneapolis: University of Minnesota Press, 1985).

[10] Kolbert, Elizabeth, "The Siege of Miami," *The New Yorker* (December 21 and 28, 2015): 42–46 and 49–50.

[11] Little, Charles E., *Greenways for America* (Baltimore, MD: The Johns Hopkins University Press, in association with the Center for American Places, 1990).

[12] Merchant, Carolyn, *The Columbia Guide to American Environmental History* (New York, NY: Columbia University Press, 2002), 112.

[13] Oberstar, James L., special comments in LePatner, Barry B., *Too Big to Fall: America's Failing Infrastructure and the Way Forward* (Lebanon, NH: Foster Publishing, in association with the University Press of New England, 2010), xi.

[14] Palazzo, Danilo, and Frederick R. Steiner, "Rising Currents: Projects for New York's Waterfront to Respond to Climate Change," *Landscape Architecture China*, Vol. 11, No. 3 (June 2010): 70–75.

[15] Palazzo, Danilo, and Frederick R. Steiner, *Urban Ecological Design: A Process for Regenerative Place* (Washington, D.C.: Island Press, 2011), 6.

[16] Powell, J. W., "Report on the Lands of the Arid Regions of the United States, with a More Detailed Account of the Lands of Utah" (Washington, D.C.: Government Printing Office, April 2, 1878), viii.

[17] Stilgoe, John R., *Common Landscape of America, 1580 to 1845* (New Haven, CT: Yale University Press, 1983), 104.

[18] Tracy, Tammy, and Hugh Morris, *Rail-Trails and Safe Communities: The Experience on 372 Trails* (Washington, D.C.: Rails-to-Trails Conservancy, 1998).

[19] White, Gilbert F., "The Changing Role of Water in Arid Lands," in Kates, Robert W., and Ian Burton, eds., *Geography, Resources, and Environment: Vol. 1, Selected Writings of Gilbert F. White* (Chicago, IL: University of Chicago Press, 1986), 137.

NATURE AND CITIES

第十一章　城市自然的新方向：
生物友好型城市与蓝色都市主义的力量和愿景

蒂莫西·比特利

一、生物友好型城市的愿景

我们的生活比任何时候都更需要自然。虽然有证据表明与自然接触有许多益处（包括心理健康和减轻压力），但地球正在变成一个更加城市化的星球，我们人类正在变成一个更加城市化的物种，因此在许多方面已经与孕育我们并长久以来提供进化家园的自然环境脱节开来。"生物友好型城市"的愿景是指，各个城市同时要接受这种无比重要的城市存在形态和这一不可阻挡的全球趋势，更要认识到我们需要建设一种新型城市，构建一种新型城市主义。这种城市主义不仅是要将自然置于城市设计和规划决策的核心位置，同时也要承认城市内外与自然之间形成的生态伦理及情感联系。

图 11.1　热带新加坡是全球首批参与"生物友好型城市计划"的十个城市之一。位于滨海湾地区的超级树（Supertree Grove）是最有创意的城市空间之一。左图是 18 棵有趣的工程超级树中的 13 棵，高度在 7.62—15.24 米。这些树在闷热的天气里提供宜人的树荫，在夜晚则能呈现出多样的色彩和声音

资料来源：新加坡海湾花园（Gardens by the Bay, Singapore）。

二、什么是生物友好型城市？

在我的著作《生物友好型城市》一书中，我详细描述了生物友好型城市的特质以及衡量和评估城市生物友好程度的初始指标（Beatley，2011）。其核心是大自然的存在，但关键是赋予自然在城市设计、规划和管理中的优先级。它既要是"友好的"，又要是"生物的"。居民对其周围的自然有多少了解和关心以及他们每天如何参与其中？一个生物友好型城市可以关心并代表当地的自然环境工作，但同时它试图了解地方政策和消费对超出其边界的自然环境的影响。[1] 表 11.1 总结了生物友好型城市的一些关键方面、实例以及可用于衡量和跟踪其进展的指标。

表 11.1　生物友好型城市的重要维度和可能指标

维度	具体指标
生态环境与基础设施	• 在几百米内公园或绿地数量相对于城市人口的百分比； • 树木或植被覆盖的城市土地面积的百分比； • 绿色设计特征的数量（例如绿色屋顶、绿色墙壁和雨水花园）； • 在整个城市中或者某个建筑中看到的自然图像、形状和形式的程度； • 城市中的植物和动物的种类
生态行为、模式、实践与生活方式	• 一天在外度过的平均时间； • 去城市公园玩的频率； • 个人徒步出行的百分比（例如工作、购物和再创造）； • 城市本地自然俱乐部的会员数量和参与率
生态态度与知识	• 城市居民对自然的关心和重视程度； • 城市中能识别常见动植物种类的城市居民比率
生态制度与治理	• 地方政府对自然保护的优先级和市政预算中用于生态项目的百分比； • 提高生态情况的设计及规划法规（例如强制性要求绿色屋顶、鸟类友好建筑设计指南）； • 水族馆、自然史博物馆等提升环境教育和自然意识的所有类似机构的重要性及出现频率

1　生物友好与生物友好型城市设计和规划建立在许多不同理论的基础上并结合了这些理论。开创性的著作包括 Wilson（1984）、Tuan（1974）、Appleton（1975）、Kaplan and Rachel（1989）。

维度	具体指标
城市公私立学校计划进行自然教育的数量	—

资料来源：改编自 Timothy Beatley, Biophilic Cities: Integrating Nature into Urban Design and Planning (Washington, D.C.: Island Press, 2011)。

大自然对城市居民的生活有积极作用。城市生态学认为，自然是不可选的，但对于快乐和健康生活却又至关重要。越来越多来自不同学科的文献表明，根植于我们的生理习性以及我们在自然界共同进化的经验，生活在与自然亲密接触的环境中，会产生明显的生物物理、情感和精神健康等方面的好处。[1] 日本对"森林沐浴"的研究显示，在森林中散步时会伴随着压力荷尔蒙水平的下降和免疫系统的增强。有大量文献验证大自然的恢复价值及其在提升情绪、认知表现甚至创造力方面的能力（Beatley，2011）。最近的一些研究表明，迁居到更加绿色社区的居民在心理健康方面有显著改善，而且随着时间的推移，这种改善将持续下去（Alcock et al.，2014）。这些益处正在越来越多地通过脑部扫描和神经科学的方法得以证实（Aspinall et al.，2015）。

一种有意义的健康生活是奇妙的，而城市中的自然环境可以提供丰富的体验敬畏、惊奇和迷恋的机会。有些研究将体验敬畏与幸福感相关联，甚至会放慢对时间的感知（Rud et al.，2012）。敬畏不是可选的，而生态城市试图使体验敬畏的机会最大化，无论是以全景的形式，还是具体到水上的一只海豚、一只灰鲸甚至一只游隼跳水的壮观景象，或者是路面上的一群运送物资的蚂蚁。在城市中，依然有无限机会对自然叹为观止。

此外，证据表明，自然的存在可以帮助我们成为更好的人。例如，大自然的存在与展示更慷慨的行为有关，最近的一项经济学研究表明，自然环境下我们更有可能采用更长远的时间视角，并且不太可能严重低估未来（Weinstein et al.，2009；Van

---

1　关于对这一理论的思考以及与自然一起生活的益处的科学证据，请参阅 Selhub and Logan（2012）。

der Wal et al., 2012）。鉴于大自然具有能够恢复和愈合的力量，并能赋予生活幸福和意义，这也难怪创造城市自然环境是一种很有吸引力的愿景，可以在一定程度上指导现在城市所经历的爆炸式增长模式。

三、生物友好型城市计划

2011 年，我和同事在弗吉尼亚大学开展了一项围绕城市与大自然的大学研究计划——生物友好型城市计划（Biophilic Cities Project，BCP），该计划由鼎丰基金会（Summit Foundation）和乔治·米切尔基金会（George Mitchell Foundation）资助。生物友好型城市计划的大部分工作都是与伙伴城市合作完成的，我们负责收集公共数据层、地理信息系统数据以及有关计划、项目和政策的信息。我们还试图汇编和展示这些城市的重要创新成果以及它们为城市如何更好地与自然联系提供经验教训。借此机会，我们多方收集和讲述了这些新兴生物友好型城市的故事，包括纪录片制作。例如，我们与澳大利亚的同事合作制作了一部长约 50 分钟的关于新加坡的电影。现在，您可以在视频网站 YouTube 上观看这部相当低成本的影片，该影片在上线的第一年观看量超过 40 000 次，向全球其他城市推广传播了重要的创新成果和经验教训。[1]

我们与合作伙伴城市在开发新的全球生态城市这一项目的最初合作表明，建立一个处于自然内的城市化模式具有很大的前景，并且需要连接和促进该模型与自然世界的联系，这是规划和设计的核心举措。在这些城市中，很多都是因为在保护大自然并将其融入城市结构方面的早期和持续性成功而被选中的。新加坡和新西兰惠灵顿等城市受到了同事们的高度推荐，它们在专业文献中一直被引用，并且在创造性和持续性方面拥有极高的声誉，这得益于他们一直将自然作为其规划、设计和管理的核心。其他的合作伙伴城市，如美国的凤凰城和密尔沃基（Milwaukee），它们被

1　关于这部新加坡的电影（2012 年），可通过 https://www.youtube.com/watch?v=XMWOu9xlM_k 查看。作为电影制作的另一个例子，我们制作了一部关于新西兰惠灵顿的短片（2013 年），可通过 https://www.youtube.com/watch?v=7HqCfyjstyo 查看。

选中的部分原因在于它们面临着某些特殊的挑战（如气候、经济和空间形态），这使得它们能够更好地了解什么是促使城市朝着更加融合自然的方向发展的必要条件，并且更加重视自然；在这一方面，它们非常出色。

2013 年秋天，合作城市（以及其他许多城市）的代表前往弗吉尼亚州的夏洛茨维尔参加一个会议，该会议一度是一个高潮（正逢我们的研究结束），也标志着一个新的全球生物友好型城市网络（Biophilic Cities Network，BCN）的启动。参与者签署了具有象征意义的"生物友好型城市承诺"（Biophilic Cities Pledge）（图 11.2），承诺将他们的城市和自己的个人工作与精力投入到培养城市的自然环境和与自然的联系中。人们对全球生态城市网络的兴趣持续快速增长，并且这一线上承诺为个人和组织均

生物友好型城市承诺

　　我们在此表示，将致力于把我们的城市＿＿＿＿＿＿＿＿＿＿＿打造成一座生物友好型城市，并携手其他各个城市，加入全球生物友好型城市网络。

我们所理解的生物友好型城市是：

- 拥有丰富自然资源的城市，在那里，无论是年轻人还是老年人，每天都有丰富的（不至于苛求到每时每刻）与自然环境接触的机会；那里的居民生活在大自然的周围，享受更大的自然区域和更深刻的自然体验，可以是一种轻松的步行，也可以是骑自行车，甚至是过境旅行；那里的城市环境允许并促进与多样的植物群、动物群和菌群建立联系；

- 市民认识、好奇、积极关心周围环境的城市；市民会花费大量的时间在户外学习、享受和参与大自然的城市；

- 领导人和选举官员把自然置于决策的中心地位，并根据自然的恢复程度和城市与自然环境的联系来做出每一个重大的城市规划和发展决策的城市。

图 11.2　参加 2013 年启动活动的合作城市代表被要求签署和承诺的"生物友好型城市承诺"

提供了一种致力于生态型城市发展的方式。新发布的协议规定了新加入网络的合作伙伴城市的要求。[1] 随着时间的推移，对于自然城市，人们越来越明显地达成了一种共鸣——尽管生物友好型城市某种程度上也创建了一种新的话语体系和表达——生物友好型城市这一概念为我们提供了一种对理想型社区、地区和城市的切实且积极的思维观念，帮助我们克服了可持续性和韧性的话语体系的一些限制。

目前我们的主要发现有：

（1）创造更多的自然环境能解决许多当地的问题

努力扩大自然的范围，并将城市居民与周围的自然环境联系起来，就能同时为许多不同问题的解决创造出不寻常的机会。从（缓解和适应）气候变化到城市热岛再到经济效益，大自然具有巨大潜力来重塑我们所做的一切（Beatley，2013）。它提供了一种方法来提高学校和所有学习环境的有效性，同时提高工作人员的生产力，并使一系列非常有价值的城市"生态系统服务"成为可能，帮助解决从雨水管理到供水到减少城市能源消耗等各种问题。[2] 不仅为居民提供了更多体验城市各种生态和自然环境的条件，也为培养友谊、建立社会资本创造了可能，这些对个人和家庭来说，都是应对天灾人祸的必要条件。大量令人信服的研究证明，城市的自然环境提供了许多经济效益。[3] 总而言之，自然为城市提供了一系列丰富多彩的好处，并且通常会以其他方式兑现无与伦比的投资回报。

话虽如此，大多数人其实对城市中自然景观的看法非常简单朴实。事实上，当我们界定和设想城市的自然环境时，我们的想象力仅限于知道在城市中可以找到自然的位置，并且对不太明显的自然形式赋予极小的价值和重要性，例如云层中的微生物多样性，或是绿色屋顶上的菌群多样性，甚至是公路安全岛中生活的无脊椎生物和城市里的间隙空间。我们发现，"什么构成了城市的自然环境"这个悬而未决的

1　参见 www.BiophilicCities.org。

2　"生态系统服务"是指自然系统所提供的各种服务与诸多利好，包括雨水的收集与处理、饮用水供应、空气与水的净化、城市环境降温等。查看 de Groot et al.（2012）。

3　例如 Terrapin Bright Green（2015）（http://www.terrapinbrightgreen.com/report/economics-of-biophilia/#sthash.loGigpN2.dpuf）、Pimental et al.（1997）、Wolf and Robbins（2015）。

问题依然没有答案，且仍争议极大。我们究竟是否有可能在城市中找到"真实的自然"和"荒野的残余"呢？有些人不这么认为，但其实我们在某种程度上仍然受阻于传统的自然观，总认为自然就应该是遥远、辽阔、质朴。实际上，远方的自然并不是这样，而我们也常常在破坏身边自然环境的价值。虽然在城市里和城市周围有相当多的野生环境和野生生物（从土壤的微观生物多样性到树上的地衣），但是我们缺乏好奇心和知识去观赏它们。虽然生物友好型城市计划已经发现了城市管理者和组织在推进生物城市化方面做出的许多示范性工作，但我们的结论是：在城市中培养一种对自然的充满好奇心的文化氛围仍然任重道远，不论城市是大是小，也许树立一种新的"自然"概念更加符合当代城市的实际情况。

（2）我们需要保持多少自然环境也是一个悬而未决的问题

虽然研究人员越来越多地意识到自然环境各种形式的力量正积极地塑造我们的生活，但究竟是什么构成了"城市自然"，仍然是有争议的。其他重要的相关问题也同样没有答案：什么构成了足够数量的城市自然？我们需要城市中多少自然因素来提高幸福感、改善健康和提升生产力？这需要多长的时间呢？

这个调查中的一个主要复杂因素是，有许多不同方式来体验和享受城市的自然环境：在森林中散步、骑行或徒步旅行（如早先提到的森林沐浴）；参加自然计划或团体活动，如鸟瞰大自然；参与河流清理或公民科学计划；从自家窗口观赏自然美景等等（图11.3）。我们通常大概90%的时间是在室内度过的，这意味着需要使室内空间更自然或更具有生物性。室内植物和绿色的墙壁、庭院和中庭，是向城市居民提供与自然相接触的重要机会。

由此，生物友好设计的文献和相关群体也认识到了斯蒂芬·科勒特（Stephen Kellert）所说的"替代性"或"象征性"自然的价值，例如电视或电脑屏幕上的自然形象以及一些医院安装"虚拟窗口"等变化趋势（Kellert，2002）。在建筑和建筑环境的设计中也有许多自然形态与形式，这些设计同样可能加强我们的生物友好观念。生物友好型城市计划的合作城市也有很多例子。新西兰的惠灵顿，以城市中参考自然的建筑和设计元素之多而著称。从仿拟蕨类叶片（图11.4）的街道护柱到仿拟当地棕榈树的国家图书馆立柱，人们可以在城市中看到这些源自自然的设计元素。确切

图 11.3　长期以来，挪威的奥斯陆一直在城市内部和周围建立一个广泛的自然区域网络，使各种野生动物以及喜欢在这里骑行的自行车爱好者、徒步旅行者和滑雪者受益

资料来源：蒂莫西·比特利拍摄，2014 年。

图 11.4　雕塑般的叶柱装饰着新西兰惠灵顿的城市街道。许多蕨类植物原产于新西兰，包括树蕨类植物，它们可能需要 20—50 年才能达到 10 米的高度

资料来源：蒂莫西·比特利拍摄，2013 年。

地说，虽然通过这些图像或形状或自然形式传递了多少生态的益处和价值还不清楚，但是这的确为城市提供了一定程度的愉悦感和情感共鸣。

我们需要多少城市生态来获得健康和快乐，可以采用"自然金字塔"这一概念进行分析（图 11.5）。多年来，在食物和营养金字塔作为健康饮食指南的基础上，我们开始思考什么构成了大自然"饮食"的基础。也许在顶层的更深入的体验是美妙的，但就像食物一样，我们每天、每周甚至每月应该只吃少量食物，因为它们都是生态价值上昂贵的日常开销。也许更小的也可能更短暂的自然体验，是城市居民能轻松接触到的"附近的自然"。但是结合什么样的绿色特征来构成必要的日常饮食，比如绿壁和城市树木、森林和鸟鸣等？通过什么样的形式或体验来实现呢？是通过

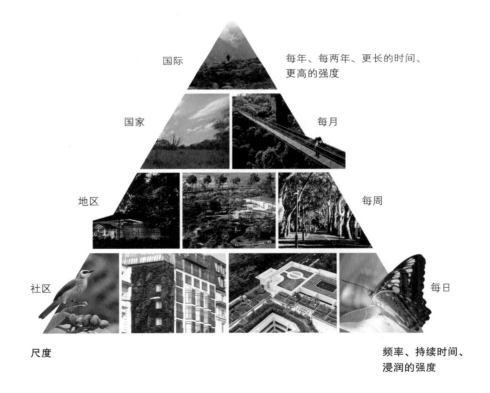

图 11.5　自然金字塔

资料来源：新加坡公园委员会，蒂莫西·比特利基于塔尼亚·登克拉－科布（Tanya Denckla-Cobb）的概念进行编制。

步行或漫步在特定空间，还是通过聆听或是透过窗户来观赏？

（3）策略和工具是多种多样的

众所周知，战略和工具取决于城市的特殊生态与自然环境以及它所面临的特殊而独特的挑战。新加坡，作为生物友好型城市计划的合作城市之一，开创了将自然融入垂直领域的新方法，甚至在国家公园委员会（National Parks Board，NParks）内创建了一个新的空中绿化（Skyrise Greenery）部门来支持这一方法（图 11.6）。城市轨道交通（城市再开发局）现在正在实施一种称为景观置换的政策，它要求在指定区域中的建筑至少要在建筑物的垂直空间弥补地面的损失。诸如皮克林皇家花园酒店（PARKROYAL Hotel on Pickering）等新建筑（图 11.7），由新加坡 WOHA 建筑事务所设计，融入多种自然元素，用这种方法弥补了该建筑用地损失的景观的 200% 以上。WOHA 最新的项目——欧亚中心，集成了大约 900% 的垂直绿化（换句话说，垂直绿

图 11.6　新加坡创新的空中绿化是为了在密集的城市中心提供体验自然的新方式而设计。由于新加坡土地面积有限，开放空间很少，因此，空中绿化已经成为新加坡"花园中的城市"愿景的一个重要组成部分。该愿景以可持续城市设计和发展为基础

资料来源：蒂莫西·比特利拍摄，2012 年。

图 11.7　2013 年开业的新加坡皮克林皇家花园酒店将花园与墙壁、屋顶等建筑融为一体，体现了新加坡的绿化意志。在 WOHA 建筑事务所的设计中，绿色植物在整个综合体中蓬勃发展，作为花园的酒店试图与毗邻的公园合并

资料来源：蒂莫西·比特利拍摄，2015 年。

化面积超过建筑工地面积的九倍）。旧金山提供了小块绿地的设计机会，例如公园、人行道花园和街道公园。旧金山、蒙特利尔、洛杉矶、芝加哥等城市均积极倡导将小巷重新设计为宜居空间和自然空间。

话虽如此，研究人员依然发现了一些未能解决的问题和挑战，这需要新策略和新工具来解决。例如，很少有城市已经完全实现或成功地解决了生物资产的公平性问题、社区绅士化的挑战以及自然投资非预期后果的顾虑。即使存在一些工具和策略，如社区福利协议和包容性住房政策，也很少奏效。

最重要的一点是，这意味着，一个城市还没有完全发展到足以满足生物友好型城市的要求。正如我在书中描述的一个生物城市，它试图围绕自然原则来组织城市的方法和政策，实质上就是模仿自然系统（Beatley，2011）。少数城市已经采纳了这一思想，或者应用上述提出的仿生的方法。一个生物友好型城市也会积极探求并减少对大自然的额外消费。然而，即使是表现最好的生物友好型城市计划的合作城市，也并没有几个城市能完全或切实地接纳这一观点。因此，尽管有许多正面案例和新兴的生物友好型城市模式，但均不完美，一切尚未完成。

(4) 生物友好型城市主义的财政挑战

生物友好型城市如何预算与支付对当地自然的扩展和保护是另一个重大挑战。生物友好型城市计划的合作伙伴城市已经采取了一些创造性的方法。在旧金山，环境部门已经建立了旧金山碳基金，并从所有城市旅行中收取额外费用。其目标是"通过增加公共区域的健康树木数量、扩大当地生态环境、减少人行道和街道上的雨水径流来缓解有害碳污染"（SF Environment，2013）。[1] 2013年，该市拨款约200 000美元的资金用于城市绿化倡议。在新加坡，花园城市基金（Garden City Fund，GCF）是由国家公园委员会经营的慈善基金，业已成立，负责筹集和分配城市花园及其他绿化倡议的资金。生物友好型城市计划一直在研究其合作城市所采用的各种用以资助自然投资的金融工具，但很少有城市能在税收和金融政策方面实现根本性的转变；这种根本性转变可能会有效刺激生物友好型城市进程的发展，释放强有力的经济信号，提供生物友好型城市所需的切实支持。

(5) 以生态设计和规划为核心工作的领导团体是一个关键因素

生物友好型城市计划的研究人员已经注意到了领导团体的重要性，尤其是在惠灵顿等城市。惠灵顿市长（最近成功连任）将重新恢复自然这一事务列为首要任务。作为一个潜水员和户外爱好者，市长强调了身边自然环境的重要性，并且推进了城市与周围自然环境建立联系，包括海洋（蓝色）市域等。正如下文将要展开的，越来越多的蓝色生物友好型城市面临着某些特殊挑战，其中最重要的是，海洋和水环境支持着我们远远观察不能得到的极其丰富且奇妙的生物多样性及生命系统。许多城市分高层领导都响应了当前的进步性工作：芝加哥市长理查德·迈克尔·戴利（1989—2011年在任）、纽约市长迈克尔·布隆伯格（2002—2013年在任）、洛杉

---

1 http://www.sfenvironment.org/news/press-release/san-francisco-tackles-carbon-emissions-by-investing-in-local-projects.

矶市长安东尼奥·维拉雷戈萨（Antonio Villaraigosa，2005—2013 年在任）等。

另一项重要的领导战略是建设当地的科学和管理能力与意向。俄勒冈州的波特兰引领风潮，以当地影响深远的城市生态系统研究联盟（Urban Ecosystem Research Consortium），举办了一场令人印象深刻的年会，会上突出了各个科研组织和成员单位的工作成绩。2014 年，在俄勒冈州的波特兰举行了第十二届年度城市生态与保育研讨会（Annual Urban Ecology & Conservation Symposium），即便当日波特兰大雪纷飞，研讨会依然吸引了数百名参与者和听众与会。会议上大部分是 10 分钟的快速演示，帮助与会者很快了解到什么项目正在推进当中。波特兰已经成功创立了一个庞大且稳定的社群，囊括了大批城市生态学者和具有生态意识的城市管理者（Urban Ecology and Conservation Symposium，2014）。

（6）生态资产平等获取权利仍然值得担忧

几乎每一个城市，不仅在保护、恢复更大型的生态和自然系统上存在困难，而且也面临着社会经济、种族和性别方面获取自然权利的社会不平等问题。创意十足的示范性"绿色"城市设计作品，比如著名的纽约高线公园，现在就受到了一些批评，指责其未能妥善安置低收入的原住民，并带动了当地社区的绅士化进程。

在许多城市，人们对公园和绿地的获取权都极不平衡。这表明，任何生物友好型城市的模式都必须致力于更公平地分配生态资源。事实上，在城市内扩展自然的愿望和意图，作为生物友好型城市议程的核心，有助于克服甚至解决这些失衡现象。例如，洛杉矶共有 50 个公园项目，意图在城市东部及其他区域建设新的小公园，因为这些地方原本的自然和绿地资源非常有限。其他策略还包括努力减轻、缓和或补偿绅士化和土地变更带来的潜在影响等。城市里目前拥有许多可用工具，包括社区福利协议和税收增量融资等。生物友好型城市必须加倍投入，推进公平公正。

四、生物友好型城市伙伴与自然城市的关键创新举措

最初几年里，生物友好型城市项目的大部分工作都集中在收集和传播城市创造

自然空间、将自然纳入设计规划计划的中心内容的创新案例。今天已有许多引人注目的案例与生物友好型城市主义的新模式了。在下文的案例研究中，我从生物友好型城市计划十个最早的城市伙伴的经验、工具与策略出发，总结一些新近出现的模式范例。

1. 新西兰惠灵顿

土地保护一直是该市规划史的重要部分。这一城市区的初建可以追溯到 19 世纪 50 年代，而如今，这个城市已有一个令人惊叹的外环绿化带网络。通过其生命城市倡议（Our Living City Initiative），这座城市着重发展其自然资源。目前，该市已制定了在全市种植 200 万棵新树的目标，并优先种植本地树种。最令人印象深刻的是，与绿化带相呼应，该城市也正在制订其蓝色生物带的愿景，覆盖了惠灵顿港以及沿菲茨罗伊湾（Fitzroy Bay）和库克海峡（Cook Strait）等一整个生物多样性丰富的庞大海洋环境。居民可以通过塔普特兰加海洋保护区（Taputeranga Marine Reserve）和岛湾海洋教育中心（Island Bay Marine Education Centre）诱饵屋水族馆（Bait House Aquarium）来享受自然世界（图 11.8、图 11.9）。在这里，市民可以通过多种方式与非凡的大自然亲密接触，进而形成一种情感联结。甚至包括天气现象——惠灵顿是地球上最多风的城市之一，市内许多风力艺术品都在宣扬这一特色。

2. 西班牙维多利亚—加斯泰兹（Vitoria-Gasteiz）

作为巴斯克自治区的首府，这个城市获得了 2012 年欧盟绿色之都称号（European Union's 2012 Green Capital City），其丰富的绿色实践和成就由此得到了认可。整个城市被一条令人赞叹的绿化带所围绕，城市布局密集紧凑，街道便于行走（图 11.10），绿化带外是大量得到充分保护的景观，包括市属的林区等；而以上种种景观，都可以经过城市路网抵达。最近，一个城外绿环已经建成，循着历史上牧羊人的足迹，人们可以获取到徒步体验自然的超凡机会。城市也在采取相关措施，以推动建立一个"城内绿环"，旨在把自然纳入市中心地带，同时正在市内开掘一条河道，一道绿墙也在建设当中。

图 11.8　惠灵顿岛湾海洋教育中心诱饵屋水族馆的一项探索项目中，小学生们对这个亲手操作的展示非常
　　　　着迷，在这个项目中，他们了解和探索自身所处的海洋环境

资料来源：蒂莫西·比特利拍摄，2013 年。

图 11.9　在惠灵顿岛湾海洋教育中心，这个小男孩在老师的鼓励下克服了一切犹豫，轻轻地抓住了一只海
　　　　洋生物

资料来源：蒂莫西·比特利拍摄，2013 年。

图 11.10　西班牙维多利亚—加斯泰兹鸟瞰图。该城市成立于 1181 年，2012 年，该城市获得了欧盟绿色之都称号，因其让每个市民都能步行 300 米就立即进入开放绿地。城市中心内外的绿荫区域是由公园和绿地组成的"绿环"。穿过城市的绿色箭头表示其新的"内部"绿环战略，该战略始于其主要走廊，一条历史悠久的溪流正在重新露出地面

3. 新加坡

这座绿岛城市，决定要从一座"花园城市"转型为一座"花园中的城市"。尽管城市人口显著增长，但城市里树木和绿地的比重也在不断提高。他们的生物友好型城市创新包括：令人印象深刻的公园连接网络（Park Connector Network）（图11.11），让行人在某些城区行走于高耸的树冠层之中；将碧山宏茂桥公园的加冷河（Kallang River in Bishan-Ang Mo Kio Park）等河流与水道恢复到一个更为自然的良性状态（图11.12）。新加坡最大的创新在于垂直绿化，在很多情况下，该市会支持甚至要求安装垂直绿化设施，其中包括绿色屋顶、绿色墙壁及空中公园等（图11.6）。可以在许多新建的高层建筑中看到，垂直自然元素的应用愈发广泛，创意愈发令人惊艳（图11.7）。新加坡还率先将自然融入医院和医疗设施的设计中。邱德拔医院（Khoo Teck Puat Hospital）是一个非常新锐的案例，它充分展示出自然（从一个郁郁葱葱的室内庭院和瀑布到一个工作的屋顶农场）是如何被纳入病人的痊愈过程，以及为什么未来医院都有必要将自然要素容纳进来（"花园医院"是邱德拔医院最常被提及的雅称）。

4. 加州旧金山

旧金山坐拥傲人的公园和绿道系统（图11.13），金门公园（Golden Gate Park）和普雷西迪奥（Presidio）分布有重要景点，但它已开创性地提出在成熟的城区内营造新的小型公园的思路。新通过的政策规定，许可将两到三个街边停车位合并为微型公园，从而创建一批"公园零售店"（图11.14）。旧金山素来以开创多个绿色倡议和政策而知名，包括公园步道、生命小巷、街道公园等；其中一些倡导是通过成员组织共同推动完成的，如"自然在城市"（Nature in the City），一些是通过创意型举措推进实现的，如老虎市场[Tigers on Market，一项位于市场街（Market Street）、致力于保护西方虎斑蝶的倡导活动]。2014年，市政府设立了生物多样性协调员这一新职位，其作用是发起、宣传和保护城市中的生物多样性。

图 11.11　新加坡在致力于成为一个生物友好型城市
　　　　　方面已经是世界的领导者。它的绿色创新
　　　　　之一是公园连接网络，这是连接新加坡城
　　　　　市基础设施与公共花园及公园的一系列绿
　　　　　色走廊

资料来源：蒂莫西·比特利拍摄，2012 年。

图 11.12　经过修复的加冷河从碧山宏茂桥公园
　　　　　（1988，2012）中间滑过，这是新加坡中部
　　　　　的一个大型公园（62 公顷），提供多种享
　　　　　受城市自然的方式。曾经作为混凝土通道
　　　　　的河流与周围公园的整合增加了 30%。多
　　　　　种土壤生物工程技术的结合稳定了新建立
　　　　　的河岸

资料来源：蒂莫西·比特利摄，2012 年。

图 11.13　旧金山在创造相互连接的公园和开放空间方面有着悠久的历史，尤其是在周边地区。城市和自然的视觉区别在城市的大部分公园里都非常明显

资料来源：蒂莫西·比特利拍摄，2014 年。

图 11.14　尽管旧金山拥有丰富的绿道和公园网络，但最近该市已将注意力转向绿化小空间，比如这个新的微型公园取代了一些停车位

资料来源：蒂莫西·比特利拍摄，2014 年。

5. 俄勒冈州波特兰

该城市以促进紧凑型城市形态和设立区域城市扩张边界的创新而闻名，长期以来都在采纳城市生态方面的新思路。特别值得注意的是，它努力将雨水治理融入城市肌理之中，建设了 1 400 个"绿色街道"，其中部分道路和人行道被改造为生物滤水带和雨圃。在绿色屋顶的推广方面，波特兰凭借其生态屋顶密度奖励（eco-roof density bonus，即给安装绿色屋顶的开发商奖励额外的密度）等机制，成为早期的先行者之一。波特兰也一直是自行车计划与无汽车出行计划的领导城市。在区域层面上，波特兰新出现了一个保护组织联盟"缠绕联盟"（Intertwine Alliance），倡导区域性自然和绿色空间并制定了一项区域生物多样性保护规划。

6. 亚利桑那州凤凰城

虽然通常不被认为是可持续性城市的领导者，但凤凰城及周边的大凤凰城都市区在沙漠公园建设方面一直处于领先地位，如凤凰城的南山（South Mountain in Phoenix）和斯科茨代尔（Scottsdale）的麦克道维尔保护区（the McDowell Preserve）。二者均占地广大且邻近城市居民。麦克道维尔保护区面积超过 12 141 公顷，现在由麦克道维尔索诺兰信托基金（McDowell Sonoran Trust）通过约 400 名志愿者组成的"管理员"网络进行保护和管理。

7. 挪威奥斯陆

奥斯陆居民历来十分重视与户外环境的联系，尤其是与他们的森林（挪威人称之为"marka"）之间的联系。现在，1/3 的城市人口密度增加，但同时 2/3 的城市处于受保护的森林之中。过境站的设立，令进入森林更为便捷，同时城市拥有分布密集的城市道路网络，便于滑雪、步行和自行车骑行（图 11.3）。在一个新的"绿色"规划中，市政府计划修复改善流经城市的八条主要河流，借此将森林与奥斯陆峡湾相连。目前，阿克斯河（Akerselva）的大部业已修复完成，多条人行通道和人行桥为居民奉上了一条美丽的绿色走廊，提供了愉悦享受沿河风光的机会（图 11.15）。城市也非常重视与

图 11.15 长 8.2 千米的阿克斯河流经
　　　　 奥斯陆市中心，历史上曾
　　　　 为工业提供电力，从而导
　　　　 致了 20 世纪 70 年代的严
　　　　 重污染。如今，沿着该河
　　　　 可以看到许多公园和小径，
　　　　 因此被称为"奥斯陆的绿
　　　　 肺"。水质也得到了改善，
　　　　 鲑鱼再次在上游洄游和产卵
资料来源：蒂莫西·比特利拍摄，2014 年。

图 11.16 屡获殊荣的奥斯陆歌剧院
　　　　 （2008）是挪威国家歌剧院
　　　　 和芭蕾舞团所在地，由奥
　　　　 斯 陆 Snøhetta 公 司 设 计，
　　　　 位于奥斯陆峡湾的顶端。
　　　　 建筑师创建了一个大型广
　　　　 场，拥抱户外，邀请行人
　　　　 享受海滨和城市全景
资料来源：蒂莫西·比特利拍摄，2014 年。

水体建立新的连接，包括沿海岸而建的步行长廊和奥斯陆歌剧院（图11.16）。

8. 威斯康星州密尔沃基

密尔沃基位于密歇根湖畔，正试图将其城市形象和愿景从一个锈带城市重新塑造成一个绿色可持续性城市。它已在为居民重新疏通河道，重新开发原先的酿酒厂和工业基地地块，并取得了重大成就。当地非营利组织城市生态（Urban Ecology）目前已开设了第三个基于社区的城市生态中心，该中心有一个目标是修复梅诺米尼河（Menominee）的生态状况。[1] 除此之外，密尔沃基还在城市农业和食品领域持续创新。最近密尔沃基通过市长汤姆·巴雷特（Tom Barrett）的"家园自种植"（HOME GR/OWN）计划，力求重新设计整个城市的空置地块，将之改造为口袋公园和可食用景观。

9. 英国伯明翰

伯明翰过去是一个工业城市，而现在却试图利用其大量绿色资产来解决城市热能与空气污染、市民肥胖与久坐的生活方式等各个方面的问题。伯明翰的策略是厘清全部自然资产和挑战，通过经营自然资产，来寻求改善社区健康、提升经济价值的途径。例如，伯明翰正在设想将其644千米的河流网络作为基础，打造城市步道系统，以改善市民健康和生活质量。相较过往的大众观感，今天的伯明翰已变得更绿色、更自然。萨顿公园（Sutton Park）足以令其自豪：这是欧洲第七大城市公园，面积超过810公顷，每年为这座城市超过200万的居民和游客提供林地资源，构成了这座城市重要的野外元素。

这些新兴的生物友好型城市案例涌现的同时，美国和世界各地的城市正在通过各种方式来保护、修复自然，并依据自然状况开展城市设计。随着全球生物友好型城市网络的扩大、发展，更多新的案例和模式将会出现。显而易见的是，随着城市的人口更加集中，城市发展更加成熟（在城市萎缩的情况下也会有所衰落），自然在

---

1 Daniel（2008）优美地讲述了梅诺米尼河的修复故事。

塑造场所、改善生活质量等方面将变得愈加重要。未来的城市将高度重视自然因素，并将理解生态设计和规划这一极其必要的需求，使得人们无分老幼，都能和自然世界紧密联系起来。

五、蓝色都市主义与城市新兴的生物友好理念

世界上 40％以上的人口生活在 64.4 千米的海岸线范围内，未来城市的扩张也将是在沿海地区。这些城市尽管面临着许多特殊的重大挑战——尤其是海平面上升和风暴天气愈发直接的影响，但他们同时也有机会与周边广袤水生物及海洋世界建立更深层次的联系。因此，我一直主张加大对蓝色生物友好型城市开发的关注；这些城市正在试图在海洋生物多样性保护方面接纳新思维、宣传重要性、与其他城市交流联系并取得领导性地位；相比陆地形态的城市自然，海洋更容易被忽视，却又不容忽视。

一旦意识到我们人类对海洋的长久迷恋，关于市民与"蓝色"海洋生态之间关系的讨论就开始了，特别是海滩或海岸附近度假一直都被认为极具治愈效果，能够抚平不安。对此，设计师、规划师和建筑师可能都会大为肯定一个有趣的先例，那就是早在维多利亚时代著名英国博物学家菲利普·亨利·高斯（Philip Henry Gosse，1810—1888）的早期作品，这些作品就已经将市民与海洋联系在一起了；高斯本人更是在推进人类对海洋世界的科学认知、唤起大众对海洋世界的关注方面贡献巨大。今天高斯被誉为当时的戴维·阿滕博勒（David Attenbourough），的确无愧是一位卓越的博物学者与自然主义者，他撰写了多部自然各个方面的畅销书籍，被人们广为传阅。[1] 作为达尔文的朋友和同事，高斯显然始终都是一名神创论的支持者，但他却努力向大众介绍了自然界的奇迹。而且，通过自己的著作和工作，高斯将海洋世界带入了当时的大众视野；那时的英国正在维多利亚女王统治下向着城市化和工业化大步迈进。

1　Gosse, P. H., *The Aquarium: An Unveiling of the Wonders of the Deep Sea* (London, UK: J. Van Voorst, 1854); Gosse, P. H., *The Ocean* (Philadelphia, PA: Parry & McMillan, 1859).

高斯也是一位鸟类学和鳞翅目昆虫学的爱好者，对自然界中许多事物都充满热爱。但对我而言，他的故事更多的仍是对海岸和海洋的热爱。他是一位充满热情且乐于亲身探索实践的海洋野生生物学家，会一头扎进海边的潮水潭里找寻、观察，以求得新的标本。他最终发现了 34 个新物种。高斯被认为是"水族箱／馆"(aquarium) 一词的创造者，也是最早设计、制作并常备水族箱的人之一，开启了海洋生物的收集热（他后来亲眼目睹并表达了对此后果的担忧）。他对海洋世界有着难以抑制的好奇心，这在安·斯威特（Ann Thwaite）为他所写的精彩传记《惊鸿一瞥》(*Glimpses of the Wonderful*) 中有据可查 (Thwaite, 2002)。最终，虽然没有接受过正式的科学训练，他写成关于英国海葵（British sea anemones）的权威专著《大英光化学百科》(*Actinologia Britannica*, 1860)。海洋生物的美丽插图是他的另一项创举，在水下摄影时代来临之前就带领人类提前领略了海洋世界之美。考虑到当时的技术，斯威特盛赞这些彩色插图为"非凡成就"(Thwaite, 2002)。

高斯还开设了德文郡海边的步行课程，召集世界各地的数百名朋友和爱好者努力收集自然事物并进行编目分类，这应当是大众科学的一种早期形式。这一时期，高斯引燃了人们对自然环境，特别是海洋和沿海地区的兴趣。他的作品雄辩滔滔，非常有号召力，而且他的绘画能力非常出色（同时非常准确）。

高斯在 150 多年前就开始了许多如今我们才得以实现的工作，这些工作对于激发市民与海洋世界的联系和兴趣是至关重要的。他所开设的课程和礁石海岸开展的观光项目，他的著作，他的绘画，均是激发大众对海洋这个神秘世界的无尽想象力的早期探索。

但同时，过度使用和过度采集海洋世界是高斯的故事给人类的警醒，今天看来也同等重要，尽管全球变暖、气候变化和过度捕捞造成的破坏与威胁更大。即使在当时，高斯也开始注意到，在许多他之前曾找到过海洋生物的地方，那些曾经生机盎然的潮水潭变得空空荡荡，甚至连这些潮水潭也消失了。他将这归因于在收集热当中乘机靠买卖标本牟利的业余收藏家。自己的著作和热情可能导致了他所挚爱的自然世界的衰落退化，这不得不让高斯深感失落。我们今天也面临类似的困境和挑战。随着我们的海洋正在重新揭开面纱，我们也亟须提升与海洋世界的本能和情感联系，并关心爱护海洋世界。从潜水到观鲸，我们有许多方式可以做到这些，但是我们却非要冒着破坏、毁灭和过度使用的潜在风险，这些风险的广度和烈度也早已经超出了高斯所能想象的程度了。

高斯早期推动爱好者配备水族箱所起到的作用，也对今天依然具有深刻影响。诚然，由于海洋生物买卖背后破坏性极高的收集方式，及近年来纪录片《黑鱼》（Blackfish）所揭露的囚禁海豚、虎鲸以在海洋世界中做商业表演等做法所引发的道德伦理争议（Neate，2015）。[1] 将这些具备高等智力和感知力的生物限制在狭小的空间中的做法，的确已经引发了严重质疑。

承袭高斯的精神，不断增长的"城市"星球应当要充分认识、了解并保卫蓝色星球，当下可说适逢其时。几乎没有什么是不受海洋影响或与海洋无关的，而城市和城市生活也通过无数途径，对海洋世界的健康和质量产生了深远影响。从我们对矿物燃料的极度依赖和工业化捕捞作业，到污水、径流、工业废物和非点源污染，城市生活深深影响着海洋世界。虽然 2010 年墨西哥湾地区发生的"深水地平线"（Deepwater Horizon）破坏性的石油泄漏事故的主要责任落在了英国石油公司（British Petroleum，BP）身上，但我们以消费为本的生活方式以及城市和郊区土地扩大使用的模式也同样难辞其咎。

尽管世界上大部分人口都居住在广袤海洋世界的边缘，但城市却正在错过连接这样一个未曾看到的奇妙世界的机遇。现在有如此多的人生活在海岸线如此接近的地方，蓝色生态方式是城市自然议程中至关重要、不可或缺的一大部分；城市周围的蓝色自然世界，以及同世界各个城市中的海洋和水生自然联系起来的宝贵机会，都应当受到我们更多关注。

六、实现蓝色都市主义的提议

那么，实现蓝色生态城市的可行方案是什么？这一进程又包括哪些内容？这些

---

[1] http://www.theguardian.com/us-news/2015/nov/09/seaworld-end-orca-whale-shows-san-diego.

城市可能会是什么样子？它们将如何运转？哪些具体因素会促成市民与周围的海洋世界建立新的身心联结？在此，我为那些不仅希望丰富生物友好型城市主义思想内涵并依此建设城市，更希望通过重要途径将这一思想应用于海洋世界的城市，提出一个新的城市愿景和议程（Beatley，2014）。下文将阐述实现蓝色都市主义形态的六大策略要素。

（1）在我们居住的沿海城市开拓新的精神地图

虽然全球有许多人口生活在沿海城市，栖身于海洋世界的边缘，但无论是官方规划的地图还是心理地图，通常只到水边为止。为什么我们不能考虑加入水下存在的生态世界？也许它们和高楼及密集的城市环境相距只有 100—300 米或几米远。可以肯定的是，物理和视觉不可及性使得这个世界的联系变得困难，当海洋环境距离大陆海岸数百甚至数千千米时，这些联系变得更加困难。

那么，关键一步就是在规划图上明确承认城市外广袤的自然世界和海洋生物多样性的存在。即便这样的情况发生过，肯定也非常罕见，其部分原因是地方辖权和法律边界往往不过超过平均潮位（mean high water，MHW）。然而，沿海城市通常的做法是将超出其陆地管辖范围的空间都描绘成一片空白。旧金山的绿色空间地图几乎根本不予显示其广大城市之外的美妙世界，尽管这些自然环境是应该得到同金门公园或普雷西迪奥一样程度重视的空间。耐人寻味的是，即使是非政府组织（NGO）也有着同样的海洋遗忘症。"自然在城市"是 2013 年于旧金山成立的颇具影响力的非营利组织，该组织曾为了展示了旧金山市内自然空间，制作了几幅值得赞叹的精美地图，但这些地图同样未能越过城市边界，将蓝色的自然世界囊括图中。

要扭转民众和政府官员心中的精神地图，是非常有挑战性的，但也是必要的。为离岸的蓝色生态培养自豪感，也非常重要。最近，在同一名来自成立于 1993 年的非营利组织洛杉矶水卫士（Los Angeles Waterkeeper）的成员布莱恩·缪克斯（Brian Meux）的访谈中，缪克斯谈到洛杉矶少有人知的海带森林："我的梦想是，这里（指洛杉矶）的人能像夏威夷人为其珊瑚礁那样，为我们的海带森林感到骄傲。"[1] 海洋世

1　源于与布莱恩·缪克斯的访谈。

界及其非凡的生物多样性，其实往往和数百万人生活的地方相距不远，它们能够并且应当被视作一个令人产生家乡自豪感的要素。遗憾的是，现实并非如此。

建立与海洋自然世界的新联系也是一大挑战，但实现方式非常多样。就比如说缪克斯，他参与了一个创意项目；这个项目招募潜水爱好者，之后通过调控鲍鱼数量帮助恢复海带森林的生态状况，这些爱好者还会参与水下监测和研究工作。在过去的几十年里，大众科学事业长足进展，沿海和海洋城市（许多来自沿海的高层阳台）有许多正面案例，例如凭高望远发现北露脊鲸的活动或者使用苹果手机来监测海星萎缩症，沿海市民能获得学习研究蓝色自然世界的机会，进而参与其中。

（2）不论沿海城市还是内陆城市，城市在支持海洋研究方面能够且应当发挥更大的领导作用

例如，新加坡已经对周边水域和海洋环境开展了全面的海洋生物多样性调查；其成果相当可观，发现了大批全新的海洋生物物种，包括某种特殊的海葵和某种红树林蟹。民众也有机会直接参与这项研究活动。同时，惠灵顿发起了世界上第一次海洋生物闪电战（Marine BioBlitz）活动并为之骄傲，他们发动全社会共同参与到这场长达 30 天的全城海洋生物大清点活动当中。

（3）城市海滨的设计应当打破精神与物质世界之间的隔阂

凡有可能，城市边缘地带的设计应当开辟出用以展示这个水下世界的视觉和听觉新窗口。譬如，奥斯陆壮观的新歌剧院（2008），歌剧院斜入奥斯陆峡湾水域之中（图 11.16）；再比如，出自米森事务所（Mithun）设计师之手的西雅图新水族馆的概念计划，其中将包括一个全新的鲑鱼馆及一个震撼人心的陆海相交景观。包括奥斯陆、温哥华、悉尼等名城在内的许多城市，均已建造了密集的沿海路道，能使居民直走到海边。同样，查特努加、田纳西等城市也是如此，它们以相似的方式将田纳西河纳入城市怀中。考虑到需要适应海平面的长期上升并降低城市对潮汐、风暴和洪水等情况的脆弱性，应当立即将上述滨水区的设计理解为"动态边界"的理念，同时这也是城市与水生和海洋世界重新连接的机会。

（4）蓝色都市主义必须对城市公园、自然保护区与绿地产生新的思考方式

像惠灵顿这样的城市，一直在率先开展更多空间整合和整体景观的开发。他们

正在开发一个蓝色生态带网络，以作为陆基绿色生态带的补充。诸如纽约和西雅图等其他城市也在致力推动海洋或水上公园建设，以补完其传统的陆上公园体系。一种针对海洋生态的全新感知能力，对于深度理解城市所处的大自然环境来说，是必不可少的。

（5）我们需要重新思考渔业管理与海产捕捞制度

例如，社区可以借鉴当地陆基食物生产活动，并充分联络当地渔民和可持续性渔业。这一机制将囊括与社区支持农业（Community Supported Agriculture，CSAs）同理的社区支持渔业（Community Supported Fisheries，CSFs），目前美国各地共有十余家这样的渔业公司。其中，最大的一个是安娜海角新鲜捕捞集团（Cape Ann Fresh Catch），位于马萨诸塞州的格洛斯特市（Gloucester），服务覆盖大波士顿地区，夏季约有1 000名成员作业，他们都对所捕获的鱼种和捕捞方法了解颇深。

（6）将海洋方面的基础教育纳入当地学校教学，向各年龄段儿童以创意方式传递海洋知识

目前一大批项目正在起步阶段，比如通过智能浮标和无人驾驶小艇上安装的多个传感器，传送海洋生命的图像、声音和数据，从而将大海"传送"回来。斯坦福大学的芭芭拉·布洛克（Barbara Block）就已做了很多工作，她标记了比较大的海洋生物并向苹果手机用户传输这些生物的实时位置信息。她称海洋是"蓝色的塞伦盖蒂平原"（Blue Serengeti）[1]，并与其他人一起开发了手机应用程序"鲨鱼网"（Shark Net），它能向用户提供特定鲨鱼的三维模型，且能看到鲨鱼的位置和移动路径。对于其他较大的海洋生物，例如金枪鱼、牛头鱼和海龟，也有类似的追踪观察，这主要是出于科学研究的需要，同时也有利于在陆基城市居民和海洋世界之间建立情感桥梁。

沿海和海运城市可以将这一任务放在优先位置，它有助于将海洋连接起来。此外还有一种相对更小的创新工具，即传感冲浪板，也被称为波浪滑翔机（Wave

---

1　塞伦盖蒂平原，位于坦桑尼亚北部，是非洲最大的野生动物保护区之一。——译者注

Glider)，它能凭借波浪的势能自行产生动力，也可以一次性漂流数月。[1] 我设想未来会有一天，城市会购买并部署一个或多个波浪滑翔机，以便更好地了解周围的海洋世界，进而促进海洋与海洋市民之间新关系的培育发展。

毫无疑问，还有许多其他创新方式可以促进城市、市民及其各自海洋环境之间新联系的形成。最聪明的办法之一是建立一个或多个海洋姐妹城市关系。每个城市应该都有多个（陆地）姐妹城市，鼓励两个城市的市民之间相互学习并达成象征性承诺。与此类似的，一个城市大可以指定一个相距遥远的海底山脉或海底峡谷，又或其他海洋栖息地作为其姐妹城市，投入资源来加深对独特海洋环境及其海底"市民"的了解并对其加以保护。

七、结语：前进路上的挑战和机遇

非常重要的是，我们要认清，生物友好型城市这一概念尚处于其起步阶段，因此它面临着相当大的挑战，其中包括技术和金融问题（如何将生物友好纳入地方法规？我们又将如何为所需要的自然项目付费？）、政治问题（谁会支持这一未来愿景？）乃至认知问题（什么是生物友好型城市？它是什么样子的？）等。尽管存在这些障碍，但机遇同时也是巨大的；生物友好型城市项目的合作城市和方兴未艾的全球生物城市网络等经验表明，这一概念和愿景在城市中产生了强烈的共鸣，是一种构建未来设计、规划及各项举措的强有力方式。

即便伯明翰和惠灵顿之间相隔万里，城市与城市也能够在彼此的称呼和愿景中找到相互之间的价值。而且，丰富的新研究成果逐渐获取到更多证据并令大众相信，自然必须成为城市设计和规划的出发点，而不能事后才追悔遗憾。当城市人口受到极端天气和海平面上升的挑战时，生物友好型城市则会是健康的、具有韧性的，这也进一步巩固了绿色与蓝色生物友好型城市主义的正当性。将蓝色生态融入城市设计和规划为人类提供了一系列特别的机会，来重新构想那些处于广阔海洋及其他海

---

1 正如 Witkin（2013）报告的那样。

洋世界边缘的城市。关心爱护土地、海洋乃至所有水体，将为我们所有人都带来个人和社会的双重福祉。

参考文献

[1] Alcock, Ian, Matthew P. White, Benedict W. Wheeler, Lora E. Fleming, and Michael H. Depledge, "Longitudinal Effects on Mental Health of Moving to Greener and Less Green Areas," *Environmental Science and Technology*, Vol. 48, No. 2 (January 2014): 1247–55.

[2] Appleton, Jay, *The Experience of Landscape* (New York, NY: John Wiley and Sons, 1975).

[3] Aspinall, P., P. Mavros, R. Coyne, and J. Roe, "The Urban Brain: Analyzing Outdoor Physical Activity with Mobile EEG," *Journal of British Sports Medicine*, Vol. 49, No. 4 (February 2015): 272–76.

[4] Beatley, Timothy, "The Importance of Nature and Wildness in Our Urban Lives," in *Biophilic Cities*, op. cit., 1–16.

[5] Beatley, Timothy, *Biophilic Cities: Integrating Nature into Urban Design and Planning* (Washington, D.C.: Island Press, 2011).

[6] Beatley, Timothy, *Blue Urbanism: Connecting Oceans and Cities* (Washington, D.C.: Island Press, 2014).

[7] Christa Wilson, Christine McCullum, Rachel Huang, Paulette Dwen, Jessica Flack, Quynh Tran, 436 Notes Tamara Saltman, and Barbara Cliff, "Economic and Environmental Benefits of Biodiversity," *BioScience*, Vol. 47, No. 11 (December 1997): 747–57.

[8] Daniel, Eddee, *Urban Wilderness: Exploring a Metropolitan Region* (Chicago, IL: Center for American Places at Columbia College Chicago, 2008).

[9] De Groot, Rudolf, et al., "Global Estimates of the Value of Ecosystems and Their Services in Monetary Units," *Ecosystem Services*, Vol. 1, No. 1 (July 2012): 50–61.

[10] Gosse, P. H., *The Aquarium: An Unveiling of the Wonders of the Deep Sea* (London, UK: J. Van Voorst, 1854).

[11] Gosse, P. H., *The Ocean* (Philadelphia, PA: Parry & McMillan, 1859).

[12] Kaplan, Stephen and Rachel, *The Experience of Nature* (Cambridge, UK: Cambridge University Press, 1989).

[13] Kellert, Stephen, "Experiencing Nature: Affective, Cognitive, and Evaluative Development in Children, in Kahn, Peter, and Stephen Kellert, eds., *Children and Nature* (Cambridge, MA: The MIT Press, 2002).

[14] Neate, Rupert, "SeaWorld to end killer whale shows in wake of mounting protests," *The Guardian* (November 9, 2015).

[15] Newman, "Biophilic Cities Are Sustainable, Resilient Cities," *Sustainability*, Vol. 5, No. 8 (August 2013): 3328–45.

[16] Rudd, Melanie, Kathleen D. Vohs, and Jennifer Aaker, "Awe Expands People's Perception of Time, Alters Decision Making, and Enhances Well-Being," *Psychological Science*, Vol. 23, No. 10 (October 2012): 1130–36.

[17] Selhub, Eva M., and Alan C. Logan, *Your Brain on Nature: The Science of Nature's Influence on Your Health, Happiness and Vitality* (New York, NY: John Wiley and Sons, 2012).

[18] Terrapin Bright Green, *The Economics of Biophilia: Why Designing with Nature in Mind Makes Financial Sense* (2015).

[19] Thwaite, Ann, *Glimpses of the Wonderful: The Life of Philip Henry Gosse, 1810–1888* (London, UK: Faber and

Faber, 2002).

[20] Tuan, Yi-Fu, *Topophilia: A Study of Environmental Perceptions, Attitudes, and Values* (Englewood Cliffs, NJ: Prentice-Hall, 1974).

[21] *Urban Ecology and Conservation Symposium, Proceedings* (February 10, 2014).

[22] Van der Wal, Arianne J., Hannah M. Schade, Lydia Krabbendam, and Mark van Vugt, "Do Natural Landscapes Reduce Future Discounting in Humans?" *Proceedings of the Royal Society B*, Vol. 280, No. 1773 (December 2013).

[23] Weinstein, N., A. K. Przybylski, and R. M. Ryan, "Can Nature Make Us More Caring? Effects of Immersion in Nature on Intrinsic Aspirations and Generosity," *Personality and Social Psychology Bulletin*, Vol. 35, No. 10 (October 2009): 1315–29.

[24] Wilson, Edward O., *Biophilia* (Cambridge, MA: Harvard University Press, 1984).

[25] Witkin, Jim, "Cleantech 100 Case Study: Liquid Robotics," *The Guardian* (October 9, 2013).

[26] Wolf, Kathleen L., and Alicia S.T. Robbins, "Metro Nature, Environmental Health, and Economic Value," *Environmental Health Perspective*, Vol. 123, No. 5 (May 2015): 390–98.

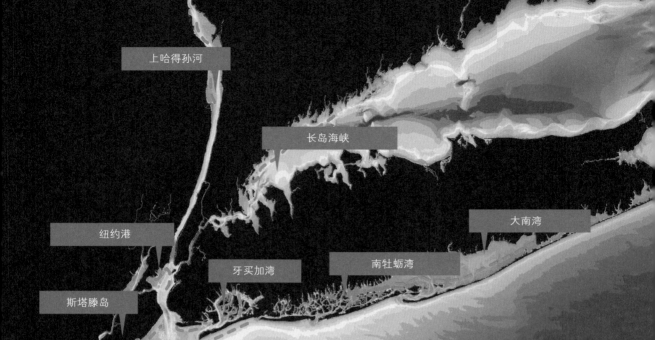

上哈得孙河

长岛海峡

大南湾

纽约港

牙买加湾

南牡蛎湾

斯塔滕岛

拉里坦湾

巴尼加特湾

大湾

第十二章 培育海湾：
生态与经济变革的参与式框架[1]

凯特·奥尔夫

　　在气候危机的背景下，"城市中的自然"意味着什么？能够促进、展示和改变现有城市景观格局的新工具是什么？我们如何推进构建具有参与感和包容性的景观新框架，而不只是单纯地制造一些令人敬畏、庄严崇高或诗情画意的风景？

　　正如弗雷德里克·劳·奥姆斯特德考虑 19 世纪晚期增长迅猛的现代城市日益恶化的卫生条件而定义"景观建筑"这一概念一样，21 世纪一系列新的环境状况和新的认知也将重新定义景观建筑。气候危机并不是一个静态的、定义明确的、单方面等待我们解决的问题；它是一个不断受复杂且相互联系的人类行为影响而变化的环境条件。根据 2014 年 5 月 7 日《纽约时报》报道，一方面，伴随着明显延长的高温期、日益增多的洪涝灾害及其他更为极端的天气灾害，"到 21 世纪末，气候变暖可能超过 −12℃"；另一方面，美国人在"气候变化观念上与他国格格不入"，相比其他发达国家的公众来说更是如此，美国民众甚至质疑气候变化是否是一个重要问

1　感谢以下同事参与这些工作：① 7 号线野游项目（Safari 7）——城市景观实验室与 MTWTF［格伦·卡明斯（Glen Cummings）、吉奈特·金（Janette Kim）、凯特·奥尔夫］；②贻贝试点项目（Mussel Pilot）——"景"工作室与巴特·切萨尔（Bart Chezar）、汤姆·奥特布里奇（Tom Outerbridge）；③ HUD 重建设计（Rebuild By Design）——"景"工作室；④"景"工作室／景观建筑／柏诚集团（Parsons Brinckerhoff）／海洋及海岸顾问公司（Ocean and Coastal Consultants）／海景设计海洋咨询公司（SeArc Ecological Marine Consulting）／纽约海港学校（New York Harbor School）/LOT-EK/MTWTF/ 保罗·格林伯格（Paul Greenberg）；⑤史蒂文斯理工学院（Stevens Institute of Technology）。

图 12.1　新泽西、纽约、长岛和康涅狄格海岸沿线的浅水景观。
　　　　这些地区最易受到涨潮和风暴的影响

资料来源："景"工作室。

题（Gillis，2014；Thee-Brenan，2014）。气候变化既真实地发生在当下，可能带来极其可怕的后果，同时却没有被认定为一个全面性威胁。因此，关于城市自然的新思考，必须紧密地联系到建设进步性、变革性的新型实体景观上去，这些新景观再也不能仅仅作为原有的寻常城市生活的背景。我们需要以科学为基础，设想各种不同的行为模式，构思出一个各种系统、各种过程交互影响的宏观视野，并为了实现公共利益、促进更大范围的行为转变而扩大项目规模（图 12.1）。

一、重新定义景观边界

由于未来海平面高度和恶劣天气（例如强东北风、飓风和台风）的不可预测性，景观设计相关的实操范畴已不仅停留在土地上，还将容纳更复杂的水体环境。从过去在滨水区开发建设，我们今天已经进化到在水体之中建造和刻画地形地势的程度了。

我成立的设计公司"景"工作室，在项目实践中大大推进了我们对这一新需求的探索，验证了土地与水、自然与城市文化之间的关系。例如，在由美国住房和城市发展部（U.S. Department of Housing and Urban Development）组织的"设计重建"（Rebuild by Design）大赛中，我们由景观设计师、海洋生物学家、教师和工程师共同组成的跨学科团队，将上述新思想融入项目之中，提出了"生命防波堤"（Living Breakwaters）的设计案。我们首先在区域范围内测试了沿海景观是如何作为增长型城市的保护性生态基础设施，以及这些濒临灭绝的重要浅水生态系统应当如何测量、建模并重建。从 2007 年纽约外港和牙买加湾一项名为"愿景港湾"（Envisioning Gateway）的研究项目开始，我们将设计研究与实践结合在一起，以多种方式稳步推进了自然与城市相融合的探索。作为现代艺术博物馆 2010 年"潮水方兴"展览的一部分，这个项目开发出牡蛎修复（Oyster-tecture）的概念，并已在纽约港两个生态设施中进行试点。

超越大型基础设施和功能单一的资本集约化方案的时代，生态的基础设施效用要求我们从"自上而下"的区域视角、"自下而上"的社区角度，充分利用现有的社会网络，重新开展全新的思考和设计。这一事业的核心是希望通过与当地社区居民和官员的合作，实现保护性地貌的全方位、嵌入型重建——通过嵌入式教育培训和针对海岸线生态新的学习方式，打造离岸生态环境的同时，也能建立起陆上的社区互动氛围。正如水不受行政区划限制，新型城市生态设计也需要跨越政治、社会和管制的区划边界。

二、以科学为基础的方法

"景"工作室针对富水型未来愿景的设计工作是建立在以科学驱动的设计思路之上的，这一思路让我们得以通过反复整合三维空间或物理的流体动力学模型，测试并修正干预模式。为了推进牡蛎修复的落实，进一步了解破浪坝及其他基础设施在纽约港内何处放置能达到最佳效果，我们与新泽西州霍博肯市的史蒂文斯理工学院的菲利普·奥顿（Philip Orton）博士开展合作；从牙买加湾和郭瓦纳斯湾的小规模干预措施效果分析开始，我们进行了设计探索、建模、分析和修正调整的一整个分析过程。后来，飓风桑迪在 2012 年 10 月于此过境，导致了严重的人身安全和财产损失、基础设施毁坏等后果。

此后，奥顿和"景"工作室作为一个跨学科核心团队的一部分，同工程师、景观设计师、建模师、规划师和造价工程师等等携手合作，形成了一个"作战指挥室"，在迈克尔·布隆伯格市长领导下为纽约市评估其海岸保护战略。我们小组最终在市长题为"更强大、更坚韧的纽约"（A Stronger, More Resilient New York）的"重建与韧性计划"（Special Initiative for Rebuilding and Resiliency，SIRR）工作报告中，制订提出了一个全面的沿海保护计划。[1] 景观设计师的职责是编排、布局和测试大型生活基础设施在缓解气候变化影响、降低沿海社区风险方面的性能，其中包括湿地、珊瑚礁和沙丘。这项工作为各个社区制定具体场所的韧性策划案提供了智力支持。

咨询小组同心协力，共同设计、选址、建模和分析了在不同风暴强度和海平面上升高度情况下海岸保护措施的性能——对"绿色"基础设施（如湿地）和"灰色"基础设施（如堤坝和其他更传统的土木工程）的效果进行了比较。这些基础设施对于海浪、潮涌和海流的影响效果均得到了详尽分析与解读，进而对纽约港的经济、生态及长期战略

---

[1] http://www.nyc.gov/html/sirr/html/report/report.shtml.

提供了智力支持。我们也推动了自然系统的整合，进而令其形成减灾基础设施的整合，分层次加强海岸保护和生态系统健康战略。我们也注意到拟修建地点的具体地貌条件、整个系统的财政和生态可持续性以及纽约市管理和政治框架下各项战略的可行性。由此，整个团队所开展的合作工作，都是基于所能获取到的最佳科学成果和建模工作之上的，最终才能形成研究方法，构建行动框架，并制订提出针对未来气候变化风险和影响的反应措施方案，令纽约市在韧性海岸设计规划方面能够一马当先，取得领导地位。

三、因地制宜的执行落实

今后城市自然设计的另一个标志，正是需要探索战略要如何拓展出原先确定的边界，要如何超越传统的景观建筑项目模式，让更多人受益并取得更好的效果。

为了实现这一目标，"景"工作室一直致力于开发出能令我们的作品进一步拓展扩张的战略——无论是利用现有的中介网络［例如十亿牡蛎项目（Billion Oyster Project）以及美国最大的公立学校系统纽约市教育局（NYC Department of Education）的合作等］，还是开发具有教育性的通信工具——这种拓展战略也就是革新性的操作手册。在气候变化的时代，建筑师不该再将其作品展示为一部专著，而应制作出一个能令他人共同参与设计创造的"工具包"。我们的目标是打造大众广泛理解并加以应用的出版物。例如，"景"工作室和哥伦比亚大学城市景观实验室（Columbia Urban Landscape Lab）为纽约市奥杜邦协会（New York City Audubon Society）构建了一整套解决方案和案例研究所推出的专著《鸟类安全建筑指南》（*Bird Safe Building Guidelines*），就是这样一部房产经理、建筑师和开发商有效减少鸟类撞击建筑物时所能实际应用的、可免费下载的参考指南。[1] 这些指南最终形成了美国鸟类保护协会（American Bird Conservancy）《鸟类友好型建筑设计》（*Bird-Friendly Building Design*）一书的基础，这本书已在美国广泛传播。[2]

1　关于《鸟类安全建筑指引》（2006），参见 http://www.scapestudio.com/projects/bird-safe-building-guidelines/。
2　参见 http://collisions.abcbirds.org。

另一个例子是哥伦比亚大学城市景观实验室（吉奈特·金、凯特·奥尔夫）和MTWTF 平面设计（格伦·卡明斯）合作的 7 号线野游（Safari 7）这一交互式项目，这个项目中纽约市 7 号线地铁被重新设计为一个走进城市自然的自由行线路（图 12.2、图 12.3）。学生们可以利用播客（Podcast）进行研究学习，播客与地铁站同步更新，以令人充分欣赏我们与城市自然之间未曾料想得到的近距离接触。例如，开挖 7 号线时所产生的废料，堆积在东河（East River）一个浅水区，形成了一个人工岛，后来竟意外成了濒临灭绝的双冠鸬鹚的筑巢栖息地。7 号线重建为一个城市野游

图 12.2　一个校园组织在纽约中央站安装 Safari 7

资料来源：哥伦比亚大学城市景观实验室、MTWTF 和"景"工作室。

图 12.3　Safari 7 播客地图展示了纽约交通走廊沿线的重要节点

资料来源：哥伦比亚大学城市景观实验室、MTWTF 和"景"工作室。

线路，让纽约市民通过积极探索日常空间，参与建筑环境。在市中心一家画廊举办的展览吸引了一群年轻设计师；中央车站所举办的同一场展览，还展出了极具教育意义的"工具包"，更是吸引了来自全市五个区的科学班学生参与其中，他们学习并自制播客。该项目今天已拓展到全球其他城市，包括圣保罗、北京和香港等地。

四、参与式框架

正如出版的理念必须改变一样，我们参与社区运转的思路也在不断演变，以应对充满活力、日益不明朗的多样化环境和社会状况。与其将社区的外展服务设想为项目的离散阶段，不如将其设想为一个社区成员得以为社区的最终形态添砖加瓦、参与其中的平台框架。例如，在东哈莱姆的第103街有一个小规模的社区花园，我们将之划分为四个空间部分，勾画了一个简单的计划，绘制了一个清晰可辨的目的性蓝图。我们与非营利组织"纽约再造项目"（New York Restoration Project）共同举办了一个"公园募捐"活动，志愿者和积极分子们通过每周六的活动，实际参与到这个公园的共建行动中来（图12.4）。

为现代艺术博物馆开发的牡蛎修复概念需要进行试点，"景"工作室为此构想并安装了一个临时设备，用以测试在水产养殖业中常用的一种材料——养殖绳——的修复潜力，以改善郭瓦纳斯湾靠近运河口忙碌的工业港一带的水质。养殖绳嵌入板是被设计用来吸引和寄养现有的蓝贻贝幼虫，为目前这一带不存在的双壳虫提供了一个人工繁殖地。在曼哈顿学院（Manhattan College）一位生物学教授的协助下，我们监测到一系列水生物种，包括端足类动物、蓝贻贝、东方牡蛎、滤食性贝类、多孔动物和藻类。而且，这一现场实验属于劳动密集型的工作，布鲁克林社区成员们在一个大规模的"编织夜"活动上编织了这些养殖绳。这次"编织夜"活动上，当地志愿者使用简单的绳结技术，将特殊海绵和养殖绳混编而成13个嵌入板，最终，这些嵌入板被我们沉入海湾并进行监测。此外，我们还制作了一本《如何制作养殖绳嵌入板指南》（*How to Make a Fuzzy Rope Panel*），供其他想要复制实验的人使用（图12.5）。这些嵌入板仍然留在海湾中，我们也对其进行定期监测，这些嵌入板今天发展形成

图 12.4　在曼哈顿，整个社区参与到第 103 街花园"公园募捐"活动中
资料来源："景"工作室与纽约再造项目。

a. 制作养殖绳

b. 成品养殖绳

c. 在水下使用养殖绳

图 12.5　纽约布鲁克林区郭瓦纳斯湾的养殖绳试点项目
资料来源：a、b 来自"景"工作室，c 来自巴特·切萨尔。

了一个由金枪鱼、螃蟹、贝类和鱼类组成的多元化生物群落。

五、全球范围的"园艺"护理

总而言之，这些技术促使人们重新思考景观设计在多方力量——从物理海洋学家、学校教师到高中生潜水员和当地公民——的大规模融合合作下，是否成为一种新形态的全球"园艺"。景观设计师必须成为当下大型基础设施项目的协调者，将跨学科的团队成员拢聚一起，以形成基于人和动物富有成效的系统，同时将我们选址的理念从过去简单的客户指定扩展到通过自行研究发现新区位。

"景"工作室已与纽约州州长风暴重建办公室（Governor's Office of Storm Recovery, GOSR）签约，负责协调包括社会、物理和生态各要素的设计过程，并推进生态防波堤项目建设（已投入 6 000 万美元）。[1] "景"工作室小组研究了美国东北部沿海现有浅水海湾景观的潜力，以及这个由海岸边缘、浅水、沙丘和泥滩组成的网络体系如何能够成为陆上社区的保护基础设施，由此开启了这个项目的概念设计进程。据预测，气候变化将导致平均气温和降雨量急剧上升，海平面加速上升，以及类似飓风"桑迪"等更为频繁、极端的洪水和风暴事件。这些现象，再加上经处理废水和肥料造成的水体氮过量问题等，使河口和海湾在几十年内甚至几年内就有消失的危险。我们知道，失去这些濒危景观不仅会威胁到我们与水域的文化联系，而且还会破坏我们具有水吸纳能力的重要生态基础设施（图 12.6）。我们的项目为此提出了一个原则，即将风险嵌入到所有的韧性建设战略中，同时超越被动"保护"，采用新方法和更为主动积极的态度，建设韧性，预防灾害，包括基于社区层面的紧急预案。

我们位于斯塔滕岛的项目处于纽约湾内，这个地理位置容易受到强烈的波浪冲击和侵蚀（图 12.7）。在"景"工作室的提案中，我们采用了分层法来降低这种风险，具体来说就是创建一个生态防波堤，配合一个较低的岸上沙丘和相应的社区规

1　有关正在进行的设计和建设的更多信息，参见纽约州州长风暴重建办公室的网页 http://stormrecovery. ny.gov/living-breakwaters-tottenville。

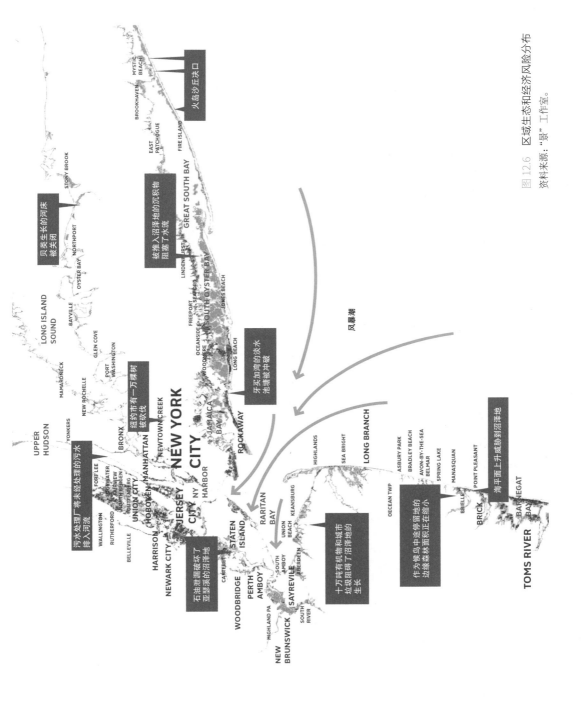

火岛沙丘决口

贝类生长的河床被夹闭

被推入沼泽地的沉积物阻塞了水流

牙买加湾的淡水池塘被冲破

污水处理厂将未经处理的污水排入河流

纽约市有一万棵树被砍伐

石油泄漏破坏了亚瑟溪的沼泽地

十万吨有机物和城市垃圾阻碍了沼泽地的生长

作为候鸟中途停留地的边缘森林面积正在缩小

海平面上升威胁到沼泽地

风暴潮

图 12.6　区域生态和经济风险分布

资料来源：“景”工作室。

图 12.7　纽约斯塔滕岛选址方案

资料来源："景"工作室。

划（图 12.8）。通过这种方式，我们能够稳定沿岸环境，重建多样化的栖息地，并越过一个生物分布密集的地带，在其后打造出多条防线以确保万无一失，同时也提高社区的适应力和管理水平。

防波堤并不会挡住水流，而是逐渐吸收波浪能量，将之转换为缓慢流动的水流，由此保护生命财产安全，减少对建筑物的破坏，降低洪水的高度。平静的水反过来又会促进泥沙沉积，从而巩固防护性海滩。这些防波堤的设计注重物质性、规模和位置，将大大加强海洋生态系统，并通过打造、维护一个全新的生物多样、生机勃勃的海岸线，极大降低风险。防波堤同时也被提升为生物系统，最大限度地增加了多样性物种的复杂性并为它们提供了更多栖息地，包括鳍鱼、龙虾和贝类。物种多样化得以增强的这些小地块，被称为"礁石廊道"（reef streets），模仿拉里坦湾（Raritan Bay）的历史珊瑚礁栖息地，同时也作为捕鱼休闲的新地点（图 12.9、图 12.10）。礁石廊道两旁采用的是特殊生态水泥（ECOncrete），这是我们的合作伙伴海景设计海洋咨询公司研发的低酸碱度混凝土的创新材料。微观和宏观表面结构的合成物已被验证确实可以增加生物多样性，并庇护滤食性生物体。最终，生物工程将保护建筑结构免受破坏，并在未来海平面上升的情况下依然延长其使用寿命。同时，以水为基础的经济行为和野生动物观赏项目，将为当地社区提供了更多可能。

飓风桑迪淹没的社区面临着为未来做出复杂决策的难题，而关于降低洪涝、海浪灾害风险的一系列检验并描述生态基础设施的直接实质利好的技术，包括研究解读、可视化及科学量化等，都至关重要。"景"工作室与合作伙伴史蒂文斯理工学院利用高级环流 / 近岸模拟波浪（Advanced Circulation/Simulating Waves Nearshore，ADCIRC/SWAN）风暴潮和波浪建模系统评估了我们所提出的策略。该模型的结果表明，防波堤在桑迪过境时会令浪高显著降低（图 12.11）。

由于人是所有生态系统的关键组成部分，"景"工作室团队开发了一个新框架，通过教育、参与和扩大化的水基休闲经济，将人、海岸线和水体连接起来。该项目将使斯塔滕岛居民能够通过清晰明确、规划完全的"水上枢纽"网络重新连接海岸，这将成为促进社区凝聚力，提供定位、信息、储存空间和集体活动空间的场所。蓄势待发的水上枢纽项目，还将包括社区公用的皮艇储藏区、供高中使用的水中实验

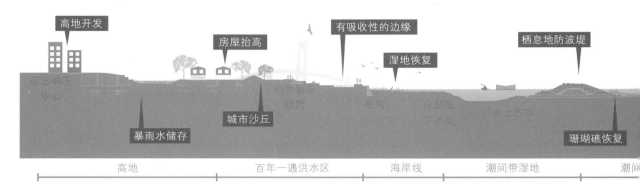

图12.8 集成了景观类型和公共项目的复原分层方法
资料来源："景"工作室。

图12.9 珊瑚礁和微观生物构成的生态防波堤培育了各种栖息地环境
资料来源："景"工作室。

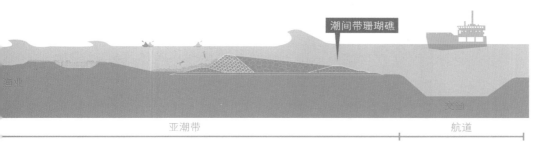

潮间带珊瑚礁

渔业

交通

亚潮带

航道

图 12.10　在邻近的人工栖息地调查时发现了牡蛎，这是生态防波堤项目实践数据收集的一部分

资料来源："景"工作室。

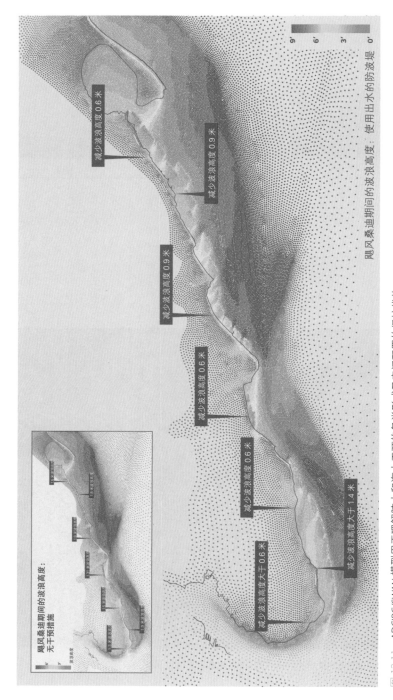

图 12.11 ADCIRC/SWAN 模型用于理解陆上和海上干预的各类形式及空间配置的保护优势

资料来源："景"工作室。

室工具、鸟类和海豹观光平台，以取代飓风桑迪所破坏的原有设施。这些项目，还配备有浴室和喷泉等便利设施，大大扩大了用户人群的年龄范围，提升了可供居民使用的水基活动的体验水准。水上枢纽就此成为一个指引方向的灯塔，连接着其下的分层堤坝系统（图 12.12）。在整个设计过程中，一系列会议的举办，让社区成员和选民得以集思广益，讨论如何设计规划与执行的最佳干预方式。尽管只是作为更大规模的韧性海岸线项目的一部分，水上枢纽却可以更为直接地推进，以便捷快速的方式展现出项目带给海岸线的积极变化。

这些中心还将作为公立学校科学课教师的水中实验室。"景"工作室与海港学校（Harbor School）、MTWTF 平面设计合作，基于十亿牡蛎项目课程改编并举办了一系列科学课教师培训讲习班，设计了《斯塔滕岛牡蛎培育手册》（*Staten Island Oyster Gardening Manual*），该手册描述了"牡蛎篮子"的许可程序、组成部分和监测要求等方方面面（图 12.13）。这一思路旨在将牡蛎培育和珊瑚礁建造的活动进一步扩大，延伸到高中课程——最终可以扩展到整个地区，并普及海事知识，加强相关的大众意识。在纽约市教育局等现有机构内开展工作，通过其可资利用拓展的网络关系，为他人创造工具，这些行为都将有效促进变革（图 12.14）。

尽管这个理念高度依赖于具体情境，但它是可以复制的，因为防波堤和生物海岸技术的结合——加上当地高中积极的陆上管理模式——适用于很多情况。社区单位是围绕着实体景观的基础设施单元而培育形成的，反之亦然。在斯塔滕岛南端的托滕维尔（Tottenville），受到资助的试点项目将由州长风暴重建办公室执行，其规模足以可靠地证实这一理念，从而使这种能实现文化韧性、降低风险和实施生态管理的合作理念能够得以改进并适用于整个东北地区的景观设计（图 12.15、图 12.16）。

六、景观行动主义

我们正站在一个关键的岔路口：景观设计师在气候变化时代能否做出变革性的积极贡献？在全球变暖已经发生的今天，我们能否为了减少二氧化碳排放，改进出全新的居住方式并相应改变维护方式？

图 12.12　纽约斯塔滕岛南岸后备海岸线的绘制

资料来源："景"工作室。

图 12.13　来自纽约总督岛海港学校的学生们向斯塔滕岛的科学课教师讲
　　　　　述牡蛎培育技术，他们将把牡蛎修复作为其课堂内容的一部分

资料来源："景"工作室。

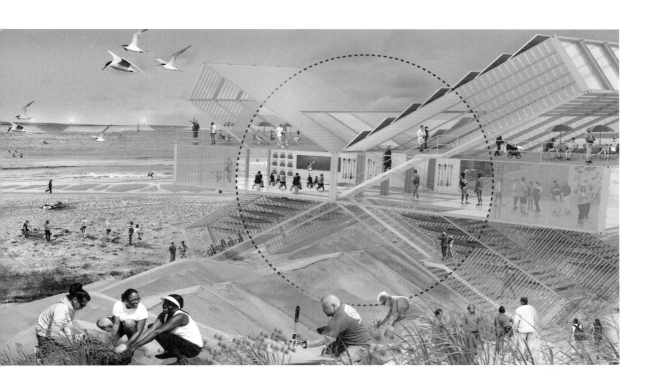

图 12.14　与公立学校科学课
　　　　教师接触并对其培
　　　　训，从而扩大规模
资料来源："景"工作室。

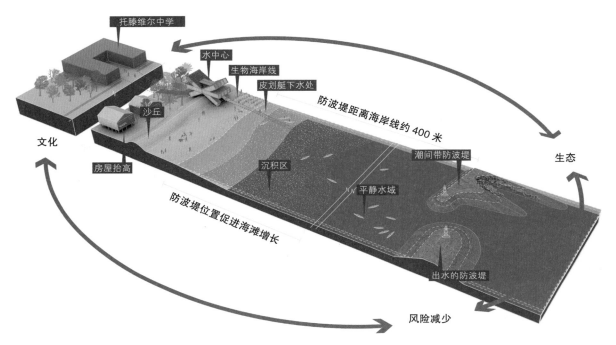

图 12.15　斯塔滕岛沿岸设施将理论与规划实践相结合，其恢复生态的基础设施可以复制和应用在受侵蚀及波浪作用影响的海岸线，并可与学校课程和社区规划相结合

资料来源："景"工作室。

要想推动进步，将景观设计师的角色定位成行动主义者是至关重要的。我们可以把大规模的战略规划实践和以社区为基础的参与性倡议结合起来，以加强环境意识，加大公众参与，进而推动变革。随着气候变化的趋势、生物多样性的损失和社会结构的瓦解等看似超出我们掌控范围的危机爆发，人工设计景观的概念作为一个思想上和行动上均可控的机遇和尺度，有可能引发一场更大规模的公共讨论，引领我们向着积极方向和集体责任前进。

参考文献

［1］ Gillis, Justin, "U.S. Climate has Already Changed, Study Finds, Citing Heat and Floods," *The New York Times* (May 7, 2014): A1.

［2］ Thee-Brenan, Megan, "Americans Are Outliers in Views on Climate Change," *The New York Times* (May 7, 2014): A15.

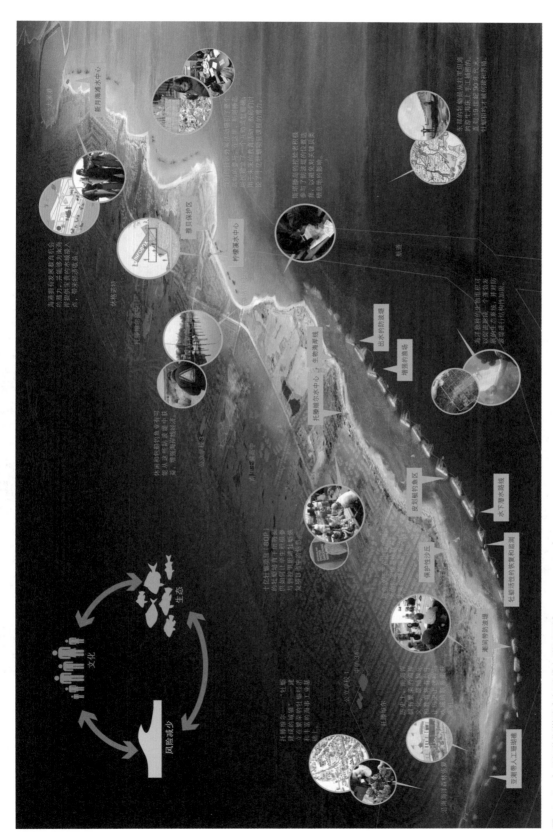

图 12.16　鸟瞰纽约斯塔滕岛托滕维尔附近区域

资料来源："景"工作室。

NATURE AND CITIES

第十三章　超越修辞学意义的韧性：
在城市景观规划与设计中的实践[1]

尼娜-玛丽·利斯特

　　2013 年 12 月 21 日，多伦多市及大多伦多地区的 500 万居民——连同安大略省南部和纽约州北部的大片地区——遭遇了一场异常的冬季风暴。风暴给城市带来了一场冻雨，雨量超过 30 毫米。气温在冰点左右徘徊近 36 个小时，之后快速跌至 −25℃并持续多日。将近两周的时间，整个城市被覆盖在一层"冰盖"之下，超过 50 万居民不得不在冬至后的寒冷和黑暗中度过。由于无法承受冰挂的重量，城中千万棵树木中超过两成的树木发生倾倒并压断了电线和电缆，导致数千户家庭不得不在没有供电、供热和照明中度过圣诞节假期。据估计，仅在多伦多市，清理冰雪和紧急服务的花费就高达 1.06 亿加元。2013 年这场发生在北美洲东部的冰暴已成为加拿大历史上最严重的自然灾害之一（City of Tronto，2014）。[2] 不止如此，上述估算还没有包括绿色基础设施的价值损失，以及由于城市 1/5 的成熟树冠被破坏而造成的生态损失。此外，多伦多市还将受到一系列冰暴带来的长期影响，例如土壤流失加剧、防洪能力减弱、固碳能力下降、城市热岛效应缓解能力削弱等（图 13.1、图 13.2）。

　　无独有偶。1998 年 2 月，一场类似的冰暴切断了整个魁北克省各种能源供应，

1　非常感谢玛尔塔·布罗基（Marta Brocki）在本章的研究和插图收集方面的帮助，也非常感谢参加我在哈佛大学设计研究生院"批判生态学"（Critical Ecologies）研讨会（2012—2013）的学生们，感谢他们深思熟虑的讨论和创造性的设计工作，帮助我形成了这些想法。

2　http://www.toronto.ca/legdocs/mmis/2014/cc/bgrd/background file-65676.pdf.

图 13.1　左图为著名的 2013 年北美冰暴过后多伦多市的天际线。全球范围内，越来越多的城市面临着气候变化对基础设施的多方面挑战

资料来源：Raysonho 拍 摄，Creative Commons 1.0 Universal Public Domain Dedication（http://creative-commons.org/publicdomain/zero/1.0/deed.en）授权使用。

图 13.2　2013 年冰暴过后倾倒的树干及被压倒的电线，此次灾害导致数千户家庭断电

资料来源：罗恩·鲍洛夫斯（Ron Bulovs）拍摄，Creative Commons Attribution 2.0 Generic license（http://creativecommons.org/liscenses/by/2.0）授权使用。

超过两周，5 万户以上的家庭陷入冰冻之中；红河[1] 在 1998 年和 2012 年的两次泛滥使温尼伯市（Winnipeg）、明尼阿波利斯市（Minneapolis）和圣保罗市（St. Paul）几近瘫痪；2012 年阿尔伯塔省弓河[2] 的洪水使整个卡尔加里市（Calgary）停摆，跨加拿大高速公路系统也因此被切断了一个多月。上述仅是近年来众多地区性灾难风暴的一部分。更为有名的"怪兽风暴"——譬如 2015 年摧毁新奥尔良及墨西哥湾沿岸的卡特

1　Red River，红河是发源于美国新墨西哥州东部高地平原的可航行河流，向东南流经得克萨斯州、路易斯安那州，注入阿查法拉亚河后再南流，注入阿查法拉亚湾和墨西哥湾。——译者注

2　Bow River，得名于湖岸边可制作弓的野草，河流起源于加拿大落基山脉的弓河冰川和弓湖，向南流至路易斯湖，后汇入南萨斯喀彻温河，通过萨斯喀彻温河、温尼伯湖和纳尔逊河，最终流入哈得孙湾。——译者注

里娜飓风，2012 年的飓风桑迪给新泽西州、纽约州和康涅狄格州海岸带来了毁灭性打击，曼哈顿中城区的一半区域停止供电超过一周——均成为全球瞩目的事件。由于这些风暴对主要城市中心地带所造成的严重影响，研究界的一股新浪潮应运而生。人们开始研究将城市化、规划学和生态学联系起来的城市环境规划、海岸防护、城市脆弱度以及相应的政策反应等问题。

这些风暴不仅带来了高昂的经济、社会和环境成本，还使人们逐步意识到，我们的治理和规划系统也正因此面临严峻挑战。北美乃至全球的城市都不得不面对这样一个事实，即大风暴的烈度愈发加大，发生频率不断升高。这正是人类活动造成全球气候变化的有力证据。随之而来的是，我们的生存系统正面临越来越多的挑战，包括我们亟须新的设计思路以应对生态变化及（城市）脆弱度问题［例如 Steiner et al.（2011）］。由于政府间气候变化专门委员会（IPCC）已将气候变化认定为全球性威胁，且基于大量关于长期可持续发展的政策研究成果，气候变化已经成为一个被广泛接受的事实，因此，相应的适应性战略必须制定出来并要在各个城市、各个国家由下而上地层层贯彻落实（Davenport，2015；Gillis et al.，2015；IPCC，2013）。[1] 上述观念已在 2015 年 12 月于法国巴黎通过的气候变化国际公约（即《巴黎协定》）中得以强化。

环境的长期可持续性要求具备充分的韧性与弹性，即一种能够从混乱中恢复，接受变化并实现良性运转的能力。由此而论，可持续性是人类行为在社会文化、经济、生态等领域之间的内在的动态平衡，而这些人类行为对于族群的长期生存和繁荣而言至关重要。安·戴尔（Ann Dale）对这种动态平衡的描述是，基于地球最根本的自然与文化资本，促成个人需求、经济需求和生态需求三者之间一种必要的协调行为（Dale，2011）。[2] 不同于传统意义上的"可持续发展"，安·戴尔明确无误地将实

1　参见 http://www.ipcc.ch/report/ar5/mindex.shtml。加拿大减灾中心（Institute for Catastrophic Loss Reduction）一个保险行业独立协会公布了佐证证据，可参见 http://www.iclr.org。城市应对气候变化的策略在 Robinson（2015）中得到评估。

2　在本章，我在戴尔对可持续性的定义中使用"管理"一词，也就是说，是在一个环境中去管理人类活动，而不是把环境视为一个对象。

现长期可持续的责任放在人类行为之上，同时恰当地将之从管理"环境"这一完全不可能实现的领域中移除，将环境视为一个独立于人类行动之外的客体。

人们对日益频发的大风暴天气的反应与日俱增，这催生了一种围绕长期可持续性及脆弱度问题下的城市韧性需求的政治话语。作为一个具有启发性的概念，韧性是指生态系统承受和消化主要环境条件变化的能力。从经验主义角度来看，韧性就是一个生态系统所能够化解的变化或干扰的次数，即某个或某些事件引发改变之后生态系统仍能恢复到一种可维持大部分结构、功能及反馈机制且可识别的稳定状态（Holling，1973）。无论在哪种语境下，韧性均已是生态系统研究中的一个成熟概念了，拥有大量文献，涉及资源管理、治理和战略规划等多个领域。然而，尽管相关研究已开展了 20 余年，但着手于韧性建设的政策方针和规划应用近年来却才方兴未艾。尽管在 2012 年飓风桑迪和 2013 年冰暴后，曾出现过对韧性规划的强烈政治诉求，但目前统一协调的治理，明确的基准指标以及执行落实的政策应用等方面仍是巨大的空白，同时也几乎没有成功应对气候变化的经验性举措。[1] 在这样的情况下，针对理解、剖析和培育出不止于纸面口头的韧性的需要，相应的批判性分析或反思几乎不存在。本章主张，伴随着韧性建设的呼吁，基于科学的、实证支持的韧性观念，需要发展出精细的、符合具体情境的批判性分析。也就是说，为了应对复杂性、不确定性和脆弱性问题，构建出具有适应性和环境反馈性的设计思路，我们需要有基于实证经验的思维进路。简单来说就是：一个具有韧性的世界会是什么样的？它是如何运行的？我们如何规划、设计来实现韧性？

一、为什么需要韧性建设？为什么要现在行动？

"韧性"这一字面概念的提出不仅与气候变化的现实密切相关，也与生态学、景

1　例如《后桑迪倡议：设计与开发的机会——建得更好，建得更智慧》(*The Post-Sandy Initiative: Building Better, Building Smarter—Opportunities for Design and Development*，2013)，由美国建筑师协会纽约分会 (American Institute of Architects, New York Chapter，AIANY) 及其设计风险与重建委员会 (Design for Risk and Reconstruction Committee，DfRR) 发起并承担，具体可参见 http://postsandyinitiative.org。

观建筑与城市化领域中研究和政策反应之间的协同增效现象相关联。第二个千禧年起始之际，一系列相伴发生的重大转变，均对这种协同增效产生了巨大影响，其中最重要的是世界人口规模的变化令人类聚落模式无可逆转地向着大规模城市化发展。20 个世纪的一个重要特征就是大量移民向规模愈发巨大的城市转移，这促成了"巨型城市"的出现以及随之产生的郊区化、远郊化及其他与现代大都市景观相关的现象。[1] 对于大多数的世界人口来讲，城市正快速成为他们唯一的景观体验。[2]

无论从北美这一整体来说，抑或就美国具体而言，城市化进程的这一转变已经来临。但与之相矛盾的是，城市基础设施质量和效果出现大幅度减弱。服务中心主城区的道路、桥梁、管道和排水设施都是 19 世纪后期至 20 世纪前期建设的，早已老化损坏，但是部分城市重建这些基础设施的政治意愿正在减弱，公共资金也在减少。更为重要的是，随着基础设施的不断老化，它们在面对频率和烈度不断升级的风暴事件时，变得愈发脆弱，不堪一击，因此，造成的成本损耗和影响程度将会大大增加（图 13.3）。

与城市化进程变革和气候变化相伴产生的另一重要转折，是生态学出现了新的发展方向和重心。在过去的数十年间，生态学已经从原先的经典还原论理念，注重稳定性、确定性、可预期性和秩序，转向更为现代的认知理念，能够理解动态过程、系统性变化以及不确定性、适应性和韧性等相关现象。浸明浸昌，这些生态学理论的概念和复杂的系统研究正对决策起到越来越大的启发作用，特别是其中的经验主义实证论据对景观设计帮助很大（Lister，2008）。这催生出了一个强有力的学科实践新空间——其中，生态学知识既作为一个应用科学，又作为一种可持续大环境下的变化应对架构。作为一种规划实践，韧性本身就是一个用于设计的概念性模式，使

1　根据联合国报告，2030 年将会有 50 亿城市居民，其中 3/4 居住在世界上最为贫穷的国家（United Nations，2011；http://esa.un.org）。1950 年仅纽约和伦敦的人口达到了 800 万，但今天的大都市已有 20 个以上，且主要分布在亚洲（Chandler，1987；Rydin and Kendall-Bush，2009；http://www.ucl.ac.uk/btg/downloads/Megalopolises_and_Sustainability_Report.pdf）。

2　据世界卫生组织，城市人口比率在 1990 年仅在 40% 以下，到 2050 年将提高到 70%（World Health Organization，http://www.who.int/gho/urban_health/situation_trends/urban_population_growth_text/en/）。

图 13.3 多伦多市主干道某一路段被冲垮的四个场景。卡特里娜飓风降为热带风暴后，于 2005 年 8 月 29 日袭击多伦多，暴雨引发顿河洪水

资料来源：卡米拉·里奇欧（Carmela Liggio）和尼娜 - 玛丽·利斯特拍摄，2005 年。

规划既能够应对变化中的新问题，又能适应变化中的新情况（Reed and Lister，2014）。

与这一新的生态学方法同时，另一个塑造韧性、促成协同增效的重要转变是：在过去的 20 年间，景观学作为一个学科和一个实践领域实现了双重复兴，并从学术和专业应用两个层面上（再一次）将规划和建筑设计结合在一起。景观学学者已经意识到，伴随着后工业化城市景观的出现，对不确定性和生态过程的关注，催化了景观学理论和实践的复兴。这种不确定性和生态学上的处理是景观理论与实践再度产生的催化剂。[1] 景观学如今被视为一个多学科交叉的领域，包括艺术、设计和生态材料科学等，其应用囊括了城市空间内的全新专业实践领域（Reed and Lister，2014）。

虑及当今气候变化和脆弱度问题，上述在城市主义、景观学和生态学领域中的认知转变，共同为现代大都市规划与设计的新途径产生提供了一个强有力的协同增效作用。这种协同催生出了"韧性"这一书面概念，但是推进韧性建设的策略、规划和设计的执行落实仍需大量工作。卡特里娜飓风和桑迪飓风等北美地区的巨型风

1　正如 Corner（1997，1999）、Waldheim（2006）说的那样。

暴，其规模之大、影响之剧，致使大到防灾备灾这一宏观事业，小到洪涝治理这一具体领域，均因此产生了新的政策和规划提案。

长期以来，应对自然灾害的传统政策与规划思路是建立在"抵御"和"控制"的话语体系之上的，例如海防策略中采取强力机械加筑海堤、铠装、夯实等，均是旨在对抗自然力量。[1] 与之相反，新兴的设计和规划思路大大参考了"韧性"和"适应性管理"的话语体系以及关于弹性与灵活性理念的概念，并因此采用建筑材料与生态材料相结合的复合型工程，来适应动态条件和自然力量（Lister，2009）。[2] 几次重大的风暴事件之后，近期的海岸管理政策和洪涝防治规划就广泛使用了"韧性"的理念和话语体系，例如 2013 年《大新奥尔良地区城市水体规划》（Greater New Orleans Urban Water Plan），2017 年《路易斯安那海岸总体规划》（Louisiana's 2017 Coastal Master Plan），2013 年"纽约市重建设计项目"（New York City's Rebuild by Design program），以及 2003 年《多伦多雨季流量总体规划》（Toronto's Wet Weather Flow Master Plan）。以上各例均为面对灾难性风暴事件和气候变化的一些值得注意的（积极主动）应对举措。但是，这些案例大体上仅仅是停留在推测、未经检验或落实的阶段，仍建立在一种启发性、概念性的"韧性"话语之上，而非源自于实践经验、因地制宜或经受过科学检验。

"韧性"作为一个广义概念，至少源自四个研究和应用学科：心理学、救灾与国防、工程学以及生态学。纵览韧性建设的政策可以发现，这一概念的定义通常来自于这些起源学科，其中往往聚焦心理学所定义的"灵活性"和"适应性"，例如韧性是指应对压力的能力，是在压力期后能够迅速恢复到已知正常状态的能力，是压力下仍然保持良好状态的能力，也是变化和挑战面前保持适应性的能力。[3]

1　这种现象 Mathur et al.（2009）有很好的说明。

2　https://placesjournal.org/article/waterfront/?id=10227&page=.

3　北美和国际上各种韧性政策的例子，可参见 http://resilient-cities.iclei.org/resilient-cities-hubsite/resilience-resource-point/resilience-library/examples-of-urban-adapt-strategies/。美国国务院的"部署压力管理计划"（Deployment Stress Management Program，http://www.state.gov/m/med/dsmp/c44950.htm）从心理—社会的角度定义了"韧性"，在提及韧性的政策文件中也经常使用相同的语言。

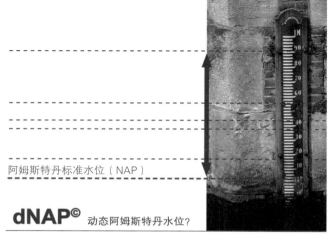

图 13.4 阿姆斯特丹标准水位（Normaal Amsterdams Peil，NAP）是基于一个"正常的"固定水位线、用于测量海平面升高并依此制定国家政策法律法规的一种测量标准。相反，图中所示的动态阿姆斯特丹水位（Dynamic Normaal Amsterdams Peil，dNAP），则是一个为更好地反映变化中的水文状况（例如季节性洪水等）而建议应用于荷兰三角洲地区的海平面高度测量标准，这一标准采用的是动态水位线
资料来源：金伯利·加尔萨（Kimberly Garza）和莎拉·托马斯（Sarah Thomas）绘制，2010 年。

　　在如此笼统的学科背景下，"韧性"这一概念的运用引发了一些重要的操作性难题：什么程度的变化是可以承受的？什么是理想且可行的"正常"状态？在什么条件下才有可能恢复到已知的"正常"状态？过往政策建立在定义过于宽泛、偏重社会心理的韧性概念上，基本没有明确认识到政策的适应性和灵活性可能会带来转型，而在面对激进的、大规模的、突发的全面变化时，这种转变的能力是至关重要的。以海平面为例，如果我们认为海平面高度在一定范围内发生季节性升降是正常的，那么，悦纳一个在一定范围内有梯度变化的"正常的"可接受条件，将大为好于仅仅接纳单一的、静态的并最终脆而不坚、不可持续的状态（图 13.4）。

　　要更加具有批判性、更加稳健地以系统为导向，讨论韧性，所有抱有关切的人都不得不面对一个棘手却关键的问题：个人、一个集体或一个生态系统，在不变成另一个无法辨认或截然不同的事物之前，最多可以发生多大的变化？[1] 如果韧性是一个具有实际应用价值的概念，具体功能就是启发设计和规划策略的思路，那么它最终必须能够指导我们如何令改变安全地发生，而不是如何全然抗拒改变。目前的政

1　韧性联盟（Resilience Alliance）主席、斯德哥尔摩韧性中心（Stockholm Resilience Centre）研究员布莱恩·沃克（Brian Walker）对韧性的这一方面进行了出色的概述，具体参见 https://www.project-syndicate.org/commentary/what-is-resilience-by-brian-walker (July 5，2013)。

策和设计策略往往错误地侧重于如何"恢复到"一个不可能持续的正常状态，但这最终将徒然浪费了韧性的潜在力量。

二、剖析韧性

将韧性策略及其相关指标应用于设计和规划之前，剖析"韧性"这一概念在生态学中诞生以来的历史、理论及其概念沿革是颇有助益的，甚至可以说是不可避免的。源自于生态系统生态学研究的社科文献已全面建立起来了，特别还有自然资源管理中的研究应用，以助我们批判地剖析韧性概念。复杂系统生态学的数十年相关研究以及社会生态系统的相关思考与实践，为韧性研究和应用构建起富于启发性的经验主义框架。就此而论，韧性的架构与措施，非常重要的是要嵌入长期可持续的相关政策与设计中，并在其中进行应用与测试。作为可持续性的一项核心能力，韧性的应用最早发源于复杂系统生态学的研究，美国生态学家霍华德·T.奥德姆（Howard T. Odum，1924—2002）最先发表了相应文章，之后由加拿大生态学家C. S.霍林进一步发展完善。[1] 但应当指出的是，韧性思维的基础在此前就已经形成了。

在生态科学接受并采用复杂系统语言之前，20世纪初期的生态环境保护运动已经关注到了自然系统的健康问题，但"健康"所形成的观念不尽相同，包括自我更新和对管理实践颇具启示意义的复原与平衡等。例如，奥尔多·利奥波德使用"土地健康"这一概念来描述土地自我更新的能力，而其本质就是韧性。他认为，为了经济增长而不加节制地开发土地与资源是对土地健康的威胁，二者处于此消彼长的竞争中。[2] 类似的，吉福德·平肖认为需要谨慎地开发资源，这种看法不论有多么功利，但却催生了应对自然与景观变化的适应性管理的雏形。[3] 到20世纪60年代，伴随现代环境主义的诞生，谨慎开发资源的呼吁愈发迫切。其中值得一提的是

1　原始参考文献是 Odum（1983）和 Holling（1973）。

2　Berkes and Gumming（2012）有进一步的阐述。

3　Johnson（2012）有进一步的阐述，参见 http://dx.doi.org/10.5751/ES-04827-170309。

蕾切尔·卡森对自然的刻画，她将之描述为坚强柔韧又变化莫测，她在《寂静的春天》(*Silent Spring*，1962) 一书中如是写道："……生命如丝线般经纬交缠……一方面如此精致而易损，另一方面却又是如此奇迹般的坚韧，能以多种意想不到的方式反弹复原。"(Carson，1962)

20世纪70年代末期到20世纪80年代早期，生态学学科开始发生重大的理论转向。生态学研究从各个尺度上向着更加有机的模型转变，包括开放性、不确定性、灵活性、适应性和韧性等特征，并脱离了原本以用于封闭系统（通常是机械系统）开发的工程学模型为基础所搭建的注重稳定与控制的、具有决定性和可预测性的模型。如今，生态系统被广泛视为开放且自组织的体系，天然地具有多样性和复杂性，其表现在某种程度上是不可预测的。

这种转变受到了奥德姆兄弟（尤金·奥德姆和霍华德·奥德姆）早期生态系统分析的影响，也是随着复杂性科学的出现及伊利亚·普利高津 (Ilya Prigogine，1917—2003)、路德维希·冯·贝塔朗菲 (Ludwig Von Bertalanffy，1901—1972)、C. 维斯特·切奇曼 (C. West Churchman，1913—2004)、彼得·切克兰德 (Peter Checkland，1930—) 等20世纪下半叶涌现的系统学学者的开创性工作而产生的。不同于生物学和动物学，生态学研究之所以能成为一个独立学科，是由于它聚焦一个生态系统在大尺度和跨尺度（即边界相连）的功能与过程。在高分辨率卫星图像等新工具的作用之下，复杂系统研究取得了长足发展，景观生态学这一新学科及相关的空间分析诞生，这一切推动生态系统生态学在土地利用规划上发展出一套多尺度、跨学科、综合性的研究方法。20世纪70年代F. 赫伯特·鲍曼 (F. Herbert Bormann，1922—2012) 和吉恩·赖肯 (Gene Liken，1935—) 基于生态学开展的哈伯德溪 (Hubbard Brook) 流域研究标志着一个起点，长期生态研究项目 (long-term ecological research programs，LTERPs) 由此开始，并在20世纪80—90年代增进了对于一个有生命、多层次景观本身具有的关键动态过程的认知，愈发令人意识到生态系统是一个结构功能彼此关联、依赖于尺度的复杂开放系统 (Bormann and Likens，1979)。[1]

1　这项开创性研究的后续工作，可参看 http://www.hubbardbrook.org。

动态生态系统模型是生态学领域一项重要的发展，它突破了 20 世纪占据主导地位的传统线性模型，而韧性正是这一发展中出现的一个重要概念。线性模型是基于生态演替过程，主张生态系统会稳定地逐步达到顶点状态，除非是受到系统外力量的干扰，生态系统在常态下不会脱离这种稳态。[1] 一个典型的例子是原始森林，原始森林成熟后就会一直保持在这个状态，且任何偏离这种状态的情况都被视为反常。但现在我们知道，不仅系统本就内嵌有变化因素，而且在一些情况下，生态系统更依赖于变化以实现增长和更新。例如，赖火型森林中的一些树种，需要在燃烧的极高温条件下才能释放、传播种子，进而实现整个森林的更新，有时在一场大火之后还会有新的树种补充进来。建立在全球多种环境条件下的长期研究的基础上，动态生态系统模型主张，所有生态系统都要经过包括有四大常见阶段的反复循环，即，快速增长、保持、释放和再组合。这一总括性的模式，对于生态系统是如何随时间进行自我组织、应对变化，做出了一个有力的概念性描述，这也被称为适应性循环或"8"字形霍林图（Holling Figure 8）。[2] 每个生态系统的适应性循环都是不同的，且适应其各自所处环境的；每个系统如何自一个阶段转化到另一个阶段，均取决于其各自的规模、环境、内部联系、灵活性和韧性等要素（图 13.5、图 13.6）。

　　生态系统是在恒久发展的。但伴随着速度或快或慢、规模或大或小的变化，生态系统的发展也往往是不连续或不规律的。虽然一些生态系统呈现稳态，但这种稳定绝不可等同于数学意义上的稳定，而更多的是一种肉眼可见的稳定或者有限时间内的停滞感。C. S. 霍林率先在资源管理领域提出这一概念，将生态系统描述为"不断变化的稳态马赛克"，喻指稳定是不均匀的且依赖于尺度的，它既非恒定，亦非一种超越时间和空间、具有全局意义的现象（Holling，1992）。关键在于，生态系统是在多种范畴下运行的，其相关联程度或松散或紧密，各有不同，但均受制于不同速率、

1　演替是指一个生态系统的群落逐渐为另一个生态系统所取代的过程。

2　适应性循环最早出现在 Holling（1986），在 Gunderson and Holling（2002）中修改，并在 Reed and Lister（2014）中进一步讨论。

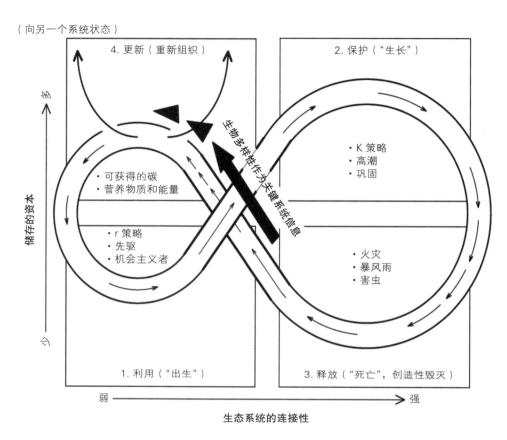

（向另一个系统状态）

4. 更新（重新组织）

2. 保护（"生长"）

多

少

储存的资本

可获得的碳
营养物质和能量

生物多样性作为关键系统信息

· K 策略
· 高潮
· 巩固

· r 策略
· 先驱
· 机会主义者

· 火灾
· 暴风雨
· 害虫

1. 利用（"出生"）

3. 释放（"死亡"，创造性毁灭）

弱 ——————————————————→ 强

生态系统的连接性

图 13.5　生态系统动力学和适应性循环：修订版"8"字形霍林图。生态学家 C. S. 霍林的生态系统发展动态循环是生态学中复杂系统视角的基础

资料来源：基于沃纳 – 特夫斯等（Walner-Toews et al.，2008：97）、霍林（Holling，2001：390–405）修改。

不同条件下的变化。一个我们视为人类生命周期内稳定的生态系统，从一个更长远的时间尺度上来看，可能是转瞬即逝的，这种认识将深刻启发我们如何为这一生态系统进行管理、规划或设计工作（图 13.7）。

　　稳定性、变化和韧性三者之间存在着非常重要的联系，即任何一个生命系统内在的属性及其所独有的适应性循环中的一项功能。起源于心理学、生态学和工程学的"韧性"概念，同时具有启发和经验两个维度。当作为一个启发性或指导性的

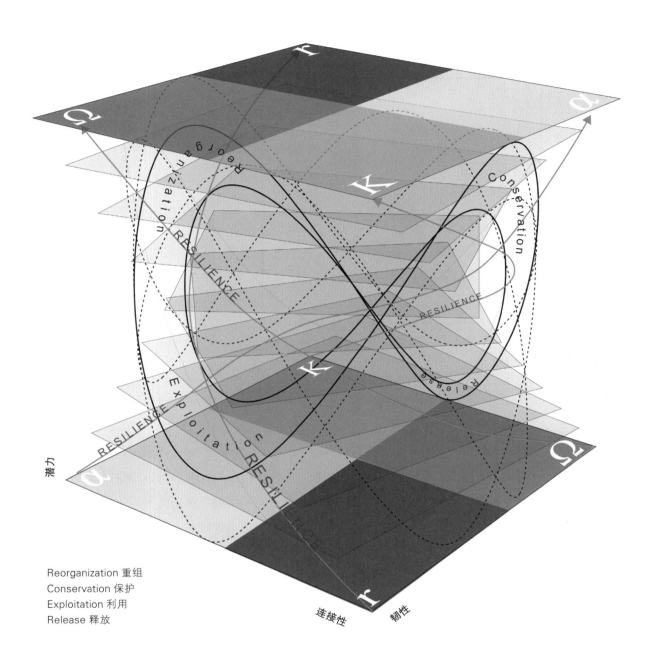

图 13.6　在此将韧性可视化为适应性循环的职能之一：修订版 "8" 字形霍林图，由托马斯·福尔奇（Tomás Folch）、克里斯·里德和尼娜 – 玛丽·利斯特重新解读

资料来源：里德和利斯特（Reed and Lister，2014：278）。

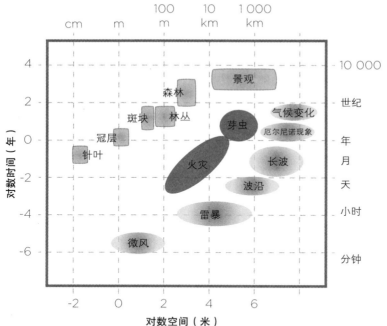

图 13.7 由此可跨过多重时空尺度观察生态系统动力学

资料来源：玛尔塔·布罗基根据霍林（Holling，2001：393）重绘。

概念时，韧性是指生态系统所具备的一种能力，使之能够应对变化，将其吸纳进普遍的环境条件中，并在变化引发的一系列事件过后，恢复到一个可识别的稳定状态（或一组常规的周期性状态），在其中这一生态系统依然保留着它大部分的结构、职能和生态反馈信息。而当作为一个工程学中的经验性观念时，韧性则成为一个比率，即一个（通常是小规模且已知各个变量的）生态系统在变化导致的一系列事件后，能够在多大程度上恢复到一种已知的、可识别的状态，包括其结构和功能。这些变化所引发的事件，往往被视为"干扰"，C. S. 霍林则颇有策略地用通俗的语言将其称为"惊喜"，因为这些"干扰"其实是生态系统正常的动态变化中不可分割的一部分，而由于它们无法预测，因此才会造成整个系统的突发中断（Holling，1986）。例如，其中包括森林火灾、洪水、虫害和季节性风暴等。

生态系统在某个尺度上经受住突发变化的能力这种说法就假定了该系统的行为始终不越雷池，保持在一个容纳着初始稳态的稳定体系中。但是，一个生态系统突然从一种运转体系转换到另一种体系时（在再组合阶段中，系统状态间的转换也被称为"体系转换"），就需要更为具体地评估生态系统的动态。在这样的语境下，生态韧性就是指将一个生态系统从一个状态转换到另一个状态下，且因此需要一整套与前不同的职能和结构来加以维持所需要的变化或干扰的量的衡量标准（Holling，1996）（图 13.8—图 13.10）。[1] 韧性的两个微妙的层面均是非常重要的，因为要定义何为"正常"条件以及多大规模、怎样程度的变化才是相应可接受的，这其中内在固有的社会文化及经济挑战都由这两个层面勾勒了出来。

　　了解我们所处的生态系统已十分关键，并且由于生态系统固有的不确定性，我们将综合多种认识方法：体验、观察和经验主义。固然，任何生态系统都可能存在多个状态，也就不存在某一个"正确"状态了——那就只是任由我们来选择助长或阻止某些状态了。很显然，这已不是科学问题了，而是社会、文化、经济和政治等维度上的问题，也是设计和规划上的问题。韧性研究已极大推动了生命系统内在矛盾的探索——稳定性与扰动之间、恒定性与变化之间、可预测性与不可预测性之间的张力以及这些张力对于土地的管理、规划和设计的诸多启示。简言之，韧性正如布

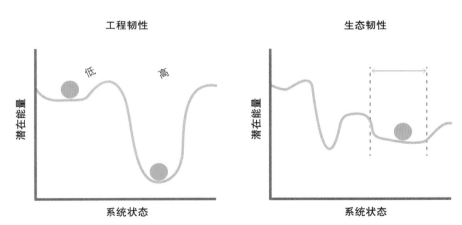

图 13.8　两种相对立的"韧性"观点：左图是封闭系统内的工程学韧性（不确定性有限且变量已知）；右图则是开放系统内的生态学韧性（不确定性内生固有且有无穷多个变量）

资料来源：尼娜－玛丽·利斯特、玛尔塔·布罗基根据霍林（Holling，1996：35）重绘。

1　之后沃克等（Walker et al.，2004）进一步发展，参见 http://www.ecologyandsociety.org/vol9/iss2/art5。

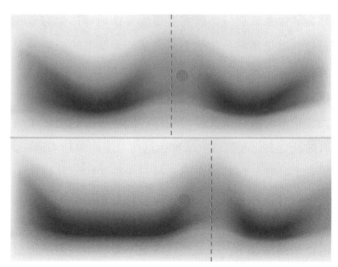

图 13.9　韧性作为社会生态系统环境条件的职能之一，被形象化地描绘为一个置于正在变化的槽里的（红色）圆球。这个槽代表着职能、结构和反馈相类似的一组状态。虽然红球的位置保持不变，但周围环境条件的变化依然会导致红球的状态发生改变

资料来源：玛尔塔·布罗基根据沃克等（Walker et al., 2004）重绘。

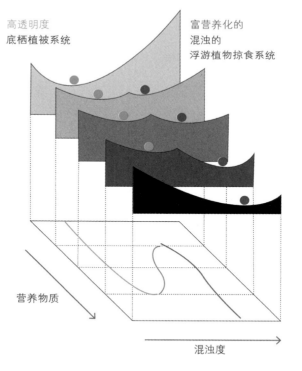

图 13.10　这张生态学复杂系统视野的早期图解将一个淡水生态系统中的多种状态视觉化——这些状况都是可能发生的

资料来源：来自詹姆斯·J. 凯伊（James J. Kay）1994 年于滑铁卢大学"工程系统设计"课程上的草图。玛尔塔·布罗基根据凯伊和施耐德（Kay and Schneider, 1994）重绘。

莱恩·沃克所称，"很大程度上是关于要学习如何改变以不被改变。"[1]

三、从修辞到策略：迈向韧性设计

近年来，应用生态学已聚焦于努力理解：我们视什么样的生态系统状态为稳定的？它们是在什么规模上运行的？以及我们能够如何利用它们？重要的是，我们要认识到稳定性既可以是积极的，也可以是消极的，同变化一样没有笼统的好坏之分。因此，设计者们一方面极力促成一个称心如意的稳态（譬如大多数市民均可获取的食物或保持健康状态等），却又同时希望避免一些病态稳定（譬如长期失业、战争状态或一个独裁政体等）。这一思路对管理、规划和设计有着重要意义，因为它基于这样一种认识，即人类并不是生态系统的局外人，而不如说是生态系统延伸过程中的参与者和生态系统设计的代理人。

由是论之，城市生态学这一科学分支在 20 世纪 90 年代发展起来，成为韧性研究的一片新天地（Pickett et al., 2004）。城市设计、环境规划和景观建筑等相关实践交叉渗透进了设计与规划工作，进而推动城市更加健康发展，城内连片的自然景观也能繁荣起来。诸如威廉·克洛宁（William Cronin）、卡洛琳·麦茜特和戴维·奥尔（David Orr）等环境学者的研究成果，同安妮·惠斯顿·斯本、弗雷德里克·斯坦纳、詹姆斯·科纳等景观建筑学家一道，有效地将自然吸纳入城市理念当中，挑战了人类对抗自然的分层二元论（Cronin, 1996；Merchant, 1980；Orr, 1992；Spirn, 1984；Steiner, 1990；Corner, 1997）。曾经彼此割裂的"城市"与"乡村"两大概念由此逐步缠结交融，城市与自然的边界变得模糊（图 13.11）。

城市与自然边界的模糊，加之当代生态学视自然为一种复杂的、动态的、注重多样性且以不确定性为常态的开放系统的研究范式，标志着一个重大突破，破除了生态决定论及其关于自然平衡的错误观念产生的对恒久稳态的盲目追求（Ellison，

1　布莱恩·沃克有关韧性的观点，参见 https://www.project-syndicate.org/commentary/what-is-resilience-by-brian-walker（July 5，2013）。

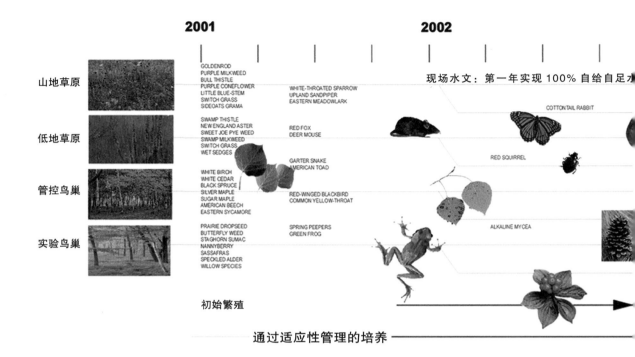

图 13.11　多伦多唐士维公园的适应性管理示意，展示了物种组成的变化，从最初的繁殖逐步增加复杂性，实现自我管理和长期可适应性

资料来源：詹姆斯·科纳景观设计事务所、斯坦·艾伦（Stan Allen）及尼娜 – 玛丽·利斯特绘制，1999 年。

2013）。文化生态与自然生态不断融合，这一过程为韧性开辟了思想和实践的双重发展空间，同时新的设计领域也通过社会生态系统科学的跨学科研究而得以形成发展，人类处于自然之内而构成的耦合系统在这一设计领域之中实为常见。[1]

　　那么，追求韧性的设计究竟是什么样子？为了达致韧性这个目标，规划者和设计师需要采取哪些手段？要开创一个设计模式，需要总结出适应性复杂系统的关键

1　以案例分析为支撑的社会—生态系统科学的发展，参见 Gunderson and Holling（2002）、Berkes et al.（2002）和 Waltner-Toews et al.（2008）。

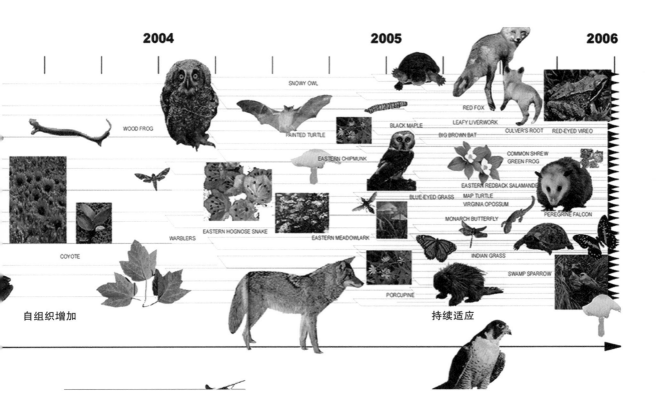

原则，特别是韧性的一些关键原则。[1] 首先，变化可以在规模上有大有小、速率上有快有慢，这就意味着跳出时空上的某种单一尺度、运用多种工具来理解生态系统至关重要。可论，理解变化缓慢的变量往往比理解快速变化的变量更为重要，因为前者为我们有一定距离、安全地研究变化提供了必要的稳定性。话虽如此，某种统一的、万应锭般的研究入手处或理想的有利研究角度是不存在的。关键在于，要从多个角度，运用多种认识方法及工具，了解、描述进而分析整个系统。如果不确定性

1 这些原则的相关版本被描述为不同的系统属性、原则和特征，详见 Gunderson and Holling（2002）、Waltner-Toews et al.（2008），最新的成果可见 Walker and Salt（2012）。

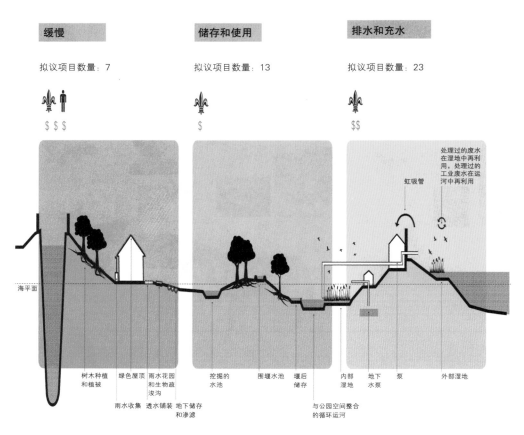

缓慢	储存和使用	排水和充水
拟议项目数量：7	拟议项目数量：13	拟议项目数量：23
$ $ $	$	$$

海平面

处理过的废水在湿地中再利用，处理过的工业废水在运河中再利用

虹吸管

树木种植和植被 绿色屋顶 雨水花园和生物疏浚沟

雨水收集 透水铺装 地下储存和渗滤

挖掘的水池 围堰水池 堰后储存

内部湿地 地下水泵 泵 外部湿地

与公园空间整合的循环运河

图 13.12　2010 年《大新奥尔良地区城市水体规划》提出了一种水体管理策略及其对景观基础设施的影响
资料来源：多伦多大学景观工作室 II 的学生 T.毕夏普（T.Bishop）、S.麦克莱恩（S.MacLean）、R.菲利克斯（R.Felix）、V.曼尼卡
（V. Manica）、A.林尼（A.Linney）和 K.斯特朗（K.Strang）绘制，2014 年。

依然不可削减，可预测性又多受限制，那么，传统意义上的专家所能发挥的作用也很有限——而设计者的角色更类似于一名协调员或一名管理员（图 13.12、图 13.13）。

其次，跨尺度的连结性或模块化非常重要，而反馈环应当既张且弛。具有韧性的系统不需要连结紧密，否则系统在遭遇变化快、破坏力大的剧变之下难以幸存。例如，小孩子需要在一定程度内接触病毒，以产生相应的免疫力；但也不能接触过密，否则会威胁到孩子的长期健康。同理，韧性设计与规划的方针思路必须在结构和功能层面上考虑到新奇现象及冗余的产生。为帮助理解，以公园内的道路系统为

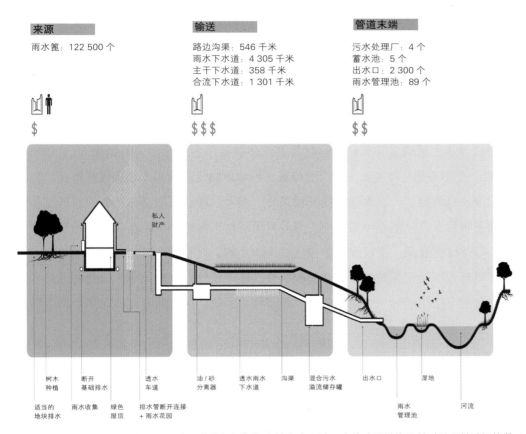

来源
雨水篦: 122 500 个

输送
路边沟渠: 546 千米
雨水下水道: 4 305 千米
主干下水道: 358 千米
合流下水道: 1 301 千米

管道末端
污水处理厂: 4 个
蓄水池: 5 个
出水口: 2 300 个
雨水管理池: 89 个

$

$ $ $

$ $

私人
财产

树木   断开   透水   油 / 砂   透水雨水   沟渠   混合污水   出水口   湿地
种植   基础排水   车道   分离器   下水道   溢流储存罐

适当的   雨水收集   绿色   排水管断开连接   雨水   河流
地块排水   屋顶   + 雨水花园   管理池

图 13.13   2003 年《多伦多市雨季流量总体规划》提出地表水和地下水的改进措施及其对景观基础设施的
            影响

资料来源: 多伦多大学景观工作室 Ⅱ 的学生 T. 毕夏普等绘制, 2014 年。

例: 道路彼此互联互通, 主辅路有别, 层级分明, 易于辨认, 高效便捷, 但道路连
结又不至于过于紧密, 以至于威胁到动植物环境, 抑或道路曲折回环, 难辨难识,
又或有碍于行人的自然探索。

　　再次, 一个生态系统尽管仅能在某一些状况下运转, 但并不存在一个唯一正确的
状态。在适应性循环中, 重要的是, 要确认所研究的系统正处于循环中的哪个环节,
从而使决策者、规划者和设计师能够逐渐掌握规律,（如果无法做到预测, 仍可）预感
到变化。最终, 某个阶段内所感知到的稳定性终将结束, 而系统将会进入适应性循环

的下一个新阶段。一个能够容纳系统在各个发展阶段的振荡态或变化态的非线性设计思路，将有力地推动变化。例如，设计、规划季节性潮没景观，或邻近某一水势坡降短期内快速变动的水域开展规划设计，都是值得一试的（图 13.14、图 13.15）。

最后，多样性是韧性系统的根本所在，而其内所固有、不可削减的不确定性也同等重要。成功的韧性设计方案，应当通过现场开展"安全失效"的实验和生态反馈研究方法，采取多种策略，同时要避免那些自以为万无一失的错误方法（Lister，2008）。个中差别，事关重大，因为传统工程学依赖于准确预测和确定性概念，为故障安全设计假定了一个理想化的环境条件。然而，在具有生态、社会的双重复杂性的动态条件下，这绝无可能实现，因为可预测性至多也仅可能存在于一个观察尺度中。即便仅仅就某一个尺度有着穷尽微末的了解，并心无旁骛地开展专项管理，也仍然可能损害一个系统的整体功能和韧性。还原论针对"升尺度"的警告，是将在某一尺度下所得的知识，推而广之应用到整个系统，这当然不可能在多个尺度嵌套

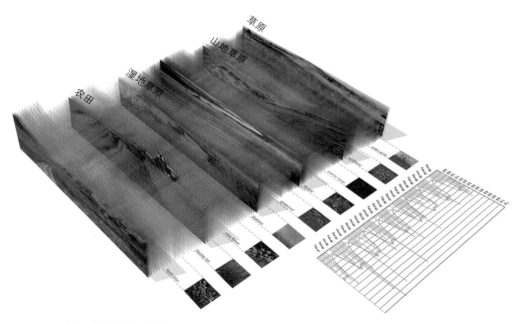

图 13.14　乳草属植物生态环境的动态演替

资料来源：里德和利斯特（Reed and Lister，2014：281）。图片由克里斯托弗·图西奥（Christopher Tuccio）绘制，2008 年。

群体导航 / 灌木丛矮化

野营地点 / 松树林多样化

暂歇地 / 筑巢区

洪水 / 沙丘间湖泊发育

树木种植 / 森林修补

军火爆炸 / 移动沙丘

火灾训练 / 荒地再生

100

0

图13.15 为马萨诸塞州军事保护地提出的非线性生态环境管理，显示生态自然演替各个阶段的动态利用

资料来源：里德和利斯特（Reed and Lister，2014：358）。图片由吉内瓦·沃思（Geneva Wirth）绘制，2008 年。

图 13.16 多伦多唐河低地项目总体规划将唐河外溢流量通过"洪水友好"的景观引入安大略湖

资料来源：斯托斯城市景观公司，2007 年。

其中的复杂系统中奏效。例如，支持并促成韧性的设计和规划策略，应当以其各个属性建立模型范式，使用模拟生态结构和功能的、具有生命力的基础设施，设计它们并跟进测试与监测，如此一来，针对变化条件的学习和适应机制就此建立在设计当中了。而当实验性设计失败时，这种失败应当是安全的、小规模的，不至于影响长期的健康发展（图13.16）。

上述这些以及其他新兴的韧性设计思路往往映射出奠定韧性设计基础的诸多理论转变所具备的各大特征。这些设计思路通常是跨学科的，融建筑学、工程学、生态学乃至更广义的艺术和科学于一炉。这些学科在不同的规模和尺度之间交叉"授粉"，并以令人讶异的新奇方式相互"杂交"。具有生命力的"蓝色""绿色"基础设施越来越多地得以采用，它们可以软化海堤，固沙培土，开辟屋顶栖息地，洁净雨洪，吸纳洪水，保护动物穿行高速路的交通安全等等，这一切现象，足以乐观地昭示新一派景观设计者和规划师的诞生；他们创造性的作品模仿、复制并展现我们赖以生存且不断从中汲取灵感的生命系统（图13.17—图13.21）。当然要达致韧性，需要有精巧微妙又审慎小心的设计和规划思路：这一思路是充分配合其所在环境的，清晰可辨，精细入微且能做出及时反馈，规模

图 13.17　多伦多市唐河河谷和长青砖厂（Evergreen Brick Works）正在使用的蓝色和绿色基础设施。这个全球绿色城市中心占地 17 公顷，位于加拿大第一大城市多伦多市中心的一个后工业园区

资料来源：照片来自多伦多市和区域保护管理局（Regional Conservation Authority），2013 年，照片使用已获长青砖厂授权。

图 13.18　紧邻多伦多唐河的科克敦公地（Corktown Common）在设计中包含了一块湿地，通过下渗和保水的设计，使其成为"洪水友好"的景观。由迈克尔·范·沃肯博格景观设计事务所设计

资料来源：尼古拉·贝茨（Nicola Betts）拍摄，2015 年。

图 13.19　谢尔伯恩公地（Sherbourne Common），位于安大略湖岸，公园的雨水过滤和处理设施结合了水景艺术。这里是蓝色和绿色适应性基础设施设计的范例，使变化的水文条件变得易于识别

资料来源：水畔多伦多（Waterfront Toronto）拍摄，2011 年。

图 13.20　这个野生动物迁徙陆桥通过灵活的结构和适应性的景观管理方法，为缓解生境破碎化提供了新思路。这一设计强调对土地的最少破坏以及容易建造、整合与开发的原则，从而能够随着动物迁徙压力的变化而进行扩张或改造

资料来源：HNTB 和迈克尔·范·沃肯博格景观设计事务所绘制，2010 年。

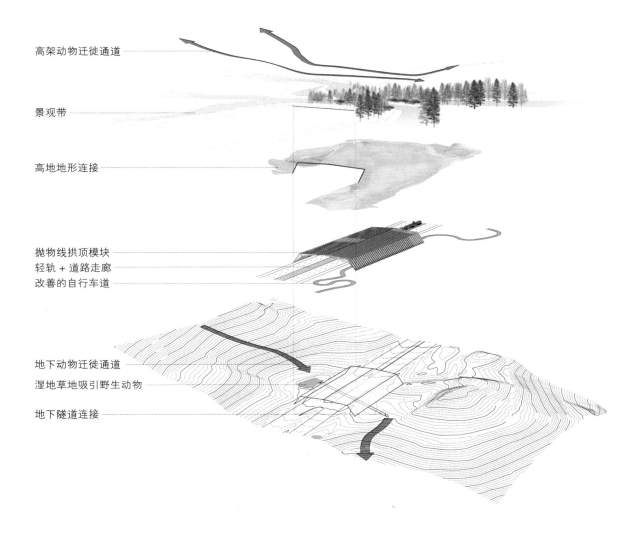

高架动物迁徙通道

景观带

高地地形连接

抛物线拱顶模块
轻轨 + 道路走廊
改善的自行车道

地下动物迁徙通道
湿地草地吸引野生动物
地下隧道连接

图 13.21　**叠置两个世界（Stacking Two Worlds）：** 这里为大型哺乳动物设计的陆桥和隧道整合系统由预制混
　　　　凝土拱门组成，铰链与拱顶模块能够适应多种场地条件和种植设计

资料来源：HNTB 和迈克尔・范・沃肯博格景观设计事务所绘制，2010 年。其他案例请见 http://www.arc-solutions.org。

虽小，但聚沙成塔，有着巨大的集聚效应。带着这样的体悟，参与到应对变化的设计与规划当中，我们已经开始形成一种韧性文化，培养迈向长期可持续繁荣（而不仅仅只是生存）所需的适应和转型能力——而山重水复的景观千变万化，你我始终与共。

参考文献

[1] Berkes, F., N. C. Doubleday, and G. S. Cumming, "Aldo Leopold's Land Health from a Resilience Point of View: Self-Renewal Capacity of Social–Ecological Systems," *EcoHealth*, Vol. 9, No. 3 (September 2012): 278–87.

[2] Berkes, Fikret, Johan Colding, and Carl Folke, eds., *Navigating Social-Ecological Systems: Building Resilience for Complexity and Change* (New York, NY: Cambridge University Press, 2002).

[3] Bormann, F. Herbert, and Gene Likens, *Pattern and Process in a Forested Ecosystem* (New York, NY: Springer-Verlag, 1979).

[4] Carson, Rachel, *Silent Spring* (New York, NY: Houghton Mifflin, 1962), 297.

[5] Chandler, Tetrius, *Four Thousand Years of Urban Growth: An Historical Census* (Lewiston, NY: St. David's University Press, 1987).

[6] City of Toronto, *Impacts from the December, 2013 Extreme Winter Storm Event. Staff Report to City Council* (January 8, 2014): 2.

[7] Corner, James, "Ecology and Landscape as Agents of Creativity," in Thompson, George F., and Frederick R. Steiner, eds., *Ecological Design and Planning* (New York, NY: John Wiley & Sons, 1997), 80–108.

[8] Corner, James, "Recovering Landscape as a Critical Cultural Practice," in Corner, James, ed., *Recovering Landscape* (Princeton, NJ: Princeton Architectural Press, 1999), 1–26.

[9] Cronin, William, ed., *Uncommon Ground: Rethinking the Human Place in Nature* (New York, NY: W. W. Norton, 1996).

[10] Dale, Ann, *At the Edge: Sustainable Development in the 21st Century* (Vancouver: University of British Columbia Press, 2001).

[11] Davenport, Coral, "Nations Approve a Landmark Climate Deal: In France, Consensus on a Neew to Lower Carbon Emissions," *The New York Times* (December 13, 2015): 1 and 19.

[12] Ellison, Aaron, "The Suffocating Embrace of Landscape and the Picturesque Conditioning of Ecology," *Landscape Journal*, Vol. 32, No. 1 (September 2013): 79–94.

[13] Gillis, Justin, "Healing Step, If Not a Cure: An Accord Recognizes Its Own Shortcomings," *The New York Times* (December 13, 2015): 1 and 19.

[14] Gillis, Justin, Coral Davenport, Melissa Eddy, and Sewell Chan, "Agreement's Careful Language on Curbing Emissions," *The New York Times* (December 13, 2015): 18.

[15] Gunderson, Lance, and C. S. Holling, eds., *Panarchy: Understanding Transformations in Human and Natural Systems* (Washington, D.C.: Island Press, 2002).

[16] Holling, C. S. "Resilience of Ecosystems: Local Surprise and Global Change," in Clark, W. C., and Edward (Ted) Munn, eds., *Sustainable Development of the Biosphere* (Cambridge, UK: Cambridge University Press, 1986).

[17] Holling, C. S., "Cross-scale Morphology, Geometry and Dynamics of Ecosystems," *Ecological Monographs*, Vol. 62, No. 4 (December 1992): 447–502.

[18] Holling, C. S., "Engineering Resilience versus Ecological Resilience," in Schulze, P. C., ed., *Engineering within Ecological Constraints* (Washington, D.C.: National Academy Press, 1996), 51–66.

[19] Holling, C. S., "Resilience and Stability of Ecological Systems," *Annual Review of Ecology and Systematics*, Vol. 4 (1973): 1–23.

[20] Holling, C. S. "Understanding the Complexity of Economic, Ecological, and Social Systems", *Ecosystems*, Vol. 4, No. 5 (August 2001).

[21] Intergovernmental Panel on Climate Change, IPCC Fifth Assessment Report (AR5) (Geneva, Switzerland: IPCC, 2013).

[22] Johnson, A. R., "Avoiding Environmental Catastrophes: Varieties of Principled Precaution," *Ecology and Society*, Vol. 17, No. 3 (September 2012): 9.

[23] Kay, James J. and Eric Schneider, "Embracing Complexity: The Challenge of the Ecosystem Approach," *Alternatives Journal*, Vol. 20, No. 3 (July 1994): 32.

[24] Lister, Nina-Marie E., "Sustainable Large Parks: Ecological Design or Designer Ecology?" in Czerniak, Julia, and George Hargreaves, eds., *Large Parks* (Princeton, NJ: Princeton Architectural Press, 2008), 31–51.

[25] Mathur, Anuradha, and Dilip da Cunha, *SOAK: Mumbai in an Estuary* (Mumbai, India: Rupa & Co., 2009).

[26] Merchant, Carolyn, *The Death of Nature* (San Francisco, CA: Harper and Row, 1980).

[27] Odum, Howard T., *Systems Ecology: An Introduction* (New York, NY: John Wiley & Sons, 1983).

[28] Orr, David, *Ecological Literacy: Education and the Transition to a Postmodern World* (Albany: State University of New York Press, 1992).

[29] Pickett, S. T. A, M. L. Cadenasso, and J. M. Grove, "Resilient Cities: Meaning, Models, and Metaphor for Integrating the Ecological, Socio-economic, and Planning Realms," *Landscape and Urban Planning*, Vol. 69, No. 4 (October 2004): 369–84.

[30] Reed, Chris, and Nina-Marie E. Lister, eds., *Projective Ecologies* (Cambridge, MA: Harvard University Graduate School of Design and New York, NY: Actar Publishers, 2014).

[31] Robinson, Pamela, and Chris Gore, "Municipal Climate Reporting: Gaps in Monitoring and Implications for Governance and Action," *Environment and Planning C: Government and Policy*, Vol. 33, No. 5 (October 2015): 1058–75.

[32] Rydin, Yvonne, and Karolina Kendall-Bush, "Megalopolises and Sustainability" (London, UK: University College London Environment Institute, 2009).

[33] Spirn, Anne Whiston, *The Granite Garden: Urban Nature and Human Design* (New York, NY: Basic Books, 1984).

[34] Steiner, Frederick R., *Design for A Vulnerable Planet* (Austin: University of Texas Press, 2011).

[35] Steiner, Frederick R., *The Living Landscape* (New York, NY: McGraw-Hill, 1990).

[36] Waldheim, Charles, ed., *The Landscape Urbanism Reader* (Princeton, NJ: Princeton Architectural Press, 2006).

[37] Walker, Brian, and David Salt, *Resilience Practice: Building Capacity to Absorb Disturbance and Maintain Function* (Washington, D.C.: Island Press, 2012).

[38] Walker, Brian, C. S. Holling, Stephen R. Carpenter, and Ann Kinzig, "Resilience, Adaptability and Transformability in Social–ecological Systems," *Ecology and Society*, Vol. 9, No. 2 (December 2004): 5.

[39] Waltner-Toews, David, James J. Kay, and Nina-Marie E. Lister, eds., *The Ecosystem Approach: Complexity, Uncertainty, and Managing for Sustainability* (New York, NY: Columbia University Press, 2008).

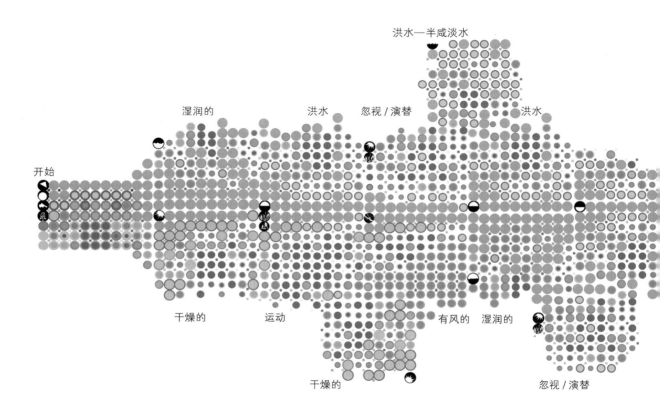

洪水—半咸淡水

湿润的　　　　洪水　　忽视 / 演替　　　　洪水

开始

干燥的　　　运动　　　　　有风的　湿润的

干燥的　　　　　　　　　忽视 / 演替

NATURE AND CITIES

第十四章　设计与规划中的预警生态学 [1]

克里斯·里德

生态学已是设计思维和设计实践的中心环节，它无处不在。无论是在设计领域期刊和主流出版社中，在大学校园，还是在更加广大的全球范围内，有关适应性、演替和自我维持系统的讨论都流行一时。30 年前生态学思想中一个非常激进的观点现在已经被视作理所应当：适应性系统和演替景观的思维越来越多地嵌入设计实践中；环境的可持续性才合乎规矩、紧跟潮流；"生态学"是种时尚——一切都是生态学。

所以这就足够了吗？仅仅因为我们对这个概念的滥用和肆意拓宽，我们是否就已经充分挖掘了生态学这种增益设计思想和实践的关键潜能了呢？这种对于生态学及其动态演变的接纳——或许仅仅是不加批判的挪用——是否标志着这方面研究已走到尽头？抑或我们仍有更多的事情需要去做？更为重要的是，我们如何批判性地评估我们的当前定位和发展趋势？我们将如何重新设定标准，更加深入地研究，或仅仅是——带着更全面而深入的知识储备——像原先那样继续前行？

在过去的 30 年间，生态学的领域已经发生转向，从经典意义下对于稳定性、确定性和秩序的关注，转向了对于动态演变及适应性、韧性和灵活性等相互关联的现象等一系列当代议题的认知。时移事迁，这些源于生态学思想的概念被调整修订为模型或隐喻，从而应用于文化生产，具体而言就是设计艺术，而且通过一系列设计

1　本章主要改编自 Reed and Lister（2014）、Reed（2012）、Mostafavi and Christensen（2012），同时还要感谢我的研究助理考特尼·古德（Courtney Goode）耐心、杰出的工作。

图 14.1　位于马萨诸塞州西丹尼斯的巴斯河公园，一个可持续的生态公园（2010），根据环境条件的变化而产生响应

资料来源：斯托斯城市景观公司 / 里德、托马斯·福尔奇和梅根·斯图德（Megan Studer）设计。

训导，它们的内涵也被一批卓越的理论学者和从业人员大大丰富了。在这个大背景下，景观建筑学预设了一种独特的学科和实践空间，它既是生态学知识衍生出的一种应用学科，同时也是人们应对变化的一种建构框架——特别是在可持续性框架下——又是文化生产或设计的一种概念化模型（图14.1）。

但是，对于大多数人来说，生态学不仅是自然科学的一个学科而已，众多研究者、理论学家和社会评论家，或将生态学当作一种更广义的理论概念，或视作一种关于政治、经济和社会影响各方面状况及其之间关系的隐喻，甚或将上述领域尽数扩充进生态学这个术语当中来。詹姆斯·科纳在20世纪90年代通过其著作、教学和实践宣称生态学是一个思想领域，是设计和创造力的媒介。他是首批提出这一观点的人之一。同时，他还不断扩展自己的观点：

> 生态学和创造力所呈现的进程对景观设计工作至关重要。无论是生物还是想象，进化还是隐喻，这些进程都是活跃的、动态的、复杂的，每个进程都倾向于增加互动整体的差异、自由和丰富性。这些变化因素没有终点，没有宏伟计划，只是朝着一个渐渐形成的未来逐步迈进。正是在这种富有成效和积极的意义上，生态学和创造力所呈现的不是固定和僵化的现实，而是运动、途径、发端和自主性，是生命在时间中展开的推动力。（Corner，1997）[1]

菲利克斯·瓜塔里（Félix Guattari，1930—1992）曾在《三种生态学》（*The Three Ecologies*，2005）中讲道，生态学总是绑定着社会和经济力量、人口统计、政治斗争和公众参与等一系列与环境有关的种种力量（Guattari，1989）。雷纳·班纳姆（Reyner Banham）论述过一种包含"地理学、气候、经济学、人口学、力学和文化"的综合体——唯有通过城市标志性的公路和高速路交通才能明确显露出来——这个综合体构成了洛杉矶大都市区的四种组织性"生态"（Banham，2001）。凯奇斯·巴内利斯（Kazys Varnelis）则将洛杉矶的"网络生态学"称为"内含环境减灾、土地利用组

1　作者曾在宾夕法尼亚大学（1992—1995年）作为科纳的学生兼研究助理。

织、交通和服务交付等一系列相互依赖的系统的集合"（Varnelis，2008）。

上述背景之下，准确估量当代生态学研究和理论的多样性，接受瓜塔里将生态同时视为环境、社会及存在主义概念的广义内涵，并推测具体设计实践的潜在路径，会是非常有用的。那么，当下的生态学思考和理论在哪里？现在的研究轨迹对未来的实践又有何启示？生态学和建模领域内的进步以及在社会理论、数字可视化领域的进步，又会如何引导更为严谨、更为坚实的设计理念与实践？

一、为什么是预警？为什么是生态学？

本章标题中，修饰词"预警"既重要又具有启发性，因为它明确指出生态学家为自然世界的实体和动态层面所构建的模型本质。在哈佛大学设计研究生院举办的"批判性生态学"（Critical Ecologies）研讨会上，斯图尔特·皮克特指出，生态学家所必须依赖的只是他们建构的生态系统概念模型，因为很少能在生态系统本身上测试他们的想法。换句话说，他们的模型是预警式的发明。术语"预警"意味着勇于创造和推测，通过科学家、设计师等用来帮助说明和构建想法的图纸及模型来实现。[1]

标题中的第二个词——"生态学（们）"[2]，则是充分认识到我们理解当代人文与自然生态系统所借助的生态学理论和应用研究的多元化之下的一种明晰表述。它从哲学、人文学科到社会科学和生物科学，几乎无所不包，应有尽有。景观生态学、人类生态学、城市生态学、应用生态学、演化生态学、复育生态学、深层生态学、地域生态学以及生态学的一般性理论（也被称作生态学的中性理论）等等，均是近几十年陆续出现的生态研究指向的专业领域，且仅是其中的一小部分。它们也继续引导我们思考动物与植物乃至物理、生物、文化和我们所存在的经验世界之间错综复

---

1 詹姆斯·科纳长期主张绘图与描述具有同样的建设性和预警作用，因为它们体现出业已形成的思维。参见 Corner（1999）。

2 复数形式"ecologies"意味着"生态学"并非单一的，而具有高度的多元化特征。——译者注

杂、互依互联的内在联结。重要的是，人们越来越多地意识到，这个世界是文化与自然的混合体，因而旧有的二元论被跨学科的思维方式、矛盾不定的协同效应、复杂的交互网络和不可思议的合作关系所取代。

尽管仍然是初级阶段，但是把这些思想转化为实践的种种尝试，已经广布于各个学科了。复杂的适应性系统理论已被愈发广泛地接受，从众多领域均可找到证据：它们出现在商业领域（从管理学理论到社会企业家精神，再到网络组织）、教育领域（特别是集体学习）、工程领域（从系统设计到异步计算程序）和文化生产领域（特别是数字媒体设计）。除此之外，致力于复杂系统、突现和不确定性研究的跨学科智库与科研机构已经不断涌现，其中包括哈佛大学的怀斯研究所（Wyss Institute）；位于南卡罗来纳查尔斯顿的可持续性研究所（Sustainability Institute）；圣塔菲研究所（Santa Fe Institute）；位于得克萨斯奥斯汀的最大潜能建筑系统中心（Center for Maximum Potential Building Systems）；伊利诺伊大学香槟分校的复杂网络研究中心（Center for Complex Network Research）等。这些研究机构以及它们的研究与推论，均指向一条信息更加多源、民主化程度更高的生态学思想之路。

二、自然科学的试金石

生态系统生态学的源头可以追溯到 20 世纪 50 年代中叶尤金·奥德姆和霍华德·奥德姆兄弟的研究。经过艰苦探索，这两位动物学家发表了生态学领域的第一部英文著作——《生态学基础》（*The Fundamentals of Ecology*，1953）（Odum and Odum，1953）。他们的研究工作深入探究了生态系统中的不同物种、能量和物质之间多种多样的相互联系，以及塑造生态系统的各种投入和产出，这些投入和产出又对更广的环境条件造成了反作用。但直到 20 世纪 60 年代，生态学才被真正确立为一门独立学科。这得益于蕾切尔·卡森的标志性作品《寂静的春天》一书所推进的现代环境保护思想兴起（Carson，1962）。

在加拿大西部工作的研究者 C. S. 霍林当时同样是一位重量级人物。他率先提出了"韧性"的观点并阐释了这一概念在适应性管理实践当中的启示。他在

1971 年发布的关于新生态学和大规模资源管理学的论文引发了设计师与规划师等非科学人群对于自然环境动态性的新兴趣，同时也为他们提供了新的工作思路（Holling and Goldberg，1971）。C. S. 霍林是第一批充分认识到生态学新的动态理念将会极大地推动管理实践转型的学者之一，但他也预料景观并不会随时间发生剧变（图 13.6）。

理查德·福曼在 20 世纪 70—80 年代的研究是应用生态学发展新方向的范例。求学于宾夕法尼亚大学、执教于哈佛大学设计学院的福曼发展了对于生态系统的理解并创制了新的术语，比如今天称为矩阵、网或网络等概念以及相邻、重叠和并置等属性（Forman，1995）。他有关运动、交互关系和运转的标志性图示，完美契合了他对实体景观时效性的功能评估，并由此打破了一种传统的静态或理想化景观概念。

罗伯特·E. 库克（Robert E. Cook）题为"景观学受到启发了吗？生态学在景观建筑中的新范式和新设计"（Do Landscapes Learn? Ecology's New Paradigm and Design in Landscape Architecture，1999，未发表）的演讲和论文，更深层次推进了新范式的探索。"哈佛森林"（Harvard Forest）组织的戴维·福斯特（David Foster）有关城市的研究中，论述了扰动和变化为何也是生态景观内在固有的一部分。通过与景观界和设计界的直接对话，库克勾画出了同时将生态学新模型用于景观建筑学设计实践中具体机制和隐喻概念所能带来的一切可能性。比如厄尔·埃利斯（Erle Ellis，从事全球生物区新的人为分类学研究）、彼得·德尔·特雷迪奇（Peter Del Tredici，从事突现型和调整型城市植物的评估研究）等做出的研究成果也继续指出，人类只是运动中的生态系统牢牢俘获、无法逃脱的一份子。这两位作者都论述了人类和他们创造的景观之间或者植物的生物性适应和人类所占据的、已发生颠覆性剧变的城市环境之间无法挣脱的相互关联（Reed and Lister，2014）。[1]

1　设计师戴维·弗莱彻（David Fletcher）对这些主题以及彼得·德尔·特雷迪奇的著作和教学进行了深入研究，尤其是在文章"防洪怪论"（Flood Control Freakology）中，他谈到了洛杉矶河（Los Angeles River）压倒性的工程走廊及其周围出现的偶然但强健的自然生态和社会生态。这篇文章出自 Varnelis（2008），也转载在 Reed and Lister（2014）上。

三、借力人文学科的拓展

在科学家们正通过学术刊物或其他学科内独有媒体发表他们的初步成果时，一众人文学科研究者却开始探索这一新兴研究可能具有的社会和文化内涵。这些工作，面向各个学科背景的读者，将人与自然绑定在一起，并探讨人类无可挣脱地绑定于周围的世界意味着什么，而这个世界早已在此存在许久了，只是它一直超出了人类所及的视野，仿佛是人类世界之外的"另一个"自然。

丹尼尔·博特金是第一位将生态系统行为的新概念引入人文学科和流行文学出版社的科学家，他就此架起了自然科学与社会科学之间的桥梁。在他的重要作品《不协调的和谐：21世纪新生态学》（1990）一书中，他讲了很多迷人的故事，包括五大湖一座岛上的麋鹿、肯尼亚旷野上的象群以及新泽西州的古木林影等。这些故事凭借其实地证据，彻底颠覆了既有生态学的稳态模型（Botkin，1990）。博特金通过"神圣秩序""有机同志""大机器"等一些隐喻词汇记述了生态学和环境学中一系列概念的沿革，这些概念体现出了这些思想的文化根脉并同时揭示了其不足之处，旨在支撑一个包罗万象却又情景化的动态生态圈模型。在这个新模型中，人类被完完全全地卷入各种影响气候和生命的力量及动态变化之中，但我们实际遭遇的种种状况却均转瞬即逝——人类被困在无时不变又无可掌控的循环与动态变化中。重要的是，博特金认为我们的管理实践（包括在规划、政策过程、治理和日常活动中）必须适应新的科学世界观——那些强调秩序、控制和限制的原则将最终毁掉我们想要保护存续的一切。

其他人曾经极力质疑过那些古老的概念是否的确已经作古——如果真的如卡洛琳·麦茜特所说，自然事实上已死（Merchant，1980）。许多作者都主张，即使我们与自然界有着物理和生物意义上的双重联结——又即使我们的行为对我们周遭的世界有着独特甚至有时深远的影响——世上仍然存在一些超出人类理解能力的不可知、不可控要素。不管这是一种动物性，还是一种人类关于野生动物、野性乃至整个自然的认知，对于这些作者来说，明确认识到某种不可知事物的存在与不可知性并在思想中加以贯彻，是非常重要的——这种事物不论人类是否存在或者是否干预自然，都会出现并存在下去。

　　这方面最有力的研究之一就来自罗伯特·波格·哈里森（Robert Pogue Harrison）的著作《森林：文明进化中的阴影》（*Forests: The Shadow of Civilization*，1993），这本书陈述了许多文明试图与周围自然力量达成某种和解，同时也力图概念化与自然界的各种关系的努力（Harrison，1993）。依据意大利绘画技术的基本原则"明暗对照法"，一个前景元素（比如说一棵孤立的树）从背景中（比如说树林）通过一系列光影变化呈现出来，从而展现出彼此之间的关联（或者物理意义上的邻近关系）。哈里森主张，必须在与物质世界的动态关系中，各个要素才会变得明晰可见。或者换句话说，人与自然之间的鲜明对比必须通过一系列他们共有的元素才能描绘出来——这一内在认知就是说，我们必须采用一系列本质上"非常人类"的模型，才能真正探讨自然世界或生态环境。

　　尼尔·艾弗尔登（Neil Evernden）的著作《自然的社会创造》（*The Social Creation of Nature*，1992）同样富有深刻洞见。艾弗尔登追踪了全球范围内各个文明与自然世界之间的社会性（或哲学）的关系，提出一个简单的命名行为（"自然"）就是人们把物质世界（包括这世界里的恶魔及其不可控的特性）从人类世界中区别开的第一步。这是一种驯化行为，令人类既能与它相隔相断，又可对它施以控制。他指出"特质"一词，相对于可命名的事物，可能用于形容超出人类控制的事物："野性并不属于'我们'——事实上，那是唯一一种永远不可能属于我们的东西。它自主自愿，自行自立，对我们的规定与判断漠不关心。一个拥有野性特质的实体就属于它自己，而不属于其他任何事物（或人）。"（Evernden，1992）艾弗尔登"拯救世界即解放自然"坚持——仅仅是让自然自行其是而已——只被科学界所接受，这个社群倾向认为自然系统是动态的、开放的，因而摒弃了稳态与控制为主的思想。[1]

　　桑福德·昆特（Sanford Kwinter）在其 2008 年的论文"原始性：新城市主义的序言"（Wildness: Prolegomena to a New Urbanism）中将上述思想拓展到了建筑领域。文中，昆特提及对中央公园慢跑者的恶意袭击事件、越战期间的越共战术以及圣达菲研究

1　这一主题的其他作品见 Snyder（1990）、Oelschlager（1991）和 Cronon（1995）。

所的相关研究，以证明我们需要应对不受控甚至根本不可控的实体："'野生'是动物社会的逻辑（种群、族群和群落），是自然世界（风暴、地震、繁茂和灭绝）种种错综复杂与漫不经心，更是一种复杂的适应性整体系统，甚至包括那些完全的人造物也是如此。"昆特呼吁应当通过充分展现或维系混乱、非直接、开放及不确定性等特征的方式，重新定义设计项目乃至更为广义的城市设计项目："评估这些生态动力和结构；积极采用、评估、借鉴并转化大自然方方面面的形态形成过程；发明能够创造人工生物环境的人造工具。"（Kwinter，2008）昆特带给建筑学界的，其实是人文学科在过去十年中就已经提出的理念，但这一次有所不同的是，昆特用特有的建筑学语言将之表述了出来。

四、设计的思想与实践

在许多方面，生态学和规划的现代思想都要追溯到伊恩·麦克哈格 20 世纪 60 年代晚期到 70 年代早期的工作，包括他对自然资源（包括地理状况、土壤、水文和栖息地）的分析与评估，进而推断得出用于土地开发和人类使用的最佳区位与开发方式（McHarg，1995）。麦克哈格的思路给资源和系统赋予了量化值——而资源和系统此前一直被开发规划所忽视——他用于设计和规划的准则在全美乃至全世界的城市与区域规划人员当中广为流传。一些"马后炮"的批评称，他的方法论过于注重客观性，且有将景观要素过度物化为仅仅用来绘图和量化的物品；但瑕不掩瑜，麦克哈格的实践为规划思想开辟了互联性概念这一全新的道路，城市、郊区和自然世界都是互联互通的：那就要与自然共同设计。

麦克哈格在宾夕法尼亚大学发展壮大并领导了世界上最早的景观建筑学院和新兴的区域规划学科，这方面他的地位同样突出。他迅速成为设计和规划领域内的学术权威，他基于生态学方面的工作，推动制定了具有环境意识的开发战略的同时，也被环保主义者、规划师和开发商所广泛接受——这极大地改变了规划人员对自然系统的看法。然而，即使麦克哈格的思想开始成为主流，其他生态理念也仍在不断涌现并冲击了规划思维。如前所述，理查德·福曼的工作就认识到了蕴含在生

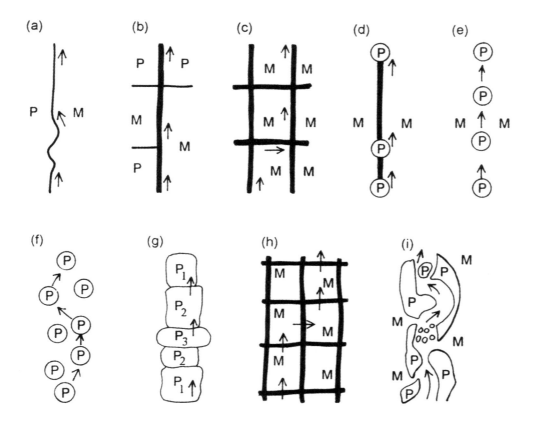

图 14.2　理查德·福曼的在毗连元素之间的运动
资料来源：理查德·福曼（Forman，1995：387）图 11.7。

态系统中动态和生命的本质——不仅是麦克哈格绘制出的那些自然元素，同时也包括自然世界的物质是如何支撑了生态运作及其物质互换的，比如水、种子和野生动物（图 14.2）。[1] 直至今天，仍有其他研究者在进一步发展这一思想，他们特别强调生态系统处在变化状态中，以从能量输入、资源和气候等方面适应那些或微妙或剧烈

1　我并不想过于简单化麦克哈格与福曼之间的诸多分歧，两人在各自工作上的探讨与记录方式均有所不同。但两人在宾夕法尼亚大学向同一批生态学家学习，受到了同样的思想影响，特别是罗伯特·麦克阿瑟（Robert MacArthur）的社区生态学思想。

的变化。[1] 设计师们也在不断留心关注这些变化。

20 世纪 80 年代，理查德·哈格（1923—）在毗邻华盛顿州西雅图市班布里奇岛（Bainbridge Island）上的布勒德尔保护区（Bloedel Reserve），细节备尽地记述了莫斯花园（Moss Garden）中林地的退化和组成情况，同时也详尽描述了极富简约美与抽象美的赫奇花园（Hedge Garden）中地下水的涨落状况——这一现象远远不限于公园和保护区。有意思的是，这两个花园都深深根植于传统的景观设计理念之中。然而它们却对于那些远超出规划师掌控、所含信息和内涵远大于这些项目空间的作用力和动态过程施加了全新的影响。

乔治·哈格里夫斯与哈格里夫斯联合设计公司的工作，以及被称作"大地艺术家"们极具启发性的工作，共同延伸了设计研究的边界。[2] 旧金山湾烛台角州立游憩区（Candlestick Point State Recreation Area）正是该公司的早期作品之一，它深度嵌入开放式的环境过程，较哈格的作品更加明确直接。项目地的水滨一线被打理一新，一片整洁翠绿的草坪轻吻着水波，这片草坪又延伸到海湾处石块密布、水涨潮落的潮汐区域——物理上和空间上，将水体（同时也夹带着各种各样的浮木屑、避孕套、动物骨骼、塑料瓶和垃圾）引入公园空间。尽管哈格的赫奇公园已经利用简约水面以形成环境循环而构成一个非常聚焦内部空间、精心构架的空间，哈格里夫斯的烛台角项目（1985—1993）则激烈地扭转了这种关系，把公园或花园的空间彻底开放，并将之付于旧金山湾这一更为宏大的自然力量加以塑造。

这些实验和思考并不是孤立的。迈克尔·范·沃肯博格在拉德克里夫学院的"冰墙"（Ice Walls，1988）实验中检验了水在不同状态下结冰、融化和可视化与时效性效果。雷姆·库哈斯大都会建筑事务所关于拉维莱特公园（Parc de la Villette，1982）的企划书中有这样一个设计：一排直线排列的树林被设计成一个季节性花园，两侧

---

1 许多生态学家和文章强调或阐明了这种转变，例如 Lister（2007）。

2 著名的"大地艺术家"及其作品，包括罗伯特·史密森的《沥青破旧》（Asphalt Rundown，1969）、《半埋的木棚》（Partially Buried Woodshed，1970）、《螺旋码头》（Spiral Jetty，1970），迈克尔·海泽（Michael Heizer）的《双重否定》（Double Negative，1969），以及南希·霍尔特（Nancy Holt）、詹姆斯·特瑞尔（James Turrell）和沃尔特·德·玛丽亚（Walter de Mariar）的多部作品。

各植两种生长季节相错的树种，两种树交替生长，创造出一种不断变化的植被和空间效果。也许最重要的是，米歇尔·德维斯涅（Michel Devisgne）和克里斯汀·达尔诺基（Christine Dalnoky）的早期工作提出了一些策略，在这些策略中，新种植的城市或工业森林的生长、演替和精心修整均可被视为将环境动态重新引入那些已经消除或至少被显著削弱了的场所和项目中去。德维斯涅的工作尤为卓著，其中人类的干预并未被刻意排斥；那些项目经过了精心策划，随时间推移，生态演替和人类使用均成为可能。在这方面，德维斯涅已经成功地（即使也有些含蓄）接纳了一种基于"共同"观念之上的动态系统视角，而非建构在"非此即彼"式解读之上固有的二元对立成见。

生态学思想和研究的转变及过程导向的设计实验，为设计和城市规划领域的批判性话语打开了一扇新世界的大门。斯坦·艾伦将与工程系统相伴而生的新生态学视作"材料实践"，更加注重"这些材料可以做什么"而不是"它们看起来像什么"（Allen，1999）。这一刻至关重要：艾伦明确引用了景观生态学家理查德·福曼的研究——将动态生态学运转和效用层面同新兴的设计理论结合了起来——将适应性复杂系统的讨论从环境保护和景观范畴当中剥离出来，转而将之置于设计领域话语体系和理论的核心位置。

斯坦·艾伦、詹姆斯·科纳和生态学家、规划师尼娜－玛丽·利斯特持续开展研究，在 20 世纪 90 年代中后期多伦多市唐士维公园竞标大赛中，设想搭建一种实体框架，用以传播新兴的生态学，即播种一个自然系统，令其随时间逐渐生长，复杂性日渐提高，适应性日渐增强。唐士维公园竞标简报本身就非常重要，其中对于大跨度时间表所做的准入解释、从项目自身演化上允许方案兼容难以避免的不确定性等，均具有很高价值。[1] 尽管蕾姆·库哈斯大都会建筑事务所的项目当时赢得了大赛，但科纳—艾伦—利斯特（Corner-Allen-Lister）团队以及屈米—利文顿（Tschumi-Revington）团队所提出的方案依旧回荡在今天设计界讨论和教学的过程之中。

与此同时，设计研究者们正凭借高流动性的景观作为经验例证，探讨人类聚落、

1　关于詹姆斯·科纳景观设计事务所斯坦·艾伦和詹姆斯·科纳对这个方案的完整介绍，可参见 Czerniak（2001）。关于竞标简报以及实体框架的概念，可参见 Hill（2001）。

活动和基础设施之间的各种交集。阿努拉达·马瑟和迪利普·达·库尼亚在他们高深莫测的著作《密西西比河的洪水：设计一个变化中的景观》（*Mississippi Floods: Designing a Shifting Landscape*，2001）以及随后的《浸泡：河口上的孟买》（*SOAK: Mumbai in an Estuary*，2009）中就此展开讨论；后者直接得出了潜在干预行为的本质，即进一步支持景观的动态特征这一推论（Mathur and da Cunha，2001，2009）。简·沃尔夫（Jane Wolff），在萨克拉门托三角洲和新奥尔良密西西比三角洲的研究同样探究了那些日益受气候影响而不断改变的景观附近的文化聚居与活动所蕴含的未来影响（Wolff，2003，2014）。

众多设计实践已经采纳了上述观点，当然也有其他一些实践采纳了反馈型系统的观点以激发设计思路。适应性建筑系统或元素（包括那些根据灯光亮度自动调节以保持室内凉爽的开窗系统）现在已经得到了广泛传播，又由像查克·霍伯曼（Chuck Hoberman）、福斯特及其合作伙伴工作室（Foster and Partners）以及许多其他设计师和建筑师共同宣传（也包括最近能根据温度和湿度做出反馈和自我重塑的新型材料）。那些生态机器人将工业过程中的废弃资源转移出去，以同时实现基础设施功能和生态响应功能，已在全球跨学科的设计实践中崭露头角了。针对大规模开放空间、基础设施和城市项目的长期管理和战略，现在已能形成反馈环，并且可能同时实现多种效果了。

五、预警生态学

下面我要说回预警，说回设计思想和实践上来了。毫无疑问，预警及其呈现是非常具有创造性的事业。詹姆斯·科纳在很久前就提出了一个观点，即绘画与表达是更有建设性和思辨性的行为，而不仅是对已经形成的思想的表现。生态学家斯图尔特·皮克特也提到过，这种我们一直致力于通过预警实现世界建模的思路对于生态学家、设计师和规划师来说是一种司空见惯的工作了。

最初萌发于哈佛大学"批判生态学"讨论会并在与尼娜－玛丽·利斯特合著《预警生态学》日臻完善之后，我所提出的"预警生态学"项目，其根本目的正是把建筑师、景观设计师、规划师、科学家和理论学家召集到一起，进而评估当代生态学研究以及生态学设计和规划的潜在方向与机会。在这个过程中，我们收集并整理了档案、原型资料和当代的图像与绘画，并进一步探讨新兴的生态模型对于设计的影响。然后，根据具体的生态特征定义，将这些图像和绘画划分为若干大类，从而反映和重新诠释复杂自适应系统理论的核心理念。划分这些大类的目的在于将视觉推测置于生态理念中，并构建新的工作方式和观察方式——由此开创新的设计实践，最终转化为一系列新兴的情境设计方案。以下是这些类别和观察的总结。

1. 生态系统的动态性

所观察到的生态系统中主要条件变化的正常模式，包括其功能和相关的生态结构，正是内生于生态系统的动态变化中呈现出来。作为生命系统所固有的复杂性的后果，动态性是不可避免的，并且在某种程度上说，在发生的时间和规模上来说也是不可预测的（Lister，1998；Waltner-Toews，2008）。运行动态和编排延伸到（设计和规划的）景观，甚至包括整个城市，它们暗示着环境与城市系统的模糊、重叠、相互依赖和（或）全面整合（图 14.3）。

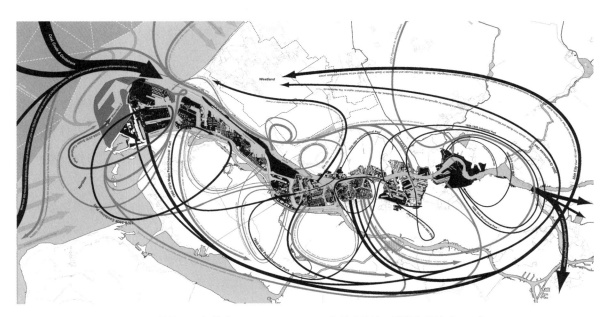

图 14.3　荷兰鹿特丹马斯河—莱茵河三角洲（Maas-Rhine River Delta）的废物流、逆流和回流（2009）
资料来源：OPSYS/ 皮埃尔·布朗格（Pierre Bélanger）设计并授权使用。

关于新的路径：分析或预测性地记录行人和人类活动，发现鸟类和蜜蜂行为与建筑和防洪基础设施的一致性，构建废弃物、资源、污染与水流在大都市港口运动的相关性，以及记录和预测个体（数字粒子甚至鸽子搭载的相机）在真实和虚构地形中移动的创新方法，共同形成一系列扩展方式，借此来构建和描绘世界如何运动、呈现和运转。

2. 演替

演替是一个生态系统中的一个群落逐渐被另一个群落取代的过程，通常导致群落的结构和功能更加多样化，并在一定时间内与生态系统的稳定性相关联。群落日益复杂，往往使得控制水平降低，并且产生各种可能性（图 14.4）。[1]

关于新的路径：在这里，植物播种、生长和季节周期可以通过多种方式激活，随着时间的推移为项目创造价值；栖息地培育和多样化推动了项目研究的进展与逐步实现；时间、过程和历史的线性轨迹扩大了被认为与项目有密切关系的问题和投入的范围；精心设计"生态—基础设施—生产"的序列，昭示了多种可能的未来。

3. 衍生

衍生是复杂系统的一种现象特征，特别是那些可以通过生物学和生态学手段自然观察到的模式特征——这些模式往往通过诸多个体实体和他们之间错综复杂联结而成的集合行为产生的（Corning，2002；Gunderson and Holling，2002）。集合性和多重性占主导地位，即多个内部协议和外部输入相互作用，并在一定范围内将景观和基础设施形成概念化（图 14.5）。

关于新的路径：个体代理在形成和规划中的景观与城市中继续扮演着重要的作用；水文、生态和涉及管辖的司法机制相互交织、相互作用，又彼此独立，常常很难清晰地将它们区分开来；大都市的保护性基础设施的使用周期和季节性特质同湿热气候的形成一样，都是从世界恒常"变化"状态下的认知观的一部分。

---

1 这一领域的经典文献可参见 Clements（1916）、Gleason（1926）和 Cowles（1911）。

4. 韧性

韧性指的是一个生态系统的承受力，以及在某种程度上对于那些不可预测和突发的环境条件改变仍能保持其绝大部分结构与功能的承受力。巧合的是，这些突变或许会带来系统结构和功能的重组并由此形成新的或替代性的稳态。因此，韧性也意味着变革能力，并且跨越了紧张关系、稳定性以及波动性、持续性和变动（Folke et al.，2010；Gunderson and Holling，2002；Holling，1973，1978，1996；Lister，1998；Waltner-Toews et al.，2008）。在此，极富创造性的不稳定态得以被激发出来，多个（存在）状态均成为可能，即便处于同一空间或区域内（图 14.6）。

关于新的路径：使用不同生态空间的水体或者对不同地质和水文区域进行园艺开发，绘制和预测城市的连续变化以及对水文的精心设计，借用四维建模技术来模拟和预测相互增长和流动的形式，以及设计未来可能完全不同但仍然符合结构原则的地区和城市。

5. 适应性

适应性是物种和种群适应生态系统动态性以及通常发生在任何生态系统中的各种变化的能力；学习和转换能力是其基本能力属性。对于给定系统中的参与者，也可以指代他们通过将系统移动至或远离可承受的变化阈值来管理系统的韧性，或者改变系统在当前状态下的基本属性的能力（Folke et al.，2010；Gunderson and Holling，2002；Holling，1973，1978，1998；Waltner-Toews et al.，2008）。在此，一系列进行之中的预示、干预和触发行为将更新或重塑整个运行中的进程；设计本身拥有客观媒介和主观动机履行重塑的进程，但是它却不可能做到完全可控——在设计工作中的机械工程师是独立自主的（图 13.15）。

关于新的路径：规划师成为设计效果、动态性以及社会环境关系和城市基本条件的创造者与管理者。根据温度变化而变化的蜜蜂行为；围绕建筑过程和生长机理的一种经过精心设计且具有交互性的分段演进路径；可以激发新的、独立生态学的培训和管理实践活动；水文学和社会议题的结合；新出现的关于实践、生命周期和

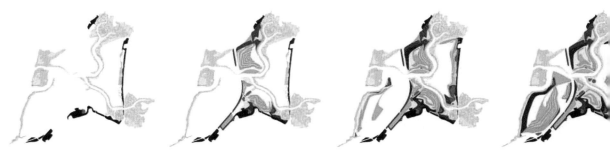

现有的栖息地 ⟶

年份　　　　　1　2　3　4　5　6　7　8　9　10　11　12　13　14　15　16　17　18　19　20　21　2

草地
条带种植

条带种植是一种工业化规模的技术，可以增加贫瘠土壤的有机含量，整合金属和毒素（抑制其被植物吸收），增加土壤深度，控制杂草并增加通气性。

提议采用轮作系统改善现有的表土覆盖，从而不大量引入新土壤。

被改善的土壤将有助于当地草原和草地的生成。在丘陵的湿润地区，浅根的继发性林地将最终丰富草原的生物群落。

北丘和南丘 朝西 53 公顷
作物 A 行 / 生成本地的草原 / 作物 B 行 / 在湿地区域允许林地继发生长。在干燥区域每三年进行一次修剪以维持草原。 / 生成本地的草原 / 在湿地区域允许林地继发生长。在干燥区域每三年进行一次修剪以维持草原。

北丘和南丘 朝东 38 公顷
作物 A 行 / 生成本地的草原 / 作物 B 行 / 在湿地区域允许林地继发生长。在干燥区域每三年进行一次修剪以维持草原。 / 生成本地的草原 / 在湿地区域允

东丘和西丘 朝东 89 公顷
作物 A 行 / 生成本地的草原 / 作物 B 行 / 在湿地区域允

林地
在丘陵地带

在公园的早期阶段，需要在丘陵上铺设 0.6—0.9 米的新土壤从而培育更密集的分层林地。新的土壤将让本地草地稳定下来，并与之一起形成一种抗杂草的基质，方便后续树苗插植工作的进行。

提议当中的丘陵地带林地位于邻近低地和沼泽森林的区域，可以在扩大栖息地走廊的同时节省新引入土壤的量。

根据提议，丘陵地带林地将有 89 公顷的林地，其中北丘和南丘占 26 公顷，东丘和西丘占 63 公顷。

北丘和南丘 26 公顷
20 土壤 / 建立本地的草原 / 种植
22 土壤 / 建立本地的草原 / 种植
22 土壤 / 建立本地的草原 / 种植

东丘和西丘 63 公顷
22 土壤 / 建立本地的草原 / 种植
22 土壤 / 建立本地的草原 / 种植
22 土壤 / 建立本地的草原 / 种植
22 土壤 / 建立本地的草原 / 种植
22 土壤 / 建立本地的草原

低地森林

当本地树苗和树苗插条有供应可用时（尤其是在公园建设的早期阶段，其他区域正在准备种植时），在现有土壤上以重叠的生态带种植低地和沼泽森林，以建设林地边缘。

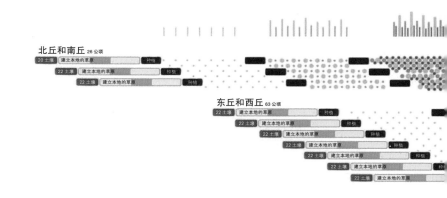

高速公路走廊 + 北丘和南丘 65 公顷
种植 / 种植 / 种植 / 种植 / 种植

东丘和西丘
种植 / 种植 / 种植 / 种植

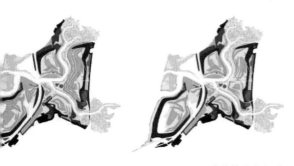

图 14.4 纽约斯塔滕岛淡水溪公园栖息地的
消失（2001）
资料来源：詹姆斯·科纳景观设计事务所设计并授
权使用。

成熟的生物矩阵

27 28 29 30 31 32 33 34 35 36 37 38 39 40

于一次修剪以维持草原。

缝发生长。在干燥区域每三年进行一次修剪以维持草原。

在湿地区域允许林地缝发生长。在干燥区域每三年进行一次修剪以维持草原。

朝西 105 公顷
| 生成本地的草原 | 在湿地区域允许林地缝发生长。在干燥区域每三年进行一次修剪以维持草原。 |
| 作物 B 行 | 生成本地的草原 | 在湿地区域允许林地缝发生长。在干燥区域每三年进行一次修剪以维持草原。 |

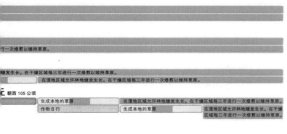

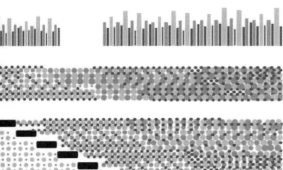

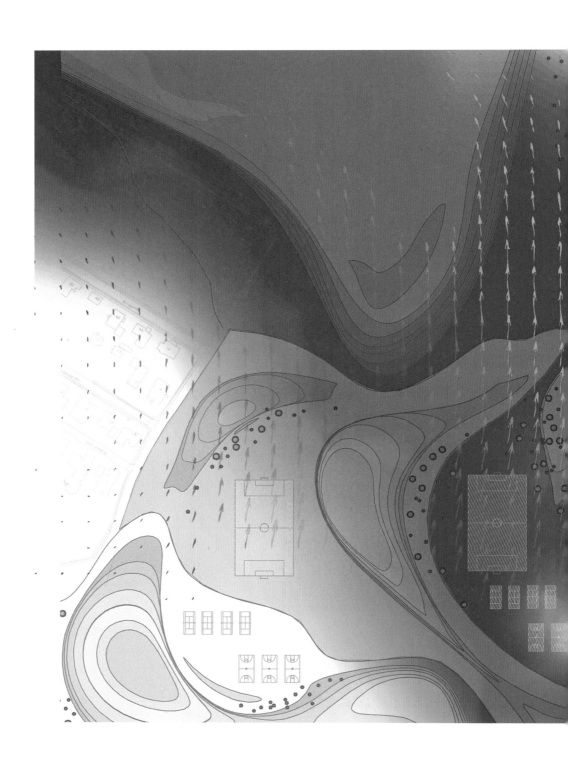

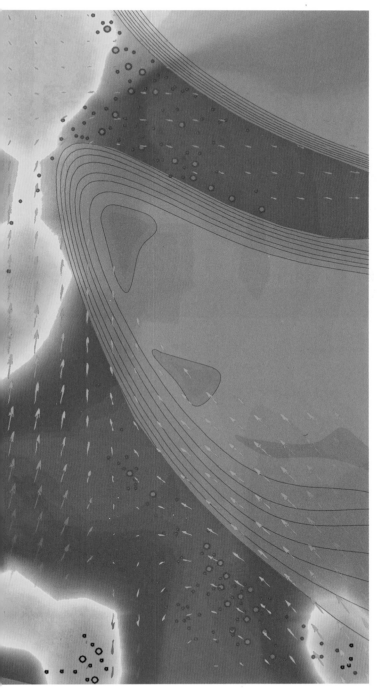

图 14.5 冰岛雷克雅未克瓦特斯
美里（Vatnsmýri）城市
规划。新的人工地貌环
绕着该场地周围。通过
在新的停车场结构上堆
土，然后在其上添加规
划的建筑，这些土堆两
侧呈山谷状，由一个
"气候冲积物"连接在
一起，作为该场地从北
到南的连接组织。地热
能被注入土壤，使全年
植被生长和娱乐活动得
以实现

资料来源：肖 恩· 拉 利（Sean Lally）
和 WEATHERS 设 计，2007
年。经作者允许使用。

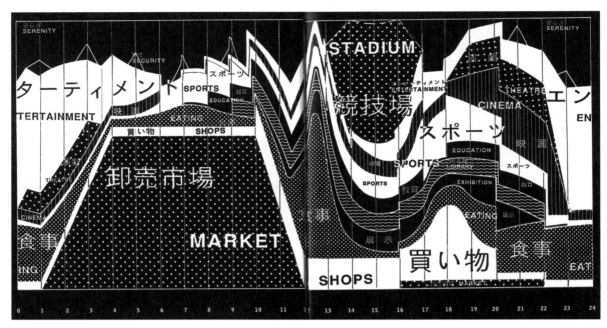

图 14.6　日本横滨总体规划（1992）项目汇编
资料来源：蕾姆·库哈斯大都会建筑事务所设计并授权使用。

项目自更新过程的模型；以及一切协调维护、运营和管理之道都可以在更为广泛的设计思想项目中得到激活。

　　然而现在预警生态学是什么？预警生态学项目提供了一系列正在酝酿的观点，比如复杂的适应性系统和设计正在被不断升级、重构和取代。利斯特就是其中一员，她指出关于当前演替性生态学需要更多的现场检验，因为目前仅有极少数有所扩展的大规模的演示存在，特别是在城市环境下更少（Lister，1998）。这些基础性的工作能够以我们并未预期到的方式提示或反映被使用的模型和理论。

　　最近，新的建模方法和可视化技术给探索与实验提供了另一条路径。特别是全流程建模、脚本编制和处理软件——比如那些在路易斯安那州立大学布拉德利·坎特雷尔（Bradley Cantrell）最近的一些工作室作品或我在哈佛大学设计研究生院的工作所展示的——提供了一种基于时间的、可以展现和模拟变化与演化的平台（图 14.7）。

　　弗兰西斯·韦斯利（Frances Westley）和凯瑟琳·麦克格文（Katharine McGowan）

提供了来自社会科学的见解，阐述了"混乱"——非线性的、实验性的、有时混沌的过程，包括迭代、发现和反馈——如何在多个领域推动解决问题和合作计划，包括治理、商业和设计领域。他们借鉴了 IDEO 等创新实践，展示了设计实验室的松散组织和创造性潜力。

肖恩·拉利在与建筑学和城市主义相关的能源与大气方面的研究开辟出了一个新的探索领域，即设计的功能方面推进到调节微观气候和能量流，并由此创造出新的设计逻辑。通过这样的方式，他开发了有关于气候、梯度、强度和洗涤物的全新词库，进而取代生态衍生的思维范畴。

桑福德·昆特将这一猜想推得更远，极大拓展了我们对于生态学的理解，并将之深入到人类学的探索领域。在他最近的教学实践和讲座中，以及他援引的雅各布·冯·尤克斯库尔（Jakob von Uexküll）和理查德·兰厄姆（Richard Wrangham）的理论，昆特打开了探索以及检验包括人类生理学、人类和动物行为学以及社会环境关系的崭新世界。

但是这些还仅仅是开始。预警生态学所发起的更大探索，将是去更好、更批判性地理解生态和设计思维之间所形成的各种关系的背景和意义。长期目标是，翻开新的一页，砥砺前行：我们将要开发出新的思维框架，学科之间新的协同效应和交叉渗透，以及要在一个充满生机活力的世界中，找寻新的思考、工作、设计和预警的路径。

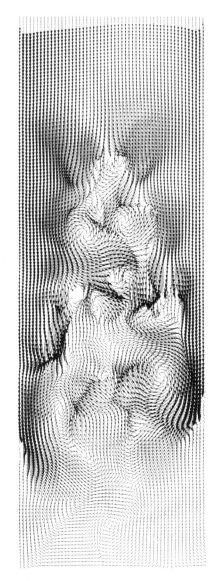

图 14.7　纽约法拉盛湾的牡蛎礁流（2011）
资料来源：托马斯·福尔奇、阿姆纳·乔德里（Amna Chaudry）、劳伦·麦克卢尔（Lauren McClure）和萨拉·纽维（Sara Newey）参与构思，托马斯·福尔奇、克里斯·里德设计，克里斯·里德提供。

参考文献

[1] Allen, Stan, "Infrastructural Urbanism," *Diagrams and Projects for the City* (New York, NY: Princeton Architectural Press, 1999), 53.

[2] Banham, Reyner, *Los Angeles: The Architecture of Four Ecologies* (Berkeley:

University of California Press, 2001), 24.

[3] Botkin, Daniel, *Discordant Harmonies: A New Ecology for the Twenty-first Century* (New York, NY: Oxford University Press, 1990).

[4] Carson, Rachel, *Silent Spring* (Boston, MA: Houghton Mifflin, 1962).

[5] Clements, Frederic E., *Plant Succession: An Analysis of the Development of Vegetation* (Washington, D.C.: Carnegie Institution of Washington, 1916).

[6] Corner, James, "Eidetic Operations and New Landscapes," in Corner, James, ed., *Recovering Landscape: Essays in Contemporary Landscape Architecture* (New York, NY: Princeton Architectural Press, 1999), 153–69.

[7] Corner, James, "Ecology and Landscape as Agents of Creativity," in Thompson, George F. and Frederick R. Steiner, eds., *Ecological Design and Planning* (New York, NY: John Wiley, 1997), 81.

[8] Corning, Peter A., "The Re-Emergence of 'Emergence': A Venerable Concept in Search of a Theory," *Complexity*, Vol. 7, No. 6 (July–August 2002): 18–30.

[9] Cowles, Henry C., "The Causes of Vegetational Cycles." *Annals of the Association of American Geographers*, Vol. 1, No. 1 (1911): 3–20.

[10] Critical Ecologies Symposium, Harvard University Graduate School of Design, Cambridge, MA (April 2–3, 2010).

[11] Cronon, William, ed., *Uncommon Ground: Toward Reinventing Nature* (New York, NY: W. W. Norton, 1995).

[12] Czerniak, Julia, ed., *Case: Downsview Park Toronto* (Munich, Germany: PRESTEL and Cambridge, MA: Harvard University Graduate School of Design, 2001).

[13] Evernden, Neil, *The Social Creation of Nature* (Baltimore, MD: The Johns Hopkins University Press, in association with the Center for American Places, 1992), 120.

[14] Folke, C., S. Carpenter, B. Walker, M. Scheffer, T. Chapin, and J. Rockström, "Resilience Thinking: Integrating Resilience, Adaptability, and Transformability," *Ecology and Society*, Vol. 15, No. 4 (December 2010): 20.

[15] Forman, Richard T. T., *Land Mosaics: The Ecology of Landscape and Regions* (Cambridge, UK: Cambridge University Press, 1995).

[16] Gleason, Henry A., "The Individualistic Concept of the Plant Association," *Bulletin of the Torrey Botanical Club*, Vol. 53, No. 1 (January 1926): 7–26.

[17] Guattari, Félix, *The Three Ecologies* (New York, NY: Continuum, 2005; originally published in French by Editions Galilée, of Paris, 1989).

[18] Gunderson, L., and C. S. Holling, eds., *Panarchy: Understanding Transformations in Human and Natural Systems* (Washington, D.C.: Island Press, 2002).

[19] Harrison, Robert, Forests: *The Shadow of Civilization* (Chicago, IL: University of Chicago Press, 1993).

[20] Hill, Kristina, "Urban Ecologies: Biodiversity and Urban Design," in Czerniak, Julia, ed., *Case: Downsview Park Toronto* (Munich, Germany: PRESTEL and Cambridge, MA: Harvard University Graduate School of Design, 2001): 90–101.

[21] Holling, C. S., "Engineering Resilience versus Ecological Resilience," in Schulze, P. C., ed., *Engineering within Ecological Constraints* (Washington, D.C.: National Academy Press, 1996), 51–66.

[22] Holling, C. S., "Resilience and Stability of Ecological Systems," *Annual Review of Ecology and Systematics*, Vol. 4

(1973): 1–23.

[23] Holling, C. S., and M. A. Goldberg, "Ecology and Planning," *Journal of the American Institute of Planners*, Vol. 37, No. 2 (March 1971): 221–30.

[24] Holling, C. S., ed., *Adaptive Environmental Assessment and Management* (London, UK: John Wiley and Sons, 1978).

[25] Kwinter, Sanford, "Wildness: Prolegomena to a New Urbanism," in *Far from Equilibrium: Essays on Technology and Design Culture* (Cambridge, MA: Harvard University Graduate School of Design, 2008), 186–93.

[26] Lister, Nina-Marie, "A Systems Approach to Biodiversity Conservation Planning," *Environmental Monitoring and Assessment*, Vol. 49, Nos. 2/3 (February 1998): 123–55.

[27] Lister, Nina-Marie, "Sustainable Large Parks: Ecological Design or Designer Ecology?" in Czerniak, Julia, and George Hargreaves, eds. *Large Parks* (New York, NY: Princeton Architectural Press, 2007).

[28] Mathur, Anuradha, and Dilip da Cunha, *Mississippi Floods: Designing a Shifting Landscape* (New Haven, CT: Yale University Press, 2001).

[29] Mathur, Anuradha, and Dilip da Cunha, *SOAK: Mumbai in an Estuary* (New Delhi, India: Rupa & Co., 2009).

[30] McHarg, Ian L., *Design with Nature* (New York, NY: John Wiley and Sons, 1969; 25th-anniversary edition, 1995).

[31] Merchant, Carolyn, *The Death of Nature: Women, Ecology, and the Scientific Revolution* (New York, NY: HarperCollins Publishers, 1980).

[32] Odum, Eugene, and Howard T. Odum, *The Fundamentals of Ecology* (Philadelphia, PA: W. B. Saunders Co., 1953).

[33] Oelschlager, Max, *The Idea of Wilderness: From Prehistory to the Age of Ecology* (New Haven, CT: Yale University Press, 1991).

[34] Snyder, Gary, *The Practice of the Wild* (San Francisco, CA: North Point Press, 1990).

[35] Varnelis, Kazys, *The Infrastructural City: Networked Ecologies in Los Angeles* (Barcelona, Spain, and New York, NY: Columbia University, Graduate School of Architecture, Planning, and Preservation, 2008), 15.

[36] Waltner-Toews, D., J. J. Kay, and Nina-Marie Lister, eds., *The Ecosystem Approach: Complexity, Uncertainty, and Managing for Sustainability* (New York, NY: Columbia University Press, 2008).

[37] Wolff, Jane, *Delta Primer: A Field Guide to the California Delta* (San Francisco, CA: William Stout Publishers, 2003).

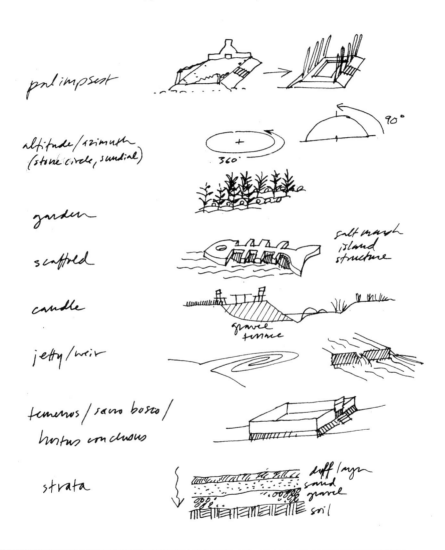

A SPECULATIVE LIST OF SITE STRATEGIES
THAT ARE EXPLICITLY TEMPORAL

palimpsest

altitude/azimuth
(stone circle, sundial)

360°   90°

garden

scaffold   salt marsh
                  island
                  structure

candle

gravel
furnace

jetty/weir

temenos/sacro bosco/
hortus conclusus

strata   duff/mya
                sand
                gravel
                soil

NATURE AND CITIES

第十五章　随流赋形：
变革性的系统、设计与审美体验

克里斯蒂娜·希尔

过去 30 年来，生态设计与规划的理论和实践发生了根本转变。在这种根本转变的背后，是三个重要趋势的驱动。第一个是科学家、规划师和设计师逐渐意识到即将发生的快速气候变化及其不可逆转的影响。对适应性与韧性的关注在很大程度上取代了关于可持续性的学术讨论。因此，在快速变化的时代，空间优化的可能性、基础设施在城市中的作用以及是否有办法预测关键生物系统状态的重大变化，成为重要问题。对于设计而言，由于气候变化的方向往往是清晰的，例如全球气候变暖导致海平面上升速度加快，因此面临的挑战有迹可循。但核心问题是，系统各部分之间关系变化的时间和幅度依然具有不确定性。由于每个设计和规划提案的长期稳定都依赖于预测系统元素之间某些关键关系的能力，一些新的问题由此而生，而这需要设计师和规划师思考应对的策略。

第二个趋势是城市化的速度和范围不断增长。目前全球已有超过一半的人口城市化，而亚洲的城市化在 30 年间经历了难以想象的空间和人口规模的爆炸性增长。这种快速增长刺激了对城市基础设施的更多关注。在亚洲城市爆炸式增长之前，欧美城市已经开始关注城市基础设施的建设。1972 年《洁净水法案》等环境法在全国范围内扩展，影响到 20 世纪 80 年代后期的城市建设，当时许多发达城市进入了新的房地产投资和人口增长阶段。例如，1987 年《洁净水法案》修正案要求城市

图 15.1　生态设计是明确的过程，并且采用了时间策略。这个启发式图片展示了我用于不同生态学设计策略的一些术语，这些术语可以在不同的空间尺度上使用，以便与能量、材料和有机体流动相联系。这些术语可能更普遍地用于与流动类比，如在"防波堤"策略中那样，最初指的是对波浪能量起阻挡作用的结构，但可应用于任何形式的突出并重新引导动物、种子、风或营养物质的流动

资料来源：克里斯蒂娜·希尔绘制。

申请雨水排放许可证，从而推动了美国生态设计和规划中有关新型雨水设计的快速发展。[1]

由于上述这些趋势，设计师和规划师越来越关注规划设计的形式、复合功能性和动态系统，即第三个趋势。"马后炮"地讲，这与20世纪80年代主要以形式为主的单一功能的规划设计相比，实在是一个惊人的转变，特别表现在场地设计和城市设计方面。现在的景观设计、建筑设计和土木工程已经可以完美满足多种设计目标，解决包括泥沙流、洪水、植物演替和湿地开发在内的时间动态问题（图15.1）。

在这种转变中同时存在着两种设计追求。一方面，设计人员试图通过增加设计中的功能性，以挑战二战后城市基础设施中土木工程的主导地位；另一方面，设计师积极寻求将景观建筑重新定义为一种纯粹的高雅艺术，并且出于历史原因的考虑，也在积极寻求精英阶层的文化认同。由于这两种明确的追求目标在同一时期鼓舞着不同的设计师开展工作，使得这个时代的设计师之间往往存在着冲突，他们的认识论基础、期望受众和话语体系完全不同。但有人可能会认为，对基础设施建设的关注以及对精英文化价值的主张都可以理解为一种对全球城市金融投资趋势的反应。鉴于20世纪80年代以来新一代城市居民受教育程度越来越高、更为年轻化、单身化且相对富裕，因此，市民期望新的城市景观将同时提供较高的环境质量和文化价值，也就不足为怪了（图15.2）。[2]

1　1972年的《洁净水法案》于1987年被修订，加入了雨水相关的规定，要求各个城市取得许可、建立起雨水提质（假定雨水会流经城市的水处理设施）减量的项目。到1998年，1973年颁布的《濒危物种法案》首次在西雅图、华盛顿和波特兰等城市区域及其周边地带执行，推动了城市寻求与生物（如鲑鱼等）和谐共存的方式方法，在同城市发展与日常生活接触的过程中，进一步了解这些生物的生命史。整个20世纪90年代，城市设计师开始将水与土壤的相关知识融入工作当中——只是因为市政府开始感到《洁净水法案》带来的司法压力，因此这个过程也就非常缓慢。当生态设计和规划取得关键性进展后，景观设计师得以开始与土木工程师共同开发城市系统的新雏形（这可不仅仅是一个公园、一个街区，而是通过街区设计手册的形式在整个基础设施领域广泛传播的样板雏形）。这件事极具标志性意义，因为正如新城市主义极大改变了市政府行为准则一样，设计手册的变化也有可能从整体上改变城市体系的实际表现。

2　关于城市家庭规模的缩小，参见 Short（2012）；关于人口统计和投资的房地产观点，参见 Ludgin（2012），http://www.pdx.edu/sba/sites/www.pdx.edu.sba/files/01%20Ludgin.pdf。实际上，美国的家庭规模在更早的时候就开始缩小了。参见 Kobrin（1976）。

图 15.2　1999 年，在多伦多举行的唐士维公园竞赛，是一场目标远大的活动，旨在打造具有重要生态功能的景观，并由此推出一个重要的文化宣言。我为其中四个竞赛作品做了"生态图形地面"分析图（a），以便设计师比较生态价值。图中画出了木本植被、未经修剪的草坪以及地表水的空间格局，同时把其他留作空白，这与传统的城市形象分析相反。结果显示，屈米团队的方案对于森林内部栖息地的物种而言是最好的。在 19 世纪农业土地发展之前这些物种还在此蓬勃生长。片状的森林还可以与多伦多区域溪流走廊相连接。屈米以及科纳 + 艾伦的方案充分利用了这种机会。这两种方案都突出地考虑了动物，但都没有考虑那些只能生存于未开发的森林内部地区的物种。其中，人们对土狼很感兴趣，几个团队都提及土狼，它们是一种适应性很强的动物，数量在不断增长（b）

资料来源：a 为克里斯蒂娜·希尔绘制，b 来自维基共享网站的 Macnames。

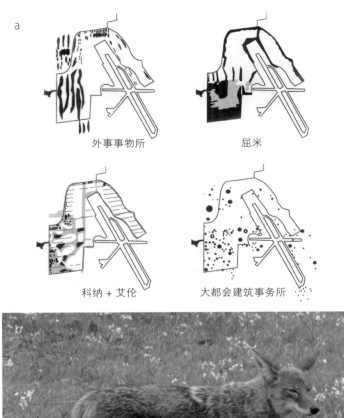

外事事物所　　　　屈米

科纳 + 艾伦　　　　大都会建筑事务所

新的城市投资推动了以景观为基础的多功能规划和设计的需求，强调高品质的生活。为了响应这些需求，设计师和规划师不断增强他们同时解决功能和美学目标的能力。[1] 在一些项目中，工具主义功能似乎限制了美学目标的实现，反之亦然，但

1　20 世纪 90 年代以来，较富裕、受教育程度更高的人们搬回中心城区，去住相对较小的房子，是因为他们更常通过室外娱乐和自然系统提升其生活质量。许多作者试图辨识这种文化主导的城市再投资行为的动态，例如 Gibson et al.（2004）。不过自 20 世纪 80 年代起，联邦政府在城市基础设施上的投资就已开始降低。国会预算办公室（Congressional Budget Office）指出，州和地方政府目前承担着更大的资金和运转 / 维护成本，造成地方资金支出的新压力（Congressional Budget Office，2007）。来自亚洲的资金流同样对美国城市的住房市场造成了冲击，就像 Kindleberger and Aliber（2011）所指出的那样。

两者都从根本上推动了资本向城市的流动，并且带来了高绩效期望的回报。对美学和功能目标的追求结合在一起带来的社会价值无可争议，但前提是功能不会阻碍美学体验，美学体验也不能压倒功能性的效果。同样值得注意的是，新城市公共空间的审美经验往往是以小众而多样化的方式进行设计和管理的，对多元文化背景的受众并不那么友好，这并不符合一个民主国家强有力的社会目标。[1]

一、美女与野兽：转向城市主义框架下的基础设施

在全球范围内，人类历史上城市化的速度一直在加快，人口也在快速增长。目前世界上有一半以上的人口居住在城市地区，而且人口统计学家预测这个比例将不断增加。在美国，许多老城市都出现了再城市化。美国贫困地区中的贫困人口正在增加，而富裕的公民则迁移到公寓或小型的城市房屋中，这些房屋被称为"可步行、服务式"的社区。[2]许多分析人士指出，随着每个家庭平均人数的下降，城市也在增长，这使得当今城市的社会、政治和经济环境与二战前截然不同。[3]我们日常所关注的绅士化和自行车绿色交通等新趋势，但却忽略了一个更大的问题：我们不知道如何让城市适应环境和社会经济空前的快速变化。城市面对单一出现的灾难事件时有着惊人的韧性，但新的挑战是长期的定向变化，其烈度则呈指数级增强，这意味着环境变化的幅度将越来越快，这甚至将会带来经济和政治不稳定。[4]

长远来看，我们可以将问题看得更清楚。来自世界各地的数据显示，全球海平面上升的平均速度在过去的 22 000 年中整体呈现急剧加快趋势，其中穿插着缓慢的平台期，但自上次冰期结束以来全球平均速度一直是呈上升趋势。[5]有趣的是，平均

1　塞萨·M. 洛（Setha M. Low）记录了一种趋势，即传统边缘化城市群体的人会避免新设计的具有精英形式和物质成分的公共空间。参见 Low and Smith（2006）。
2　关于美国城市郊区的贫困和人口变化正在增加的最新的证据，参见 Lucy and Phillips（2000）。
3　拉丽萨·拉尔森（Larissa Larsen）和我在我们的文章中讨论了这个问题，参见 Duany et al.（2013）。
4　拉里·维尔（Larry Vale）和托马斯·坎帕内拉（Thomas Campanella）在他们的书中记录了城市从极端事件中恢复的惊人能力，参见 Vale and Campanella（2005）。
5　关于对该趋势的早期评估，参见 Fleming et al.（1998）。

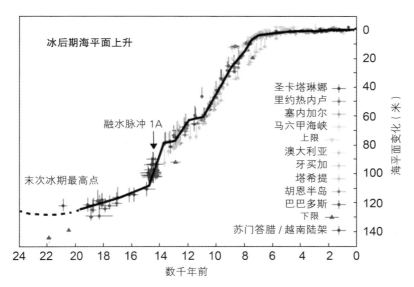

图 15.3　海平面上升速率表明，过去 8 000—9 000 年是海平面异常缓慢上升时期，在此期间，世界大三角
　　　　和城市现象都已出现。我们现在面临的挑战是设计和管理城市的海平面上升速率，类似过去一些
　　　　较迅猛的速度，而不是全新世（在地质学上定义为最后一万年）典型的低速率

资料来源：罗伯特·罗德（Robert Rohde）绘制。

海平面上升速度最慢的时间是在过去 8 000—9 000 年发生的，这同时也是城市出现的
时期（图 15.3）。城市最初是作为一种特殊聚落现象，直到现在成为人类的主要生活
方式。从人类进化的角度来说，城市是新的；甚至可以把城市化描述为人类行为的
"新兴"属性，而这种属性不可能根据 5 万年前人类生活的观察来预测。因此我们可
以得出结论，在全球海平面相对静止的过程中出现了城市。大多数早期城市开始出
现在大三角洲上的现象是海平面稳定的直接结果（Song et al.，2013）。

　　人类最早的农业和灌溉系统的灵感来源是三角洲洪泛区的定期淹没，如尼罗河
的泛滥平原。灌溉和种植网格是城市的必要条件，早于古典城市的城市网格出现。
在这些最早的城市，灌溉渠道的基础设施与下水道渠道和雨水收集基础设施同时发
展。包围美索不达米亚城市的河流和泻湖被视为通往生命的门户（Van de Mieroop，
1997）。伴随着城市的形成，城市化人类社会组织和文化、地貌、生物多样性和基础

设施也出现了。[1] 当城市设计师和规划师凯文·林奇将城市形容为一种可以视觉感知的意象集合时，人们早已忘记了城市最初发展的动态景观（Lynch，1960）。

20 世纪 80—90 年代，规划设计开始应用景观生态学概念，带来的影响是规划师和他们的城市客户都在追求的新目标是设计生态优化的公园、植被和水道空间配置。[2] 生态规划师和设计师在试图优化空间中的地块和走廊时，强调了对前期开发时的空间格局和相互作用的参考。[3] 在过去的 20 年里，设计师和规划师重新使用"图层"作为启发设计的工具，代替原本采用计算情景来梳理空间系统之间的关系。尽管这种图像表达非常常见，这种分层技术的具体分析作用并不经常讨论，但它们在设计和规划中显然具有一些价值。

虽然空间关系仍然至关重要，但今天气候变化带来的挑战是要求以新的方式对动态时间关系进行可视化和概念化的分析。因此设计和规划中不仅要分析系统行为，还要分析系统动力学体系中特定方向变化的适应能力，例如海平面迅速上升或更频繁的极端降雨事件、火灾和虫害等。在不久的将来，我们需要寻找系统参照物为设计和规划设定新的目标，以预测景观的未来特征。而且，随着基础环境条件的变化在往可预测的方向加速，理解景观物种和物理组成部分之间的具体相互关系至关重要，即使有些可能难以预测。例如，设计师和规划师如果仅将场地的历史生态或地貌作为预测其未来的唯一指标，这种预测方式已经变得越来越困难。相反，我们现在在低海拔地区和低纬度地区寻找类似的地点，以便预测已经发生的某些物种优势地区的局部变化。即使在 2015 年联合国气候变化大会上 195 个国家签署的《巴黎协定》真的能切实执行，在可预见的未来，洪水和干旱、更频繁的火灾、有所下降的空气质量、大多数地区特有生物多样性的显著损失以及加速的海平面上升等事件，

1　城市环境必然会形成新的混合型生态系统。Hill（2013）提供了更多这方面的例子，特别是关于城市在未来气候条件下作为物种多样性生物避难所的潜力。

2　比如俄勒冈州波特兰市在 20 世纪 90 年代中期通过的公园收购债券措施，就是基于保护大规模原有栖息地地块及其之间水道的景观生态理念。

3　关于景观生态学理论在城市设计中的应用如何依赖于对景观的历史理解的更完整的讨论，参见 Hill（2002）。

实际上依旧是不可逆转的。因干旱而导致粮食安全问题和城市受洪水破坏的人类将尝试移民，这种气候移民将开启一个移民和难民危机的新时代。

对于生态设计和规划的目标与方法来说，切忌将气候变化过度重视，看作一个"游戏规则改变者"。通过经验性的实地观察证实，气候变化已经在加速，并且比预期更为广泛。[1]美国公众才刚刚开始意识到即将发生的变化，这都极大阻碍着美国生态规划的发展（Boykoff，2007）。在过去几十年中曾在欧洲、澳大利亚和新西兰工作过的设计师和规划师都有一种"爱丽丝梦游仙境"的经历，仿佛气候变化现象只是在国外发生但却不会殃及自己国家似的。我们面临着全新世（Holocene）如此迫切的全新的设计需求，但这些新的想法在美国仍然缺乏绝大多数议员和公众的支持。[2]

设计可以在所有人类社会中促进灵活性、鼓励智慧。例如，审美体验可以帮助大众在变化中找到美。从适应的角度来看，这种美学与认知的联系将愈发有价值。设计师正在威尼斯和上海等城市揭示出洪高水平的变化，在海岸线上堆积沙尘以建造新的沙丘区。而在荷兰，设计师们认为首先要帮助人们理解世界正在发生什么；人们通常会认为变化是消极的，将会带来损失。由于现在不可能阻止与气候有关的许多变化，所以设计中的美学体验可以帮助人们度过最初的损失阶段，进而认识到变化的必然性，鼓励人们采取富有成效的行动。

目前对设计和规划基础设施的关注，体现在将景观作为雨水基础设施的基本组成部分，这些尝试也具有一定的长期战略价值（图15.4）。最近研究成果显示，今后的降雨模式将会比过去200年更加剧烈，这种变化开始挑战城市的基础设施能力。例如，新的研究表明，到2100年，北半球大部分地区的最大降水量可能会增加30%，但城市雨水的基础设施系统很少具有这种相应的增长能力。当明显有必要建造或提前建成时，那么为了"适时"建造更强大的基础设施系统，也许当市政债务相关的利率较低时，借贷资金就可能会更便宜？

1　在各种生态系统中通过经验观察到的变化的例子，参见 Pimm（2008）、Rahmstorf（2007）、Comte et al.（2013）、Kaushal et al.（2010）。

2　迄今为止，Marcott（2013）提供了全新世正在结束的最好证据。

图 15.4　华盛顿州西雅图的高点社区（High Point neighborhood）是功能设计的绝佳例子，同时满足生态和社会的需求。该设计减缓了鲑鱼成群的小溪的高流速，同时为公共住房项目提供了游戏空间和社区驱动的街景

资料来源：克里斯蒂娜·希尔拍摄。

例如，伦敦地区泰晤士河水闸的未来规划就是基于这样一种"适时"的理念，当环境条件证实已经发生变化时才考虑支出；相反，荷兰对三角洲规划的投资则预先考虑了今后数十年的变化。提前规划允许项目利用低利率借款；然而，等到全球均出现相应现象证明规划的合理性时，意味着各国的新项目将同时寻求借用需要的资金，这将意味着这时的借贷成本会很高。设计可以把这些关于时间、损失、能力和金钱的问题摆在公众面前，既是当代对美的意义的一种挑战，也是一种重新建立框架的机遇。

二、闪烁振鸣：系统行为与设计响应

20 世纪 80—90 年代，生态学家和设计师越来越意识到保护湿地与流域之间空间联系的重要性，并开始认真关注景观马赛克中各个地块之间的空间联系。创新设计师和土地管理者也学会要将周期性灾害（如洪水、虫害暴发和火灾）的时间模式作为一个生态系统的组成部分，使其能够随时间进行自我更新，而不是造成破坏性的外部影响。他们意识到，湿地是多样性和高生产力的重要中心，但这些系统只能在特定的洪涝期才能繁荣起来；同样，草原和森林也只能凭借野火的活动来实现保育和再生。这些现象大大影响了一些设计师的作品，其中最著名的莫过于迈克尔·范·沃肯

图 15.5　迈克尔·范·沃肯博格景观设计事务所（MVVA）创新性的私人和公共设计工作考虑了灾害影响：MVVA 设计的明尼苏达州明尼阿波利斯米尔斯总部（General Mills Headquarters，1989—1991）的草原花园曾经在企业景观中阻止了火灾（a）；MVVA 设计的印第安纳州哥伦布市米尔·雷斯公园（Mill Race Park，1989—1993）（b），适应而非防止洪水泛滥；冬季允许人行道上堆积木质碎屑和浮冰，在宾夕法尼亚州匹兹堡的阿勒格尼河滨公园（1994），逐渐将茎白杨树变成有刺的灌木丛（c）

资料来源：迈克尔·范·沃肯博格景观设计事务所。

博格的公司及其包含在"生态启示"（eco-revelatory）项目展览中的项目和论文集，这些展览发表在 1998 年《景观》（*Landscape Journal*）的特刊上（Helphand and Melnick，1998）（图 15.5）。

　　当代设计和规划面临着多重挑战，即如何通过连接场地与本地及其区域间的基础设施建设来应对海平面上升、更强烈的降雨和干旱、更严重的火灾以及不断扩大的难民运动等气候变化长期趋势所带来的问题。例如，生态社区设计已经开始确定

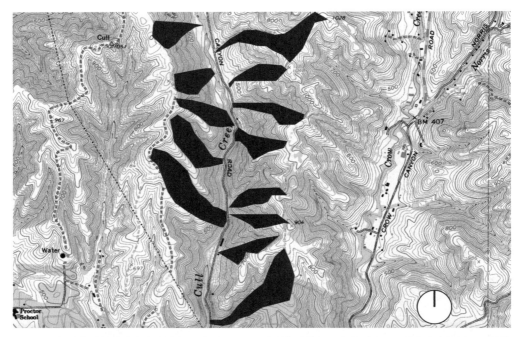

图 15.6　朝北的斜坡将成为许多特色区域植物和野生动物物种的气候变化避难所，成为生态规划和设计的
关键组成部分。在这里，朝北的斜坡（阴影区域）充当的"阶梯梯级"是一个补丁系统，它将来
对于本地生物多样性将具有很高的价值，气候因为它变得更加潮湿和凉爽，并且提供向北纬和更
高海拔迁徙的走廊

资料来源：克里斯蒂娜·希尔绘制。

作为一种对空间战略的响应，要保护朝北斜坡这一新目标（图 15.6）。由于季节温度
将快速上升，这些地块可能是任何既有景观的最后预留地，这些地方足够凉爽和潮
湿，足以维持未来几十年乃至几个世纪该地区的物种特征。[1] 景观生态学的空间逻辑
表明，景观规划工作应通过山脊和山谷将这些较凉爽的地块相互连接起来，为必须
在高纬度和高海拔地区移动的物种提供迁移走廊。

　　当今问题的波动性和失效性使其变得难以理解，也因此难以融入设计。生态
设计中最有意思的发展之一，将会是从观察和模仿干扰模式转变为观察、预测和防

1　Johnstone et al.（2010）和 Olson et al.（2012）已经记录了朝北斜坡在区域生态系统中的重要作用。

图 15.7　因为未来几十年预计气候会炎热干燥，所以如图所示，在加利福尼亚州马林县的一些恢复项目中种植蓝橡树（Quercus douglasii），已经取代沿海活橡树（Quercus agrifolia）

资料来源：维基百科创意共享（Wikipedia Creative Commons）Yath。

止（或适应）模式。[1] 如果设计师和规划师能够确定设计或土地管理方面的变化，可以防止这些重大变化或提供适应这些变化的时间，那么沿海湿地或农业区等广泛的面临危险的关键生态系统可以避免出现崩溃。城市林业组织可以开始种植可能更适合未来气候的新树种（图 15.7）。最好的情况是，如果规划师和生态学家能够学习预测系统内物种之间关系的非同时的变化，或者预测在生物群落结构中丢失物种形成的"空白"，便可以通过计划和设计植物和野生动物的传播，以维持时空上的连接。例如，即使某些植物授粉的时间因气候变化而改变，设计和管理行为可以帮助传粉者到达植物开花的地点和时间。

　　近期出现在生态学、经济学和医学领域的前沿方法之一，是利用技术来预测

1　结构转换的概念源自 20 世纪六七十年代，当时生物学家理查德·列万廷（Richard Lewontin）和生态学家罗伯特·梅（Robert May）开始使用"稳态"概念来形容一个系统行为在一个时间段内所可能保持均衡的多个状态而非单一的状态，进而抽象地概括生态系统中的变化。

即将到来的"状态变化"或系统中的机制转变（Scheffer et al., 2009；Tan and Cheong, 2014）。识别即将发生的机制转变就像看着一辆汽车发生滑行：当司机试图补救时，汽车左右转动，当司机试图停车时，刹车声尖锐地响了起来。当然，上述例子中的"汽车"在现实中并不是汽车，而可能是保护沿海城市的广阔盐沼，也可能是在中国为某个地区提供饮用水的积雪，还可能是支撑加州葡萄栽培的土壤湿度。

"闪烁"就像一辆打滑的汽车左右转动，当系统从一个状态到另一个状态来回切换几次时，就会发生这种情况。当系统行为（如积雪）的极端值扩大时，"振鸣"就可以被认为是刹车声的图形特征。两者都被认定为系统即将发生变化的先兆，如癫痫发作或湖泊生态系统崩溃一样（Pace et al., 2013）。生态系统的变化包括沙漠化、湖泊富营养化、人口崩溃甚至灭绝，并导致系统承载能力或生态系统服务水平的巨大变化。随着调查人员对历史系统行为的数据库进行应用和分析，他们对于使用统计方法来描述或预测系统行为的重大变化愈发充满信心（图 15.8）。[1]

预测系统转变难度虽大，但也非无迹可寻，至少在部分系统中是这样的。较困难处在于，需要整合这些思维进入政策和设计当中。我清晰记得，理查德·福曼和我在我学生时代的一次讨论，当时他提到人类理解非线性系统行为时所面对的困难。他所举的例子就是"J"形曲线的指数，人口生态学家应对此颇为熟悉；不过乍看之下就会显得很令人费解，在指数变化的早期阶段，变化曲线还呈现出线性特征；随后它看似进入了一个更为剧烈的线性增长期。当它开始变为曲线时，变化就呈现出突发性的特征，往往突然出现，但变化却又是稳定发生的，并最终形成一个"曲线球"而非线性下落。多个气候过程中均预测到了指数型变化的趋势，如海平面上涨速度等，人们开始理解指数型过程的"骤然变化"。那么，一组数据要出现多少"闪

1　这些方法包括移动窗口平均法、观察其时空自校正的增长或观察系统行为在数据分布中的不同或偏移。近来，引自经济学的一项统计参数条件异方差（conditional heteroscedasticity）也被用于评估生态系统的变化程度，并成为结构转换即将发生的一项关键参数。通过对异方差的多次检验，我们已能在数百个时间步长（time-steps）之前就准确预见结构转换临界点的出现。难度在于，我们要选择正确的参数进行检验，因为一个系统的参数只有一部分会揭示出显著的异方差。参看 Seekell et al.（2011）。

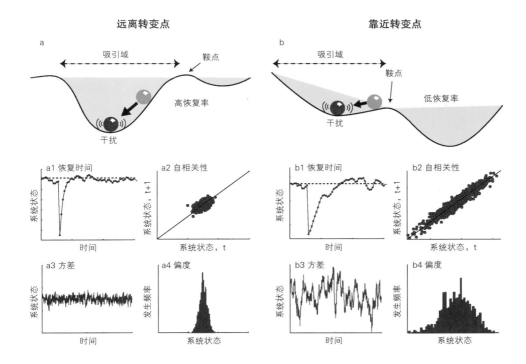

图 15.8　系统闪烁和振鸣是崩溃的早期预警信号，说明了系统行为结构转换的概念。吸引力范围表示系统的
　　　　行为范围，前者说明系统从干扰中恢复相对容易；后者如果没有特殊的能源投入，恢复将难以进行
资料来源：V. 达科斯（V. Dakos）等绘制，http://www.early-warning-signals.org/wp-content/uploads/2012/01/figure2.png。

烁"和"振鸣"才意味着出现了我们需要理解并及时回应的信号呢？[1]

　　如果监测机构发现一个提供重要生态服务的生态系统——比如保护海岸的盐沼——出现了闪烁和振鸣，设计师和规划师要怎么做？我们是否具备相应的策略、话语体系和前瞻性视野？或者我们需要提升自己的能力？大型数据库能如何影响到

1　如果对一个系统行为的检验显示一个灾难性变化即将发生，我们发动资源来阻止灾难，但灾难却未发生——即"错误的积极"结果——决策者下一次还会再次发动资源吗？二者择一，如果干预策略奏效了，设计师怎样才能确信不采取措施的情况下这一变化原本是会发生的呢？结构转换的研究可能就此造就了一代"卡珊德拉"们，古希腊神话中她是一个诅咒的受害者，能够预言未来，却无力影响结果。（卡珊德拉是特洛伊国王布莱姆的一个女儿，具有预知未来的禀赋，但被阿波罗诅咒注定不为人相信。——译者注）

设计和规划并为设计师和规划师创造反应的机会，这就是一个范例——这可能会通过一些我们尚不能想象的方式加以实现。不过，随着设计师和规划师在过去数十年中的不断体验，政策、规划和设计方案均需要包含便于大众理解的功能性战略，以取得支持、赢得共鸣。在民主国家中，如果公众被置于整个设计和规划战略之外，将会造成对适应过程的严重阻碍。

三、审美体验与理解

艺术和设计要从根本上解决审美体验与认知体验之间的关系。艺术最重要的作用之一是表达在我们这个时代作为人类意味着什么的重要意义。[1] 然而，在公共空间的设计中，社会压力可能会阻止设计师实现他们理想的方案，而审美感受本身会对此表达出支持或反对。设计师在设计中不仅面临着生态方面的挑战，在审美方面也面临着新挑战——具体来说，就是通过设计来发现、重新应用或重塑的方式使社会情感得以更好地适应变化。

2005 年，当卡特里娜飓风袭击新奥尔良和墨西哥湾沿岸时，许多设计师和规划师都被风暴的威力及其影响所震撼，同时也有人迷恋这种景观。一些迷恋可能就像17 世纪那些崇高的美学理论所描述的一样，因为卡特里娜飓风和墨西哥湾水域体现了崇高景观必须具有的超越人类理解力的不可控力量。然而，崇高理论最有趣的应

1　我常在课上问学生："在这个时代做人意味着什么？"我们需要思考，一个设计是否、如何表现出任何关于我们人类及周遭环境的内涵。罗莎·卢森堡（Rosa Luxembourg，1871—1919）、让-弗朗索瓦·利奥塔（Jean-Françoise Lyotard，1924—1998）、汉娜·阿伦特（Hannah Arendt，1906—1975）、苏珊·桑塔格（Susan Sontag，1933—2004）及其他无数理论家、艺术家和哲学家，均已对"我们是谁、我们应该或不应该做什么"这一根本哲学问题提出了各自的思考和主张。诸如"什么让我们感到快乐""我们如何同宏观世界联系在一起""我们的人性如何受制于我们对他人的反馈"这些问题今天空前重要。全世界急剧的变化将会震撼到生物世界，包括人类与其他形态的所有生命。我们将如何维系我们的自我认知、文化感、美感和幽默感？我将这些问题同这个时代下"何以为人"的探讨以及设计表现人性内涵的命题，联系在一起。

用是更广泛地定义气候变化的审美体验。[1] 全球气候系统的规模和复杂性及其对其他系统的无数影响在空间尺度和可理解性方面都明显达到了上述两个重要条件。事实表明，人类不能扭转气候变化的方向，这种人们无法控制的危险力量的存在，就让人同时产生着迷和排斥两种情绪。

设计师、规划师以及他们的受众要如何将这种美学体验理解为认知体验的一部分？在崇高的感官体验之中和之后，一个人会想到些什么？即使不是每个人都能以同样的方式体验，设计师和规划师是否可以在公园与基础设施空间中有意创造出与共享认知体验相联系的小型美学体验？当进入人们改变全球体系的新时代时，"人性"是否会被独特方式重新定义呢？在快速而频繁的破坏性气候变化时期，设计师和规划师能否用景观来表达我们作为人类的意义？这不是一个以前所未有的迫切需要将艺术与科学融合在景观建筑中的机会吗？

个人看来，所有的设计（包括生态设计）都在谈论当代人类的意义。越了解与全球气候变化和城市化相关的内在动力，越想与其他人一起共享这一点感知（在这里，我宽泛地使用了"感知"一词，因为我认为没有人能够理解设计细节上的升华，人们只是在其形式上，或者在其他尺度上可能有所体会）。根据我的经验，大多数拥有生态学知识和好奇心的设计师与规划师，对于机械功能设计或规划既不反对也不认同。设计师和规划师通过设计和规划中崇高的感官体验，将他们所感受到的东西分享给各式各样的人。从这个意义上说，我们追求的目标与19世纪的实践者类似，这是另一个快速变化的时期，正如伊丽莎白·迈耶在第六章中指出的那样，他用设计来"表现"景观中的潜在形式和意义。

为了达到一定程度体验共享，随着变化速度的加快，我提出了三类可以通过设计的美学体验进行广泛共享的认知体验。每种方法都可以通过审美策略来实现，使用任何特定策略都仅仅是手段而不是目标本身。下面举一些例子来说明我的

1　利奥塔德（Loytard，1991）从两种表现形式或方面思考了伊曼努尔·康德（Immanuel Kant，1724—1804）在他的《判断力批判》（*Critique of Judgment*，1790）所提出的崇高：第一，它指的是对某物过于庞大和（或）复杂而难以理解的一种知觉经验；第二，它揭示了人类无法控制的力量。

观点（Hill and Sasso，2011）。

1. 勇于投资

为了投资基础设施，必须拥有巨大的社会和政治决心。经验表明，如果一个人有足够的财力为媒体提供误导性的故事，那么将会使公众产生恐惧、不安和怀疑，可以很容易地使一个大型基础设施项目暂停。那么投资气候变化的勇气来自哪里，我们如何通过设计来支持它呢？

伦敦郊外泰晤士河上的风暴潮堤防是在 1953 年一场造成数百人死亡的大风暴后建造的，风暴对伦敦市中心昂贵的房地产构成了威胁。33 年后的 1986 年，在伍尔维奇附近安装了一个可移动的堤防，以防止风暴潮淹没伦敦。大伦敦当局建筑办公室接到要求，为液压臂设计防腐蚀罩，以便在需要时将闸门旋转到垂直位置。设计师选择用两大块打好的不锈钢片覆盖机械，在机械部件塔的正上方接缝，他们还考虑了每个塔上窗户和灯的位置，使它们在每一侧都对称，形成双边对称的整体。

当我参观堤防时，我意识到，这些部件塔顶着钢盖就像头顶着钢盔——事实上，其形制与萨顿·胡（Sutton Hook）考古挖掘中发现的公元 700 年左右盎格鲁－撒克逊勇士所戴的头盔极其相似（图 15.9）。无数乘船经过泰晤士河堤防的人拍摄视频并发布到网上，足以证明它广受喜爱。就连设置在"勇士头像"底部堤防上的灯光也让人联想到一个壁炉——而不仅仅是照亮混凝土和钢铁堆的安全照明。在我看来，泰晤士河堤防的设计是鼓舞人们对未来投资产生信心的一个成功例子，因为它形象地昭示了一群盎格鲁－撒克逊勇士在保卫伦敦。在全世界的风暴潮堤防中，没有哪个能比得上它的设计。

2. 共享智慧

设计可以成功地鼓舞勇气。数个世纪以来，历史悠久的公共纪念馆和英雄纪念空间提供了许多例子。但是，如果设计目标是帮助人们认为自己拥有"共享智慧"时，将会面临迥然不同的挑战。

在德国沿海适应性研讨会上曾有人告诉我，美国的沿海工程具有特殊性，就是他们以家庭为单位进行疏散。美国每个家庭都有自己的车，在灾难来临之际州际将

图 15.9　泰晤士河水闸（a）与英国萨顿·胡考古发掘中发现的盎格鲁－撒克逊头盔（b）相似。屏障塔楼上的不锈钢覆层用于防腐蚀，由大伦敦当局的建筑师设计，呈现出一个头戴 8 世纪头盔的盎格鲁－撒克逊勇士形象。这个例子揭示了设计结构的鼓舞作用，公众将更有勇气投资防洪基础设施

资料来源：a 由克里斯蒂娜·希尔拍摄，b 来自 Flickr Creative Commons 的比尔·泰恩（Bill Tyne）。

出现"逆流"交通。据我所知，只有古巴在疏散方面有更好的工作，古巴人不仅能带着自己的家人顺利逃出来，而且还帮助老人或残疾人顺利逃离。自1953年欧洲大风暴以来，荷兰人一直期待他们的政府保护其免受洪水侵袭，但直到最近才开始进行疏散演习。那么，什么是共享智慧？它依赖于国家、家庭单位还是邻里的大家庭？

我认为共享智慧可以是以上所有事物，但最重要的是它在"安全失效"设计中的体现，这是尼娜－玛丽·利斯特发明的一个术语，她在第十三章中提到了这个术语。这是我合作过的工程师不太喜欢的一个术语，但它与20世纪50年代工程的"故障安全"承诺形成了有益的对比。"安全失效"的设计策略可以被洪水或其他动态因素推翻或改变，而不会对其保护功能造成灾难性破坏。最佳的项目案例是建于2011年的荷兰沙动力（Zandmotor）。

沙动力使用21 407 536立方米的疏浚沙来创建世界上最大的"支线沙滩"，这是一个沙地面积的地貌学术语，其本身受到风浪的侵蚀来为另一部分海岸提供补充（图15.10）。沙动力就像一根蜡烛或一个巨大的沙刻度盘，意义是通过自身的消失作为仪表来测量一些现象。其审美策略是在短期内展现巨大海滩的奇观，但从长远来看展现的是气候变化的美丽。巨大的沙滩将变形、缩小和消失。孩子们会为它的巨大规模感到惊讶，但一旦他们成为大人后回到这里，就很难再找得到它了。因此，管理沿海防御的国家水务机构需要帮助人们了解这种变化是自然而积极的。例如，如果群众建立一个"沙动力之友"组织并希望将沙滩恢复成其之前的形状，仍然需要让恢复的形状随着时间的推移而变化来平衡各种利益。荷兰政府通过这种方式减少每年补给海滩的巨大成本和负面生态影响，正如从美国新泽西州到佛罗里达州的常规做法一样，荷兰政府相信沙动力策略将是传统推土机补给方式成本的1/4，同时可以容纳植物和动物物种在海滩和沙丘上繁盛十年或更长时间，而海浪和风力则将沙滩从原来位置搬运到南北向的沙滩上并且重新分配。

3. 扩大同情心

失落、悲伤和愤怒是人类改变经历的重要组成部分。当规划师在卡特里娜飓风（2005年）之后抵达新奥尔良时，他们建议处于低地的人们应该搬到更高的地方。

图 15.10　荷兰的沙动力设计旨在通过自然侵蚀提供扩大南部和北部海滩的沙子。这一策略是动态设计的一个强有力的例子，它鼓励公众通过创新方法体验共享智慧的感觉，并且利用了随时间变化的形式之美

资料来源：Rijkswater-staat's Flickr 提供。

规划师并不理解，这些地势低平地区包括非裔美国人最早拥有的一些房屋，特别是在后吉姆克罗南部，或者在下九区租房的人，历史原因不愿意相信政府现在提出迁移安置他们到其他住房的建议，这就会给看护者和社区网络带来直接风险。这些看护者和社区替代了日托和出租车以及其他他们难以负担的服务。到 2005 年，新奥尔良及其堤防系统就像城市版本的一个弗兰肯斯坦怪物（Frankenstein's monster）；但在飓风过后，居民希望得到同情和房屋修理服务，而不是来自规划师的冷漠拒绝。

飓风艾琳（2011 年）和桑迪（2012 年）之后，人们感到愤怒、悲伤和有决心的动机也一样。每当发生强迫人们离开家园和社交网络的重大事件时，这些情绪就会出现，而且需要设计师和规划师发现和反映，需要规划师对受灾的人们抱有推己及人的同情心。反复的淹水和流失经历可以产生抑郁和焦虑症状，与创伤后应激障碍无异（Kessler，2008）。随着下一个世纪和更长时间的洪水发生率的增加，设计师和规划师将要如何在城镇受灾最严重的地区建设性地开展工作？

鼓励扩大商业活动的设计战略最著名的例子之一，是由林璎（Maya Lin）设计的越战老兵纪念碑（Vietnam Veteran's Memorial，1982）的精美花岗岩。石头上的镜面饰面确保了参观者无论老幼都能够看到他们自己的面孔叠加在冲突中死亡的人的名字上，同时能与阵亡将士的家人朋友留下的供奉之间留出一趾之距。切实认真的反思可能会产生深思熟虑的深刻思考（图 15.11）。在 20 世纪 70 年代进行的研究表明，大镜子前面静坐过一段时间的学生在考试中作弊的机率要比不坐在镜子前的学生低得多。目前的研究表明，能在镜子中看到自己的人，用负面刻板印象来描述他人的概率也有所降低。[1]

在另一个例子中，米尔勒·尤克利斯（Mierle Ukeles，纽约市卫生局驻场艺术家）将镜像材料应用于垃圾车侧面，这样人们就会看到自己在卡车侧面反射的影像，并将他们的垃圾带走。她将她 1983 年的作品命名为"社会镜子"（The Social Mirror，图 15.12）。反光材料为我们提供了一个重新考虑身份界限、情感忠诚度和道德责任感

1　关于镜子和作弊的研究，参见 Vallacher and Solodky（1979）、Diener and Wallborm（1976）。最近的研究已经探索了反思的物理现象和自我意识之间的关系，参见 Davis（2015）。

图 15.11　设计也可以呼吁我们关爱他人。由于林璎使用了抛光石，访客的脸部反映在华盛顿特区越战纪念馆其他人的名字之上。看到自己叠加在别人的名字或面孔上，是将我们的同情心扩展到自己之外的一种基本方式

资料来源：Flickr Creative Commons Elvert Xavier Barnes Photography 提供。

图 15.12　这个公共艺术项目在垃圾车上安装了反光表面，提醒公众在卡车上看到自己（或垃圾）。这是使用反思创造扩大同情心的另一个例子。米尔勒·尤克利斯，"社会镜子"，1983 年

资料来源：Ronald Feldman Fine Arts，New York City 提供。

图 15.13　白色塑料购物袋制成的北极熊粘在地铁排气孔上。当火车或地铁在下面经过时，空气会让北极熊
　　　　　膨胀，令人行道上的人们感到惊讶

资料来源：约书亚·哈里斯拍摄，http://joshuaallenharris.com/the-inflatables。

的空间（Diener，1976）。

　　最近，一种唤起同情心的策略也来自纽约市，那里有一位年轻艺术家约书亚·哈里斯（Joshua Harris）将白色塑料制成的杂货袋切开，然后将它们粘在一起构成形状，然后将它们固定在地铁隧道上方的人行道上（图 15.13）。当一列火车经过下面时，一只白色的塑料北极熊从看起来像一堆日常垃圾的东西里膨胀起来，逐渐展现它的全貌，随着风的消逝再次躺下来。这些塑料食品袋可以引发人类对自身以外其他物种的同情，我认为城市景观必须也要做到相应的情感引导。

四、结语

　　生态设计和规划在当代面临的最大挑战，是试图理解并回应时间维度上的关系和模式。设计师和规划师正处于快速城市化与气候剧烈变化的时代。他们不能像以前一样，从过去的景观中了解自然过程，或者依靠想象来优化生态基础设施的空间模式。他们应该考虑这些系统改变和适应的能力，以支持和响应未来新的互动与联系。

　　而且设计师和规划师的设计与规划有时是不完整的，甚至是错误的。这对客户和公众来说很难理解，还可能会损害到他们对设计和规划过程的信任。尽管设计师和规划师不能保证百分百的正确，但他们仍然可以利用当代面临的独特挑战与前所未有的环境变化来锻炼自己的设计和规划技能，例如越来越多的人关注循证景观动力学等。审美体验的定义和研究将会改变人们对环境变化的理解与反应方式。无论设计或规划多么实际，设计师和规划师都必须吸引更广泛的公众，参与到生态设计和规划美感与诗意的体验中来。杰出的设计师和规划师往往习惯于单向交流，他们往往单方面告诉公众什么是好的、美丽的，却没有让公众参与进来，因此必须重视公众的参与。设计师和规划师还必须针对快速且每年都在加速的环境变化设定项目新的功能目标。

　　我希望，设计师和规划师能够看到并传达我们身边发生的巨大变化对人类的空前影响，并做出合乎道德的、勇敢的和富有同情心的回应。当系统变革的"信号"来到时，无论他们在哪个城市、社区或地区工作，他们都需要勇于回应。全新世已经开始滑坡，时代将会变得艰难，但是我们没有回头路可走。设计师和规划师必须勇于诚实面对正在发生的事情，他们需要思考如何最好地通过设计和规划来定义与表达他们对人性的看法。如果这项事业对于艺术有任何追求，那么其从业者就应当通过他们的设计和规划，充分表达出他们对我们人性的观点。

参考文献

[1] Boykoff, Maxwell, "From Convergence to Contention: United States Mass Media Representations of Anthropogenic Climate Change Science," *Transactions of the Institute of British Geographers*, Vol. 32, No. 4 (October 2007): 477–89.

[2] Comte, Lise, Laetitia Buisson, and Martin Daufresne, "Climate-induced Changes in the Distribution of Freshwater Fish: Observed and Predicted Trends," *Freshwater Biology*, Vol. 58, No. 4 (April 2013): 625–39.

[3] Congressional Budget Office, "Trends in Public Spending on Transportation and Water Infrastructure, 1956 to 2004" (August 2007).

[4] Davis, Mark D., "Reducing Misanthropic Memory Through Self-Awareness: Reducing Bias," *The American Journal of Psychology*, Vol. 128, No. 3 (Fall 2015), 347–54.

[5] Diener, Edward and Mark Wallbom, "Effects of Self-Awareness on Anti-Normative Behavior," *Journal of Research in Personality*, Vol. 10, No. 1 (March 1976): 107–11.

[6] Duany, Andres, and Emily Talen, eds., *Landscape Urbanism and Its Discontents: Dissimulating the Sustainable City* (Gabriola Island, BC: New Society Publishers, 2013).

[7] Fleming, Kevin, Paul Johnston, Dan Zwartz, Yusuke Yokoyama, Kurt Lambeck, and John Chappell, "Refining the Eustatic Sea-level Curve since the Last Glacial Maximum Using Far- and Intermediate-field Sites," *Earth and Planetary Science Letters*, Vol. 163, Nos. 1–4 (November 1998): 327–42.

[8] Gibson, Lisanne, and Deborah Stevenson, "Urban Space and the Uses of Culture," *International Journal of Cultural Policy*, Vol. 10, No. 1 (2004): 1–4.

[9] Helphand, Kenneth I., and Robert Z. Melnick, eds., "EcoRevelatory Design: Nature Constructed/Nature Revealed", *Landscape Journal*, Vol. 17, Special Issue (1998).

[10] Hill, K., and L. Sasso, "Crisis, Poignancy and the Sublime: Cities and Flooding," *Topos*, Vol. 76 (September 2011): 47–50.

[11] Hill, Kristina, "Cities and Biodiversity," in Beardsley, John, ed., *Designing for Wildlife* (Cambridge, MA: Harvard University Press, 2013), 154-68.

[12] Hill, Kristina, "Urban Design and Ecology," in Czerniak, Julia, ed., *Downsview Park Toronto* (CASE) (London, UK: Prestel Publishing, 2002), 91–101.

[13] Johnstone, J. F., E. J. B. McIntire, E. J. Pedersen, G. King, and M. J. F. Pisaric, "A Sensitive Slope: Estimating Landscape Patterns of Forest Resilience in a Changing Climate," *Ecosphere*, Vol. 1, No. 6 (December 2010): 1–21.

[14] Kaushal, Sujay, Gene Likens, Norbert A Jaworski, Michael Pace, Ashley Sides, David Seekell, Kenneth Belt, David Secor, and Rebecca Wingate, "Rising Stream and River Temperatures in the United States," *Frontiers in Ecology and Environment*, Vol. 8, No. 9 (November 2010): 461–66.

[15] Kessler, R., S. Galea, and M. J. Gruber, "Trends in Mental Illness and Suicidality after Hurricane Katrina," *Molecular Psychiatry*, Vol. 13, No. 4 (April 2008): 374–84.

[16] Kindleberger, C. P., and R. Z. Aliber in *Manias, Panics and Crashes: A History of Financial Crises*, 6th edition (New York, NY: Palgrave and Macmillan, 2011).

[17] Kobrin, Frances, "The Fall in Household Size and the Rise of the Primary Individual in the United States," *Demography*, Vol. 13, No. 1 (February 1976): 127–38.

[18] Low, Setha, and Neil Smith, eds., *The Politics of Public Space* (New York, NY: Routledge, 2006).

[19] Lucy, William, and David Phillips, *Confronting Suburban Decline: New Strategies for Metropolitan Planning* (Washington, D.C.: Island Press, 2000).

[20] Ludgin, Mary, "Shifting Demographics: Real Estate Investment Implications," a presentation at the Portland State University Center for Real Estate's 7th Annual Real Estate Conference, Portland, Oregon, May 30, 2012.

[21] Lynch, Kevin, *The Image of the City* (Cambridge, MA: The MIT Press, 1960).

[22] Lyotard, Jean-François, *eçons sur l'analytique du sublime: Kant, critique de la faculté de juger* (Paris, France: Editions Gallilée, 1991).

[23] Marcott, Shaun, Jeremy Shakun, and Peter Clark's article, "A Reconstruction of Regional and Global Temperature for the Past 11,300 Years," *Science*, Vol. 339, No. 6124 (15 March 2013): 1198–201.

[24] Nassauer, Joan Iverson, "Messy Ecosystems, Orderly Frames," *Landscape Journal*, Vol. 14, No. 2 (September 1995): 161–70.

[25] Olson, David, Dominick A. DellaSala, Reed F. Noss , James R. Strittholt , Jamie Kass , Marni E. Koopman and Thomas F. Allnutt, "Climate Change Refugia for Biodiversity in the Klamath-Siskiyou Ecoregion," *Natural Areas Journal*, Vol. 32, No. 1 (January 2012): 65–74.

[26] Pace, Michael L., Stephen R. Carpenter, Robert A. Johnson, and Jason T. Kurtzweil, "Zooplankton Provide Early Warnings of a Regime Shift in a Whole Lake Manipulation," *Limnology and Oceanography*, Vol. 58, No. 2 (March 2013): 525–32.

[27] Pimm, S., "Biodiversity: Climate Change or Habitat Loss—Which Will Kill More Species?" *Current Biology*, Vol. 18, No. 3 (12 February 2008): 117–19.

[28] Rahmstorf, Stefan, "A Semi-Empirical Approach to Projecting Future Sea-Level Rise," *Science*, Vol. 315, No. 5810 (19 January 2007): 368–70.

[29] Scheffer, Marten, Jordi Bascompte, William A. Brock, Victor Brovkin, Stephen R. Carpenter, Vasilis Dakos, Hermann Held, Egbert H. van Nes, Max Rietkerk, and George Sugihara, "Early-warning Signals for Critical Transitions," *Nature*, Vol. 461, No. 3 (September 2009): 53–59.

[30] Seekell, David A., Stephen R. Carpenter, and Michael L. Pace, "Conditional Heteroscedasticity as a Leading Indicator of Ecological Regime Shifts," *The American Naturalist*, Vol. 178, No. 4 (October 2011): 442–51.

[31] Short, J. R., "Metropolitan USA: Evidence from the 2010 Census," *International Journal of Population Research*, Volume 2012, Article ID 207532, 6 pages.

[32] Song, Bing, Zhen Li, Yoshiki Saito, Jun'ichi Okuno, Zhen Li, Anqing Lu, Di Hua, Jie Li, Yongxiang Li, and Rei Nakashima, "Initiation of the Changjiang (Yangtze) Delta and Its Response to the Mid-Holocene Sea Level Change," *Palaeogeography, Palaeoclimatology, Palaeoecology*, Vol. 388 (15 October 2013): 81–97.

[33] Tan, James Peng Lung, and Siew Ann Cheong, "Critical Slowing Down Associated with Regime Shifts in the U.S. Housing Market," *European Physics Journal B*, Vol. 87, No. 2 (February 2014): 1–10.

[34] Vale, Larry and Thomas Campanella, *Resilient Cities: How Modern Cities Recover from Disaster* (New York, NY: Oxford University Press, 2005).

[35] Vallacher, Robin and Maurice Solodky, "Objective Self-Awareness, Standards of Evaluation, and Moral Behavior," *Journal of Experimental Social Psychology*, Vol. 15 (1979): 254–62.

[36] Van de Mieroop, Marc, *Ancient Mesopotamian Cities* (New York, NY: Oxford University Press, 1997).

NATURE AND CITIES

第十六章　水、城市自然与景观设计艺术

劳里·奥林

中文和日文中都有一个古老的汉字"水"——汉语念"shui"，日语读"mizu"。它与其他数百个字符搭配，形成多样的词汇和思想。在这两种悠久的文化中，由四个基本笔画构成的"水"字，对于所有研习书法的人来说都很熟悉（图 16.1）。同样值得尊重的是两种文化的艺术杰作，在诗画园林中描绘了溪涧沟渠、河湖港汉之水的千姿百态。和世界上其他地区一样，水被看作生存之基，奔腾不息，是不可或缺的生命之源。与此同时，人们对它葆有高度的敬畏，认识到水也可能排山倒海，泛滥成灾。

1993 年，弗雷德里克·斯坦纳和乔治·汤普森召集了一批景观设计师与规划师，在亚利桑那州立大学召开了一场名为"生态设计与规划"的会议。当时，我发表了自己对自然、艺术和景观建筑的理解，并展示了我们事务所的一些项目，说明了我们能够在多大程度上实践这些想法（Ohlin, 1997）。时至今日我的感觉大体相同，故而尽量不再重复。然而，那篇文章中简要提及的一个元素，自那以后已经成为每一个景观建筑学的从业者和学生都要思考的话题：水。有时，人们会厌倦这个话题，希望谈话进展到其他主题上去。但如果我们要考虑"自然与城市"这个话题，就不可避免地要谈论到水。

在诸多促成地球生命奇迹及其非凡历史和多样性的因素中，没有比水更重要的因素了。从太空看，地球是真正的"蓝色"星球，大部分被我们称为海洋的水体所覆盖，所有的动植物都是从海洋中诞生，至今所有的生命仍然依赖于水而生存。在陆地上，人类的家园里，淡水促进了农业和社会的发展，在今天它的重要性丝毫不亚于历史上的任何时刻。众所周知，我们的身体、器官和细胞多达 60% 是由水（H_2O、氢和氧元素）组成

图 16.1　在中文里水的字符是"shui"，日文是"mizu"。左边这幅画出自 18 世纪的日本抄本
资料来源：参见巴伯（Barber）和伯纳德（Bernard）所著，由丹纳利维（Dana Levy）摄影和插图的《水：来自日本的看法》（纽约：韦瑟希尔，1974），第二版。

的，这就解释了人体脱水的严重后果，只剩下 40% 是矿物质、化学物质和其他固体物质。

1. 自然与水

水是一种奇特而多变的物质，具有各种物理状态：通常以流水或雨水这样的液态存在；也可以是气态，以云或雾的形式飘浮在空中；还可以是固态，如冰、雪、霰、霜冻和冰雹等形式。水在分子水平以上具有弱结构，会呈现其周围环境或容器的形状——无论是山谷、盆地、沟渠、茶缸、碗还是玻璃杯。它看起来很柔软，没有任何形状，缺乏堆叠或支撑站立的能力，会扑通坠落，就像我们通常说的，到处"跑"。这种看似无形的状态使它几乎从不停歇。因此，水不断地塑造和雕刻着地球及其土地（包括陆地和海底）的形状，通过持久不断地滴落、拍打、奔流、冲击、摩擦、冲刷和刮擦，形成溪涧、河流、湖泊、海湾或海洋，以及冰河或称作冰川的巨大河流。它会在炎热的时候带给我们凉爽，也会在冬季冻结一切。雨声能安抚我

图 16.2　无形而强大，永远在运动，击打在缅因州海岸永不停歇的海浪
资料来源：劳里·奥林拍摄。

们入睡，但当台风和飓风来袭时，又会击溃、淹没我们。水维持着植物、动物和人类的生存。它是我们的朋友和必需品，也是我们的对手和威胁（图 16.2）。

2. 历史视角

除了为我们的身体补充水分保持健康，自文明诞生以来，水对人类社会起着至关重要的作用。随着人口的扩张、增长和发展，我们对水的需求急剧上升，各行各业都要大量用水。几千年来，我们已经发展出了收集、储存和运输水的技术，可以通过各种精巧设备和构造以远距离运输到缺水的地区。例如收集降雨的蓄水池和盆地以及运输雨水的沟渠和运河，分布的范围从古代中东、埃及、希腊、罗马到古代普韦布洛人（Puebloans）及其现代后裔所在的科罗拉多高原和北美西南部的沙漠。水井、隧道、渡槽、管道、排水渠和各种各样的机械装置已经在各大洲从地下、河流和湖泊以及遥远的流域中持续抽取并迁移了数个世纪的水（图 16.3）。

图 16.3　西班牙塞戈维亚（Segovia）市中心由罗马人建造的最漂亮的渡槽之一
资料来源：劳里·奥林拍摄。

农业可能是洁净淡水最重要和最大的行业，但许多其他需要大量用水的行业也已经出现了。而且，正如每个人从自己的日常生活中了解到的，世界各地的城市和地区有数十亿人每天用水洗澡、做饭、洁净和饮用。在这些使用过程中，大部分的水变脏、受污染，或者更糟糕的是流失了，无法进行处理、洁净或重复使用。当我们人只是少数时，这不是问题。但是目前这在世界大部分地区都是一个严重的危机。数百万人无法获得洁净水，过度消耗导致含水层枯竭和荒漠化，而气候变化导致部分地区出现干旱或气旋风暴、洪水和海平面上升等现象。稍后我会更多地讨论城市中的这种情况。

更糟糕的是，城市在日常家用方面也会使用大量的水。在干旱地区，一些发展最快的城市地区陷入了长期干旱，而其他城市则不断扩展到河口或接近河口。按照自然的说法，这些河口自古以来就起到了净化水的天然过滤器的作用，并作为大量的动植物的繁殖地，成为全球生态的主要参与者。不幸的是，随着全球城市的发展（近几十年来在许多情况下呈指数增长），它们通过填充和破坏数量惊人的湿地来实现这一目标。这种情况表明，景观专业人员必须进行全球化思考和区域性规划，但是通常从业者只能被一个一个的项目局限在当地行动，正如我，将要在各种尺度和目的中来谈论这些项目。

一、近几十年来的水与景观建筑实践

我们事务所最早开展的两个项目是在 1976 年和 1977 年，都涉及水元素议题。一个是为位于新泽西州普林斯顿郊区（当时为农村）的强生公司婴儿产品部门工作；另一个是为强生集团的国际总部工作，虽然位于新泽西州新布伦瑞克市中心，但当地似乎有点像郊区。在第一个项目中，我提议了一个可以带来视觉舒适体验的湖泊，同时也是一个开创性的雨水调蓄设施，以满足 1972 年颁布的《洁净水法案》和一些更早时候相关主题的州法规。而在第二个项目中，我们提出在一个装货码头、仓库和食品服务厨房的屋顶花园树丛里建一个小型喷泉。好消息是，这两种设施都能很好地运行，为员工和各种鸟类及动物提供便利。坏消息是，一群鹅突然造访，一天就吃掉了几乎所有的湖岸水生植物，那本是我说服业主让我买来做试验的。最终，我们设法恢复了植物。从多年前的那个夏天起，我和这个专业组都学到了很多关于水、植被、栖息地及其实现方式的知识。这两个项目同时也代表了水景设计的两极：一边是功效和环境力学，另一边是艺术和诗意。从那时起，这两方面对我和我们公司而言显得同等重要（图 16.4）。

同一时间（或早两年），在宾夕法尼亚大学我的办公室楼下大厅里，约阿希姆·图尔比尔（Joachim Tourbier）、理查德·韦斯特马科特（Richard Westmacott）和其他几位年轻的景观建筑师正在伊恩·麦克哈格（我们的系主任和《设计结合自然》一书的作者）的鼓励下工作，并与富兰克林研究所的杰出湖泊学家露丝·帕特里克（Ruth Patrick）合作（McHarg，1995）。他们的项目是开发用于雨水管理的生物工程思想和技术，不仅是使用调蓄池缓解城市化引起的内涝，而且也是我们现在称为植物修复的实验——顾名思义，就是通过植物净化来去除、吸收水中的有害物质（化

图 16.4　我的第一代雨水滞留池，由奥林事务所为位于新泽西州斯基尔曼的强生公司工厂设计，作为 18 世纪英国景观公园运动的延伸，看起来好像是自然形成的

资料来源：劳里·奥林拍摄。

学物质和矿物质），使其适合野生动物和人类使用。从那时起，世界各地的许多个人和机构都在继续这项工作。令人高兴的是，过去曾被视为屡获殊荣的新锐实验如今已成为一种行业现状——这正是负责任的专业人士应该了解和实践的事情。

此外，在之后的数十年中，美国环保署（EPA）和美国各州颁布了多项关于湖泊、溪流和河流的洁净水法规，制定了调蓄池的处理标准以及处理涉及水量的方法，而景观建筑师和土木工程师也开发出了有关设计策略与方法的词汇表作为回应——轮流领先，彼此追逐，互为监管。20 年前，我们只能在欧洲找到客户支持的基本技术，如透水铺路、停车场渗水层和在德国法兰克福的戈德斯坦社会住房项目中使用的植被洼地。如今，这些方法已经广为人知并被广泛应用，尽管在美国还没有普及。像我们很多人在 20 世纪 80 年代开始做的那样，在沼泽地和滞洪盆地种植湿地物种这个概念是很有吸引力的，因为它允许将有鸟类和小动物栖息地的走廊和条带引进项目，拥有防洪授权且符合洁净水法案和倡议。

随着城市开发面积的不断扩大，为防止因快速泄洪而造成的洪水泛滥，滞洪盆地作为临时蓄水的手段越来越普遍。如今，整个北美，尤其是郊区、住宅区、商业区和工业区，随处可见土木工程师设计的形状怪异、荒芜的布满碎石的坑洼。掠过郊区，可以看到一排排这样光秃秃的坑布满整个场景。景观设计师们已经意识到，如果这些设施种植了本地耐水植物的混合物，它们将提供更多机会，不仅仅是在视觉上更具吸引力，尤其是如果连通到水源充沛的河岸走廊，还能成为宝贵的栖息地。雨水盆地，正如许多人所说的那样，可以重新引入各种动植物，无论是两栖动物还是蝴蝶等昆虫，还是生存受威胁的哺乳动物、爬行动物和鸟类，其中许多在季节性路线上丧失了栖息地，特别是在大面积开发的沿海和河流走廊。最适用于雨水设施的水和湿地植物的混合物通常是被充耕的自然区域中最常见的。由于许多社区和地方官员对这种品质的兴趣与需求不断增加，其副作用是工程公司现在指定了这种种植，甚至掌握了地下水补给的原理。我听景观设计师们抱怨，今天的工程师正在做他们所开创的工作，认为这对他们是一种工作和收入损失。然而，这是一个有益的教育案例，教育人们做基本的工作——环境整理和维护，这使我们能够从事其他重要的和有意义的任务和目标。这应该是最基本的技术要求，就像知道如何铺设一条安全而美观的道路一样。

更重要的是，在另一个尺度上，到 1990 年许多景观建筑师开始提倡在城市开发区或邻近地区营造或重新培养湿地。20 世纪 70 年代中期，在位于洛杉矶机场附近的前休斯飞机基地（Hughes Aircraft Site）的一块 364.2 公顷的大面积城市开发中，我主张恢复一条消逝已久的小河，重新建立淡水和咸水沼泽，部分原因是为了依据这一问题的具体规模制造一个雨水装置，也是为了保留开放空间，创造原住民和候鸟的栖息地，确保该地区主要的娱乐资源——圣莫尼卡湾（Santa Monica Bay）的洁净和安全。

定位以及如何定位这些特点是关键。最初，我将河流廊道定位为规划中的城市发展的脊梁，作为未来居民在带状公园中的一项休闲设施。后来，我们把它搬到了韦斯切斯特断裂带（Westchester bluffs）的旁边，这是一块我们正试图再植和保护的悬崖。这是在与我们合作的修复生态学家和工程师的鼓励下进行的。我们都意识到，如果通道位于房屋的边缘而不是当中，在生态上会更有用和更成功。这样，鸟类和动物就可以在山溪之间来回游弋，而不受人类活动的影响。另一个好处是，我们可以将其设计出具有更大的洪水冲击容量，令其达到和一个更加精致紧凑的城市公园一样的抗洪效果（图 16.5）。

这个屡获殊荣的河流和沼泽项目，最初是作为一种雨水措施，现在被视为自然保护区和鸟类避难所。它是如此的成功，以至于比起我们最初的设想，它已经进一步扩大了，从巴罗纳溪一侧大约 20.2 公顷扩展到两侧共占地超过 80.9 公顷。在一个又一个案例中，在我们及其他人的工作中，我注意到经常使用水资源管理特点可以获得显著的社会或生态效益。

一路走来的一个教训是，人们不应该想着单凭自己做完所有事情。几年以后，我加入了一个委员会，协助国家公园管理局为旧金山和马林县的金门国家游乐区制定机制和规划，其中大部分涉及立法、金融、建筑历史保护、资源和设施管理，以及创造和管理这样一个雄心勃勃的新联邦实体所涉及的大量问题。乔·奥巴塔（Gyo Obata，HOK 建筑环境事务所创立人之一）、林璎和我，是这群人中仅有的设计师，安静地思考着我们所设想的具有历史意义的要塞遗址的物理属性和设计潜力。在我速写本上的涂鸦记录了部分谈话，我们的结论是，不管这些与之有关的战争是多么传奇或具有历史性，拆除克里西·菲尔德公园的残遗飞机跑道将是有益的，而且我们应该提出重建

图 16.5　巴罗纳湿地（Ballona Wetlands）是与巴罗纳溪（Ballona Creek）相邻的栖息地休憩场所，在前休斯飞机基地创建，作为加州洛杉矶普雷亚维斯塔（Playa Vista）开发项目的一部分

资料来源：劳里·奥林拍摄。

潮汐沼泽和自然海岸线（恢复几乎是不可能的，因为没有什么可以恢复）。这个简单但重要的想法很快就融入了整个公园的规划中，几年后，乔治·哈格里夫斯的旧金山设计团队实现了一个版本。事实证明，它是非常受欢迎并且非常成功的，为鸟类、鱼类、软体动物以及人类、城市和旧金山湾的和谐共处画出了蓝图（图 16.6）。

　　"蓝色屋顶"的概念——用建筑物的屋顶作为水的蓄水池，与 20 世纪 60 年代开始出现在北欧的"绿色屋顶"相反。既然屋顶原本是设计用来防止泄漏，为什么不把它作为一个蓄水池来捕捉和储存降水，从而可以按照与地面蓄水池一样的方式让预定的量缓慢释放出来呢？就重量和支撑结构而言，这似乎比绿色屋顶及其支撑土壤和排水设备更可取，因为水的重量为每立方米 28.3 千克，本身比湿土壤轻，而湿土基本上混合了水与岩石，每立方米重达 45.4 千克。建筑师和客户一直顽固地抵制这种想法，其中习惯和迷信的因素不可忽视。

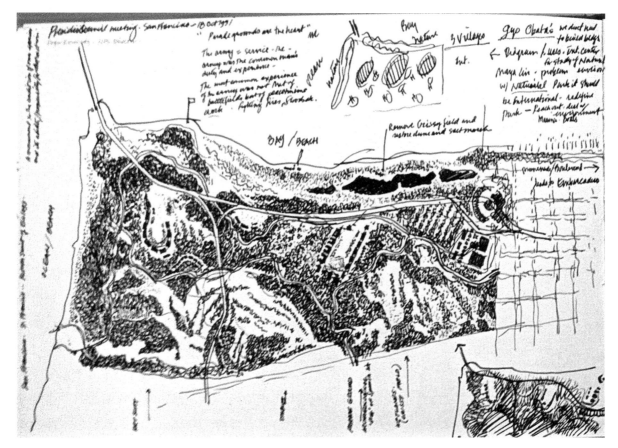

图 16.6　要塞改造与恢复克里西·菲尔德公园的沙滩和湿地的概念草图，是在负责加利福尼亚州旧金山建立
　　　　新国家公园委员会的早期规划阶段做出的

资料来源：来自劳里·奥林速写本，1991 年。

奇怪的是，建筑师和客户都将绿色屋顶作为在发达地区用水处理设备与策略的
常用工具。这确实是一个古老的想法。19 世纪时，我的祖父出生在达科塔州的一间
草皮小屋中，作为阿拉斯加长大的小孩，我对草皮屋顶的优点和危害非常熟悉。在
20 世纪 70 年代初，当我开始关注这类事情时，在整个北欧地区使用密集或广泛的绿
色屋顶已经变得普遍。到 20 世纪 80 年代，在许多城市，绿色屋顶的使用是法定的。
如今，大多数称职的建筑师都知道如何建造最小的绿色屋顶，许多景观建筑师也帮

助他们完成了更宏伟的项目。在我成立事务所之前，在罗马美国学院进行的独立研究也指出，在蒂沃丽花园（Tivoli）、泰拉奇纳（Terracina）、罗马、阿尔巴诺湖（Lago Albano）、卡碧岛（Capri）及其他地方，公元 1 世纪和 2 世纪的宫殿及别墅内部的砌筑结构上常常建有令人印象深刻的花园与公园。见识过了这些建筑与景观复杂融合的结果是，从我们事务所的早期开始，我和我的合伙人就毫不掩饰地将建筑视为景观的一部分。在很多情况下，我们已经使用由朋友和同事为不同目的设计的建筑作为景观发明与建筑的场所。[1] 这种景观对建筑物的最大好处之一就是雨水的使用、净化和延迟释放。绿色屋顶还可以延长防水屋顶的寿命，保护它不受有害的紫外线照射，同时非常显著地有助于稳定建筑物内部的温度，降低热岛效应。而且，屋顶的环境为鸟类和益虫提供了食物和栖息地。

　　我们事务所的两个完全不同的城市项目体现了这种努力所达的范围或两极：其中一个充分利用几个小特征，另一个则采用了一个相对较大的特征——就像以赛亚·伯林（Isaiah Berlin，1909—1997）在他的经典文章"刺猬和狐狸"中开玩笑地指出的那样（Berlin，2007）。一个是名为"西蒙和海伦公园"的小型城市广场（规划区只有 30.5 米 × 70 米），由我们公司最近在俄勒冈州波特兰市的一个五层地下停车场上方建成。它是完全由石块铺砌而成的；即便如此，它也能收集、洁净几乎所有落在现场和邻近街道上的水，然后要么使用、再利用，要么释放出干净的废水。由于太平洋西北部的气候一般都比较温和，但也存在季节性的潮湿、多雾和多雨，我建议在公园的部分区域覆盖一层高高的玻璃凉棚，这样人们就可以随时坐在户外。石铺的路面和玻璃凉棚采用创新的雨水技术，重新利用现场径流，以便于在干季灌溉植物。落在这个凉棚上的雨被引导到一个长长的花盆里，它既是长凳的靠背，又是倾斜的街道和两层台阶之间的中间地带，可以放桌子、椅子、长凳供人们在凉棚下闲坐、就餐和放松。花盆被设计成一个小型的蓄水池，有足够的高度以适应暴雨，它使用过滤器短暂缓慢地向暴雨系统排放干净、未使用的水。落在其他地方的雨水要么流向街道上植被覆盖的盆地，要么流向一个喷泉，这个喷泉设计有一

---

[1]　许多这样的项目全部或部分呈现在 Weiler and Scholtz-Barth（2009）。

图 16.7　在俄勒冈州波特兰，一个高大的玻璃雨棚将降雨引向一个盛满植物和土壤的盆，先沿着街道过滤，然后将其引导到排水沟再利用

资料来源：ZGF 设计事务所的布瑞恩·麦卡特拍摄。

个额外的水箱和过滤器，用来重复利用或释放流向它的水。这个广场（或公园或露天广场——名称的混淆表明公共空间的演变及其在当代城市的使用）是三个小型公共空间中的最主要部分，它们由两条少量通车的小街道连接着：公园大道和第九大道。在波特兰被称为北公园街区和南公园街区之间，这三个公园（西蒙和海伦公园、奥布莱恩特广场和伯恩赛德公园）都是城市早期的规划。设计团队［其中包括 ZGF 设计事务所的景观建筑师卡罗尔·迈耶－里德（Carol Meyer-Reed）和布瑞恩·麦卡特（Brian McCarter）以及奥林事务所的设计师］曾提出，它们在处理暴雨的问题上是有关联的；西蒙和海伦公园与伯恩赛德公园里多余的水将被引导到奥布莱恩特广场，在那里形成一个公共的水花园，可以保存和利用水，除非在非常极端的情况否则几乎没有水会流入下水道系统（图 16.7）。

　　ZGF 设计事务所在这里设计了一间小咖啡馆，其上覆盖着比如今这个行业里常见的薄薄一层景天和肉质植物更富活力的"绿色屋顶"。西蒙和海伦公园是低调朴素的，不太出人意料，远没有另一个项目那么雄心勃勃。这另外的"一个大项目"是后期圣徒教会（通常被称为摩门教）的超大型会堂，它是"绿色屋顶"的另一种极端形式。这个会堂可以容纳 25 000 名一年两次从世界各地来参加会议的教众。这座宏伟的建筑几乎占据了整整一个街区（4 公顷）。在盐湖城，这样的规模算得上非常庞大了。在参观了现场并思考了整个项目后，我向 ZGF 设计事务所建筑师罗伯特·弗拉斯卡（Robert Frasca）建议把它设想成景观，而不是传统的独立式建筑。"想想看，"我建议道，"就像犹他州南部四角地区的一个台地上，古老的普韦布洛人在大型洞穴中和常常被森林覆盖的阿罗约斯悬崖下建造了梅萨维德（Mesa Verde）等社区。"事实上，鲍勃说，"你是指在上面建个公园？"我回答："是的，我想是的。"我们设法在这个巨大礼堂不可避免的空旷地带种植大量的本地树木，就像城市边缘的峡谷一样。在屋顶上面，我们创造了一片开阔的高山草甸，整个是参考借鉴附近瓦萨奇山脉（Wasatch Mountains）自然环境。

在这栋建筑里有一个壮观的大厅，可以容纳比几个街区外的体育馆里观看犹他州爵士队比赛的球迷更多的人，那里有一个传统的建筑屋顶，可以迅速地将 1—3 公顷的径流排入暴雨下水道。我们把大厅的大部分屋顶变成了一个 1.6 公顷、由当地的植物组成的亚高山草甸，通过与整个地区的苗圃基地签订合同，把这些上千株的植物都交由我们种植。我们又增加了几片针叶林和一些可以坐下和漫步的地方，看看历史悠久的庙宇和神龛，看看这座城市，看看落基山脉的瓦萨奇山脉和大盐湖。通过在屋顶的最高部分放置一个源头喷泉，我们设计了隐蔽的水道，把水引到边缘然后瀑布般地降落到街道的平面。在北圣殿街，考虑到城市、街道和摩门教寺庙的位置，我们说服教堂和城市从城溪这条具有特殊历史意义的溪流中分流出一定的水流量。就像许多城市的水道一样，因为山上的雪在初夏迅速融化，城溪有季节性洪水泛滥的习惯，因此它在 19 世纪早期被放置在一个巨大的排水管道中。这个项目直接处理密集的城市地区的风暴、季节性降雨和降雪，在原本广阔的、不透水的表面上建立起一块巨大的海绵。与此同时，它揭示并利用了该地区的自然趋势，参考其水文循环，同时利用已经存在的水，即使这些水隐藏在季节性的、历史的溪流中或是

图 16.8　在犹他州盐湖城北圣殿街可容纳 25 000 人集会的大厅之侧，种植了 1.6 公顷邻近瓦萨奇山脉峡谷
　　　　常见的原生高山草甸，并种植了本地树木

资料来源：a 由埃克特（Eckert）提供，b 由奥林事务所的苏珊·薇勒（Susan Weiler）提供。

回收的雨水里（图 16.8）。

　　把水用于有益的工作一直是文明的标志。20 年前，我提议在 128 号公路的波士顿郊外的早期项目中为科德克斯公司（Codex）建几个池塘，科德克斯是开发调制解调器的公司。我与来自弗拉克和库尔兹公司（Flack & Kurtz）的优秀土木工程师一起工作，我建议用池塘储水，有足够的高度来容纳雨水，也可以帮助冷却。和大多数高科技公司特别是那些拥有大型主机的公司一样，科德克斯公司也存在散热问题。我们的工程师建议用水井从地下一个相当大的含水层中抽取水，穿过装冷却液的建筑物，然后把水倒进池塘。我反过来又设计了岩石护岸，让水从池塘里流回砾石层，这样水就能沉回蓄水层。这种方法只适用于某些特定地质情况——比如广延而多孔的冰川冲积物。从那以后，用注入井做类似的事情就变得很普遍了。这种循环的好处在于它依赖重力来完成大部分工作，同样也是可见的。除了其他奖项，凭借这个项目我们还获得了美国景观建筑师协会（ASLA）的主席大奖。除了自豪之外，提到它的原因是为了鼓励该领域的同事们推动客户和相关专业人士从事非标准的实验工作，特别是使用神奇的水元素。

这种取水并使之发挥作用的想法在我们最近的经验中很常见，但是对于几代人来说，水被视为一种讨厌的东西，人们只是试图摆脱它。当我在做麻省理工学院（MIT）的校园发展规划时，我意识到该校址和校园大部分区域主要建在查尔斯河河口的垃圾填埋场上，而来自剑桥内陆的大量地表径流试图穿过校园进入这条河流——当落在校园建筑物和人行道上的降水相结合时，就会构成相当大的问题。为了应对上述问题，我建议不仅要把屋顶建设为可吸收和利用水的景观空间，而且要抓住附近所有可能的东西并创建一个存储区域以供再利用。我与史蒂夫·本兹（Steve Benz）一起工作，他是一位出色的工程师和水文学家，后来离开波士顿并加入我们事务所，成为领导绿色基础设施工作的合作伙伴。我们开发了一个大型的地下水箱，用种植盆和在更新世末期威斯康星冰川退却残留在此的巨石覆盖住它。在现场和邻近的建筑中收集到的水被输送到这个蓄水池，之后被泵入弗兰克·盖里设计的新史塔特计算机科学中心用于厕所用水。无论何时总有至少一周的冲洗用水可用，节省了麻省理工学院相当大一笔水费。水泵由屋顶上的太阳能电池板供电。这是一处功能丰富、引人入胜的景观，在关于"更大环境的本质"议题下，向该地区的传统文化和惯常的常青藤盟校的草坪形式发起了挑战。尽管它在某些方面显得大胆激进，但围绕水元素的这场实实在在的运动是微妙且悄无声息的（图 16.9）。

我曾被一些同行批评没能使这一过程更明显，从而具有指导意义。因此，在耶鲁大学接下来的两个项目中，我问道，为什么不把雨水的收集、使用和再利用变得更加明显且愉悦？在为科学山地区（Science Hill）制定设施扩张的发展规划时，耶鲁大学董事会、行政管理部门、教师和学生希望更充分地融入大学的其他部分，我们研究了地形、水域和建筑地址的潜力，同时制定服务、流通、社会空间和水资源管理战略。第一个实施的项目是克鲁恩大厅，这是由伦敦迈克尔·霍普金斯（Michael Hopkins）设计的林业和环境研究学院的新建筑。再次与史蒂夫·本兹及其以前的公司——波士顿朱迪思·尼奇（Judith Nitsch）工程公司合作，我们将建筑和场地的雨水收集起来，储存在一个蓄水池里，然后引导它流经一个长满水生植物的盆地，这些植物有助于洁净和过滤水流，之后再将其用于建筑中的厕所和其他非饮用水用途上（图 16.10）。

一段时间以来，我一直认为，模仿或试图复制自然的外观是愚蠢的。正如一位

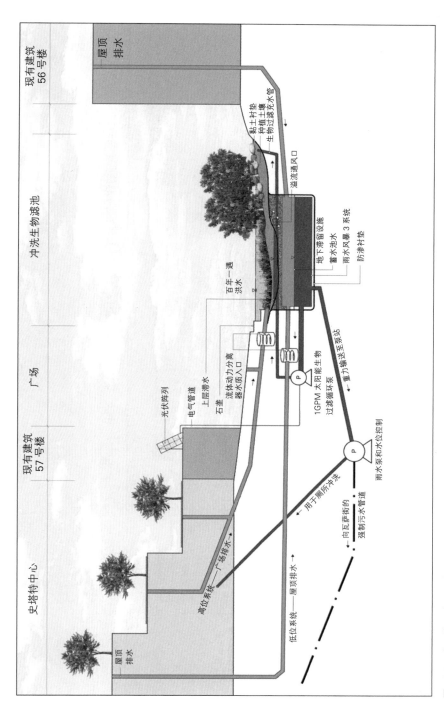

图 16.9 该系统设计用于捕捉、过滤、洁净和回收雨水供建筑物使用，其中一部分是包含植物、沙子和巨石的景观盆地，位于马萨诸塞州剑桥麻省理工学院史塔特中心一个非常大的席尔瓦蓄水池的顶部。

资料来源：奥林事务所所提供。

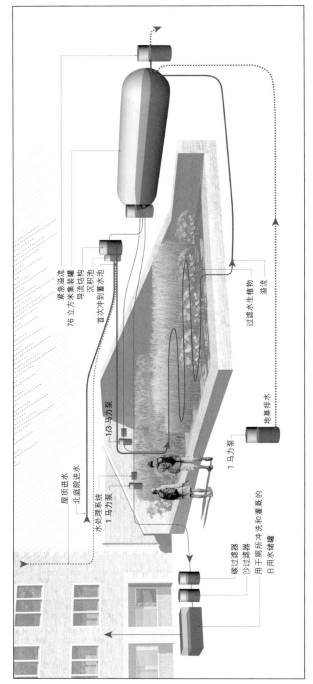

图 16.10　雨水系统和长满植物的盆地，用于对康涅狄格州纽黑文市耶鲁大学克朗会堂（Kroon Hall）及邻近建筑物的景观进行过滤和回收雨水

资料来源：奥林事务所提供。

紧急溢流

76 立方米集流罐

导流结构

沉积池

首次冲刷到蓄水池

过滤水生植物

溢流

地基排水

1 马力泵

1/3 马力泵

屋顶进水

北庭院进水

水处理系统

1 马力泵

碳过滤器

沙过滤器

用于厕所冲洗和灌溉的

日用水储罐

生态学家告诉我的，"大自然不在乎它的外表，只关心它是如何工作的（这通常是正确的，除了某些方面，如性）。"这并不是说，在寻找使用或复制自然过程的方法时，我们不能也不应该意识到自然界的美学以及色彩和视觉形式的华丽组合。从专业的角度来说，我们必须这样做，如果想要吸引人们参与我们的工作，并希望他们对景观和环境产生兴趣，这种重视和关心程度不亚于服装、家具、汽车和住宅等。

我们生活在一个度量、评估和问责的文化中，指出良好的环境设计对商业有益是一件好事。此外，正如我和我的伙伴所看到的，可持续发展的重要组成部分与社会价值和参与有关。因此，我们知道我们并没有真正在耶鲁大学校园的服务码头上创建一个自然湿地，我们选择的植物不仅能够完成所需工作，而且还将清楚表明这是一个水"花园"的文化遗产。学生们非常喜欢它，他们往里放养了鱼，决定长年保持它的活跃状态，这反过来又促成了这个案例另一个令人满意的方面：正如该大学某一出版物所述，每年节省购买1 800 立方米的水（图 16.11）（YALE，2007）。[1]

我们在耶鲁大学的下一项工作是修复和

图 16.11　一些对洁净水最有效的植物在文化上也很有吸引力，耶鲁大学克朗会堂周围的植物就是其中一例
资料来源：劳里·奥林拍摄。

1　克鲁恩·霍尔（Kroon Hall）的雨水收集系统每年可以节省 1 800 立方米的水。

改造两所住宿学院的景观，它们是斯泰尔斯和莫尔斯（Stiles & Morse），最初是由建筑师埃罗·萨里宁（Eero Saarinen，1910—1961）和景观设计师丹·凯利（1912—2004）设计的。与来自宾夕法尼亚大学的我们以前的学生和环境意识强烈的费城建筑师基兰·廷伯雷克（Kieran Timberlake）合作，我们开发了一套绿色屋顶和蓄水池再循环系统，这一系统以两种方式运行：一种用作厕所的不可饮用水，另一种用于喷泉，我们用来转换和改造萨里宁的原始方案里一个特别不雅观的方面。无论出于何种原因，这两所学院都有食堂，尽管它们的面积大，天花板也很高，却几乎比邻近的庭院低了一层。为了弄清庭院向建筑物排水这样功能失调的情况，我建议在庭院里餐厅旁边设置悬空的露天平台，其下方较低的新区域则设计为蓄水池。然后，利用太阳能，用回收的雨水创造浅层的瀑布或急流。像我们的很多项目一样，它在帮助当地居民的同时，赢得了设计奖和高环境评价。这次也是同样，耶鲁对我们为这份工作付出的所有努力表示满意。

除了这类场所规模的项目之外，我们的事务所与今天很多同行一样，也参与了更大型的与水有关的项目，这些项目对广泛的社区特别是在河流或港口的城市滨水地带至关重要。30 多年来，从伦敦的金丝雀码头（Canary Wharf）和加利福尼亚的长滩（Long Beach），到曼哈顿西南部的炮台公园（Battery Park），再到费城和弗吉尼亚州的亚历山大市，奥林事务所一直致力于让城市重新关注水的利用。一个多世纪以来，这些城市因工业、铁路和公路而忽视了水，这些曾经是它们在近期衰落之前增长和成功的命脉。今天，在许多城市的中心地带重新开垦和开发直接关系到经济机遇与城市的持续发展。

目前在美国普遍采用的一个通用项目是，拆除可能曾经对工业和就业有意义但现在已经功能失调、淤塞、破坏鱼类资源以及在许多情况下加剧了洪水泛滥的水坝。在过去的六七年中，我的合作伙伴一直在与康涅狄格州的斯坦福德市和美国陆军工程兵部队合作，修复穿越城市并进入斯坦福德港和长岛海峡的米尔河（Mill River）。2013 年夏末，许多家庭和儿童开始以一百多年来不可能的方式参与这条河的建设，开始欣赏和使用新的带状城市公园和河流修复项目的前两个阶段，整个项目将持续至少 60 年（图 16.12）。

乡村和荒野的水系的修复同样值得景观建筑师的关注，我们公司也非常乐

图 16.12 在给大坝清除了几代人的污染和淤塞后，米尔河已恢复为干净、功能正常的水道，为康涅狄格州斯坦福德市提供栖息地和娱乐场所

资料来源：奥林事务所萨哈尔·科尔斯顿（Sahar Colston）拍摄。

意从事这类项目。尽管与在密集的城市地区进行此类工作的难度相比，这些设计看起来相对简单，但这是必须做出的必要努力，部分原因是公民健康的基本方面，还有部分原因是它在民众方面产生的情感力量和承诺，以及它通常赋予邻近领土的催化作用。弗雷德里克·劳·奥姆斯特德及其儿子的继任公司，以利用水道和排水道作为给社区布局与流通提供结构、形式及方向的设施而闻名，并为新的和扩大的城市环境提供特定的地方特色、舒适性及娱乐性。然而，人们必须经常努力寻找、挖掘并揭示出消失、隐藏、退化或变得危险的水道，然后努力恢复并提供通往它们的通道，重组和改进一个不仅失去了魅力，而且失去了基本健康和身份的社区的主要部分。

在我们为米申湾（Mission Bay）项目所做的总体规划中，情况就是如此。米申湾是一个位于旧金山米申河河口，以前是垃圾填埋场和工业区的大型城市再开发项目，我们坚持把整个海岸线都纳入公众的视野。事实证明，尽管经历了艰难的金融周期，但将海滨公园和开放空间连接到该地块，有助于刺激房地产开发。其中包括为加利福尼亚大学旧金山分校非凡的生物医学研究工作创建一个新校区，一个大型住宅社区、新的商业办公室和研究设施以及足够多的住宅建筑，使这里成为一个完善的新社区或新地区。在毗邻旧金山湾、近百年来已被公众忽略的地区，新建的海滩、栖息地、公共广场和娱乐设施直接吸引在邻近的南部市场高科技社区及附近市中心的其他人来居住、工作和娱乐。[1]

最近，我的合伙伙伴和事务所与一批建筑师、规划师、工程师和经济学家合作，完成了费城中部特拉华河沿岸 11.3 千米的规划，费城城市和地区规划机构随后采纳了该规划。该规划的一个推动目的是将城市与水重新连接起来，促进经济发展和提高普通民众的生活、健康状况、公民社交与娱乐活动质量。这种转变需要一代人的努力才能实现。重要的是知道关键的要素不仅是那些公园和在河边、河上和河心创建的湿地栖息地，而且是一系列延伸到城市及其许多社区的横向绿道连接。其中一些延袭并修复了历史上的排水道，而另一些则是在没有这种固有自然特征的地方进

1　关于在这个项目中建议和使用的生态类比的讨论，参阅 Olin（2002）。

行纯粹的创造，但如果要制定一项均等地为更多市民提供更广阔通道的规划，就必须这样做（图 16.13、图 16.14）。

正如世界上许多地方正在发生的一样，特拉华河目前正处于一个漫长而缓慢的清洁过程中，这是环境保护局、众多产业和社区以及宾夕法尼亚州和新泽西州经常出现问题的政府之间数十年斗争的结果。滨水区计划取得成功的程度以及能否在水边建立一个充满活力的社区（一个健康的有吸引力的社区）最终将取决于政治意愿和经济周期。但是一旦项目实施到位，无疑会吸引访客、游客以及居民，进一步为这样的努力带来好处。也许社区中很少有人会关注它，但水是磁铁，没有河流，就没有城市；没有地标，没有欲望，没有项目，很可能也没有多少未来。

二、今日关注：景观实践与气候变化

随着不断涌现的事实和科学研究的相互印证，我们中的许多人甚至在几十年前就开始怀疑，由于根深蒂固的工业文明经济上要求回报的习惯和我们文化生活方式，全球大部分地区的气候正在改变。我们也知道，这种变化不是缓慢发生的，而是有几分迅速的（Gillis，2014）。[1] 由此产生的后果非常严重，在各大洲可能对人类社会的许多人——无论贫富——都是灾难性的，它带来了无数的规划和设计挑战。然而，随着国际会议举办，无良政客们疯狂妖魔化我们的地球科学学者。在这个问题上，美国联邦政府可能受到重重阻碍，因为党派领袖们对于环境、城市和民众命运的关怀度远不如对我的私生活上心。尽管如此，那些有强烈责任心的五角大楼及相关机构人员，同许多学界业界同仁一起，正在他们可以有所作为并产生效应的领域积极行动着。

我们的实践和宾夕法尼亚大学设计学院景观建筑系已经不再谈论"全球变暖"，而是接受了更包容、更准确和有用的短语"气候变化"。为什么？因为除了特定地方和地区的气候变暖外，还有很多事情正在发生。一些地区将受到降雪降雨或海平面

1　吉尔斯（Gillis）最后写道："气候变化一度被认为是一个遥远的未来才要面对的问题，今天已经踏着坚实的脚步走到眼前。"这篇报道在头版的配图是一副美国气温变化程度的彩图，这幅图摘自联邦政府监督下一个大型专家组所形成的全国气候评估（National Climate Assessment）报告。

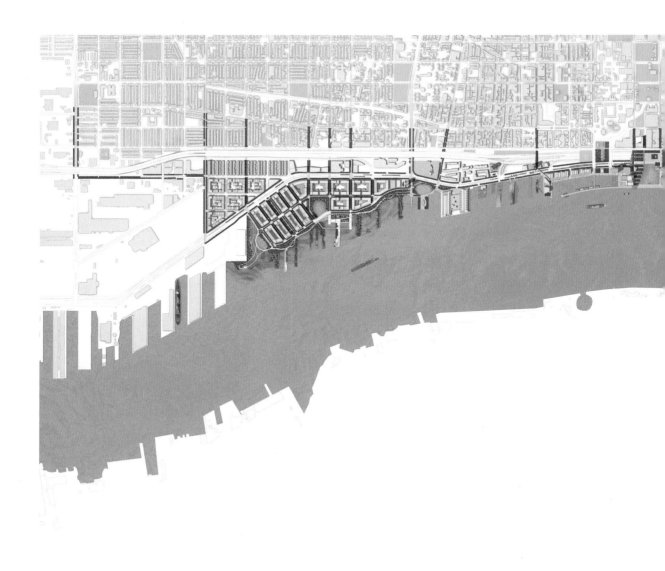

图 16.13　经过多年的规划和辩论，宾夕法尼亚州费城中部特拉华河滨水区 11.3 千米的佩恩实践 / 奥林规划
　　　　（Penn Praxis/OLIN plan）已成为发展的官方指导
资料来源：奥林事务所提供。

图 16.14　中部特拉华河滨水规划提出了多种用途和策略，将城市和公民用途与重建的自然栖息地相结合，
　　　　改造 11.3 千米的废弃工业用地和废弃过时码头

资料来源：a 由奥林事务所萨哈尔·科尔斯顿拍摄，b 由奥林事务所提供。

升高的影响，导致人们的重要定居点和发达区域被淹没。其他地区正处于快速荒漠化的过程中，干旱和含水层枯竭将产生同样的破坏性影响。[1]

考虑两个不容置疑的事实：首先，大部分人类生活在海平面 30.5 米以内。在最后一个冰河时代，当威斯康星冰川覆盖了加拿大和美国东半部的大部分地区时，北极有一个没有冰的公海。以前被封存在极地冰帽内的水已经进入循环，在北温带像冰雪一样下起雨来。其次，今天，环极圈北部的升温速度比地球上其他任何地方都要快，冰盖正在迅速消退，因此大西洋和太平洋之间的海洋航行即将在人类历史上首次出现。北极地区的永久冻土层正在以如此快的速度融化，在未来 60—80 年里，地球上储存的 10% 的有机物质将被释放到大气中；很大一部分将以甲烷的形式存在，从而加剧大气变化的问题。没有人会预料到冰川会在短时间内生长，部分原因是它们在南极、喜马拉雅山、阿尔卑斯山、内华达山脉、落基山脉、科迪勒拉山脉和南美洲安第斯山脉的各处都在融化——但是水必须在新的全球水循环中出现。大多数预测都是说海平面会大幅上升，而且会有更频繁、更猛烈的风暴。

只要我们一直在实践，我和我的合作伙伴就会习惯性地想看看，客户要求我们进行的项目会对社会和环境的改善产生哪些可能的影响，不管项目的性质如何。最近一个广为宣传的例子是我们努力将反恐项目转变为公民进步运动。在为华盛顿纪念碑和美国驻伦敦大使馆制定的方案中，我们设想了防御屏障作为其他用途的设备。防撞墙变成一座宽大的座椅墙，支撑着一片草甸，护城河转弯处的池塘提供了栖息之地，并起到建筑物雨水收集和冷却系统的作用。目前另一项类似的工作涉及气候变化相关的问题，影响到加利福尼亚西海岸的原生植物群落。在设计大型公司设施的同时，我们与植物生物学家、园艺师、苗圃师和当地专家合作，尝试从其他地方（特别是高沙漠

1　包括撒哈拉及中国西部的几个大沙漠均在过去十年中明显扩张了，吞噬着周边原先植被覆盖的绿色地带。美国西南部这一情况也在迅速恶化并已形成一场本章写作时尚在持续的干旱，迫使七个州从科罗拉多河中大量取水。加州的中谷（Central Valley）目前是全美半数蔬果的产地，但 2015 年当地却有 242 811 公顷土地荒废，导致 110 亿美元的经济损失以及大量失业。《纽约时报》2014 年 2 月 15 日报道，加州的主要市政用水系统州立水工程（State Water Project）已不能向当地机构与农民提供用水，数十个市政府将在数月内耗尽储备水。

和内陆西部）选择可替代的地中海和干旱区植物，这些植物应该能够在沿海地区发生的变化中存活下来，这些变化可能会破坏许多重要的本地物种。许多机构、行业和政府对水资源相关项目的兴趣增加也表明了社会重要性、公平和实体设计方面的潜在问题和机会，这些不仅仅是水的管理问题，而是分配问题和社会正义问题。

我们事务所目前的三个项目以不同的方式回应这种不断变化的观念和需求：一个项目是在费城；一个项目在克利夫兰；还有一个项目开始时包含了新泽西州的大部分海岸线与纽约长岛西部，但已经开始关注纽约市的重要部分。

1. 费城

费城项目是美国正在进行的许多此类举措之一，是一项由美国环保署和费城水务部共同发起并由费城社区设计协作组织管理的"全国设计竞赛"。题目是"吸收"（Soak It Up），使命是寻求替代性和创新性的解决方案来解决与暴雨有关的典型问题。公司可以在他们所选择城市的三大特定区域进行竞争。每一个都涉及以有益的方式采集、洁净、使用和释放雨水，展示"绿色"基础设施如何改变费城这样的城市。第一个包含工业用地，第二个是郊区的商业区，第三个是费城南部一个人口密集的老旧住宅区。我们不选择做第一个区域，因为目前的规划和策略已经充分解决了暴雨的问题，包括径流费用、激励措施、绿色屋顶、蓄水池，并且总体拥有大量的开放土地。同样，我们也不选择做第二个区域，因为大多数郊区都是人们相对熟悉的，并且在发展模式上有很大的弹性，这些发展模式已经充分显示出可以通过各种现有常规的措施来适应径流状况。第三个区域——人口密集的老城区——似乎是迄今为止最困难的地区，代表了北美和世界上许多城市的典型问题。

当时，费城似乎几乎不可能在不破坏社区的大部分的前提下实现环保署提出的所有目标。与巴尔的摩、波士顿、华盛顿特区、威尔明顿（Wilmington）和其他老工业中心的大片地区相似，多层的砖石排房屋几乎是连续的，没有空地可言。它呈现出由街道、路面和老化建筑物组成的不透水表面的连续矩阵。与底特律或北费城的部分地区不同，建筑物被遗弃或拆除的地方几乎没有缝隙或缺口。此外，这里人口繁盛，商业密集。很明显，没有任何一种策略或设施可以提供足以解决费城问题所需的体量，这与对比中的其他两种城市类型不同。

我的合作伙伴和我们雄心勃勃的年轻员工制订了一个必胜的计划，以不同规模在多处开展阶段性组合，团队协作，以适应该地区的棘手状况和日益增加的降水。我们判定的分层和拼凑式方案包括在各个建筑物、街区屋顶、人行道、街道和小巷中工作；在地面上和地面下；在新的袖珍公园，更大的社区公园、休闲空间和花园；以及在当地干线和高架公路附近和下面占用土地上工作。如果实施的话，相信结果将很容易证明成本是合理的。因此，作为该项目发起人之一的费城及其水务部门正在制定一系列拟议战略（图 16.15）。

2. 克利夫兰

第二个正在进行的项目位于俄亥俄州的克利夫兰市。因为这个城市紧挨着五大湖之一，肩负着沉重的污水处理任务，美国环保署要求它将雨水从下水道中分离出来（就像美国的每个大都市一样）。为了防止每次大大小小的风暴将未经处理的污水带入湖中，它的任务是收集和处理 98% 的降水，只允许 2% 由地面和植物吸收处理。（相比之下，费城毗邻两条主要河流，斯古吉尔河和特拉华河，但地质和地形不同，允许 15% 的水由地面和植被区吸收，其余的水则要处理和排放。）考虑到问题的严重性和难度，克利夫兰的供水和下水道管理局已经被迫开始一项大规模的基础设施项目，该项目计划建造一系列直径 7.3 米的隧道，部分隧道长达数千米，以便将污水输送到类似伊利湖这样的处理厂（图 16.16）。

这个庞大的公共工程项目预计会耗资巨大，且对城市肌理和众多社区造成巨大破坏。2013 年，帮助克利夫兰基金会（Cleveland Foundation）实施实体项目的非营利组织"土地工作室"（Land Studio）与我们进行了接触，希望对这个项目可能带来的景观机遇进行可行性研究。我们的事务所已经完成了多恩溪（Doan Brook）部分第一阶段的初步设计，即"绿色胜过灰色"。我们建议转移几条穿过包含欧几里得圈（Euclid Circle）、克利夫兰诊所（Cleveland Clinic）、凯斯西储大学（Case Western Reserve University）区域的公路，以便利用雨水隧道的大量挖掘和替换来创建一个新的带状公园，连接到奥姆斯特德兄弟的洛克菲勒公园（Rockefeller Park，1896—1900）和

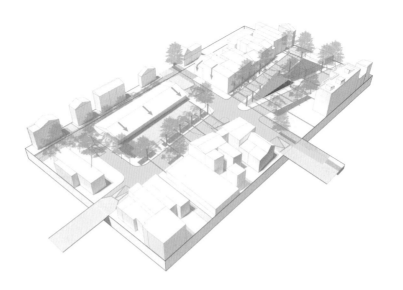

图 16.15 在宾夕法尼亚州的费城南部，奥林事务所的竞赛获奖方案"吸收"，结合了多种元素，捕捉雨水并加以使用

资料来源：奥林事务所提供。

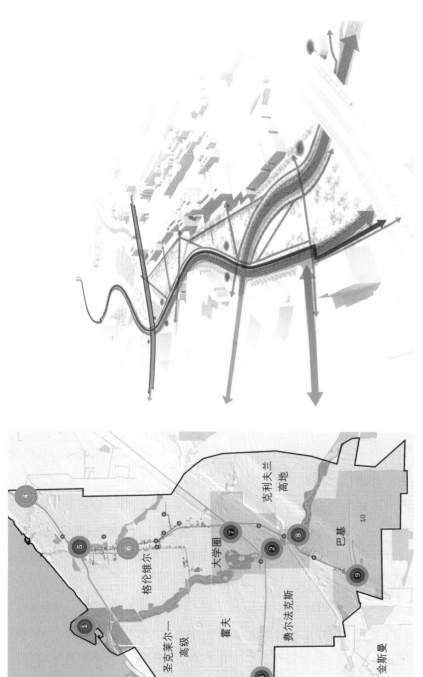

图 16.16　克利夫兰大规模的雨水规划涉及各种基础设施的市政改良，如奥林事务所的"绿色胜过灰色"项目中所看到的那样，多恩溪穿过城市流到伊利湖

资料来源：奥林事务所提供。

北面的排污口。这个方案不仅仅是将现有的"大杂烩"放在一个巨大的封闭式土木工程项目上，还允许邻近的校园和社区开放并使用一条新的绿色走廊，这里曾经是一条被高速公路侵扰的山涧和废毁的清流（图 16.17）。

这条刚刚被掩埋的多恩溪，在经过处理后到达河口的位置，我们建议改造成伊利湖沿岸的自然保护区和公园，那里曾经被当地称为"堤防 14"，是严重污染的冲积扇和垃圾填埋场。一部分清水将被释放于地表，再造以前的河流，并通过沿岸栖息地提供持续流量。拟建保护区的规模通过埋在遗址内的几艘货轮看出来，就像沙盒中的大型玩具一样。为了取得成功，所有这些试图处理几个世纪所造成的城市水问题的项目都必须成功而平等地与社区、产业和政府进行接触。而它们只能通过渐进的步骤来实现。参与这项工作的人认为这是一项 25 年规划，在执行过程中不可避免地会发生变化，在未来的某个阶段以及后续的其他阶段，很可能会有不可预见的不同的规划、状况和机遇。

3. 新泽西与纽约海岸

我们目前与水有关的第三个项目，规模更大，是应对 2012 年 10 月袭击东海岸的 3 级风暴飓风桑迪的众多方案之一。我们公司作为十个独立设计和规划团队之一的主要顾问受聘于美国住房和城市发展部（HUD），他们层层努力，花费数十亿美元用于恢复从马里兰州到新英格兰地区的沿海社区：致力于在飓风、风暴和洪水日益严重的情况下，如何更好地进行反思和重建，以便在受影响的社区内产生恢复能力。目前所有相关项目的成本估计为 50 万亿美元，但这个数字在未来肯定会增长。我们与佩恩实践（宾夕法尼亚大学设计学院的研究和公共服务部门）一起进行的部分研究的特定区域是新泽西州整个海岸带和长岛西部的一部分，包括受飓风桑迪严重影响的纽约市部分地区（图 16.18）。

尽管美国海岸线的这一部分已经经受住了很长时间的风暴考验，并且在伊恩·麦克哈格的经典著作《设计结合自然》（1969）中作为突出的警示和预言案例研究，但结果令人困惑，一次次重蹈覆辙，重建和不断上涨的成本，特别是保险费率和建筑费用最终不被人接受。一些人，无论富裕与否，只是想把自己的海滨别墅重

图 16.17 "绿色胜过灰色"雨洪项目的多恩溪部分为欧几里得圈、凯斯西储大学区域公园、娱乐、交通和栖息地的广泛开发提供了机会

资料来源：奥林事务所提供。

图 16.18 飓风桑迪的卫星图像，随着 3 级风暴接近大西洋中部和新英格兰海岸线，揭示了近年来风暴频率
和强度不断增加的特殊规模及范围
资料来源：美国国家海洋和大气局（NOAA）。

新建好，或是建在更高、更坚固的支柱上；而另一些人则在问：社区真正的弹性是
什么样子？什么是更好的结果？规划和设计有什么不同于当地传统与商业的地方？

除了寻找当地特定的解决方案外，住房和城市发展部还希望我们和其他团队的
工作成果能够用于美国其他地区乃至其他类型灾难（如西部的火灾）的韧性恢复模
型。实际上新泽西州的城镇只是一些特定的地点，说到底是独一无二的，这一点固
然削弱了解决方案的普遍适用性，但我们也意识到，抽象的模型对于大多数真实的
地方和社区来说往往是无用的。因此，我们希望出现针对各种问题和不同情况的一
系列战略与备选对策，其中不少可能对不同地方有用（图 16.19）。

我们故意用"韧性"这个词，而不是可持续性。"可持续性"已经被过度使
用（如生态或自然），它已经失去了 1987 年在联合国环境与发展委员会会议上首次提
出的大部分特殊意义。它提出的可持续发展的概念，不是以经济增长为基础的概念。
它具体地把这种增长定义为"在不损害子孙后代满足自身需求的能力的前提下满足

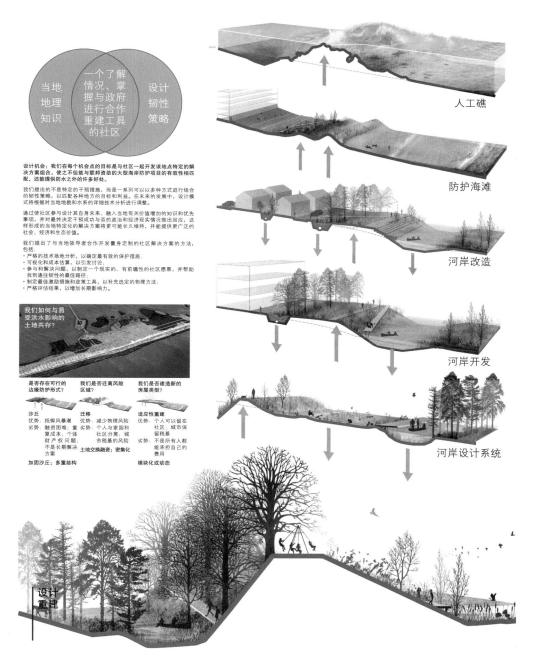

图 16.19　奥林事务所提供了许多针对飓风桑迪破坏后的缓解措施的研究，这些研究由美国住房和城市发展部委托进行，作为"设计重建计划"的一部分

资料来源：奥林事务所提供。

现在的需要"。[1] 住房和城市发展部的项目设计团队正在处理的沿海地带的问题是制定出替代策略，使社区在反复的大风暴中保持连续性。这与经济增长本身没有多大关系，更多的是与目前的生存和健康有关。即便如此，在我们的研究领域，某些形式的变化和增长几乎是不可避免的。无论哪种策略都应该纳入沿海地区的新发展中，而且有些（或全部）也可以被视为可持续的做法。

这个过程的第一步是尝试分析问题的范围和性质。我们的发现很有启发性。美国的沿海地区比全国其他地区密度大六倍。美国国内生产总值的 65% 是在沿海地区产生的，这些地区 40% 的收入来自旅游业。人们喜欢海滨并享受住在水边的生活，除非是面临暴雨和洪水。因此，日益严重的风暴造成的灾害对国家大部分地区的健康、福利和经济产生了重大影响，同样，除了小部分人之外，进一步的私有化和沿海区域的其他部分谢绝公众访问对游客和当地居民都会有负面影响。认识到这一点，我们得出的结论是，无论我们提出什么建议，都不应将人们与他们的土地和遗产分开。我们不能郑重地提议让所有或相当数量的美国沿海社区——例如波士顿、纽约、纽瓦克（Newark）、梅角（Cape May）、汉普顿路（Hampton Roads）、查尔斯顿（Charleston）或维罗海滩（Vero Beach）——搬到内陆或高地，就像白令海上至少有一个因纽特人村庄、北达科他州的一个城镇和太平洋岛屿上的几个城镇那样。无论如何计算，就依赖于海岸资源的人口数量而言，绝对成本是负担不起的，也不可行的，这些人的生计维系在蔓越莓、渔业、海洋产业，或者旅游业、服务业、军事和娱乐产业。

为了了解被研究的社区，我们开始关注收入、贫困和地形等问题。作为经济顾问，HRA 公司帮助我们研究公共政策的变化如何影响保险、建筑、交通和公共服务

1　正如本书其他作者所指出和引用的，关于气候变化主题的文章和书籍的参考书目繁多且不断增加，范围从科学到学术和一般大众出版物。例如，在卡特里娜飓风（2005 年）和桑迪飓风（2012 年）之前，《纽约时报》就一直在不断发表文章和社论，试图让公众了解不断增长的事实和不断变化的形势。最近的例子包括 Gillis（2014）用彩色地图展示了美国各地的温度变化程度以及 Wines（2014）、Gillis（2014）、Porter（2014）、Medina（2014）。关于海平面上升的文章已经进行了充分的研究和撰写。《纽约书评》连续发表了比尔·麦克奇本和其他人关于这一主题的文章，记录了冰川融化、大气中的臭氧、海洋和陆地动植物种群的变化、崩溃和爆发，以及气候变化对全球人口、经济和政治冲突的影响。我自己最近的回忆录"从幻日到午夜太阳"（From Sun Dogs to the Midnight Sun），发表在《哈得孙评论》（Hudson Review）中（Olin, 2013），讲述了我在阿拉斯加的青年时代，结尾是对目前正在发生的极地变化的思考。

等多种成本，并促使我们开发替代方案。一个是富人的飞地不会受到太大的影响，因为他们有足够的钱和能力去做他们想做的事，他们可以随时随地重建。第二种情况是，有许多中产阶级居民的社区，他们负担不起新的保险费率，或者无法重建或改造自己的住房以适应变化和新状况，只能够离开，搬迁到别处。这将只会让那些无法支付新保险费率、无法支付重建费用或到其他地方寻找替代就业和住房的穷人留在原地。这些社区的税基将减少，无法支付所需的公共服务。这将是一个恶性循环。因此，如果没有某种应对气候变化的新策略，一些社区将会出现可能被描述为汉普顿（Hamptons）效应的东西，而另一些则会像底特律一样；也就是说，少数沿海社区会变得越来越排外，而其他许多社区则会崩溃。

考虑到这场潜在的危机，我们分析了几个因素。通过地理信息系统（GIS）调查数据或几十年来存在的旧地形图，我们可以轻松地确定哪些地区将反复被洪水淹没。然后我们将高贫困率地区叠加起来，从有人居住的区域中减去它们，以确定税收基础仍将保留的地区。虽然沿海地区几乎持续不断地发展，但我们重点关注了面临这种特殊问题的社区，并通过实地考察，花时间将数据与实际情况联系起来。在与当地有识之士［如霍博肯市市长唐·齐默（Dawn Zimmer）］的交流中，我们发现，目前政府用于救灾和备灾的资金来源于零碎的、独立的项目，本质上是一个孤立的财产基金。她指出，目前无法将资金集中或分配给更广泛、系统性的洪水解决方案。如今的融资依然着眼于资金，而不是着眼于绩效。目前，人们可以获得资金用于一处房产或建筑周围修建堤坝，但不能用于0.4千米外的另一处房产或位于海湾的房产上，这是为了防止大量房产（包括合格的可融资房产）遭受洪灾损失。

因此，显然有必要对目前功能失调的个人房产赠款制度进行改革，并研究风暴造成的各种问题的性质。首先，人们不可能把所有现有的城市、街道、建筑物和港口都从目前的位置抬高3米以上。纽约市、纽瓦克、霍博肯、新不伦瑞克和大西洋城不是一堆木制海滩小屋，不可以像新石器时代的湖屋一样由柱子撑起来。任何理智的人也不能指望美国沿海地区的每个人都放弃他们的家园、社区和职业。我们需要解决新的海平面和所谓的百年一遇的洪水（当然，每个学生和公民都知道，这些洪水已经并将继续频繁地发生，而不是百年一遇；仅在我们的研究区域，过去十年就发生了几起）。我们的团队一直在研讨设计策略和应对方案，制定了许多替代解决方案，每个解决方案都适用于特定情况。一种是近海礁石和堰洲岛的建设，可以极大地减弱风暴潮，防止风暴潮对暴露的海岸线和开发造成破坏性影响。另一种方法是重建或创造一个沙丘，与原生体量相当（这就是屏障或堤防的原本模样），可以防止或减轻其背负地区的洪水。在城市化地区的另一种选择是建构一套新的线性结构，例如复合用途的多层建筑，其较低的部分可以作为一个屏障或堤防，其内部所属物或多或少将为此牺牲。这种策略在霍博肯码头和医院等地区非常有效，这两个区域目前都位于洪泛区，遭受了桑迪的严重破坏。纽约市大部分地区的食物分配系统，位于布朗克斯的亨茨波因特（Hunts Point），是长岛河、东河和哈莱姆河流的汇合处，也可以从这种策略中获益。风暴可能会将其摧毁，使数百万人面临严重的饥饿危险，增加了项目的紧迫性（图 16.20）。

在一定程度上，大多数环境问题都是人文问题。飓风桑迪和飓风卡特里娜与其说是"自然"灾害，不如说是"人类"灾难，因为历史上的土地利用决策非常糟糕。大自然只是积累起来再释放循环中的能量，然后通过这些风暴在各自的区域消散。由于目前全球气候的变化，这种现象将越来越频繁。因此，我们需要一种文化上的转变和新的选择：改变规章制度，禁止在诸如屏障岛等特定地区进一步建造单户住宅；强制要求建造移动住宅，使其可以转移到远离危险的地方，并可在风暴过后返回；建立海洋森林保护区，在海湾周围提供栖息地和舒适设施，这些目前没有受到海洋风暴潮侵袭的地区，几乎在最近的每次风暴中都被淹没，原因是内陆暴雨积水沿着小溪、河流、洪道和峡谷流向海洋，并在沿海区域和港口淤塞起来。正如前面所讨论的，如我们早期项目和我们同行的项目所示，这种形式的洪水应该很容易在源头上游处理，通过传统的方法如使用公园用于储存和吸收。

最后，我们建议创建一系列"韧性中心"：社区在这里了解问题和替代策略，分享和查找有关气候变化的信息，以及适应气候和天气事件的各种建议与方法，在紧急情况下提供避难所并协助发展弹性社区。此外，新的产业也可以从建立这种弹性社区的努力中产生，包括新的公司、企业、产品、制造和建筑方法、工具和材料，开发出尚未创想出来的或尚不存在的有实用价值的产品和工艺。

泽西市 / 霍博肯
哈得孙河上的联合防洪设计

哈得孙河沿岸的泽西市和霍博肯都有着常常受洪水侵袭的边界，也都是人口密集、已经建成且下水道基础设施老化的城市。泽西市和霍博肯由棕石建筑、改造的工业建筑、联排别墅和无法抬高的建筑物组成。必须找到新的防洪解决方案，在减轻个人负担的同时不在联邦层面增加纳税人的成本。社区进程提议所构想的新的发展方案，可以保护难以改建的低洼区域，追求跨辖区的韧性规划，为重要的滨水基础设施和交通入口设计被动性屏障，并对可经受洪水的改造措施和绿道连结进行可视化。

布朗克斯的亨茨波因特
通过生命线保护角点

亨茨波因特有着许多的计划、投资和重要任务。社区倡议和政府计划尽管有长期的社区愿景规划，也在当地不乏倡导者，但很少有实际的设计。亨茨波因特食品市场是一个重要的经济中心，可以创造超过 25 000 个就业岗位和每年 30 亿美元的直接经济活动。它是纽约市食品链的关键环节，这里的活动即使只是短暂中断也会造成灾难性的后果。强大的社区领导层明确表示希望通过创造就业来实现物理韧性。这一设计机会结合了社区意愿，为集成风暴防护和绿色基础设施开发出了具体的场地规划，不但可以提供高质量的社交空间、吸引工业地产业主，而且具备可在本地制造与合作建设的组件。水中废弃的海运转运站可以作为一个韧性设计和研究中心，对在纽约和新泽西重要海事工业区域作就业岗位投资的价值进行更广泛的展示，同时也可将这种价值在当地落到实处。设计的目标是在整个河口区域确定混合港口、防护和生态用途的潜力。

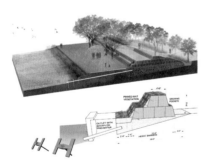

设计
重建

图 16.20　作为美国住房和城市发展部 " 设计重建计划 " 的一部分，飓风桑迪之后，奥林事务所为位于纽约布朗克斯和新泽西州霍博肯的亨茨波因特开发的弹性策略进行了早期研究

资料来源：奥林事务所提供。

4. 乌尔比（Urbe）：贪婪的荒野，新浮士德梦？

在整个社会乃至学术界，都存在这样的概念或隐含的论点——自然与城市不仅是不同的，而且在历史上彼此对立。因此，在这样一本名为《自然与城市》的书中，有一个潜在的发展趋势，提出了将自然与城市结合在一起的建议——当然是为了改善城市与市民，但不一定要改善他们对自然的看法。这是一个有趣的双重提议，可能行得通，也可能行不通。

在奥林事务所的经验中，在非城市和乡村的环境中，无论是在欧洲还是在北美，都相对容易构思、解释和获得所谓的"自然修复"的支持。尽管在水文、地形、土壤和植物方面存在技术上复杂的问题，但这些项目通常并不难实施。在城市里做这样的工作是另一回事。在城市环境中，自然或"自然修复"的概念引发了许多重要的问题。这些问题包括：我们所说的"城市中的自然"是什么意思？抑或，更为纵深地，我们所说的"自然"又是什么意思？它到底有多原始？野性到什么程度和什么规模？根据这些问题的答案，我们如何看待荒野、野性以及它们的意义？我们真正需要和渴望将哪些方面、过程和自然生物带入城市？我们如何才能有效地做到这一点？我们准备走多远以到达我们的目的地？

对大多数人来说，自然意味着不属于人类创造或控制的现象、生物、物体、过程或事件的存在。许多人（甚至很多设计师和规划师）认为，自然不是城市的一部分，城市是不同的实体，而且可以将自然带入城市并像停放在车库中那样将它停放在那里，或者将它安置在艺术之类的广场中，或者将其插入像街道、绿道甚至小溪一样的街区。但是城市已经是自然的一部分，我们也一样，每时每刻都如此，我们并没有分离。我们认为自己已经导致了许多与"环境危机"这个普遍概念联系在一起的问题。许多人所说的词组，比如"将自然引入城市"是指自然过程和生态关联的特定方面，甚至生物群落，或者更有可能的是其中部分：主要是森林和河流、溪流、池塘、湖泊、海湾、湿地和草地等水文系统。通常情况下，似乎有一个字面上的（如果没有声明的）概念，即人们可以拥有荒野的碎片，不仅紧邻开发的土地，而且还穿过城市的居民区、商业区和工业区，穿过城市的中心（图 16.21）。

图 16.21　尽管许多牧场主和牧民反对，野牛已成功地重新引入堪萨斯州 3 487 公顷的康萨草原以及从新墨西哥州到蒙大拿州的大平原其他地区

资料来源：劳里·奥林拍摄。

在某种程度上，这是一个非常令人向往的梦想。作为一个在阿拉斯加小镇的真正旷野中长大的人，那里的森林有麋鹿为伍，街道尽头有棕熊出没，有时候晚上睡觉时会听到狼群嘶嚎，我可以证明，这对孩子是一个奇妙的地方，最好的游乐场总是近在咫尺。这就是北美历史上几个世纪的边陲生活。然而，它确实带来了一些问题，但这些问题并没有被广泛讨论，至少在我所见过的关于"重新开垦荒地"的前景和优势的文章中没有提及，无论是在荷兰、新奥尔良、新英格兰还是蒙大拿州。将大自然的形式重新引入城市，最可能产生的复杂性或困难，既不是可行性问题也不是成本问题、政治意愿问题，甚至也不是抵制改变当前基础设施的有形积累和建设存量的问题，而是容纳度的问题。在高密度的地区，人们能够接受或愿意与什么样的"野性"自然共存？这将我们带回到在野外发现的自然界的一个基本方面，即它的随机性质：任意性、偶然性和意外性，这些事件经常会导致一连串的其他事件，不仅是动态的，而且具有戏剧性的变革，包括山体滑坡、森林火灾、洪水、干

旱、疾病和植物、动物、昆虫的数量爆炸。例如，气候是一种抽象统计，而天气则是一系列实时的独特事件，可以在统计概率和给定地点的历史范围内剧烈波动。目前，两者都在戏剧性地发生变化。例如，美国西部几十年的干旱正在导致一个新常态，可能包括山区几乎所有冰川的消失，到2050年我们所知道的雪的终结，与随后的全国范围内冬季度假产业崩溃，许多亚高山带的原生森林和伴生的动植物群落消失，以及频繁和普遍地发生火灾。[1]

除了个人的传闻经历，人们还经常读到当前发生的日益严重的城市生活问题与自然过程及其应对措施相冲突。社区需要面对并解决西部郊区经常发生的熊、土狼甚至美洲狮事件，或中西部和阿巴拉契亚东部城市中心的鹿、郊狼、狐狸、浣熊和负鼠（通常会导致相关动物死亡），或新社区和旧社区的野火，或之前讨论的洪水。很可能这些引入城市的任何新的自然区域需要人类"管理"，以防止此类冲突或"事故"。我们的巴罗纳湿地项目就是这样一个例子，它宛如洛杉矶盆地的一个避难所。在这个特殊的栖息地，许多鸟类喜欢在沙丘和草地上筑巢，然而狐狸的数量激增，有可能将鸟类赶尽杀绝。这使得所有狐狸被活捉，并被运送到城市东部的圣加布里埃尔山脉放生。在森林附近越来越多的郊区，对于担心孩子安全的政府官员和公民来说，所有垃圾桶都装有防熊设备，仍然不足以防熊。可能的结果是，城市里所谓的"自然"或"野生"区域将与几个世纪以来的公园除了外观以外没什么不同。它们不会表现出"田园"意象，而是在外表上表现出"自然主义"，但在过程和现实中只有部分如此。许多人真正想要并期待的是一种本质，它的问题和不可预知的方面被移除——没有蚊子、蜱虫或老鼠，它们是人类严重疾病的媒介；或者没有蛇、鳄龟或蝙蝠，不管它们对于人类生存到底有多大的帮助。这种选择的过程已经进行了几个世纪，并且在过去的一个世纪里随着大量动植物

1　伊丽莎白·科尔伯特（Elizabeth Kolbert）的《灾难现场笔记》（*Field Notes from a Catastrophe: Man, Nature, and Climate Change*，2006）记录了当前对生态圈的持续破坏；该作者的新书《第六次大灭绝：非自然史》（*The Sixth Extinction: An Unnatural History*，2014）指出，随着自然环境遭到各种破坏，我们将会见证世界史上最大的灾难之一：现存物种的1/4—1/2都将在21世纪内灭绝；因为目前看来我们人类也并不可能改变自身行为，进而扭转这一趋势。

图 16.22　坦纳那山谷（Tannana Valley）中一条真正的野生河流，位于阿拉斯加内陆的尼纳纳（Nenana）附近
资料来源：J.M. 奥林（J.M. Olin）拍摄。

的灭绝而急剧加速。[1] 尽管有关于将大自然重新引入城市的讨论，我还是试着想象除了植物、草地、森林和水道之外，还有什么东西是有代表性的，基本上都是对自然净化后的模仿（图 16.22）。

　　比我对大自然被模仿的恐惧更加严重的是对生态系统设计者的恐惧，他们相信自己可以像上帝一样，在城市中充分地创造出大规模的自然区域，并相信自己拥有知识、智慧、判断力或有权这样做。这是浮士德式的场景。我们如何确保该行业不会陷入工程学的傲慢处境，尤其是土木和机械工程，以及在最近一段时间里所犯的

1　数十年间，这一现象被广为研究并吸引了大量关注。蕾切尔·卡森在《寂静的春天》一书（起初是她在《纽约客》发表文章的汇编，之后虽遭美国化工行业的阻挠，但依然出版）中就提到新英格兰地区鸟类数量的锐减。这立即引发了全国关注与大讨论，最终带来了二氯二苯三氯乙烷（DDT）的禁令。环保署成立的宗旨及其工作的一大重点，就是向公众传播自然环境的脆弱性，并阻止其衰落和灭绝。近来相关论著调查了历史上各种灭绝物种，可详见 Kolbert（2014）。

所有环境错误，这些错误都可以通过以下方式来解释或原谅：如果他们有更好的数据、更多的信息、更多的资金、更大的范围或者更好的技术，那么，所有的工作都将会更好——水利工程、防洪工程、统一的高速公路设计、化学处理系统和预防措施以及灌溉工程。通常情况下，灾难和毁坏的风景与生活往往是由单一因素的目标和解决办法造成的。但简单地说，拥有越来越多的数据和更大型的应用程序，并不会使机械解决方案发挥作用。这并不是导致劣质住房、灾难性交通系统、洪水泛滥地区、有毒废物和气候变化的根本问题。和浮士德一样，价值观、有限的目的和动机是错误的，而不是技术。理想的完美设计和规划流程，无限的投入，只是一个幻影。所以，当我们着手实现将自然环境更彻底地引入我们的城市这一有价值的目标时，我们需要仔细检查，以确定我们对提出的情况以及信仰和动机的理解。

自从40多年前开始从事景观建筑设计以来，我一直是各种形式的"城市中的乡村"（Rus in Urbe，字面意思是城镇或城市中的自然界或乡村）倡导者。我很少建议建立完整的野外领地，而是将小规模的某些方面、片段、过程和系统纳入其中。我们的设计或多或少都是艺术品或表现形式，通常与特定的功能服务相结合。对我来说，上面讨论的几个问题提出了与西方文明一样古老的问题。这些问题涉及自然和人为、模仿和艺术等概念在公元前4世纪雅典时期的不同含义。多利克（Doric）风格被认为比科林斯（Corinthian）风格更"自然"，科林斯风格不仅被视为更精雕细琢的风格，刻有莨苕叶，偶尔添加小花和棕榈叶，而且也被视为更颓废的风格。争论在于多利克建筑的柱体、柱顶、三槽板和额板等简单形式作为表现性结构更为基础，材料使用更直接，并且更接近其木制前身。科林斯作品中对希腊雕刻的再现，或者可以说是精湛的技艺被视为是更人工的，因为它在石头上模仿植物。更简单、更抽象的作品（多利克风格）被认为比更具再现性、模仿自然界外形的作品更优秀或更真实。

虽然艺术以这样或那样的方式来源于自然或表现自然已经是老生常谈，因为它被视为模仿自然而受到重视或嘲笑（参见柏拉图和苏格拉底），但还有其他模仿的概念。一种是"自然主义模仿"。如果做得好，它会给人一种物体本身被模仿的错觉。另一种相反的观点是，一个"好的模仿"将传达关于对象的本质信息，而不强调所有偶然的细节。这个观点允许对特定方面进行扭曲、编辑和夸张，这些方面赋予了事物的特征，而不一定是根据其外观或原样复制出来的（Onions，1979）。因此，对于古希腊人来说，越抽象的作品越被视为"自然的"，而越模仿的作品越被视为"人造的"。这个印象一直伴随着我们，至少在西方文明中是这样。

景观建筑学这个专业，时不时地会表现出一种过度的模仿，即人为地创造环境，试图模仿（一个我讨厌的词汇概念）环境，重新创造，甚至创造自然和大部分野生的景观。正如我所承认的，我和我的事务所有时沉溺于这方面，我的一些同事和前辈也一样，或多或少地取得了成功，正如本书其他部分所提到的那样。在某种程度上，是介质导致了这样的状态，因为我们的文化被所有艺术中的模仿作品所迷惑，被模拟物和赝品所迷惑，被图像、复制品以及最近的各种数字制作方式所迷惑。然而，有趣的是，几个世纪以来，景观设计有机会像音乐一样，出现非凡的创作和艺术品，这些作品完全来自对介质的用心探索。像维尼奥拉（Giacomo Barozzi da Vignola，1507—1573）、安德烈·勒诺特尔（André Le Nôtre，1613—1700）、兰斯洛特·能人布朗（Lancelot "Capability" Brown，1716—1783）、布雷·马克斯（Roberto Burle Marx，1909—1994）、丹·基利（1912—2004）和劳伦斯·哈普林（1916—2009）这样的一些景观设计师，因其艺术和成就而备受尊敬，都力图避免自然主义的作品。然而，每个人的作品都揭示了自然的方方面面：水、石头和植物；使用抽象的自然过程和形式，戏剧性地利用某些属性，如庞大丰富的规模、冗余、幅度、颜色、图案、纹理、运动、声音、地势和光线；在一个又一个的案例中，鼓励通过一系列丰富多样的空间和刺激的景象进行编排，为许多人带来纯粹的快乐，并呈现出一种我们与"自然"相联系的方式。我的一些同事对这类工作不屑一顾，觉得这好比（过时的）旧帽子，是非生态的，代表了不再有效的社会、政治制度和环境态度。这与一段时间以来艺术和设计批评的核心原则是一致的：建筑和景观设计可以也应该被社会和道德评判，公共领域的工作不可避免地是政治性的，一个项目的价值和意义的真正衡量标准是确定谁受苦，谁获益，谁为这些利益买单，无论是短期还是长期。有相当多的理由支持这种立场。

人文学科研究艺术和人类状况通常没有改变或改进的处方，也没有任何"实用"行动或产品的生产；与人文学科不同，景观设计作为一门专业，像医学、法律、工程和建筑一样，是一个工具性的领域。丹尼斯·多纳休（Denis Donoghue）指出，专业人士的工作是发展法律、医药、桥梁、水利工程和炸弹等具体内容。这可能会在我们的职业中产生一些担忧，虽然可能没有罗伯特·奥本海默和造原子弹的人那么严重，但确实迫使人们仔细审视每一个改革者和"好士兵"的意识形态与动机，或是所有提议对人类环境使用工具的人的隐性道德判断（Donoghue，2000）。然而，把情绪转移到对艺术的考虑上，人们会想起马歇尔·麦克卢汉〔Marshall McLuhan〕所说的现代（20 世纪）艺术的基本策略之一是"没有关联的并置"，即把完全不同的东西放在同一个构图中，而不试图联系或解释它们，比如乔治·德·基里科 (Giorgio de Chirico，1888—1978) 的古典雕像、火车、文艺复兴时期的拱廊和橡胶手套。然而，对于有思想的观众来说，寻找意义的冲动是意料之中的，渴望的，也是可能的。因此，也有人可能会说，将野生、混乱的自然与人类秩序的作品并置在一起，就可能创作出雄心勃勃的艺术（图 16.23）。

三、精神与诗学：超越生存、语用学和工具的生活与设计

保罗·福莱尔·德·向特罗（Paul Fréart de Chantelou，1609—1694）是记录艺术家、建筑师吉安·洛伦索·贝尔尼尼（Gian Lorenzo Bernini，1598—1680）生平的编年史家，他讲述了一个故事：1665 年贝尔尼尼和向特罗应国王路易十四的邀请访问法国，正在穿越巴黎时贝尔尼尼在塞纳河的一座桥上停下马车，走到栏杆旁，站在那里盯着下面的河面看了"整整一刻钟，先是从一边看，然后又从另一边看"。过了一会儿，他转向向特罗，说："这景色真美；我非常喜欢水，它能使我的心神平静下来。"（de Chantelou，1985）

我也可以这么说。最近，我翻阅了一些随时间推移而增加的速写本，发现有数量惊人的画作是对水某些方面的探索性描绘，或者是在水的存在下完成的草图。我在阿拉斯加和太平洋西北部度过了童年及青年生活，这两个地区拥有非凡的自然风光和力量，充满了神奇的水面，有时似乎太多了。对某些人来说，海洋和海浪就像母乳，但在我居住的地方，如果下水，碰到无论是淤泥、水流还是寒冷，都可能会死。在我 30

图 16.23　两位大师的两幅风景画作品：乔治·德·基里科的神秘画作，1914 年的爱之歌（a），纽约现代艺术博物馆；1976 年劳伦斯·哈普林在高速公路公园中对自然中某些戏剧性方面的抽象表现（b），华盛顿州西雅图

资料来源：劳里·奥林拍摄。

岁左右的时候，我住在长岛的东端，在那里我发现了相对温暖的海水和浮力带来的快乐。小时候，像大多数人一样，我喜欢在水里玩耍，溅起水花，筑水坝和沟渠，在水坑、池塘或溪流中嬉戏。我做了木筏，在徒步旅行中跋山涉水和泛舟垂钓。长大后，我从一个海岸搬到另一个海岸，在不同的自然环境中悠然享受海滩、瀑布和各种各样的水，并以多种形式进行绘画。后来，我观察到许多方式将水视为景观和城市设计的主题与元素，从人造但引人注目的英国景观花园中的水体到经典古代和文艺复兴时期的喷泉与水厂，再到风格主义和巴洛克式的花园、公园与城市广场（图 16.24）。

　　虽然这些景观创作中的许多可能是富有启发性的原创艺术品，它们往往还有其他可取的属性。能人布朗、亨利·雷普顿（Henry Repton，1752—1818）等人的湖泊可能起源于视觉和场景技巧，但事实上是由自然元素组成的，一旦形成，它们就在世界上发展出了生态，不可避免地成为许多动植物的栖息地。在农业和人类定居的

图 16.24　研究淡水池塘和毗邻加德纳湾的伟大蓝鹭：石墨铅笔绘于劳里·奥林第 20 号素描本中，长岛阿默甘西特，1968 年

资料来源：劳里·奥林提供。

世界里，它们实际上是鱼类和鸟类、昆虫和两栖动物、水生和河岸植物的避难所，同时也是许多哺乳动物（包括家养和野生）的水源地。他们的设计从人造转向自然，同时也深化了艺术意义。另外，意大利城市的喷泉和盆地，最初是纯粹的功能性设备，像修道院回廊中的水井和盆地一样，是为那些几乎无法获得饮用水的社区带来饮用水的装置。这些城市居民前来用桶和罐子将新鲜的水带回自己的住所，供他们饮用、做饭、打扫和洗澡，这些装置成为了社交活动的焦点。因此，他们还为权贵提供了展示慷慨和高尚行为的机会，并通过改进这些装置以及委托优秀的工匠和艺术家设计和生产令人印象深刻的水景作品，作为展示的工具，加入雕塑和建筑元素。就像无数的拱廊和桥梁自古以来已改善了许多地中海城市一样，一些城市基础设施——开始是作为实用工具甚至是关于气候和循环的必需品——一次又一次地被转化为艺术作品，为所有遇到它们的人丰富了生活。别墅、公园和城市景观，反

图 16.25　两种对比鲜明的水的艺术形式：罗马许愿池（1732—1762），罗马建筑师尼古拉·萨尔维（Nicola Salvi，1697—1751）在 17 世纪巴洛克式的盛大展示（a）；风景如画的湖泊和岛屿，18 世纪亨利·霍尔（Henry Hoare，1705—1785）在斯托海德的极乐世界，位于英格兰威尔特郡，占地 2 650 公顷（b）资料来源：劳里·奥林拍摄。

复提供了愉悦的感受；美丽与智慧、愉悦与舒适的产生，似乎远远超过功利的需要，因为它满足了另一个深层次的目的和需要：提升人类的精神和想象力（图 16.25）。

在乡村庄园或休闲胜地，喷泉和水上游乐设施可能是一种受欢迎但没有必要的乐趣，但在今天的城市景观中，它们远不是没有必要的，而是更有意义的甚至是必要的。最近的医学和心理学研究得出结论，是大多数景观建筑师世代所知但很多非专业人员怀疑的：接近自然并体验其元素，即使只有短暂一小段路，对我们来说是有好处的（Louv，2005；Kahn and Kellert，2002；Wilson，1984）。[1] 因此，我们有着私人庄园、花园和乡村休憩地带，以及到野外和风景区旅行和度假的悠久传统。我们

1　早在很久以前，人们就预料到人类对依赖自然来获得健康的关注。例如 Glackens（1990）详尽记录了西方历史中人类对自然环境的态度。

是自然界的生物，需要它来保持身心健康。新鲜空气和运动只是所需的一部分。我们的大脑、眼睛和精神受到自然现象的画面及声音的刺激与滋养，比如树木和开花植物，水和风，阳光和阴影，鸟和动物的运动与声音，不同的纹理，无限的色调和颜色，这些与我们习惯的室内生活和工作空间是不同的，我们生活的建筑物是固定的，所见之物不外乎标准化的房间、走廊、桌子以及电脑屏幕。

在森林、山岭或海边度过的时光所带来的快乐，以及由此得出的有益健康和恢复体力的结论，都是简单而深刻的事实。但对成千上万的人来说，无论是富人、中产阶级还是穷人，这样的经历越来越少。世界上越来越多的人口在城市环境中出生、生活、工作、娱乐和死亡。因此，参与城市规划和设计的人们有责任想方设法将有助于恢复城市活力，能够唤醒我们并产生健康与福祉的自然元素和属性引入城市核心。在这一点上，没有什么比植物和水更有效了，正如反复对医院患者、老人、儿童和上班族的研究证明的那样（Aspinall，2013；Marcus，1999；Ulrich，1981）。[1] 仅仅是在水的存在就对每个人都有镇静的作用，无论是阿尔茨海默症患者还是精力充沛的商人、母亲和小孩、教师还是休息的劳动者（图 16.26）。

虽然很少用这么多话向我的同事（或自己）阐明这个观点，但多年来我一直在默默地将水和自然的其他方面引入我们的项目，在不同项目中以各种方式引入，无论是公共的或私人的，在城市还是在农村。这包括公园里的池塘和盆地，如休斯敦的赫尔曼公园和纽约市的瓦格纳公园，以及伦敦、洛杉矶、纽约和俄勒冈州波特兰广场上的各种喷泉，再到各种机构的花园中的喷泉，如华盛顿国家美术馆、克利夫兰公共图书馆、费城巴恩斯基金会、洛杉矶保罗盖蒂中心和罗马美国学院等机构。

在反思我们从自然和艺术中获得的乐趣时，我的思绪又回到了公元前 4 世纪以及那时对于真理、美和道德之间的新兴关系的思考。在此探讨如此庞大而困难的问题是不切实际的，除了说在所有社会的历史中，人类已经见过和描述了自然界太多

1　参见治疗景观网络（Therapeutic Landscapes Network）网站（www.healinglandscapes.org）和伊利诺伊大学厄本那—香槟分校的景观与人类健康实验室（Landscape and Human Health Laboratory at the University of Illinois Urbana-Champaign）网站（lhhl.illinois.edu），可以获取该研究领域当前学术项目和出版物的描述。

图 16.26　华盛顿国家美术馆雕塑花园的大型喷泉池被证明是一种令人愉悦的景观，就像世界各地的其他许多喷泉一样。奥林事务所故意把喷泉池边沿设计为适合坐的地方，邀请人们去坐下并为炎热和疲倦的游客提供在水池边放松腿脚的机会

资料来源：劳里·奥林拍摄。

的美景和其他方面。人们付出了巨大的努力致力于描述和解释这种现象。哲学家、诗人、艺术家、作家和评论家都说过深刻而矛盾的事情，特别是关于自然界中的美丽和由此产生的艺术创作之间的关系。早在圣奥古斯丁（St. Augustine，354—430）时期，人们就美与有用之间的关系展开了争论。有趣的是，他写道："美与有用之间没有对立，因为美可能是有用的（在某种意义上它总是有用），但美并不是因为它可能的用途而被创造出来——它是为了它自己而存在的。"（Gilson，2000）

如果可以说，许多被认为美丽的事物都有一个共同的方面——无论是机器、诗歌、日落，还是一个不寻常的人物、绘画或景观设计——它往往可以被看作是形式的一个方面。通常认为的自然和自然景观都是"形式丰满"的，这是它们奇妙和令人惊叹的本质的一部分。"形式"指的不仅仅是形状或视觉属性。法国哲学家艾蒂安·吉尔森（1884—1978）曾写道："我们称美为……引起钦佩和注目的东西。即使从其名义定义的简单角度来看，艺术美的本质也是如此，它在一种感性的知觉中产生，这种知觉本身和对它自身的感知都是值得拥有的。"（Gilson，2000）另一位哲学家黑格尔（1770—1831）坚持认为，在美学上，人类的作品高于自然的作品。他不以

为然地说，一个人的感官能力"根植于世俗的事物中"（Hegel，1905）。[1] 当然，这是我们的人性和我们与自然的联系的基本方面之一，因此它是在特定情况下我们从自然中得到的深层快乐的来源。我同意丹尼斯·多诺休的观点："形式需要物质尽可能地转化为精神"（Donoghue，2003[2]）。

在自然界中的实现是通过我们发现的丰富而引人注目的形式的产生，在某种程度上，科学将其描述为化学、物理、热力学、能量的流动以及各种进化、构造和随机性的过程。在包括景观建筑在内的艺术中，它是通过工艺和艺术手段完成的，通过制作和塑造，实验和测试关于形式和材料的想法来创造一些东西——一个以前不存在的地方，最好是来自所谓的自然世界的材料。有无数的花园、公园和设计风景被认为是美丽的，但它们是自然的吗？我曾经听过 R. 巴克敏斯特·富勒（R. Buckminster Fuller，1895—1983）在一个三小时的讲座中宣称："与自然相反是不可能的"。有些美丽的地方和情形是非人类的，它们被认为是美丽的，但却忽略了我们的感觉和思想，有些是温和的，有些是可怕的。这一点与许多对艺术的态度相结合，让哲学家们觉得有必要构建和描述与情感相关的感知梯度，包括术语（概念），如崇高和美丽以及介于两者之间的美感。

创造一些漂亮的东西，虽然令人愉快和引人注目，但相对来说，更常见，更可预测，并且通过设计相对容易实现。在资产阶级文化中，漂亮往往是许多吸引人的东西所必备的，它经常用于汽车、服装、电影和度假的营销。当漂亮被认为是景观设计的特征和动机时，漂亮往往会受到攻击，被视为冒犯性的品质，尤其是当漂亮被视为一种缓和手段，用来掩盖或隐藏一个地方或一种尝试的真实本质时，比如商业或政治以某种形式剥削或破坏社会或环境。"漂亮"虽然在儿童和小花园中很有魅力，但也很容易经常被商业和工业所操纵，因此受到了 20 世纪和 21 世纪许多艺术家、建筑师和景观设计师的普遍批评和排斥。

---

1 翻译自伯纳德·鲍山葵（Bernard Bosanquet），收录在《黑格尔美术哲学导论》（*The Introduction to Hegel's Philosophy of Fine Art*，1905）中。

2 被《纽约时报》评为年度最佳书评。

此外，美是不能被真正控制或操纵的。这是一种人们可能希望诱导而成的特性，但要直接追求它是极其困难的。几年前，我在与诗人迈克尔·帕尔默（Michael Palmer）的一次交流中说道，我几乎从不向客户提及美，主要是因为它让客户感到紧张。帕尔默回答："他们可能会对'美'有很多先入之见。这是一个可遇而不可求的东西，不是任何时候都存在的东西，你也不希望他们从限制假设的角度将其概念化。美丽也包括困难……这是未明确的目标……（如果你以它为目标）你最终得到的是漂亮而不是美，它缺乏深度，因为主要的关注不能是表面的美。漂亮只是表面上的美丽。"[1] 如此多的人对美感到困惑是可以理解的。尽管如此，西格蒙德·弗洛伊德（Sigmund Freud，1856—1939）曾经说过："美没有明显的用处，也没有任何明确的文化必要性。然而，文明离不开它。"[2]

四、当下的结论

我渴望城市中存在更具代表性和功能性的自然，一方面是热情，另一方面是不安，这往往与不同的观念有关，不仅关于自然，而且关于它的意义和可能性：在许多方面自然如何与景观设计和景观建筑的工具性和艺术性相关？我和其他景观设计师除了作为政府当局许可的负责任的社会专业人员之外，一直以来都认为自然是一门艺术，而不仅仅是应用科学。我希望通过我的一系列项目表明，尽管我们的许多工作主要是为了实现特定的社会和环境目标，但我们还努力使自己的设计尽可能漂亮、美观、可持续和有意义。在某些尺度上，设计可以反映出自然过程和材料方面相当戏剧性的表现；也有时候，它更安静，不那么突兀。设计的表达方式各不相同，但有时候人们有机会或渴望更具表现力而不太关心某个地方的工具性。让我来举最后一个例子。

在与一个国际团队合作设计几年后，我们最近开始在硅谷的一家大型企业工厂

1　这一话题 Ohlin（2008）也有讨论。

2　西格蒙德·弗洛伊德的这句话经常被引用，出自他的开创性著作《文明及其不满》(*Civilization and its Discontents*)，该书于 1930 年以《文化中的不满》(*Das Das Unbehagen in der Kultur*) 为名首次在德国出版。我用它作为我的文章（Ohlin，2008）的开头。

进行施工。对于居住在芝加哥，旧金山和纽约等大城市中心地带的人来说，库比蒂诺（Cupertino）的低层社区可能看起来不够城市化。然而，自第二次世界大战以来，很大比例的美国人选择居住在这种分散的、依赖汽车的、低密度的社区中，而不是密集的曼哈顿。在这个更广泛的美国城市主义中，市民和其他人一样，都需要有思想的、刺激的、具有挑战性的环境。从我以前的发言中可以想象得到，我和我的合作伙伴已经投入了大量的精力来关注雨水管理和适合某个地区的植物群落，部分原因是为了确保低用水量。在本项目的核心部分，看似是一个偶然的轶事，我们设计了一个池塘，它比较抽象，而不是复制自然。在计划中，这是一个小的细节，但在整个大型场地中，它是一个相对较大的圆形水域，直径 54.9 米。它的设计旨在让柔和的波浪从中心向外移动到圆形边缘，以恒定的，随机的波纹和温和的声音拍打周边。我们的设计是与 CMS 建筑设计公司有关加利福尼亚喷泉的顾问合作的，他们参与设计了拉里·哈普林（Larry Halprin）所有令人难忘的喷泉，也与我们一起工作了多年，我们能够建立一个等比例的模型来探究其机制和细节，以确保它能够按照预想工作。

看着我最初的设计草图和材料，其中一位客户意识到，这个功能让他想起了他小时候去过的塔霍（Tahoe）湖的海岸线。他当时就很激动，这说明在自然过程和元素激发下的感觉与地点之间的联系中，记忆是多么强大。然而，他和我以及所有参与的人都知道，此项设计不是塔霍湖这样的自然胜景的再现和复制，因为我从未去过那里。如果这个池塘是成功的，它将是一件艺术作品、一种风景艺术，它体现了城市校园的核心并将其融入城市校园的各个方面，这些方面不仅对我们今天有吸引力，而且，几千年来，也证明了对我们的幸福至关重要。这些自然元素包括水的不断运动，光和反射的移动与舞蹈，在由多彩岩石铺就的浅滩上柔波微漾发出的哗哗声——这才是大自然真正的基本属性。与如此充满活力的动态形象相比，造型简单的池塘算得上是一种文化产品（图 16.27）。

丹尼斯·多诺休在他的一本以诗歌为主的文学作品《谈美》（*Speaking of Beauty*，2004）中写道："当我看到一股浪花沿着海滩奔腾而下时，我看到一股力量变成了一种形式。"（Donoghue，2003）这种形式类似于艺术作品一样，在艾略特（T. S. Eliot）的四部四重奏（Four Quarters）中的第一部《烧毁的诺顿》（*Burnt Norton*）中，敏锐地注

图 16.27　在加利福尼亚库比蒂诺的一个项目中，设计了一个以天然石材为基础的物理模型，测试其规模、
　　　　　反射和静止时的水质，以及波动时的光、动态和声音

资料来源：劳里·奥林拍摄。

意到形式可以在自然世界里通过运动和重复产生，并用艺术品进行了类比：

> 语言，音乐，都只能
>
> 在时间中行进；但是唯有生者
>
> 才能死灭……
>
> ……只有通过形式、模式
>
> 语言或音乐才能达到
>
> 静止，正如一只中国的瓷瓶
>
> 静止不动而仍然在时间中不断前进……
>
> （Eliot，1936；Donoghue，2003）

　　这几行诗歌指出，尽管生活无情地进行着，但有些艺术是转瞬即逝的，存在于时间中，而另一些艺术则通过它们的形式向我们呈现永恒。除此之外，艾略特似乎想说，要避免在力量和形式之间形成对立，可以在形式的表现中体验时间，反之亦然。

　　人们经常会注意到，每个人都会通过他们自己的经历来看待世界，就如我那名喜欢塔霍湖的客户一样，并通过语言和图像、舞蹈和音乐等特定结构来过滤世界。然而，世界仍然就在那里，独立于我们，并且不在乎我们，即使需要我们去滋养它。我们如何不仅为自己，同样为他人展示自然和建筑环境？我们如何将这个更大的世界作为一个真正的伴侣来拥抱？从某种意义上说，就像伊斯兰教不毛之地上的喷泉和水上花园以高超的抽象手法展示出来宝贵的、提高生命力的水元素价值一样，对于旧金山南部准地中海气候的一个项目，我们在树荫下的一个关键中心位置种植本地抗旱植物，并在整个场地严格控制水分，创造一个安静又些许活跃的池塘，将其作为工作社区的社会和精神中心。

在这个完美的圆形池子或池塘中，形式有多种表现：容器本身、波浪及其运动模式和不断变化的形状、石头、树木、云彩和人物的倒影、太阳在头顶上的季节性轨迹，以及池塘内部和表面的光线、季节性的上升雾等等，都创造了一种感官沉思的力量，让人感到一种近乎奥姆斯特德式的愉悦。人们很容易说，形式的概念已经无可救药地"纠缠在其与内容的关系中"。然而，在任何与设计相结合的自然思想中，形式是无法回避的，我在这里再次引用多诺休的话：

> 如果我们试图将形式与实体分离，我们将形式转化为抽象……使它成为反动艺术的盟友……形式改变了那些已存在的事物……它不是从无到有的创造，而是对创造出来的进一步再创造。形式是想象中的实体，而不仅是接受到的；是变形，而不是模仿。（Donoghue，2003）[1]

在夏尔·皮埃尔·波德莱尔（Charles Pierre Baudelaire，1821—1867）的"现代生活的画家"（Le Peintre de la Vie Moderne，1863 年出版的具有里程碑意义的现代性文章）中，他断言：

> 美丽或是由永恒不变的元素构成的，它的数量难以确定，或是由相对的、间接的元素依次或合在一起所构成的，例如时代、时尚、道德、激情。我挑战

1　斜体是我标注的。

任何人去发现一些不包含这两个元素的美的样本。(Baudelaire，1863；Ruff，1968)

因此我们认为它是瞬间与永恒的必然结合。

我绝对相信，这个池塘将成为人们聚集、放松和社交的一个特别宝贵的场所。虽然它是私人工作场所的一部分，但每天有 12 000 多位员工在这里工作，几乎和我成长的城镇的人口一样多。这些员工中很多人经常工作到深夜，池塘对于他们而言可能成为一个休憩地。

我在其他地方已经说过，因为街道通常是大部分城市的主要公共领域，所以它们非常重要，不能将其设计仅留给交通工程师。除了简单的供汽车和卡车行驶外，它们还担任其他重要角色。所以，我也可以坚信水是非常重要的，水的设计不能仅仅留在工程师和功利主义规划师手中。我们对待水资源的设计和计划都应该是理所当然的，包括它的养护、管理和明智使用。它必须是我们的艺术的基础，就像假设建筑师和工程师会建造不会倒塌的建筑物。但是人们期望并且应该要求更多，更多。当我们作为景观设计师想到"城市中的自然"时，我们应该期望的不仅仅是工具和效用。我们还必须解决精神问题（Hester，2016）。

就像西庇阿（Scipio，公元前 185—公元前 129）每次在罗马参议院演讲时都以"迦太基的死亡"做结尾一样，我喜欢以我在华盛顿大学读书时理查德·哈格让我们读过的约翰·布林克霍夫·杰克逊在 20 世纪 50 年代后期撰写的一篇富有启发性的文章中的句子做结尾。这篇文章的题目是"自然的模仿"。在断言因为诸多原因我们不可能真正地复制大自然之后，即使这是一个好想法，杰克逊开始讨论我们对自然的需要以及我们如何努力把自然的重要功能和属性带入我们城市的中心。他在结论中套用维特鲁维奥描述的结构所需呈现的三个品质，将其解释为"坚实、实用和使人愉悦"。杰克逊预言道：

> 作为一个人造环境，每个城市都有三个功能要实现：它必须是一个公正而高效的社会机构；它必须是一个生态健康的栖息地；它必须是一个持续令人满意的审美感官体验。到目前为止，我们已经考虑到了其中的第一个功能。有迹象表明，第二个功能不久将得到应有的重视，因为它已经在城门外。但是只有

当我们再次学会整体看待大自然时，才会意识到第三个问题：它不是作为我们崇拜或忽视的一个遥远的目标，而是作为我们自己的一部分。（Jackson，1970；Mendelsohn and Wilson，2015）

我和我的合作伙伴都试图在这一提议上采取行动，部分原因是我们的大部分职业生涯都是在城市环境中从事景观项目。如果水是创造和维持生命和自然本身的关键因素，那么水资源本身和我们如何对待它将在我们试图建造宜居、可持续、理想和有益的城市这个强大和包罗万象的目标中发挥重要作用。正如景观设计师威廉·申斯通（William Shenstone，1714—1763）写道的："水应该永远存在。"[1]

参考文献

[1] Aspinall, Peter, Panagiotis Mavros, Richard Coyne, and Jenny Rose, "The Urban Brain: Analysing Outdoor Physical Activity with Mobile EEG," *British Journal of Sports Medicine; first published online* (6 March 2013).

[2] Baudelaire, Charles, "Le peintre et la vie moderne," *Le figaro* (November and December 1863).

[3] Berlin, Isaiah, *The Hedgehog, and the Fox: An Essay on Tolstoy's View of History* (London, UK: Weidenfeld & Nicolson, 1953).

[4] Bosanquet, Bernard, Vorlesungen uber die Aesthtik, Erster Brand, in *The Introduction to Hegel's Philosophy of Fine Art* (London, UK: Routledge & Kegan, 1905).

[5] Carson, Rachel, *Silent Spring* (New York, NY: Houghton Mifflin, 1962).

[6] De Chantelou, Paul Fréart, *Diary of the Cavaliere Bernini's Visit to France*, Blunt, Anthony, ed. (Princeton, NJ: Princeton University Press, 1985), 94; originally published in Lalanne, Ludovic, ed., *Journal du Voyage du Cavalier Bernin en France* (Paris, France: 1885).

[7] Donoghue, Denis, *Speaking of Beauty* (New Haven, CT: Yale University Press, 2003), 107.

[8] Donoghue, Denis, *Words Alone, The Poet T. S. Eliot* (New Haven, CT: Yale University Press, 2000).

[9] Eliot, T. S., "Burnt Norton," *Collected Poems* (New York, NY: Harcout Brace, 1936), 219.

[10] Fox, Porter, "The End of Snow?" (February 6, 2014): SR1.

[11] Gillis, Justin, "The Flood Next Time" (January 14, 2014): D1.

[12] Gillis, Justin, "U.S. Climate Has Already Changed, Study Finds, Citing Heat and Floods," *The New York Times* (May 7, 2014): A1.

[13] Gilson, Étienne, *The Arts of the Beautiful* (Champaign, IL: Dalkey Archive Press, 2000), 21.

1　多年前，我把这句话写在一张卡片上并把它钉在办公室上方的墙上。我不知道是在哪里看到的，但当时我正在大量阅读有关 18 世纪英国风景公园、花园和理论的书籍。申斯通是一名业余园丁和诗人，他对花园充满热情，并在建造他的卓越庄园李苏尔思（Leasows）时穷困潦倒，他在 1764 年对庄园进行了描述，其中部分内容可以参看 Krutch（1959）。克鲁奇（Krutch）引用的这段话围绕着水的特征、运动和性格。

[14] Glackens, Clarence J., *Traces on the Rhodian Shore: Nature and Culture in Western Thought from Ancient Times to the End of the Eighteenth Century* (Berkeley: University of California Press, 1990).

[15] Hegel, Georg Wilhelm Friedrich, *On Art, Religion, Philosophy: Introductory Lectures to the Realm of Absolute Spirit*, Gray, J. Glenn, ed. (New York, NY: Harper & Row: 1970).

[16] Hester, Randolph T., Jr., and Amber D. Nelson, *Inheriting the Sacred: How to Awaken to a Landscape that Touches Your Heart and Consecrate It, Design It as Home, Dwell Intentionally in It, and Let It Loose in Your Democracy* (Staunton, VA: George F. Thompson Publishing, in association with the University of California, Berkeley, 2016).

[17] Jackson, J. B., *Landscapes*; Selected Writings of J. B. Jackson, Zube, Ervin H., ed. (Amherst: University of Massachusetts Press, 1970), 87.

[18] Kahn, Peter H., and Stephen R. Kellert, *Children and Nature: Psychological, Sociocultural, and Evolutionary Investigations* (Cambridge, MA: The MIT Press, 2002).

[19] Kolbert, Elizabeth, *Field Notes from a Catastrophe: Man, Nature, and Climate Change* (New York, NY: Bloomsburg, 2006).

[20] Kolbert, Elizabeth, *The Sixth Extinction: An Unnatural History* (New York, NY: Henry Holt & Company, 2014).

[21] Krutch, Joseph Wood, *The Gardener's World: The Great Literature of Plant Lore and Gardening from Homer to Thoreau, from Baccaccio to Edwin Way Teal* (New York, NY: G. B. Putnam's Sons, 1959).

[22] Louv, Richard, *Last Child in the Woods: Saving Our Children from Nature Deficit Disorder* (Chapel Hill, NC: Algonquin Books, 2005).

[23] Marcus, Clare Cooper, *Healing Gardens: Therapeutic Benefits and Design Recommendations* (New York, NY: John Wiley & Sons, 1999).

[24] McHarg, Ian L., *Design with Nature* (Garden City, NY: John Wiley & Sons, Inc., 1969; 25th Anniversary Issue, 1995).

[25] Medina, Jennifer, "California Seeing Brown on Water Starved Farms where Green Used to Be" (February 15, 2014): A14.

[26] Mendelsohn, Janet, and Chris Wilson, *Drawn to Landscape: The Pioneering Work of J. B. Jackson* (Staunton, VA: George F. Thompson Publishing, 2015).

[27] Olin, Laurie "Landscape Design and Nature," in Thompson, George F., and Frederick R. Steiner, eds. *Ecological Design and Planning* (New York, NY: John Wiley & Sons, 1997), 109–39.

[28] Olin, Laurie, "Land and Beauty," *2008 Proceedings of The Philosophical Society of Texas* (Austin), 64–75.

[29] Olin, Laurie, "Landscape Ecology and Cities," in Atkin, Tony, and Joseph Rykwert, eds, *Structure and Meaning in Human Settlements* (Philadelphia: University of Pennsylvania Museum of Archaeology and Anthropology, 2002), 307–22.

[30] Olin, Laurie, "The Unstated Goal," in Olin, Lauries, et al., Olin, *Placemaking* (New York, NY: Monicelli Press), 14 and 15.

[31] Onions, John, *The Hellenistic Age: Art and Thought in the Greek World View, 350–50 BC* (London, UK: Thames and Hudson, 1979), 38–52.

[32] Ruff, Marcel, *Ouevres complètes* (Paris, France: Editions du Seuil, 1968), Chapter I, 549–50.

[33] Ulrich, Roger L., "Natural Versus Urban Scenes: Some Psychological Effects," *Environment and Behavior*, Vol. 13, No. 5 (1981): 523–53.

[34] Weiler, Susan, and Katrin Sholtz-Bart, *Green Roof Systems: A Guide to the Planning, Design, and Construction of Landscapes Over Structure* (New York, NY: John Wiley & Sons, 2009).

[35] Wilson, Edward O., *Biophilia* (Cambridge, MA: The MIT Press, 1984).

[36] Wines, Michael, "Colorado River Drought Forces a Painful Reckoning for States" (January 6, 2014): A1.

[37] YALE, "Kroon Hall's Rain Harvesting System to Save Half-Million Gallons a Year," YALE [Alumni magazine] (Fall 2007): 19–20.

NATURE AND CITIES

后记：城市生态设计与规划的前景 [1]

规划是我们的物种天性。人类生来就是规划者，我们依靠知识、经验甚至本能反应来指引我们的决定。规划需要依托大环境，需要有前瞻性，但与此同时，良好的规划更需要审慎理解场地与情境的具体情况。生态学，尤其是城市生态学，其研究和应用，可以帮助我们从"场地感"和区域规划的大环境下理解城市。城市生态学就此将自然与城市联结到一起。

长久以来，规划理论家都推崇知行合一。帕特里克·盖迪斯在一个多世纪以前就认为诊断应先于治疗，约翰·弗里德曼则在 1987 年提出知识引领行动（Geddes，1915；Friedmann，1987）。在规划与设计介入之前，生态学知识可以有助于对一个场地做出诊断。进一步而言，最好的规划应是灵活的，足以根据环境变化和不完整的信息来应对不确定性问题。正如理查德·韦勒于第二章中提到的，在后爱因斯坦时代，人类面临着自然文化分野不确定性这一根本挑战。大自然中存活的物种并不一定是最强壮或最聪慧的，而是"适者生存"。[2] 幸运的是，人类善于适应，而规划与设计就是我们适应环境、做出改变的最有力工具之一。

规划包含着设计。卡内基梅隆大学著名社会科学家赫伯特·西蒙（Herbert Simon，1910—2001）1969 年就注意到：

1　本章的早期版本见 Steiner（2016）。
2　此段引述往往被误认为出自查尔斯·达尔文。斯坦纳首次读到这句话是从加拉帕戈斯群岛查尔斯·达尔文研究站（Charles Darwin Research Station）礼品店售卖的 T 恤衫上。尽管达尔文从未在自己的著作中做出这样的论述，但这个理念令人一见难忘，至今回响不绝。

图 17.1　照片描绘了"景"工作室为纽约港设计的牡蛎养殖项目（2010年）：防波堤养殖牡蛎，用于减少风浪，并利用贝类的生物过程清理数万立方米的港口水，该项目由社区学校管理。项目区环境因此得到改善，2015 年于美国住房和城市发展部获得 6 000 万美元的资金。目前，该项目正处于斯塔滕岛岸边的许可和施工阶段

资料来源：凯特·奥尔夫、"景"工作室。

> 如果一个人设想出行动流程，将现有的状态改造成自己想要的样子，那他就是在设计。生产工件与为病人开处方、为公司制定新的销售战略或为国家制定新的福利政策的智力活动根本上没有差别。如此一来，设计是所有职业培训的核心，它是职业和学科理论的根本区别。（Simon，1969）

设计师和规划师的思考更进一步，他们是为"家庭"社区进而是为一个地区内外设想一种未来（图 17.1）。设计和规划的规模——可以是一个地点、一个社区、一处景观、一座城市或一个地区——意味着城市设计师和规划师既要处理联系紧密的小团体，也要能够安置大量人口。但是无论规模如何，社会和环境问题都是同等重要的大问题。与景观建造师和规划师一样，生态学家也需要在不同规模上开展工作，小到一个单一地点，大到一处景观甚至一整个地区。因此，小至地点，大到地区，各个规模上都应考虑到城市的自然生态。

生态学可通过"地球管理"（earth stewardship），成为塑造地球未来的有力工具。美国生态学会将"地球管理"定义为"从局部到全球，塑造社会—生态的变化轨迹，

加强生态系统韧性，推进人类福祉"的行为（Sayre et al., 2013；Ogden et al., 2013；Steiner et al., 2013；Felson et al., 2013）。[1] 为了在景观建造和城市设计中更充分地理解并更有效地运用城市生态学，我们必须理解场地规划和城市规划的过程。过程中包括设定目标、评估环境、分析适用性、探索方案、选择行动流程、寻找并确保资金、通过设计检验行动、实施规划和设计等。

　　付诸行动的想法催生了规划和设计。在社区、城市和地区规划中，团队针对土地使用进行规划和设计，从而为人类提供了更好的场所、为其他物种提供更好的栖息地以实现其共生共荣。由此来看，理解城市动植物的个体生态学尤为重要。根据这种想法，马克思·欧文斯（Marcus Owens）和珍妮弗·沃尔赫（Jennifer Wolch）的思想促使我们深思进而形成了"不仅仅属于人类的城市"的理论（Owens and Wolch, 2015）。类似的是，蒂莫西·比特利（第十一章）及其他一些学者也倡导"生物友好型城市"，即人们认为生活要快乐健康、富有意义，那自然和其他物种的共同福祉必

1　引自 esa.org。

不可少（Beatley，2010）。

景观是一个地方自然和社会现象的总和。通过解读景观，我们可以了解自己的社区和地区。J. B. 杰克逊于 1951 年创办《景观》（*Landscape*）杂志，他在创刊号中写下这样的箴言：

> 无论我们身在何方，无论我们的工作性质是什么，我们总是在用不断改变的生活设计装饰地球，之后我们的设计又被下一代的设计取代。这样的多样性教我们如何看得够？人类和自然的力量如何让我们不惊叹？
>
> 城市对不断转变和完善的设计至关重要，但城市也仅是设计的一部分。熟悉的柏油路尽头，街灯燃尽之处，一个国度等待发掘，它包含了村庄、农舍、公路、若隐若现的灌溉花园山谷，以及地平线上的广阔图景。一本丰富美丽的书本铺陈在眼前，我们必须学会去阅读。[Jackson，1951；Mendelsohn and Wilson，2015（尤其是引言部分）]

在 60 多年后的今天，生态学成为核心科学，分别从两个方面补充了杰克逊的文化景观分析：首先，生态学可以从个体和集体两个角度加深人们对于土地所揭示的自然与人类行为的了解；其次，生态学关系到生物体（包括人类在内）与周边环境关系的解构和探索。而人类生态学也有同样深远的影响，正如教皇方济各（Pope Francis）在 2015 年精巧地描绘道："人类生态学与公共利益的概念密不可分，是社会伦理的中心和基础原则"（图 17.2、图 17.3）（Pope Francis，2015）。[1]

通过从生态角度而不仅是文化角度解读景观，我们发现部分地方更适合某些特定用途，而某些地方则十分危险。比如，我们知道洪泛平原很可能积水，且有时积水十分迅速，如果我们在易发生洪水的区域安置或重置房屋、学校、城镇、度假村和工厂，人类和经济就面临危险，但是我们仍然对此置若罔闻。同样，地震给人们

1　参看 http://w2.vatican.va/content/francesco/en/encyclicals/documents/papa-francesco_20150524_enciclica-laudato-si.html。

图 17.2　我们不需要在罗马寻找自然；自然找到了我们。罗马是变化与连续性、冲突与和谐的结合体。这座城市的深层结构在岩石和城墙中、水流中、树木和植物中以及人类历经千年的历史中等各方面显现出来。这个城市是活的且不断在调整，直至今日。罗马是生态的，充满了与各种环境和生物的相互联系

资料来源：弗雷德里克·R.斯坦纳在罗马特拉斯提弗列拍摄，2013 年 11 月 21 日。

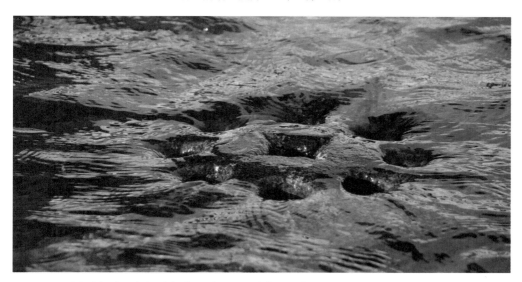

图 17.3　圣彼得广场中心吉安·洛伦索·贝尔尼尼对梵蒂冈城的传世设计。通过该设计，人们会想起水文循环以及我们如何依赖水，从而维持生命并塑造景观

资料来源：弗雷德里克·R.斯坦纳拍摄，2014 年 1 月 18 日。

带来伤害，会夺走人们的生命，严重破坏财产。常识告诉我们在已知的、活跃的断裂带建设核电厂并不明智，然而全世界却仍有一些核电厂建在高风险的区域。我们可以在洪泛平原、断裂带以及风暴区之外进行城市建设，从而最大限度减少危害；我们也可以通过设计建筑和景观来减少结构损失，降低人类和其他生物面临的风险。伊恩·麦克哈格在 1969 年号召"设计结合自然"，此后，生态学家和其他环境科学家对具体地点乃至区域的规划过程中的清查和分析阶段做出了很大贡献（McHarg，1969）。地理信息系统（GIS）大幅提高了收集环境科学信息以及评估环境所具有的潜力和限制的能力（Steiner，2008）。[1] 通过这些方法，我们得知某些区域适合多种用途，比如洪泛平原以外的平原非常适合农业和城市开发。

大多数土地利用和规划决策是通过分析已有的各种方案决定的，这其中涉及通过多种方式记录的每种方案预期的正面和负面影响。比如，城市发展带来附加的基础设施和公共服务；而与此同时重要的是，城市发展也建造出了更多坚硬且不可渗透的地表，这样的地表增加了暴雨雨水径流和内涝。以上风险在评估土地使用方案时都能考虑在内。趋势不是"命中注定"的结果，而是我们通过规划和设计做出的选择。决定最优方案（包括某些方面的不作为）之后，我们将规划案的目标分解为若干个小任务目标，进而勾勒出整个过程中各个具体步骤。如果社区的总体目标是减少洪水危险，那么小目标可以制定为在新的开发中，将不可渗透的地表控制到 15%以内。小目标还包括重设或改变总体目标。在总体目标和小目标确定后，整个具体的行动流程就呼之欲出了。

接着就是实施行动流程。其中可能涉及执行一项土地使用法规（比如禁止在洪泛平原建造大楼）或设计一个新公园（比如在洪泛平原保留自然栖息地），也需要确保新公园的建设资金（比如通过发行债券或公私合营模式筹集资金，以流转收购这个洪泛平原的土地与房产）。各种措施或温和，或激进。通过一系列探索相应空间影响的设计实验，我们能够充分了解这些方式方法的影响；进行分析，比如以生态学和文化角度解读景观；参考人口、交通及其他公共服务供需和经济的短期（五年内）

1　值得注意的是，早在该技术诞生之前，麦克哈格的规划"千层饼"模型就是地理信息系统的鼻祖。

和长期规划等等。

尽管这些分析对规划有极大助力，但是其本身并不是规划。另外，设计师和规划师的主要动机是希望正面干预所处的世界。他们的中心目标是公共利益最大化并提高街区、城市、地区甚至全世界的生活品质。诚然，最好的规划师和景观设计师需要他们所能获取到的最好、最可信的数据，但是他们的终极目标是切实又充满创意地应用知识，推进他们的愿景，激发他们的设计和规划。

设计师和规划师经受训练，以探索不同背景下土地使用的不同方案，并帮助解决土地使用的冲突（Hersperger et al.，2015）。这些过程需要权衡各方案的利弊并且考虑潜在的赢家和输家，尤其是要关注社会最弱势群体的需求。尽管创造力是财富，且规划的某些方面也更接近艺术而非科学，但规划时仍需要掌握法律、惯例做法、设计、地理和历史等方面基本知识。成功的规划师总是既善于分析，又善于想象。

执行设计和规划以完成既定的总体目标和小目标后，所有相关因素均需要保持灵活，以应对无法避免的变化。比如，大坝或导流隧洞可以将洪泛平原变为河流；因而城市或城镇可以重新考虑房屋、企业、绿化和公园的选址。全球气候变化也影响着各地的景观，其中的原因包括天气和温度与历史标准相异、生物群向两极迁移、大黄蜂和其他物种衰减、果树和植物花期过早等等。只要规划和设计及时根据时间改变，并且可以适应不断变化的自然、文化、经济条件，社区也能更好地适应。公开设计和规划方案非常关键，能极大帮助市民看到开发改变的后果以及可行的适应路径，这对其中利益相关、最易受到影响的市民尤其重要。

公众需要参与到规划和设计的过程之中。公众可以从一开始就参与总体目标和小目标的设定，分享当地街区、社区和景观信息，决定最佳效用和最佳设计方案，选择行动流程，参与行动，并根据变化调整规划。城市规划和设计说到底是政治行为，因此它们需要相关社区的参与、所掌握的信息情报以及他们的归属感。深入了解生态学并理解文化景观，可以帮助公众更有效地参与设计和规划进程（图 17.4、图 17.5）。

基于生态学的设计和规划为人类及其他物种带来更健康、更安全、更美丽、更加可持续的生活场所。生态规划和设计可以增强地方的合理性及营利性，以维持和

图 17.4 法国巴黎的安德烈雪铁龙公园，由法国景观设计师吉尔斯·克莱芒（Gilles Clément）和阿兰·普罗
沃（Alain Provost）设计于 20 世纪 90 年代初期，由前雪铁龙汽车制造工厂建造。该公园为人们提
供了漫步和享受户外活动的绝佳机会

资料来源：弗雷德里克·R. 斯坦纳拍摄，2008 年 1 月 13 日。

图 17.5 安德烈雪铁龙公园除了拥有广阔的开放空间外，还为城市居民提供休憩场所。大城市（如巴黎）
均有许多这样的地方，人们可以在树林和绿地间漫步，观赏鸟儿翱翔

资料来源：弗雷德里克·R. 斯坦纳拍摄，2008 年 1 月 13 日。

加强我们珍视的一切，并通过创造真正的再生社区，提升可持续性所内在具有的价值。理解并欣赏自然，为设计和规划提供了宝贵的知识基础；随着我们学会在社区、城市和我们共享的地球上相濡以沫、共生共荣，这些设计与规划终将会造福万物生灵。为了实现这一承诺，我们不仅需要承认并尊重各个职业、学科、市政府和群众之间的差异，也要加强生态学家和社会科学家、规划师和设计师以及政府人员和民众的合作。基于此，互通交流的桥梁就建立了起来。权作肇始，本书中多章所探讨的生态系统服务理念，就为我们评估城市和区域规划对环境、社会经济、公共卫生、安全与福利的影响提供了一个有效框架。这方面，美国一马当先，公共卫生、安全与福利方面的保护措施为土地使用法规和景观行业的执照制度提供了法律基础。同时，规划师正在探索将生态知识融入他们的策略、规划和法规中。

在当前的需求和期望下，城市规划和设计的理论与实践需要革新。本书中的作者业已表明，要让城市设计或规划适应当今世界，生态学知识对于规划和设计的相关人士而言是一项必备基础。景观建造师和规划师需要知道如何在不同的规模、社区和地区中将生态信息与行动联系起来。尽管我们已经十分了解各种自然环境如何运行，但是决策者在采取措施时需要更充分地接受这些知识，更专业地使用它们。作为《自然与城市》的编者，我们希望本书中蕴含的智慧能够为实施全球城镇和地区的生态设计与规划的原则以及实践提供更多的路径。

参考文献

[1] Beatley, Timothy, *Biophilic Cities: Integrating Nature into Urban Design and Planning* (Washington, D.C.: Island Press, 2010).

[2] Felson, A. J., M. A. Bradford, and T. M. Terway, "Promoting Earth Stewardship through Urban Design Experiments," *Frontiers in Ecology and the Environment*, Vol. 11, No. 7 (September 2013): 362–67.

[3] Friedmann, John, *Planning in the Public Domain: From Knowledge to Action* (Princeton, NJ: Princeton University Press, 1987).

[4] Geddes, Patrick, *Cities in Evolution: An Introduction to the Town Planning Movement and to the Study of Civics* (London, UK: Williams & Norgate, 1915).

[5] Hersperger, Anna M., Cristian Ioja, Frederick R. Steiner, and Constantina Alina Tudor, "Comprehensive Consideration of Conflicts in the Land-Use Planning Process: A Conceptual Contribution," *Carpathian Journal of Earth and Environmental Sciences*, Vol. 10, No. 4 (November 2015): 5–13.

[6] Jackson, John Brinckerhoff, "The Need to be Versed in Country Things," *Landscape*, Vol. 1, No. 1 (Spring 1951): 1–5; quoted on 5.

[7] McHarg, Ian L., *Design with Nature* (Garden City, NY: Natural History Press/Doubleday, 1969).

[8] Mendelsohn, Janet, and Chris Wilson, eds., *Drawn to Landscape: The Pioneering Work of J. B. Jackson* (Staunton, VA: George F. Thompson Publishing, 2015), especially the Introduction, 11–14.

[9] Ogden, L., N. Heynen, U. Oslender, P. West, K-A. Kassam, and P. Robbins, "Global Assemblages, Resilience, and Earth Stewardship in the Anthropocene," *Frontiers in Ecology and the Environment*, Vol. 11, No. 7 (September 2013): 341–47.

[10] Owens, Marcus, and Jennifer Wolch, "Lively Cities: People, Animals, and Urban Ecosystems," in Kalof, L., ed., *Oxford Handbook on Animal Studies* (London, UK: Oxford University Press, 2015).

[11] Pope Francis, *Laudato Si', and encyclical letter on the care for our common home* (Vatican City, Italy: The Vatican, May 24, 2015), 156.

[12] Sayre, N. F., R. Kelty, M. Simmons, S. Clayton, K-A. Kassam, S. T. A. Pickett, and F. S. Chapin III, "Invitation to Earth Stewardship," *Frontiers in Ecology and the Environment*, Vol. 11, No. 7 (September 2013): 339.

[13] Simon, Herbert A., *The Sciences of the Artificial* (Cambridge, MA: The MIT Press, 1969).

[14] Steiner, F., M. Simmons, M. Gallagher, J. Ranganathan, and C. Robertson, "The Ecological Imperative for Environmental Design and Planning," *Frontiers in Ecology and the Environment*, Vol. 11, No. 7 (September 2013): 355–61.

[15] Steiner, Frederick R., The Living Landscape: An Ecological Approach to Landscape *Planning*, 2nd Edition (Washington, D.C.: Island Press, 2008).

《融入未来：预测、情境、规划和方案》

（2013）〔美〕Lewis D. Hopkins 等编著　韩昊英　赖世刚　译　科学出版社

《中国城市发展透视与评价》

（2014）贺灿飞　等著　科学出版社

《房产税在中国：历史、试点与探索》

（2014）侯一麟　任强　张平　著　科学出版社

《城市星球》

（2014）〔美〕Angel S. 著　贺灿飞　等译　科学出版社

《践行财政"联邦制"》

（2014）〔美〕Anwar Shah 编著　贾康　等译　科学出版社

《城市与区域规划支持系统》

（2015）〔美〕Richard K. Brail 编著　沈体雁　等译　科学出版社

《保障性住房政策国际经验：政策模式与工具》

（2016）刘志林　景娟　满燕云　著　商务印书馆

《集聚经济、技术关联与中国产业发展》

（2016）贺灿飞　郭琪　等著　经济科学出版社

《环境经济地理研究》

（2016）贺灿飞　周沂　等著　科学出版社

《中国制造业企业空间动态研究》

（2016）史进　贺灿飞　著　经济科学出版社

《转型经济地理研究》

（2017）贺灿飞　著　经济科学出版社

《中国城市工业用地扩张与利用效率研究》

（2017）黄志基 贺灿飞 著 经济科学出版社

《土地制度的国际经验及启示》

（2018）北大—林肯中心 编译 科学出版社

《演化经济地理研究》

（2018）贺灿飞 著 经济科学出版社

《人口城镇化对农地利用效率的影响研究》

（2020）赵茜宇 著 中国社会科学出版社

《贸易经济地理研究》

（2020）贺灿飞 杨汝岱 著 经济科学出版社

《中国出口产品演化与升级：从贸易大国走向贸易强国》

（2020）周沂 贺灿飞 著 经济科学出版社

《贸易地理网络研究》

（2021）贺灿飞 著 经济科学出版社

《房地产税国际经验指南（上册）——税制、评估及实践》

（2022）刘威 何杨 编著 经济科学出版社

《农村土地制度改革三项试点政策评估：地方实践与影响评价》

（2022）王志锋 高兵 梁鹤年 著 科学出版社

《中国自然保护地融资机制》

（2022）吴佳雨 著 科学出版社

《美洲保护地融资》

（2023）吴佳雨 著 科学出版社

《城市财政发展报告（2022）：可持续发展》

（2023）何杨 黄志基 刘姵 颜燕 主编 经济科学出版社

《国内外住房市场经验研究》

（2023）赵丽霞 刘志 〔美〕伯特兰·雷纳德 编著 北京大学出版社

《中国城市工业用地配置演化及其区域效应研究》

（2024）黄志基 著 经济科学出版社

《设计结合自然——刻不容缓》

（2024）〔美〕弗雷德里克·斯坦纳 等编 北大—林肯中心 译
吴悠然 校 中国建筑工业出版社

《自然与城市：城市设计与规划中的生态路径》

（2024）〔美〕弗雷德里克·R.斯坦纳 等编 北大—林肯中心 译
贺灿飞 徐常锌 校 商务印书馆

图书在版编目（CIP）数据

自然与城市：城市设计与规划中的生态路径／（美）弗雷德里克·R.斯坦纳，（美）乔治·F.汤普森，（美）阿曼多·卡博内尔编；北大—林肯中心译 .—北京：商务印书馆，2024

ISBN 978-7-100-23909-7

Ⅰ.①自…　Ⅱ.①弗…②乔…③阿…④北…　Ⅲ.①城市规划—生态规划—研究　Ⅳ.① X32

中国国家版本馆 CIP 数据核字（2024）第 087094 号

权利保留，侵权必究。

自然与城市：城市设计与规划中的生态路径

〔美〕弗雷德里克·R.斯坦纳　乔治·F.汤普森　阿曼多·卡博内尔　编
北大—林肯中心　译
贺灿飞　徐常锌　校

商 务 印 书 馆 出 版
（北京王府井大街36号　邮政编码100710）
商 务 印 书 馆 发 行
北京雅昌艺术印刷有限公司印刷
ISBN 978-7-100-23909-7

2024 年 7 月第 1 版　　开本 787×1092　1/16
2024 年 7 月北京第 1 次印刷　　印张 37

定价：296.00 元